軍縮国際法

軍縮国際法

黒澤 満著

信山社

まえがき

　国際社会において平和を維持することが，国際規範や国際機構の存在の第1の理由である。そのためにさまざまな国際法が作成され，国連などの国際機構が設立されてきた。国連憲章では，国際の平和と安全を維持することが，国連の第1の目的として規定されている。

　国際平和を維持し強化するためには，さまざまな措置がとられなければならないが，特に以下の4つの措置が不可欠であると考えられる。それらの措置が相乗的にかつ相互依存的に働くことにより，国際社会の平和は維持され強化される。第1は武力行使の禁止であり，第2は紛争の平和的解決であり，第3は国際的安全保障の確保であり，第4が軍縮である。

　各国は武器をもっているから戦争を始めるのか。あるいは自国の安全を保障するために武力を保有するのか。すなわち武器がなくなれば戦争はなくなるのか。あるいは戦争のおそれがあるから武器を保有するので，それがなくならない限り武器は放棄しないのか。この質問に対して，現在の各国の態度は基本的には後者の考えに立っている。

　軍縮の問題と国家安全保障の関係は相互依存関係にあり，一方が良い方向に進むなら他方も改善されるという好循環が発生するが，一方が悪化すれば他方も悪化するという悪循環も発生する。

　したがって，軍縮の進展のためには，上述の3つの要素における進展が不可欠であり，また軍縮における一定の進展が他の要素の進展を促進するという相互依存関係が存在している。したがって，これらの4つの分野において，可能なあらゆる措置をとっていくことが重要であって，それ自体は些細な措置であっても，他の分野に好影響を与えることにより，さらに大きな措置を取ることが可能になる。

　まず，武力行使の禁止については，1919年の国際連盟規約，1928年の不戦条約，1945年の国連憲章と発展してくる中で，国連による集団的措置および自衛権の場合を除き，全面的に禁止されるようになった。問題は，この

国際規範が厳格に遵守されているかどうかであり，武力行使禁止原則が厳格に遵守されるにつれて，軍事力の意味合いが低下し，軍縮の進展に好ましい状況が作り出される。

次に，紛争はあらゆる社会で発生するものであるから，それを平和的に解決するメカニズムを備えることが必要である。国際社会においてはまだ十分なそのためのメカニズムが整っていないことから，武力行使が発生することもある。紛争が平和的手段で解決されることが確保されるようになれば，軍事力に依存することも減少し，軍縮の進展が促進される。

第3に，武力行使の禁止に違反して軍事力を使用する国に対し，国際社会として対応することが必要である。国連憲章に規定する国連軍の設置は成功していないが，国際社会全体として，国連による平和強制の措置として，国際社会の公益の側面から行動する国際警察軍のようなものが必要であろう。このことにより軍縮の促進も加速されるであろう。

逆に，軍縮措置が部分的であれ促進することで，一定の信頼が醸成され，武力行使が回避され，紛争の平和的解決が促進され，国連の平和強制も促進されると考えられる。このように，以上の4つの基本的な措置は相互依存的であり，それぞれの領域において漸進的に進展していくことが必要である。

軍縮の国際法的な研究は，20，30年前はほとんど皆無であり，軍縮の問題はもっぱら国際政治，特に安全保障論や戦略論の領域で議論されてきた。しかしながら，その後，軍縮に関するいくつかの条約が成立し，法的な規制として国際社会で重要な役割を果たすようになった。しかし，軍縮の問題は，もっぱら法的な問題というよりも，国際政治や戦略論あるいは科学技術の側面からの分析をも必要とする問題であり，法的な視点を中心としながらも，これら他分野での議論を取り入れた学際的な分析が必要とされる。その意味で，軍縮国際法は，国際法研究の中でも特殊な分野と言えるかもしれない。

冷戦が終結し，国際社会がそれまでの東西対立から解放され，軍縮の領域でも多くの進展が見られることとなった。米ロ間では戦略兵器の削減が実施され，包括的核実験禁止条約が署名され，新たな非核兵器地帯が設置され，化学兵器禁止条約および対人地雷禁止条約が成立した。このように1990年代は，軍縮にとってはきわめて生産的なかつ有意義な10年であった。本書は，基本的には冷戦後の軍縮の進展を体系的に分析することを目的としてい

る。
　しかし21世紀に入って，米国の単独主義を背景として，軍縮の進展が停滞し，あるいは後退している状況となっている。またテロリストなど新たな脅威も発生している。本書は，これらの否定的展開をも分析し，それにいかに対応して，新たな軍縮の進展を進めるかについても十分な検討を加え，さまざまな提案を行っている。
　本書は，軍縮国際法の体系的な構築を目的として，過去10年間にさまざま書いてきたものを基礎に，いくつかの新たな論文を書き下ろし，主として冷戦後の軍縮問題を体系的にまとめたものである。今回，本書の刊行を機に，過去10年間の論文を基礎としつつも，その後の新たな進展を書き加え，新たな分析視角をも導入し，また全体として整合性のある出版物とすることに努力した。
　本書の構成は，まず第1章で軍縮国際法を総論的に分析し，第2章から第6章は核兵器に関するもので，それぞれ戦略兵器の削減，核兵器の不拡散，核兵器の実験禁止，非核兵器地帯，核兵器の使用禁止の問題を取り扱い，第7章は大量破壊兵器の禁止と規制を考察し，第8章は人間の安全保障と軍縮との関連を分析している。最終の第9章は，21世紀の核軍縮の展望を行っている。
　各章各節のオリジナルな論文の所在を，うしろにある一覧票に従って以下に述べるが，今回の全体的な整合と新たな進展の追加などについては，他の関連論文，特に外国語文献からも取り入れており，それらの他の文献も参照していただきたい。
　第1章「軍縮国際法総論」は，論文㉔を基礎としてその後の動きを加筆したもので，この章だけが，冷戦期を越えて過去100年の軍縮問題の全体像の分析となっている。
　第2章「戦略兵器の削減」は，冷戦後の米ソおよび米ロの交渉と成果を分析するもので，第1節「第1次戦略兵器削減条約」は著書①をベースとし，その後の進展を大きく取り入れており，第2節「第2次戦略兵器削減条約」は著書①の一部を含むが大部分は書き下ろしである。第3節「戦略攻撃力削減条約」は論文㉚とほぼ同じであり，第4節「米国の核態勢見直し」は論文㉛とほぼ同じである。

第3章「核兵器の不拡散」は，冷戦後の国際核不拡散体制の考察であり，第1節「冷戦終結直後の核拡散問題」は，論文⑧を基礎としているが，内容と構成を大幅に変更した分析であり，第2節「1995年ＮＰＴ再検討・延長会議」は，論文㉕を基礎にその後の進展を取り入れた分析である。第3節「2000年ＮＰＴ再検討会議」は論文㉒をベースに関連問題をかなり追加して分析したもので，第4節「核不拡散と輸出管理」は論文㉖に若干加筆しつつ考察したものである。

　第4章「核兵器の実験禁止」は，冷戦後の核実験禁止問題を検討するもので，第1節「包括的核実験禁止問題」は論文⑯に論文⑭の一部を統合し，問題の全体を考察するものであり，第2節「インド・パキスタンの核実験」は論文⑱をベースにその後の進展を加筆した分析である。

　第5章「非核兵器地帯の設置」は，冷戦後の非核兵器地帯の動きを分析するもので，第1節「フランス核実験と南太平洋非核地帯」は論文⑫をベースとしているが，内容を大幅に増加して分析したもので，第2節「東アジアの非核化」は論文⑬を基礎としつつ大幅に新たに書き加えた分析である。第3節「北東アジア限定的非核兵器地帯構想」は，新たに書き下ろしたものである。

　第6章「核兵器の使用禁止」は，冷戦後の核兵器使用禁止問題の分析であり，第1節「国際司法裁判所の勧告的意見」は論文⑭の一部を基礎としているが，大幅に新たに書き下ろしたものであり，第2節「核兵器の先制不使用」は論文⑳を基礎に若干の新たな分析を加えたものである。

　第7章「大量破壊兵器の禁止と規制」は，主として化学兵器，生物兵器，ミサイルに関して分析するものであり，第1節「化学兵器の全面禁止」は新たに書き下ろしたものであり，第2節「生物兵器の全面禁止」も新たに書き下ろしたものである。第3節「大量破壊兵器とミサイルの不拡散」は論文㉓を基礎に若干加筆したものである。

　第8節「人間の安全保障と軍縮」は，冷戦後の新たな安全保障概念の下で，対人地雷と小型武器を扱うもので，新たな書き下ろしである。

　第9章「21世紀の核軍縮」は，今後の核軍縮の進展を展望するものであり，論文㉙をベースにその後の進展を加筆して分析したものである。

軍縮に関して冷戦後に書いた著書と主要な論文および外国語論文の一覧
著　書
　① 『核軍縮と国際法』有信堂，1992年11月
　② 『軍縮問題入門』（編著）東信堂，1996年7月
　③ 『核軍縮と国際平和』有斐閣，1999年10月
　④ 『軍縮問題入門（第2版）』（編著）東信堂，1999年11月
　⑤ 『軍縮をどう進めるか』大阪大学出版会，2000年7月
論　文
　① 「START条約の成立」『ジュリスト』989号，1991年10月
　② 「軍縮における国連の役割」『阪大法学』第41巻第2・3号，1991年11月
　③ 「核兵器不拡散問題の現状と課題」『国際問題』397号，1993年4月
　④ 「核軍縮と核不拡散」今井隆吉・佐藤誠三郎編『核兵器解体』電力新報社，1993年7月
　⑤ 「軍縮と日本」今井隆吉・佐藤誠三郎編『核兵器解体』電力新報社，1993年7月
　⑥ 「新国際安全保障秩序と核軍縮」黒澤満編『新しい国際秩序を求めて』信山社，1994年3月
　⑦ 「新国際秩序と不拡散」山影進編『新国際秩序の構想』南窓社，1994年3月
　⑧ 「国際原子力機関の核査察と国連安全保障理事会」『国際問題』414号，1994年9月
　⑨ 「核兵器，核軍縮および核兵器不拡散」黒澤満／ジョン・カートン編『太平洋国家のトライアングル』彩流社，1995年2月
　⑩ 「核兵器不拡散への包括的アプローチ」『新防衛論集』第22巻第3号，1995年3月
　⑪ 「NPTとNPT再検討・延長会議」『原子力工業』第41巻第5号，1995年4月
　⑫ 「フランス核実験と南太平洋非核地帯」『経済往来』1996年2月号，1996年2月
　⑬ 「アジアの地域安全保障体制と非核兵器地帯」地域構想特別委員会

第1次報告書『アジア地域の安全保障と原子力平和利用』1996年10月
⑭ 「核兵器廃絶に向けて——CTBTとICJ勧告的意見の検討」『国際公共政策研究』第1巻第1号，1997年3月
⑮ 「CTBTの行く先とCDの今後」地域構想特別委員会第2次報告書『アジア地域の安全保障と原子力平和利用』1997年10月
⑯ 「包括的核実験禁止条約の基本的義務」『阪大法学』第47巻第4・5号，1997年12月
⑰ 「現代および将来の核軍縮促進」深瀬・杉原・樋口・浦田編『恒久平和のために——日本国憲法からの提言』勁草書房，1998年5月
⑱ 「国際核不拡散体制の動揺と今後の課題——インド・パキスタンの核実験の影響」『阪大法学』第48巻第4号，1998年10月
⑲ 「無期限延長後のNPT」今井隆吉・山内康英編『冷戦後の東アジアと軍備管理』国際文化会館，1999年7月
⑳ 「核の先制不使用を巡る諸問題」『軍縮・不拡散シリーズ』第1号，1999年8月
㉑ 「NPT運用検討会議の評価」『軍縮・不拡散シリーズ』第6号，2000年7月
㉒ 「2000年NPT再検討会議と核軍縮」『阪大法学』第50巻第4号，2000年11月
㉓ 「大量破壊兵器とミサイルの不拡散」『阪大法学』第51巻第2号，2001年7月
㉔ 「軍縮」国際法学会編『安全保障』三省堂，2001年11月
㉕ 「核不拡散体制の新たな進展」藤田久一・松井芳郎・坂元茂樹編『人道法と人権法の新世紀』東信堂，2001年11月
㉖ 「核不拡散と輸出管理」『国際公共政策研究』第6巻第2号，2002年3月
㉗ 「ブッシュ政権の核政策と日本の対応」『転換期の日米核軍備管理・軍縮・不拡散政策』日本国際問題研究所，2002年3月
㉘ 「核軍縮を巡る国際情勢と今後の課題」広島平和研究所編『21世紀の核軍縮』法律文化社，2002年9月
㉙ 「21世紀の核軍縮」広島平和研究所編『21世紀の核軍縮』法律文化

社，2002年9月
㉚ 「戦略攻撃力削減条約の内容と意義」『阪大法学』第52巻第3・4号，2002年11月
㉛ 「米国新核政策『核態勢見直し』の批判的検討」『政治と国際関係の諸問題』『政経研究』第39巻第4号，2003年3月
㉜ 「ブッシュ政権の核政策」『戦争と平和』大阪国際平和センター，2003年3月
㉝ 「軍縮条約の交渉・起草過程の特徴」山手治之・香西茂編『現代国際法における人権と平和の保障』東信堂，2003年3月

外国語論文

① "Nuclear Non-Proliferation Regime and its Future," *Osaka University Law Review*, No. 40, February 1993.
② "The Nuclear Non-Proliferation Regime beyond 1995," T. Taylor and R. Imai (eds.), *The Defence Trade: Demand, Supply and Control,* Royal Institute of International Affairs and Institute for International Policy Studies, December 1993.
③ "Nuclear Disarmament in the New World Order," *Osaka University Law Review*, No. 41, February 1994.
④ "A Comprehensive Approach to Nuclear Non-Proliferation," *Osaka University Law Review*, No. 42, February 1995.
⑤ "Au-delà de la Conférence du TNP: une perspective japonaise," *Politique étrangère*, automne 1995, octobre 1995.
⑥ "Strengthening Non-Proliferation," IFRI/JIIR, *The New International System: Towards Global and Regional Frameworks for Peace*, November 1995.
⑦ "Beyond the 1995 NPT Conference: A Japanese View," *Osaka University Law Review*, No. 43, February 1996.
⑧ "The Future of the Non-Proliferation Regime," IFRI/JIIR, *Japan-Europe Political and Security Dialogue*, January 1997.
⑨ "The NPT in Its New Incarnation," W. Clark, Jr. and R. Imai (eds.),

Next Steps in Arms Control and Non-Proliferation, Carnegie Endowment for International Peace, January 1997.

⑩ "Nuclear Disarmament and Non-Proliferation: Japanese and Canadian Perspectives," *Osaka University Law Review*, No. 44, February 1997.

⑪ "Nuclear Weapons and Nuclear Energy in Northeast Asia," *UNIDIR News Letter*, 35/36, 1998, February 1998.

⑫ "Basic Obligations of the Comprehensive Nuclear Test Ban Treaty," *Osaka University Law Review*, No. 45, February 1998.

⑬ "Compliance with and Strengthening of the Nonproliferation Regime," T. Schoenbaum, J. Nakagawa and L. Reif (eds.), *Trilateral Perspectives on International Legal Issues: From Theory into Practices*, Transnational Publishers, July 1998.

⑭ "Regional Security and Nuclear Weapons in North-East Asia: A Japanese Perspective," B. Moeller (ed.), *Security, Arms Control and Defence Restructuring in East Asia*, Ashgate, August 1998.

⑮ "New Roles for International Verification of the IAEA," *International Public Policy Studies*, Vol. 3, No. 1, October 1998.

⑯ "A U.S.-Russia Bilateral Cut-Off Treaty," *Osaka University Law Review*, No. 46, February 1999.

⑰ "Arms Control and Disarmament Treaties," *Encyclopedia of Violence, Peace and Conflict*, Academic Press, October 1999.

⑱ "Toward the 2000 NPT Review Conference," *Osaka University Law Review*, No. 47, February 2000.

⑲ "The 2000 NPT Review Conference and Nuclear Disarmament," *Osaka University Law Review*, No. 48, February 2001.

⑳ "Nuclear Non-Proliferation and Export Control," *Osaka University Law Review*, No. 49, February 2002.

㉑ "Curbing Nuclear Proliferation: Japanese, G8, and Global Approaches," John J. Kirton and Junichi Takase (eds.), *New Directions in Global Political Governance*, Ashgate, October 2002,

㉒ "Nuclear Policy of the Bush Administration," *Osaka University Law Review*, No. 50, February 2003.

　30年にわたり軍縮研究を続けてきているが，冷戦終結から約10年の間，ここに列挙されているように，本書のバックボーンとなっているさまざまな論文を公表してきた。それは著者が1人の力で行なってきたものではなく，多くのまわりの人々に支えられ，協力を得ながら実施してきたものである。さまざまな学会で報告の機会を与えていただき，世界中のさまざまな国際会議に出席の機会を与えていただいた。またさまざまなプロジェクトに参加させていただき，時にはプロジェクト・リーダーとして行動させていただいた。これらのあらゆる機会における貴重な議論を基礎として，著者の論文が作成されてきたのである。したがって，本書の刊行に際しては，これらのまわりの人々に深い感謝の意を表したい。さらに，著者のきわめてマイペースな研究生活を全面的に支えてくれている妻久仁子にも感謝の意を表したい。

　本書の刊行につき，信山社の袖山貴さんと有本司さんに大変お世話にあった。心よりのお礼を申し上げたい。

　なお，本書の刊行に際しては，日本学術振興会より平成15年度科学研究費補助金（研究成果公開促進費）の交付を受けた。

　　2003年4月

　　　　　　　　　　　　　　　　　　　　　　　　　黒澤　満

目　次

まえがき (v)
軍縮関連略語表 (xxi)

第1章　軍縮国際法総論 …………………………… 1
　　1　軍縮交渉の歴史的進展 (3)
　　2　核軍縮の取組みと成果 (10)
　　3　核以外の軍縮の取組みと成果 (25)
　　4　軍縮国際法の展開 (29)

第2章　戦略兵器の削減 ………………………… 39
　第1節　第1次戦略兵器削減条約 …………………… 41
　　1　交渉過程と主要問題 (41)
　　2　条約義務の内容 (50)
　　3　条約義務の検証・査察 (59)
　　4　条約の意義と履行 (66)
　第2節　第2次戦略兵器削減条約 …………………… 74
　　1　大統領イニシアティブ (74)
　　2　第2次戦略兵器削減条約 (80)
　　3　第3次戦略兵器削減条約の枠組み (87)
　　4　STARTプロセスの継続と終焉 (92)
　第3節　戦略攻撃力削減条約 ………………………… 96
　　1　ブッシュ政権の核兵器削減政策 (97)
　　2　条約の内容 (105)
　　3　STARTプロセスとの比較検討 (111)

4　条約の意義（116）

　第4節　米国の核態勢見直し ……………………………… 123
　　　1　核態勢見直しの基本的内容（123）
　　　2　核戦力の規模と削減（129）
　　　3　新たな3本柱の構築（133）
　　　4　核態勢見直しの批判的検討（136）

第3章　核兵器の不拡散 ……………………………… 145
　第1節　冷戦終結直後の核拡散問題 ……………………… 147
　　　1　IAEAとNPT（148）
　　　2　イラクの核開発（149）
　　　3　北朝鮮の核疑惑（154）
　　　4　国際社会の対応（157）

　第2節　1995年NPT再検討・延長会議 ………………… 161
　　　1　核拡散の危険の増大（162）
　　　2　NPT延長の決定（164）
　　　3　核不拡散体制の論点（169）
　　　4　核軍縮の具体的措置（173）

　第3節　2000年NPT再検討会議 ………………………… 179
　　　1　会議の背景と特徴（180）
　　　2　各国の主張と議論（186）
　　　3　核軍縮に向けた実際的措置（194）
　　　4　核不拡散体制強化の措置（208）

　第4節　核不拡散と輸出管理 ……………………………… 215
　　　1　核不拡散措置の類型（215）
　　　2　核開発技術の不拡散の努力（219）

3　原子力関連輸出管理の課題（*226*）

　　　4　核不拡散と核軍縮（*232*）

第4章　核兵器の実験禁止 ……………………………*235*

　第1節　包括的核実験禁止条約 ……………………………*237*

　　　1　条約の交渉過程（*237*）

　　　2　交渉における論点（*242*）

　　　3　基本的義務の意義（*249*）

　　　4　機関・検証・効力発生（*254*）

　第2節　インド・パキスタンの核実験 ……………………*260*

　　　1　両国の核実験とその背景（*260*）

　　　2　国際社会の対応（*265*）

　　　3　国際核不拡散体制への影響（*269*）

　　　4　国際社会の今後の対応（*274*）

第5章　非核兵器地帯の設置 …………………………*281*

　第1節　フランス核実験と南太平洋非核地帯 ……………*283*

　　　1　非核兵器地帯の概念（*284*）

　　　2　南太平洋での核実験反対（*286*）

　　　3　議定書に対する核兵器国の態度（*288*）

　　　4　非核兵器地帯の意義（*290*）

　第2節　東アジアの非核化 …………………………………*295*

　　　1　北東アジアの核情勢（*295*）

　　　2　東南アジア非核兵器地帯条約（*303*）

　　　3　北東アジア非核兵器地帯構想（*306*）

　　　4　原子力の地域的協力（*309*）

第3節　北東アジア限定的非核兵器地帯構想 ……………………… *313*

　　1　既存の非核兵器地帯（*314*）

　　2　北東アジア限定的非核兵器地帯構想（*318*）

　　3　その他の提案（*321*）

　　4　北東アジア限定的非核兵器地帯構想の意義（*324*）

第6章　核兵器の使用禁止 ……………………………………… *329*

　第1節　国際司法裁判所の勧告的意見 …………………………… *331*

　　1　勧告的意見の論旨（*332*）

　　2　勧告的意見の結論（*336*）

　　3　勧告的意見の意義（*338*）

　　4　今後の課題（*341*）

　第2節　核兵器の先制不使用 ……………………………………… *344*

　　1　先制不使用と各国の態度（*344*）

　　2　先制不使用の主張（*347*）

　　3　先制不使用をめぐる諸問題（*350*）

　　4　今後の課題（*353*）

第7章　大量破壊兵器の禁止と規制 …………………………… *357*

　第1節　化学兵器の全面禁止 ……………………………………… *359*

　　1　化学兵器禁止条約の内容（*359*）

　　2　日本の中国遺棄化学兵器（*368*）

　　3　化学兵器禁止条約の課題（*373*）

　第2節　生物兵器の全面禁止 ……………………………………… *381*

　　1　生物兵器禁止条約の内容（*381*）

　　2　生物兵器禁止条約の強化（*387*）

3　生物兵器禁止条約の課題（397）

　第3節　大量破壊兵器とミサイルの不拡散 ……………………401

　　　1　歴史的展開（401）

　　　2　大量破壊兵器とミサイルの不拡散措置（407）

　　　3　拡散への対応方法・手段（425）

　　　4　今後の課題（436）

第8章　人間の安全保障と軍縮 ………………………………445

　　　1　人間の安全保障概念と軍縮（447）

　　　2　対人地雷禁止条約（451）

　　　3　小型武器の規制（456）

　　　4　今後の課題（462）

第9章　21世紀の核軍縮 ………………………………………467

　　　1　新たな国際情勢の出現（469）

　　　2　核軍縮への課題（474）

　　　3　核軍縮推進の主体（483）

　　　4　今後の展望（490）

索　引（巻末）

軍縮関連略語表

ABM	Anti-Ballistic Missile	対弾道ミサイル
ALCM	Air-Launched Cruise Missile	空中発射巡航ミサイル
ARF	ASEAN Regional Forum	アセアン地域フォーラム
ASEAN	Association of South-East Asian Nations	東南アジア諸国連合
BIC	Bilateral Implementation Commission	2国間履行委員会
BMD	Ballistic Missile Defense	弾道ミサイル防衛
BWC	Biological Weapons Convention	生物兵器禁止条約
CBM	Confidence Building Measures	信頼醸成措置
CD	Conference on Disarmament	軍縮会議
CFE	Conventional Armed Forces in Europe	欧州通常戦力
CIS	Commonwealth of Independent States	独立国家共同体
CSCE	Conference on Security and Cooperation in Europe	欧州安保協力会議
CTBT	Comprehensive Nuclear Test Ban Treaty	包括的核実験禁止条約
CTBTO	Comprehensive Nuclear Test Ban Treaty Organization	包括的核実験禁止条約機関
CTR	Cooperative Threat Reduction	協力的脅威削減
CWC	Chemical Weapons Convention	化学兵器禁止条約

EEZ	Exclusive Economic Zone	排他的経済水域
EU	European Union	欧州連合
EURATOM	European Atomic Energy Community	欧州原子力共同体
FMCT	Fissile Material Cut-Off Treaty	兵器用核分裂性物質生産禁止条約
G7	Group of Seven	先進7ヵ国グループ
GLCM	Ground-Launched Cruise Missile	地上発射巡航ミサイル
GPALS	Global Protection Against Limited Strikes	限定攻撃に対する世界的防護
HEU	Highly Enriched Uranium	高濃縮ウラン
IAEA	International Atomic Energy Agency	国際原子力機関
IANSA	International Action Network on Small Arms	小型武器国際行動ネットワーク
ICBL	International Campaign to Ban Landmines	地雷廃絶国際キャンペーン
ICBM	Intercontinental Ballistic Missile	大陸間弾道ミサイル
ICJ	International Court of Justice	国際司法裁判所
INF	Intermediate-Range Nuclear Forces	中距離核戦力
JCC	Joint Consultative Commission	合同協議委員会
JCIC	Joint Compliance and Inspection Commission	合同遵守査察委員会
KEDO	Korean Peninsula Energy Development Organization	朝鮮半島エネルギー開発機構
MAD	Mutual Assured Destruction	相互確証破壊
MIRV	Multiple Independently Targetable Reentry Vehicle	

複数目標個別誘導再突入体

MTCR	Missile Technology Control Regime	ミサイル輸出管理レジーム
N5	Five Nuclear-Weapon States	5核兵器国
NAC	New Agenda Coalition	新アジェンダ連合
NAM	Non-Aligned Movement (Countries)	非同盟諸国
NATO	North Atlantic Treaty Organization	北大西洋条約機構
NATO5	Five NATO States	NATOの5ヵ国
NBC	Nuclear, Biological and Chemical	核, 生物, 化学
NGO	Non-Governmental Organization	非政府組織
NMD	National Missile Defense	国家ミサイル防衛
NNSA	National Nuclear Security Agency	国家核安全保障管理局
NNWS	Non-Nuclear-Weapon States	非核兵器国
NPR	Nuclear Posture Review	核態勢見直し
NPT	Nuclear Non-Proliferation Treaty	核不拡散条約
NRRC	Nuclear Risk Reduction Center	核危機軽減センター
NSA	Negative Security Assurances	消極的安全保障
NSG	Nuclear Suppliers Group	原子力供給国グループ
NST	Nuclear and Space Talks	核・宇宙交渉
NTM	National Technical Means (of Verification)	自国の検証技術手段
NWFZ	Nuclear-Weapon-Free Zone	非核兵器地帯
NWS	Nuclear-Weapon States	核兵器国
OAS	Organization of American States	

		米州機構
OAU	Organization of African Unity	アフリカ統一機構
OPANAL	Agency for the Prohibition of Nuclear Weapons in Latin America	
		ラテンアメリカ核兵器禁止機構
OPBW	Organization for the Prohibition of Biological Weapons	
		生物兵器禁止機関
OPCW	Organization for the Prohibition of Chemical Weapons	
		化学兵器禁止機関
OSCE	Organization for Security and Cooperation in Europe	
		欧州安保協力機構
OSI	On-Site Inspection	現地査察
P5	Five Permanent Members of UN security Council	
		国連安保理常任理事国
PNE	Peaceful Nuclear Explosion	平和目的核爆発
PTBT	Partial Test Ban Treaty	部分的核実験禁止条約
QDR	Quadrennial Defense Review	4年毎の防衛見直し
SAARC	South Asian Association for Regional Cooperation	
		南アジア地域協力連合
SALT	Strategic Arms Limitation Talks/Treaty	
		戦略兵器制限交渉／条約
SBSS	Science-Based Stockpile Stewardship	
		科学的備蓄管理
SCC	Standing Consultative Commission	
		常設協議委員会
SDI	Strategic Defense Initiative	戦略防衛構想
SLBM	Submarine-Launched Ballistic Missile	
		潜水艦発射弾道ミサイル
SLCM	Sea-Launched Cruise Missile	海洋発射巡航ミサイル
SNDV	Strategic Nuclear Delivery Vehicle	
		戦略核運搬手段
SNF	Short-Range Nuclear Forces	短距離核戦力

SRAM	Short-Range Attack Missile	短距離攻撃ミサイル
SSBN	Nuclear-Powered Ballistic Missile Submarine	弾道ミサイル装備原子力潜水艦
START	Strategic Arms Reduction Talks/Treaty	戦略兵器削減交渉／条約
THAAD	Theater High Altitude Area Defense	戦域高高度地域防衛
TMD	Theater Missile Defense	戦域ミサイル防衛
TNF	Theater Nuclear Force	戦域核戦力
TTBT	Threshold Test Ban Treaty	地下核実験制限条約
UN	United Nations	国際連合
UNMOVIC	UN Monitoring, Verification and Inspection Commission	国連監視検証査察委員会
UNSCOM	UN Special Commission on Iraq	国連イラク特別委員会
WCP	World Court Project	世界法廷プロジェクト
WHO	World Health Organization	世界保健機関
WTO	Warsaw Treaty Organization	ワルシャワ条約機構
ZOPFAN	Zone of Peace, Freedom and Neutrality	平和自由中立地帯

第1章　軍縮国際法総論

国際の平和と安全保障の維持および強化にとって、軍縮は重要な役割を果たしてきたし、これからも一層広範にその役割を果たすであろう。第2次世界大戦以前においても軍縮分野で一定の進歩は見られたが、1945年の核兵器の出現を契機として、その後の核軍縮を中心とする国際社会の努力により、これまでにかなりの成果が生み出されており、国際法の新たな重要な領域を形成している。

本章においては、国際法の側面からの分析を中心とするが、背後の国際政治や戦略論なども検討の対象とし、また軍縮の進展における日本の役割にも焦点を当てる。第1に、軍縮交渉の歴史的な歩みを検討することにより、これまでどのようなフォーラムにおいて、どのような措置が交渉されてきたかを明らかにする。第2に、核兵器に関する個々の軍縮措置の形成過程とその成果を検討し、そこでは、核兵器の制限と削減、核兵器の不拡散、核兵器の実験禁止、非核兵器地帯の設置、核兵器の使用禁止を検討する。第3に、核兵器以外の軍縮の取組みとその成果につき、化学兵器、生物兵器、通常兵器の軍縮を取り扱う。第4に、軍縮をめぐるさまざまな国際法の諸問題を取り扱う。国際の平和と安全保障に対して軍縮はどのような役割を果たし得るのか、大量破壊兵器に対する法的規制はいかなるものであるのか、国際社会の組織化と軍縮はどのような関係にあるのかなどを検討する。

1　軍縮交渉の歴史的進展

(a)　第2次世界大戦以前の軍縮交渉

現代国際社会の成立とともに、主権国家は自国の軍備の整備・増強を図ってきており、軍縮問題は、19世紀の終わりまで国際法の問題となることはなかった。それは紛争解決の手段として戦争が禁止されていなかったからであり、日本も開国とともに富国強兵という方針の下に軍備増強を推し進めてきた。

一般的な国際会議の場に軍縮問題が初めて登場したのは、1899年の第1回ハーグ平和会議であった。それは、ロシア皇帝ニコライ2世の提唱により、戦時国際法、紛争の平和的解決とともに、軍縮を主要な議題として開催され

た。1907年の第2回ハーグ平和会議とあわせて，戦時国際法と紛争の平和的解決の分野ではいくつかの条約の作成に成功したが，軍縮問題ではまったく合意が達成されなかった。

第1次世界大戦後に成立した国際連盟は，その規約第8条において，「連盟国は，平和維持のためには，その軍備を国の安全および国際義務を協同動作をもってする強制に支障なき最低限度まで縮小するの必要あることを承認す」と規定し，連盟理事会に軍備縮小に関する案を作成するよう求めていた。連盟理事会は，1925年に軍縮会議準備委員会を設置し，準備委員会が条約草案の作成に努力し，1930年に一般軍縮条約案を作成した。本会議は日本，米国，ソ連，英国，フランス，ドイツ，イタリアなど14ヵ国が参加し，1932年2月よりジュネーブで開催された。会議の目的は，陸・海・空軍にわたる全般的な軍縮であったが，まずフランスが軍縮の前提として国際警察軍による安全保障と連盟による侵略兵器の管理を求めたため，会議は暗礁に乗り上げ，ソ連がこの会議を宣伝の場として利用したこともあり，さらにドイツが自国の再軍備の権利を主張しつつ軍縮会議および国際連盟から脱退したため，会議は合意に至らず1934年には作業を停止した。

連盟の外において，日・米・英間の軍艦建造競争と太平洋地域における勢力圏拡大競争を緩和することを目的として，1922年にワシントン条約が締結された。これは英・米・日・仏・伊の主力艦（戦艦と航空母艦）を制限するもので，それぞれの保有量を5：5：3：1.75：1.75の割合に制限するものであった。さらに1930年のロンドン条約は，ワシントン条約で合意された割合を補助艦にも適用したもので，巡洋艦と駆逐艦では英米と日本の割合は10：7ほどであり，潜水艦は3国同一であった。フランスとイタリアは交渉に参加したが，条約には署名しなかった。(1)

(b) 国連における軍縮交渉

国際連盟規約と比較すると，国連憲章は軍縮をそれほど重要視していない。第26条は，安全保障理事会が，軍備規制の方式を確立するための計画を作成する責任を負うとしており，第11条は，総会が，軍備縮小および軍備規制を律する原則を審議し，勧告できると規定している。第2次世界大戦へと導いた国際情勢の経験に基づき，国連憲章作成時には，軍縮よりも集団的安

全保障に重点が置かれたからである。

　しかし，国連憲章がサンフランシスコ会議で採択された1ヵ月余り後に，核兵器が広島・長崎に投下された。これにより，国連は憲章が予定していたよりもずっと積極的に軍縮，特に核軍縮に取り組むことになった。1946年1月に開催された第1回国連総会において，原子力により生じた問題を取り扱う委員会として原子力委員会（Atomic Energy Commission）を設置することが，最初の総会決議として決定された。ここでも，核兵器の国家軍備からの廃棄につき特別の提案をなすよう求められていた。

　安全保障理事会理事国とカナダで構成されるこの委員会では，原子力の国際管理をめざす米国のバルーク案と，原子兵器の禁止に重点を置くソ連のグロムイコ案が提出され，審議された。しかし米国のみが核兵器を保有する時代であり，核兵器の管理を優先する米国と核兵器の廃棄を優先するソ連との対立は鋭く，交渉はまったく進展しなかった。

　国連総会は1946年12月に，軍備と兵力の早期の全面的規制と縮小の必要を認め，そのための措置をとるよう安全保障理事会に勧告した。安全保障理事会は1947年2月に通常軍備委員会（Commission for Conventional Armaments）を設置し審議を開始した。メンバーは安全保障理事会理事国である。

　この時期の交渉の特徴は，憲章規定の消極的な立場に反して国連が積極的に軍縮問題に取り組んだこと，また交渉が国連安全保障理事会を中心に行われたことである。

　この2つの委員会は1952年1月に統合されて軍縮委員会（Disarmament Commission）となり，軍縮問題全体を取り扱った。メンバーは安全保障理事会理事国とカナダであり，さらに実質交渉はその小委員会（カナダ，フランス，ソ連，英国，米国）で，特に包括的軍縮につき交渉が続けられた。その後個別問題も審議されたが，ソ連がメンバーシップに不満を表明し，この委員会は1950年代末に活動を停止した[2]。

　その後国連を舞台に軍縮交渉が行われることはなく，国連は軍縮特別総会および国連総会での審議という形で軍縮に関与していった。まず国連特別総会は，これまで1978年，1982年，1988年に3回開催された。第1回の特別総会では，軍縮のあらゆる側面が審議され，それまでの成果の評価と今後の方向を示すきわめて重要な最終文書がコンセンサスで採択されたが[3]，第2回と

第3回は成果を挙げていない。

国連総会第1委員会は軍縮問題を審議する場であり、毎年多くの決議が採択されている。総会決議は勧告であって法的拘束力を持つものではないが、ジュネーブの軍縮会議や米ロ2国に、軍縮交渉の方向を指示し、一定の措置を勧告する点で重要な役割を果たしている。日本は1994年以来毎年、「核兵器の究極的廃絶に向けた核軍縮」に関する決議案を提出してきた。当初は一部の核兵器国が強く反対し、画期的なものと考えられていたが、その後5核兵器国も受け入れるようになった。しかし2000年NPT再検討会議において新アジェンダ連合の主張する「核廃絶の明確な約束」が合意されたため、「核兵器の究極的廃絶」はその使命を終え、2000年以降の国連総会では日本は新たな内容を盛り込んだ「核兵器の全面的廃絶への道程」と題する決議案を提出している。(4)

(c) ジュネーブ軍縮会議における軍縮交渉

1950年代末に国連の軍縮委員会はソ連の不満により交渉を停止し、それに代わって、国連の外において東西同数の原則に基づく軍縮交渉機関が設置された。1959年に米ソの合意により、西側5ヵ国(米国、英国、フランス、カナダ、イタリア)と東側5ヵ国(ソ連、チェコスロバキア、ポーランド、ルーマニア、ブルガリア)から成る10ヵ国軍縮委員会(Ten-Nation Committee on Disarmament)が設置された。これが実質的交渉を行わないうちに、さらに非同盟8ヵ国(ブラジル、ビルマ、エチオピア、インド、メキシコ、ナイジェリア、スウェーデン、アラブ連合)を加えた18ヵ国軍縮委員会(Eighteen-Nation Committee on Disarmament=ENDC)が1962年から活動を始めた。1960年代後半には、この委員会において核不拡散条約(NPT)が交渉され、条約が採択された。

1969年にこの委員会は、日本など新たに8ヵ国をメンバーに加え、26ヵ国となり、軍縮委員会会議(Conference on the Committee on Disarmament=CCD)と名称を変更した。さらに1975年には東西ドイツなどを加え31ヵ国と拡大された。そこでは海底核兵器禁止条約および生物兵器禁止条約が交渉され、条約が採択された。包括的核実験禁止や化学兵器禁止も交渉されたが条約作成には至っていない。また環境改変技術の軍事的使用の禁止に関する条約も

交渉され，採択されている。

　この委員会の特徴の第1は，東西同数の原則が厳守され，メンバーが増加していく際にも東西から同数が加入している。非同盟諸国の数も徐々に増加するが，それが過半数を越えることはなかった。第2の特徴は，米ソ共同議長国制にあり，委員会の交渉の内容や進め方について常に米ソ両国の見解が優先する米ソ主導型のものであった。

　1978年の第1回国連軍縮特別総会の際に，この委員会について大きな改革が実施された。まず名称が軍縮委員会（Committee on Disarmament = CD）に変更され，メンバーに中国とフランス（それまで参加を拒否）を加え，40ヵ国とした。次に米ソ議長国制を廃止し，議長は月ごとの輪番制となった。さらに国連との結びつきを強化し，国連事務総長が委員会の事務局長を任命し，委員会は毎年国連総会に報告書を提出することが定められた。その後1984年に名称が，軍縮会議（Conference on Disarmament = CD）に変更され今日に至っている。

　これは唯一の多国間軍縮交渉機関であり，1992年には化学兵器禁止条約の作成に成功し，1994年から1996年にかけて包括的核実験禁止条約（CTBT）の交渉を行った。1996年にメンバーは61ヵ国に拡大され，さらに1999年には66ヵ国に拡大された。

　冷戦期においては，この委員会は西側，東側，非同盟の3つのグループから構成され，それぞれがグループとして行動したため，またメンバーの数がそれほど多くなかったため，コンセンサスによる決定もそれほど障害とはなっていなかった。冷戦後の現在においても，このグループは形の上では残っているが，実質的には崩壊しており，東側が西側に吸収される傾向と，非同盟諸国が必ずしも団結しない傾向が見られる。

　たとえば，CTBT交渉において，中国は独自の立場を主張し，条約作成の最終段階まで自国の主張を維持した。さらにインドはCTBTの軍縮会議での採択に反対したため，この条約は軍縮会議では採択できなかった。このように，66ヵ国ものメンバーをもつ軍縮会議が，条約の採択の際のみならず，条約交渉の開始についてもすべてコンセンサスで決定することになっているため，ここ数年間，軍縮会議では何も交渉が行われない状況が継続している。(5)

　日本はこれらの委員会や会議における交渉に西側の一員として参加すると

ともに、検証・査察の側面で個別の提案を出したりしている。特にCTBTの地震学的検証については、かなり以前からその中心として活躍してきた。

(d) 米ソ・米口2国間の軍縮交渉

米国とソ連は2超大国であり、最も多くの核兵器を保有してきたこともあり、1960年代末から米ソの2国間交渉が開始された。その背景には、1968年に核不拡散条約が採択され、核軍縮交渉を行う約束をしたこと、ソ連の核兵器の増強で両国間におおよそのパリティが成立したこと、両国間の核軍備競争を管理し戦略的安定性を維持する必要が感じられたことがある。

戦略兵器制限交渉（SALT）は1969年から開始され、SALT I 交渉の成果として、1972年5月に、対弾道ミサイル（ABM）条約と戦略攻撃兵器制限暫定協定が署名され、それぞれ批准された。その後SALT II 交渉が継続され、1979年6月に戦略攻撃兵器制限条約が署名されたが、米国内での批判もあり、批准されず発効していない。

この時期の交渉は、相互確証破壊（MAD）理論に基づき米ソの戦略的安定性の維持を目的とするものであった。特に第2撃の有効性を維持するために防御兵器を制限することが必要と考えられ、対弾道ミサイルシステムの展開は地域防衛1ヵ所に制限された。攻撃兵器については、大陸間弾道ミサイル（ICBM）と潜水艦発射弾道ミサイル（SLBM）を中心に、後には爆撃機をも含めて、基本的には現状維持を規定し、あるいは若干の増強を許すものであった。

1980年代に入って、戦略兵器削減交渉（START）と中距離核戦力（INF）の交渉が開始されるが、1980年代前半の米ソ関係は最悪の状況であり交渉は進展せず、1985年にゴルバチョフが現われて本格的交渉が開始された。米ソの地上配備中距離核戦力を地球規模で全廃する中距離核戦力（INF）条約が1987年に署名され、発効後3年間でそれらは実際に廃棄された。この条約は冷戦の終結を促進するものとして重要な役割を果たした。

戦略攻撃弾頭を半減しそれぞれ6000とするSTART I 条約は1991年7月に署名された。この条約はこれまで増強の一方であった戦略核兵器を大幅に削減するものであり、冷戦終結の具体的措置として画期的なものである。その年の末にソ連が崩壊したため、1992年5月のリスボン議定書で、この条約は

米国，ロシア，ウクライナ，ベラルーシ，カザフスタンの5国間条約に改正された。条約は1994年12月に発効し，2001年12月までに削減は完全に実施された。

さらに戦略攻撃弾頭を3000-3500に削減することを規定するSTART II条約は，1993年1月に署名されたが，米ロの関係悪化などもあり，発効しなかった。また1997年3月にSTART III条約の枠組みとして戦略攻撃弾頭を2000-2500に削減することに米ロは合意したが，条約の交渉には至らなかった。しかし，2002年5月に米ロは「戦略攻撃力削減条約」に署名し，両国の戦略核弾頭を2012年12月31日までに1700-2200に削減することに合意している。

(e) 地域的な交渉

多国間交渉と2国間交渉の間にあって，地域的なレベルで軍縮交渉がこれまで行われてきている。1つは，非核兵器地帯の設置に関する交渉で，各地域において既存の機構を利用したり，新たな枠組みを作って実施されてきた。それらは継続的なものではなく，非核兵器地帯設置という特定の目的のためであるので，条約成立とともに交渉は終了する。

もう1つは，欧州における通常兵器の削減交渉であり，冷戦中には相互均衡兵力削減交渉（MBFR）として行われていたが，冷戦終結期に欧州通常戦力（CFE）交渉としてその条約が1990年に締結され，その後実施されてきた。さらに，その後の国際情勢の変化を考慮して1999年に条約が修正されている。

(1) 第2次世界大戦以前の軍縮問題については，三枝茂智『国際軍備縮少問題』新光社（1933年），藤田久一『軍縮の国際法』日本評論社（1985年）4-22頁，軍縮問題研究会編『軍縮問題の研究』国民出版協会（昭和33年）41-50頁，Goldblat, J., *Agreements for Arms Control: A Critical Survey*, Taylor & Francis Ltd. (1982), pp. 1-11 参照。

(2) United Nations, *The United Nations and Disarmament, 1945-1970*, United Nations Publication (1970), pp. 1-77; Philip Noel-Baker, *The Arms Race*, Stevens and Sons, London, (1958) ［ノエル＝ベーカー，前芝確三，山手治之訳『軍備競争──世界軍縮のプログラム』岩波書店（1963年）］参照。

(3) 黒澤満「国連軍縮特別総会の意義——最終文書の検討を中心に——」『ジュリスト』674号（1978年）88-93頁。
(4) 日本政府の提唱による「国連軍縮会議」が1989年から毎年日本で開催されている。これは政府高官，軍縮問題専門家，平和運動家，ジャーナリストなどが討議をする場である。また日本政府の提唱により，1998年に「核不拡散・核軍縮に関する東京フォーラム」が組織され，翌年その報告書「核の危機に直面して——21世紀への行動計画」が提出された。
(5) ジュネーブ軍縮委員会・軍縮会議の展開と特徴については，黒澤満「軍縮条約の交渉・起草過程の特徴」山手治之・香西茂編『現代国際法における人権と平和の保障』東信堂（2003年）357-380頁参照。

2　核軍縮の取組みと成果

(a)　核兵器の制限と削減

(イ)　戦略兵器制限交渉（SALT）

1969年より米ソ間で開始された戦略兵器制限交渉では，まず1972年5月に「対弾道ミサイル（ABM）条約」が締結され，発効した。これは両国の防御システムを厳格に制限するものである。各締約国は，その領域の防衛のためにABMシステムを展開しないこと，そのための基盤を準備しないことを約束し，個々の地域については，当初は首都防衛用とミサイル基地防衛用各1ヵ所のみに，1974年の改正によりどちらか1ヵ所のみに，限定的なABMシステムを展開できるものとされた。これは相互確証破壊理論に基づくものであり，相互の防御兵器を制限することにより，相手方の第2撃の有効性が確保され，それにより核使用がお互いに抑止され，戦略的安定性が維持されるという考えである。

同時に「戦略攻撃兵器制限に関する暫定協定」が締結された。これは戦略攻撃兵器の数的な現状を維持するためのもので，射程が5500キロメートル以上の大陸間弾道ミサイル（ICBM）は米国1054，ソ連1618に制限され，潜水艦発射弾道ミサイル（SLBM）は現状の凍結と一定数のICBMの転換が認められ，上限は米国が710，ソ連が950となった。また新型弾道ミサイル潜水艦は米国44，ソ連62に制限された。これは暫定的な凍結であり，協定の

有効期間は5年であった。全体にソ連の数が多いのは，米国が優勢である爆撃機が含まれていないこと，各ミサイルに搭載される弾頭数が規制されていないことによる。

その後1979年6月に署名されたSALT II条約，すなわち戦略攻撃兵器制限条約は，米ソに同数の制限を課すもので，運搬手段全体の数を2400に制限しており，これはほぼ現状凍結であった。条約はその内訳について詳細な規定を設けており，MIRV（個別誘導複数目標弾頭）を装備したICBMは820，MIRVを装備したICBMとSLBMの合計は1200という上限を設定していた。条約署名時の両国の現状ではMIRV搭載のものはそれよりもかなり下回っていた。

この条約は，最新兵器であるMIRV装備のミサイルについては，現状よりも高い数を規定しており，一定の増強を認めるものである。これは，両国の軍備増強を認めながらも，それが一定の管理の下で行われるようにすることを目的とするもので，戦略的安定性を維持することを主たる目的とする「軍備管理」の考えに基づいている。しかし，この条約は米国にとってきわめて不利であるという米国内の批判もあり，米国が批准しなかったため発効しなかった。[6]

(ロ) 中距離核戦力(INF)交渉

1980年代に入って，ソ連のSS-20ミサイルの配備などを契機として，射程が1000-5500キロメートルの中距離ミサイルが交渉の対象となった。これは主として，西ヨーロッパに配備された米国のミサイルとソ連および東ヨーロッパに配備されたソ連のミサイルが対象である。1985年に登場したゴルバチョフの政策変更もあり，米ソは1987年12月に「INF条約」に署名した。

対象は地上配備の中距離ミサイルおよび準中距離ミサイル（射程500-1000キロメートル）であり，そのミサイル，ミサイル発射機，支援構造物，支援装置がすべて廃棄されることが規定された。実際に，それらは条約発効から3年間ですべて廃棄された。廃棄された数は，ミサイルは米国が866，ソ連が1752，ミサイル発射機は米国が282，ソ連が845である。

この条約は，以前の上限設定などとは異なり，一定のカテゴリーの兵器を全廃するもので，きわめて画期的なものであった。また検証についても数種

類の現地査察などそれまで不可能と考えられていた措置が合意された。またこの条約の締結と実施が冷戦の終結に向けて重要な役割を果たしたと考えられる。[7]

(ハ) 戦略兵器削減交渉 (START)

交渉自体は1980年代前半から始まっていたが，本格的交渉が始まるのはその後半であり，「START I 条約 (戦略攻撃兵器の削減および制限に関する条約)」は1991年7月に米ソにより署名された。まず戦略運搬手段 (ICBM, SLBM, 重爆撃機) を1600に削減し，弾頭数を6000に削減することが規定された。条約署名時に米ソとも約12000の弾頭を保有していたことから半減であると言われている。さらに内訳としてICBMとSLBMの弾頭を4900にし，ソ連の重ICBMを50％削減することが規定された。

冷戦の終結に伴い，米ソ関係の大幅改善および安全保障環境の変化によりこのような大幅な削減が可能となった。1991年末にソ連が崩壊したため，[8]1992年5月にリスボン議定書が締結され，米国，ロシア，ウクライナ，ベラルーシ，カザフスタンが当事国となった。1994年12月に条約は発効し，7年以内の実施が規定されているが，予定よりも早く実施されている。[9]

旧ソ連4ヵ国の戦略兵器削減義務の履行を財政的および技術的に支援するため，日本は1993年に1億ドルの協力を約束し，ロシアについては，解体核兵器から生じる核物質貯蔵施設への協力，液体放射性廃棄物処理施設の建設など，他の3ヵ国については，核物質管理国家制度の確立などの支援を行っている。さらに1999年には追加的に2億ドルの資金供与を発表し，ロシアの原潜解体支援などを実施している。

「START II 条約 (戦略攻撃兵器の一層の削減および制限に関する条約)」は，1993年1月に米ロにより署名された。この条約の内容は，2003年1月1日までに弾頭数をそれぞれ3000-3500に削減すること，MIRV装備のICBMを全廃すること，重ICBMを全廃すること，SLBM弾頭を1700-1750に削減することである。

この条約については，米国上院は1996年1月に批准を承認したが，ロシアの国内情勢が不安定であり，条約がロシアにとって不利であるとの批判もあり，ロシアの批准作業は進展しなかった。1997年9月に両国は条約実施期限

を5年延長して，2007年12月31日とすることに合意した。その後米国のTMD（戦域ミサイル防衛）やNMD（国家ミサイル防衛）の問題が出現し，ロシアの批准は一層困難になった。また米ロは，1972年のABM条約で禁止されていないミサイル防衛を明確にするため，1997年9月に「ABM－TMDディマーケイション協定」に合意した。

2000年4月，NPT再検討会議開始の10日前に，ロシアの下院はSTART II条約の批准を承認し，その後ロシアは正式に批准したが，ABM条約の遵守や，米国による1997年9月の諸合意の批准などを条件としており，その後に批准書の交換を行うこととしていたため，条約の発効は困難視されていた。1997年3月の米ロ首脳会談において，両国はSTART IIIではさらに2007年末までに2000-2500まで削減するという枠組みに合意した。しかしその交渉はSTART II条約の発効を条件としていた。

(二) 攻撃兵器と防衛兵器

米国とソ連あるいはロシアとの2国間交渉においては，攻撃兵器と防衛兵器の関係がしばしば大きな問題となってきた。ソ連はガロッシュと呼ばれる防衛システムを1964年よりモスクワ周辺に配備しており，米国は，1967年に主として都市を守るセンチネルABMシステムの展開を決定したが，それは1969年にICBM基地を防御するセイフガードABMシステムに変更され，実際に建設が開始された。

1972年のABM条約は，両国の現状を承認しつつ，防衛兵器の厳格な制限が戦略的安定性の基盤であり，それを基礎として戦略兵器の制限が可能になるという考えに基づいて合意された。その後米国はセイフガードの建設を中止し，解体している。

1983年にレーガン大統領は，「戦略防衛構想（SDI）」を提唱した。これは宇宙空間に大規模なミサイル防衛システムを展開する構想で，レーザー兵器など先端防衛技術を用いて，ソ連のICBMを発射直後に破壊しようとするものであった。1985年には米政府はABM条約の新しい解釈を打ち出し，条約は新しい物理原理に基づくシステムの研究，開発，実験を禁止していないと主張した。ソ連はこの構想に全面的に反対し，米国がこれを主張する限り戦略攻撃兵器の削減に応じない態度を維持した。その結果，START I 条約が

署名されたのは，ブッシュが次期大統領になってからであった。

　ブッシュ大統領（第41代）はSDIを大幅に縮小した「GPALS（限定攻撃に対する世界的防護）」という構想を1991年に示したが，具体的には進展しなかった。1993年にクリントン政権は，「TMD（戦域ミサイル防衛）」[11]の重要性を主張し，研究開発を開始し，推進した。これはABM条約により禁止されていないが，条約により禁止されているものと許容されているものとの境界を明らかにするため，1997年9月に米ロはABM－TMDディマーケイション協定に合意した。

　その後米国は「NMD（国家ミサイル防衛）」の開発を決定し，2000年に配備決定をする予定であったが延期された。NMDは明確にABM条約に違反することになるので，配備するためには条約を改正または廃棄することが必要であった。ロシア，中国およびフランスはABM条約を厳守すべきことを強く主張しており，米国との間で深刻な対立が生じていた。これらの諸国は，ABM条約は戦略的安定性の基盤であり，その改正や廃棄はこれまでの核軍備管理・軍縮協定を損ない，新たな核軍備競争を招来するものであると主張し，それに対し，米国は新たな脅威に対応するためにNMDが必要であると主張していた。

　2001年にブッシュ政権（第43代）が誕生し，新たな脅威に対抗するためにミサイル防衛の展開が不可欠であると主張し，2001年12月にはABM条約からの脱退をロシアに通告した。その6ヵ月後にABM条約は失効したため，米国は何らの規制もなしに，ミサイル防衛を実験し配備できることになった。米国はあらゆる迎撃形態で多層的なミサイル防衛を構築しようと計画しており，米国への長距離ミサイルに対する地上配備システムによるミッドコースでの迎撃，あらゆる射程のミサイルに対する航空機搭載レーザーによるブースト段階での迎撃，短・中距離ミサイルに対する海洋配備イージス艦によるミッドコースでの迎撃，短・中距離ミサイルに対するターミナル段階での迎撃などが計画されている。

　(ホ)　戦略攻撃力削減条約

　ブッシュ政権は早くから戦略兵器の削減を一方的に実施すると主張しており，2001年11月には，実戦配備の戦略核弾頭を今後10年間で1700-2200に

一方的に削減するとの声明を発表した。ロシアも同様の削減を実施すると述べたが、それは条約によるべきであると主張した。その後の協議により削減を条約により実施することが合意され、2002年5月24日に米国とロシアは「戦略攻撃力削減条約」に署名した。その内容はブッシュ大統領が一方的に実施すると述べていたものと同じであり、それぞれの戦略弾頭を2012年12月31日までに1700-2200に削減することである。ただし米国が条約の作成を嫌っていたこともあり、これまでの条約とは大きく異なり、全文5条のきわめて簡潔な条約であり、締約国の自由裁量が多く残されたきわめて柔軟なものである。

条約は一定期間後の時点における削減を規定しているが、残される核兵器の構成や構造は各国の自由であり、削減スケジュールも中間段階も存在しない。また検証に関する規定はまったく含まれておらず、脱退に関する規定は以前のものより一層容易になっている。また削減されるのは実戦配備された戦略核弾頭の数であって、実戦配備から撤去された核弾頭およびその運搬手段は廃棄されずに保管できることになっており、いざという時には元に戻すことが可能とされている。このように、この条約は柔軟性を最大の特徴としており、法的安定性や予見可能性といった要素は重視されていない。

(b) 核兵器の不拡散

「核不拡散条約（NPT）」は、1968年7月に署名され、1970年3月に発効した。この条約は新たな核兵器国の出現を防止することを主要な目的としたもので、1967年1月1日前に核兵器を製造・爆発させた米国、ロシア、英国、フランス、中国を「核兵器国」と定義し、他はすべて「非核兵器国」として区分している。核兵器国は核兵器を移譲しない義務を負い、非核兵器国は核兵器を受領しないこと、さらに製造しないことを約束している。

このように条約は5核兵器国に特権的な地位を与えているため、条約は原子力平和利用における協力および核軍縮に向けた交渉の継続という条項も含んでいる。条約締結時において、拡散の可能性が高いと見られていたのは、西ドイツ、日本など先進工業国であった。日本はこの条約の加入には慎重であり、批准書を寄託したのは条約が発効してから6年も経過した1976年であり、97番目の当事国であった。

今では188の国が締約国となっており，軍縮関連条約の中で最も多くの国が加入している。加入していないのは，インド，イスラエル，パキスタンである。インドは，1974年に平和目的核爆発を実施し，1998年にはインドとパキスタンが核実験を実施した。これは国際核不拡散体制への大きな挑戦であり，ほぼ普遍的な条約となっていたにもかかわらず，この2国が条約に真っ向から対立する形で核実験を行った。(13) イスラエルは核実験を実施していないが，すでに200程度の核兵器を保有していると考えられている。

1990年代に入って，イラクによる核兵器の開発および北朝鮮（朝鮮民主主義人民共和国）による核兵器の開発疑惑が明らかになり，条約の遵守が重要な課題となった。(14) イラクの場合は，湾岸戦争後の国連安全保障理事会決議によるUNSCOM（国連イラク特別委員会）の活動により，核兵器に関連する施設は破壊された。北朝鮮は，1994年10月の米朝枠組み合意により，関連の活動は凍結され，黒鉛減速型原子炉に代わって軽水炉が提供されることになり，そのために1995年に朝鮮半島エネルギー開発機構（KEDO）が設置された。日本は米国，韓国とともにKEDO理事会の当初からのメンバーである。

締約国である非核兵器国は，原子力が平和利用から核兵器に転用されるのを防止するため，国際原子力機関（IAEA）の保障措置を受諾する義務がある。そのために自国の核施設や核物質につき申告し，それを基礎に保障措置が適用されてきた。しかし，イラクは，未申告施設において核兵器の開発を進めていたことから，IAEA保障措置の強化の必要性が認識され，1997年にIAEA理事会はモデル追加議定書を採択し，申告されていない施設における秘密の核開発をも発見できるような新たな制度を構築した。(15) 保障措置については日本は積極的な貢献をなしており，この追加議定書にも8番目の国として1999年に批准している。

条約は差別的性質をもつと考えられていたため，条約の運用を検討する再検討会議が5年おきに開催され，条約の有効期限も当初は25年とし，その時点でいかに延長するかを決定することとされた。1995年には，延長会議と5回目の再検討会議が同時に開催され，条約の無期限延長が決定された。しかし会議は，延長の決定とパッケージで，「条約の再検討プロセスの強化」および「核不拡散と核軍縮の原則と目標」と題する文書を採択した。

前者は再検討のプロセスを強化し継続的に条約の運用を検討できるように

し，後者は条約の目的にそって達成されるべき具体的措置を列挙していた。これらは，無期限延長により差別的状況がさらに続くことになったが，核軍縮をはじめとする条約目的が具体的に達成できるよう枠組みを整備したものとなっている。条約の目的は多岐にわたるが，最も重要なのは，第6条に規定された核軍縮に向けての交渉であり，その成果が再検討会議では最も議論が多い問題であった。[16]

1996年7月に国際司法裁判所（ICJ）は，国連総会から提出された「核兵器の使用または威嚇の合法性」の問題に関連して，「厳格で効果的な国際管理の下でのあらゆる側面での核軍縮へと導く交渉を，誠実に遂行し完結させる義務が存在する」という勧告的意見を出した。[17]これは勧告的意見であって法的拘束力をもつものではないが，第6条の新しい解釈を示すものである。核軍縮に向けての交渉を誠実に遂行することだけでなく，それを完結させるという義務をも含ませたからである。

2000年の再検討会議に向けた準備段階で，日本は国際セミナーを開催し，核軍縮の実際的措置に関する提案を行なった。2000年の再検討会議では，新アジェンダ連合（NAC）というブラジル，エジプト，アイルランド，メキシコ，ニュージーランド，南アフリカ，スウェーデンの7ヵ国が，この勧告的意見を基礎として，「核兵器の全廃を達成するという核兵器国による明確な約束」を最終文書の中に取り入れようと努力した。核兵器国との鋭く対立する議論の後に，この約束が最終文書に取り入れられた。この会議において，日本は8項目提案を含む作業文書を会議の初日に提出し，核兵器国とNACや非同盟諸国の間の仲介役を果たすべく努力した。[18]

(c) 核兵器の実験禁止

1963年8月に，米英ソの3国は，「部分的核実験禁止条約（PTBT）」に署名し，それは10月に発効した。「大気圏内，宇宙空間及び水中における核兵器実験を禁止する条約」という条約の正式名が示しているように，この条約はこれらの環境における核実験を禁止している。それは逆に言えば，地下での核実験は禁止されていない。大気圏内核実験による放射性降下物などの環境汚染は，この条約により大部分解消することになったが，新たな核兵器の開発は地下で継続されることになり，核軍備競争の停止には有益ではなかった。

1954年3月に米国がビキニ環礁で実施した水爆実験により，立入り禁止水域外で操業していた第5福龍丸が放射能を浴び，乗員1名が死亡した。これを契機に核実験反対の国内および国際世論の盛り上がりもあり，条約の締結にこぎつけた。しかし，この時期には米英ソは地下核実験の技術をすでに保有しており，その後も一層多くの核実験を地下で実施した。フランスと中国は1960年代に入って核実験を開始したが，この条約が成立してもそれに加入しないで，大気圏内核実験を1970年代にも継続した。

南太平洋ムルロワ環礁におけるフランスの大気圏内核実験に対し，1973年にオーストラリアとニュージーランドは，フランス核実験の違法性の確認および核実験の停止を求めて国際司法裁判所に訴えを提起した。国際司法裁判所は，1975年にフランスが実験を大気圏内から地下へ移行する声明を出したことを根拠に，訴訟の目的が消滅したという判決を出した。裁判所は違法性についてはまったく議論せず，事実上大気圏内核実験が停止されたことで審議を終了した。[19]

あらゆる環境における核実験を禁止する包括的核実験禁止条約（CTBT）の交渉は，1994年1月にジュネーブ軍縮会議（CD）で開始され，1996年8月に終了した。軍縮会議では条約案にほとんどすべての国の賛同が得られたが，インドが反対したため，そこでは条約を採択できなかった。軍縮会議の決定は常にコンセンサスであり，1国でも反対すると何も決定できないシステムである。採択されなかった条約案は，その後国連総会に提出され圧倒的多数で採択された。国連総会は3分の2の多数決で採択できたからである。

この条約はあらゆる環境における核兵器の実験的爆発を禁止している。したがって，それまで禁止されていなかった地下における核実験が禁止されたことは画期的なことである。しかしここで禁止されているのは，実験的爆発であって，爆発に至らない実験は禁止されていない。特に，爆発の直前に実験を停止する未臨界実験は，核兵器国は保有核兵器の安全性と信頼性のために必要であると主張しているが，新たな核兵器の開発の可能性があると議論されている。[20]

この条約の発効条件は議論の対立するところであったが，原子力施設を有する特定の44ヵ国の批准が必要とされた。これは，5核兵器国とともにインド，パキスタン，イスラエルの3つの事実上の核兵器国を含む。他の36ヵ国

は核不拡散条約に非核兵器国として加入しているので，すでに核実験は禁止されている。英国，フランス，ロシアはすでにこの条約を批准しているが，米国上院は1999年10月に批准拒否を決定した。インドとパキスタンはまだ署名もしておらず，1998年5月の核実験の直後には署名や批准を示唆していたが，いまだ実行していない。

日本は包括的核実験禁止条約の作成および実施にはきわめて積極的に取り組んできた。検証措置の中心となる地震学的方法については20年も前から軍縮会議の中で技術と議論をリードしてきた。また1995年より毎年開発途上国の地震学専門家を育成するためのグローバル地震観測研修を実施している。日本は条約が署名のため開放された1996年9月24日に署名し，1997年7月に批准書を寄託し4番目の批准国となった。1999年10月に開催された条約発効促進会議では議長国を努め，最終宣言の採択に中心的役割を果たした。その後も日本は条約の発効を促進するため，発効に必要な44ヵ国の中で批准を済ませていない国を中心に特使を派遣し，説得を試みている。なおカットオフ条約についても，その技術的問題検討会合を1998年に主催している。

(d) 非核兵器地帯の設置

非核兵器地帯とは，ある地域の複数国家が条約を締結し，そこで核兵器の生産や取得のみならず，他国による核兵器の配備をも禁止するものである。さらにこの概念には，地帯構成国に対して核兵器を使用しないという核兵器国の約束も含まれる。

最初の非核兵器地帯は，1967年に設置された「トラテロルコ条約（ラテンアメリカおよびカリブ地域核兵器禁止条約）」であり，1962年のキューバ危機を契機として，大国間の核戦争に巻き込まれる可能性を減少することを主目的として締結された。5核兵器国はすべて，地帯構成国に対して核兵器を使用しないことを約束する附属議定書を批准しており，法的拘束力ある消極的安全保障を与えている。[21]

冷戦期には，この地域の2大国であるブラジルとアルゼンチンが条約に参加していないという大きな欠陥をもっていたが，冷戦終結後，文民政権の成立もあり両国およびチリも条約に参加し，普遍的な条約体制となった。

第2の非核兵器地帯は，1985年に成立した「ラロトンガ条約（南太平洋非

核地帯条約)」であり，その設置の最大の目的はこの地域で核実験を継続していたフランスへの抗議である。この条約は，非核兵器地帯に共通の「核兵器の完全な不存在」という側面に追加して，環境保護にも取組み，放射性廃棄物の投棄禁止など平和目的にも関連している。そのため非核兵器地帯ではなく非核地帯という用語が用いられている。[22]核兵器の使用禁止などに関する議定書にはソ連と中国は早く批准したが，米英仏3国はCTBT成立直前にフランスが駆け込み核実験を実施した後，1996年3月に署名し，その後英国とフランスは批准したが，米国はまだである。

　第3の非核兵器地帯は1995年12月に署名された「バンコク条約（東南アジア非核兵器地帯条約）」である。東南アジア諸国連合（ASEAN）は1971年に東南アジア平和自由中立地帯（ZOPFAN）構想を宣言し，そこに非核兵器地帯の設置をも含んでいた。冷戦終結とともに米ソの対立も終了し，カンボジア問題も解決したところで，1992年から具体的な検討が開始された。背景として中国とフランスの核実験の継続や中国の核戦力増強などが考えられる。他の非核兵器地帯と大きく異なるのは，地帯の範囲に排他的経済水域と大陸棚を含めていることで，この点で核兵器国の十分な支持が得られない状況が続いている。

　第4は，1996年4月に署名された「ペリンダバ条約（アフリカ非核兵器地帯条約）」であり，その構想はフランスがサハラで核実験をしていた1960年代初期にさかのぼる。1964年にはアフリカ統一機構（OAU）首脳会議が，アフリカ非核化宣言を採択している。冷戦終結に伴う南アフリカ地域の安全保障環境の劇的な変化により，南アフリカは保有していた核兵器を廃棄し，1991年には非核兵器国として核不拡散条約（NPT）に加入した。

　この条約は一般の非核兵器地帯条約の規定以外に，核爆発装置の製造能力を申告し，それらを解体・廃棄することを規定し，原子力施設への攻撃の禁止などを定めている。核兵器をかって保有していた国がそれらをすべて放棄した事例はこの南アフリカが唯一のものである。廃棄の実態はIAEAにより確認されており，重要な先例となっている。

　中央アジアのカザフスタン，キルギス，タジキスタン，トルクメニスタン，ウズベキスタンの5ヵ国を含む中央アジア非核兵器地帯の設置が現在進行中である。1997年2月のカザフスタンのアルマティ首脳会談で非核兵器地帯構

想の支持要請を宣言し，1997年9月のタシケント外相会議で条約作成のため国連専門家グループの設置を要請した。国連はそれに応じて各国に中央アジアのイニシアティブを支持するよう勧告した。その後，1999年10月と2000年3月に札幌でも会議が開催され，日本政府も積極的に援助を提供している。

中東および南アジアでも1970年代半ばから非核兵器地帯の設置が国連総会を中心に議論されてきたが，イスラエル，インド，パキスタンという事実上の核兵器国が存在する状況となり，その実現は困難視されている。中東欧についても提案されているが，まだ十分な支持を集めていない。

南北朝鮮と日本を含む北東アジア非核兵器地帯構想は，1991年の朝鮮半島非核化共同宣言と日本の非核三原則などを基礎に研究者の間で議論されているが，日本政府は時期尚早であると考えている。モンゴルは，以前から自国領域を非核兵器地帯と宣言していたが，1998年の国連総会において，非核兵器地位として承認され，各国に協力が要請されている。

(e) 核兵器の使用禁止

1996年7月9日に，国際司法裁判所は「核兵器の使用または威嚇の合法性」に関して勧告的意見を出した。[23]当初これは世界保健機関（WHO）から提起され，続いて国連総会から提起された質問に答えたものである。意見の結論部分は以下の通りである。A）核兵器の威嚇・使用を特に容認する国際法はない。B）核兵器の威嚇・使用を包括的に禁止する国際法はない。C）国連憲章第2条4項と第51条に違反する核兵器の威嚇・使用は違法である。D）核兵器の威嚇・使用は国際人道法と核兵器に関する条約と両立するものでなければならない。

結論部分の中心であるE項は，「核兵器の威嚇または使用は，武力紛争に適用可能な国際法の規則，特に人道法の原則と規則に一般的に違反する。しかし，国際法の現状および裁判所が入手できる事実要素の観点からして，国家の生存そのものが危機に瀕しているような自衛の極端な状況において，核兵器の威嚇または使用が合法であるか違法であるかを決定的に結論することはできない」と述べている。

この勧告的意見の要請に対して，政治的であり抽象的であるなどの理由から応えるべきでないという主張もあった中で，裁判所が正面からこの問題に

取組み，意見を提示したことはきわめて重要なことである。また意見の内容の中心は，核兵器の威嚇や使用は一般的には国際法に違反するという点にある。例外として合法か違法か結論できないとしている範囲はきわめて限定された範囲である。仮に合法だとしても，自衛の場合の条件をすべて満たす必要があり，さらに国家の生存そのものが危機に瀕している場合に限定される。これは，核兵器国の核ドクトリンに示されているものよりもかなり限定的なものである。

勧告的意見は判決とは異なり法的拘束力をもつものではないが，国際司法裁判所の見解として高い権威をもつものである。[24]

核兵器の使用を制限する政策として「核の先制不使用（no first use）」がある。これは，核兵器を先に使用しないというもので，通常兵器や生物・化学兵器による攻撃に対しては核兵器を使用せず，核兵器による攻撃があった場合にのみ核兵器を使用する政策である。

米国およびNATOの政策は，冷戦時において東側が通常兵器において圧倒的に優位であると考えられたことから，先制不使用政策を採用せず，冷戦が終結しワルシャワ条約機構が解体した後も，先制不使用政策を採用していない。ソ連は先制不使用政策を宣言していたが，冷戦終結後，ロシアは1993年にそれまでの先制不使用政策を放棄した。その後，通常戦力の大幅弱体化などを経験し，核兵器の役割を一層重視した政策が2000年の新軍事ドクトリンで示された。中国は，1964年の最初の核実験以来，核兵器を使用する最初の国にはならないという宣言を繰り返し行っている。中国は先制不使用政策を採用し，各国に対して先制不使用政策を採用するよう要請している。ただその政策を支持するような核兵器の構成や配備が明確でないので，疑問が呈されることがある。[25]

核兵器のオプションを放棄した非核兵器国に対して核兵器を使用しないという約束を「消極的安全保障（negative security assurances）」と呼ぶが，これは核不拡散条約の交渉時から議論されてきた。1978年の国連軍縮特別総会の時から各核兵器国は，それぞれの消極的安全保障を宣言してきた。1995年4月のNPT再検討・延長会議の直前に，米国，ロシア，英国，フランスは同様の消極的安全保障を宣言した。米国の例は以下の通りである。

米国は，以下の場合を除き，核不拡散条約の締約国である非核兵器国に

対して核兵器を使用しない。すなわち,米国,その準州,その軍隊その他の兵員,その同盟国または米国が安全保障上の約束を行っている国に対する侵略その他の攻撃が,核兵器国と連携しまたは同盟して,当該非核兵器国により実施されまたは継続される場合を除く。

中国は,いかなる時にもいかなる状況においても,非核兵器国または非核兵器地帯に対して,核兵器を使用せず,使用の威嚇を行わないことを約束している。

これらは,政治的宣言であって,厳粛に行われているとしても,その法的拘束力は条約の場合ほど明確ではない。そこで多くの非核兵器国は,これらの政治的宣言を法的拘束力ある約束にするよう強く求めている。

他方,非核兵器地帯設置条約に附属される議定書を批准することにより,各核兵器国は地帯構成国に対し法的拘束力ある消極的安全保障を与えている。現存の4つの非核兵器地帯に関係する非核兵器国の総数は100に達しており,それらの地帯が正式に成立し,すべての核兵器国が議定書を批准するならば,多くの国が法的拘束力ある消極的安全保障の下に入ることになる。しかし,消極的安全保障は核兵器のオプションを放棄したことの当然の対価としての意味をもつと考えられる。[26]

(6)　John Newhouse, *Cold Dawn: the Story of SALT*, Holt, Rinehart and Winston, New York, (1973); Strobe Talbott, *Endgame: the Inside Story of SALT II*, Harper & Row, New York (1979); Notburga K. Calvo-Goller and Michel A. Calvo, *The SALT Agreements: Contents-Application-Verification*, Martinus Nijhoffs, Dordrecht, (1987); 佐藤栄一『現代の軍備管理・軍縮』東海大学出版会 (1989年) 107-242頁, 黒澤満『核軍縮と国際法』有信堂 (1992年) 79-166頁参照。

(7)　関場誓子『超大国の回転木馬――米ソ核交渉の6000日』サイマル出版会 (1988年), 黒澤満『前掲書』(注6) 167-210頁参照。

(8)　浅田正彦「ソ連邦の崩壊と核兵器問題 (1) (2完)」『国際法外交雑誌』92巻6号 (1993年) 1-33頁, 93巻1号 (1994年) 9-36頁参照。

(9)　斎藤直樹『戦略兵器削減交渉』慶應通信 (平成6年), 小川伸一『「核」軍備管理・軍縮のゆくえ』芦書房 (1996年), 黒澤満『前掲書』注(6) 211-256頁参照。

(10)　黒澤満『前掲書』注(6) 43-78頁参照。

(11)　山下正光・高井晋・岩田修一郎『TMD・戦域弾道ミサイル防衛』TBSブ

リタニカ（1994年）参照。
(12) Mason Willrich, *Non-Proliferation Treaty: Framework for Nuclear Arms Control*, The Michie Company, Virginia (1968); Mohamed I. Shaker, *The Nuclear Non-Proliferation Treaty: Origin and Implementation, 1959-1979*, Oceana Publications, (1980); William Epstein, *The Last Chance: Nulcear Nonproliferation and Arms Control*, Free Press, (1976); 黒澤満『軍縮国際法の新しい視座——核兵器不拡散体制の研究』有信堂（1986年）参照。
(13) 黒澤満「国際核不拡散体制の動揺と今後の課題——インド・パキスタンの核実験の影響」『阪大法学』48巻4号（1998年）31-56頁参照。
(14) 黒澤満「国際原子力機関の核査察と国連安全保障理事会」『国際問題』414号（1994年）2-13頁参照。
(15) 浅田正彦「NPT・IAEA体制の新展開——保障措置強化策を中心に——」『世界法年報』18号1-36頁（1998年）参照。
(16) 黒澤満「核不拡散体制の新たな展開——核不拡散条約（NPT）の延長と今後の展望」藤田久一・松井芳郎・坂元茂樹編『人権法と人道法の新世紀』東信堂（2002年）287-311頁，冷戦後の核不拡散については，今井隆吉・田久保忠衛・平松茂雄編『ポスト冷戦と核』勁草書房（1995年），納家政嗣・梅本哲也編『大量破壊兵器不拡散の国際政治学』有信堂（2000年）参照。
(17) International Court of Justice, Legality of Threat or Use of Nuclear Weapons, *ICJ Reports*, 1996, pp. 224-267.
(18) 黒澤満「2000年NPT再検討会議と核軍縮」『阪大法学』第50巻第4号（2000年）515-559頁, Tariq Rauf, "An Unequivocal Success? Implications of the NPT Review Conference," *Arms Control Today*, Vol. 30, No. 6 (2000), pp. 9-16; Rebecca Johnson, "The 2000 NPT Review Conference: A Delicate, Hard-Won Compromise," *Disarmament Diplomacy*, No. 46 (2000), pp. 2-21. 参照。
(19) International Court of Justice, Nuclear Tests Case, *ICJ Reports*, 1974, pp. 252-272. 黒澤満「大気圏内核実験の法的問題——核実験事件を中心に——」『阪大法学』101号（昭和52年）77-119頁，伊津野重満「大気圏核実験の合法性に関する考察」『創大平和研究』5号参照。
(20) 黒澤満「包括的核実験禁止条約の基本的義務」『阪大法学』第47巻第4・5号（平成9年）207-228頁，小川伸一「包括的核実験禁止条約」『新防衛論集』24巻4号（1997年）76-93頁参照。
(21) 黒澤満「非核兵器地帯と安全保障——ラテンアメリカ核兵器禁止条約附属議定書IIの研究」『法政理論』12巻3号（1980年）106-188頁参照。

(22) 黒澤満「南太平洋非核地帯条約の法構造」『法政理論』18巻4号（1986年）参照。
(23) International Court of Justice, Legality of Use or Threat of Nuclear Weapons, *ICJ Reports*, 1996, pp. 224-267. 伊津野重満「核兵器使用の合法性に関する国際司法裁判所の勧告的意見――その意義と論点」『早稲田法学』74巻3号（1999年）27-64頁。
(24) 黒澤満「核兵器の廃絶に向けて――CTBTとICJ勧告的意見の検討」『国際公共政策研究』第1巻第1号（1997年）23-35頁参照。
(25) 黒澤満「核の先制不使用を巡る諸問題」『軍縮・不拡散シリーズ』No. 1（1998年8月）参照。
(26) 黒澤満「軍縮と非核兵器国の安全保障」『国際法外交雑誌』78巻4号（1979年）1-36頁、黒澤満「積極的安全保障から消極的安全保障へ」『神戸法学雑誌』30巻2号（1980年）397-437頁、浅田正彦「非核兵器国の安全保障論の再検討」『岡山大学法学会雑誌』43巻2号（1993年）1-57頁参照。

3 核以外の軍縮の取組みと成果

(a) 化学兵器の禁止

化学兵器の使用に関しては、1899年の第1回ハーグ平和会議で採択された毒ガス禁止宣言をはじめとし、第1次世界大戦で毒ガスが広範に使用されたこともあり、1925年には「ジュネーブ議定書（窒息性ガス、毒性ガス又はこれらに類するガス及び細菌学的手段の戦争における使用の禁止に関する議定書）」が成立した。

化学兵器の軍縮の交渉が本格化するのは1960年代からであるが、生物兵器の交渉が優先されたこともあり、化学兵器禁止条約がジュネーブ軍縮会議で採択されたのは1992年である。条約は1993年1月にパリで署名され、1997年4月に発効した。条約の正式名は、「化学兵器の開発、生産、貯蔵及び使用の禁止並びに廃棄に関する条約」である。

条約はまず化学兵器の開発、生産、取得、貯蔵、保有または移譲を禁止しており、さらに化学兵器の使用の禁止と使用のための軍事的準備活動の禁止を定めている。また条約は所有する化学兵器の廃棄を義務づけており、その

廃棄は自国について条約が発効してから2年以内に開始し，条約自体の発効から10年以内に完了することになっている。

　1925年以降にその同意を得ることなく他国の領域に遺棄された化学兵器は遺棄化学兵器と呼ばれ，それは遺棄した遺棄締約国とそれが存在する領域締約国の双方に廃棄義務が課されている。しかし実施に関する検証議定書では，遺棄化学兵器廃棄のためのすべての必要な資金，技術，専門家，施設その他の資源は遺棄締約国が提供するものとされている[27]。旧日本軍が第2次世界大戦時に中国大陸に大量の化学兵器を遺棄しており，それらを10年以内に廃棄する義務が生じている。日本側の推定では約70万発の化学兵器が遺棄されており，その廃棄のための日中間の覚書が1999年7月に署名され，2000年9月から処理作業が開始されている。

　条約はその実施のために化学兵器禁止機構（OPCW）を設置し，また条約違反の疑いのある場合には，基本的に査察対象に制限のない「申立て（チャレンジ）査察」の制度が導入されている。これはこの種の多国間軍縮条約としては初めてのものであり，きわめて画期的なものである。

(b) 生物兵器の禁止

　生物兵器は，伝統的には細菌兵器と呼ばれ，化学兵器と共に取り扱われてきた。その使用に関しては，1925年のジュネーブ議定書が「細菌学的手段の戦争における使用の禁止」をも含んでいた。1960年代に生物・化学兵器の軍縮が問題となったが，これまで使用され効果の予測やコントロールが可能であった化学兵器と，無差別効果を持ち効果の予測が不可能で報復用兵器としての価値が疑わしい生物兵器を分離し，合意実現の可能性の高い生物兵器が先に交渉されることとなった。また当時は，生物兵器の軍事的価値は乏しいと一般的に考えられていた。

　ジュネーブ軍縮委員会会議で交渉された条約は1971年に採択され，1972年4月に署名され，1975年3月に発効した。条約の正式名は，「細菌兵器（生物兵器）及び毒素兵器の開発，生産及び貯蔵の禁止並びに廃棄に関する条約」[28]である。条約の目的は，全人類のため，兵器としての細菌剤（生物剤）および毒素の使用の可能性を完全に除去しようとするものである。まず，その開発，生産，貯蔵，取得，保有が禁止されているのは，「防疫の目的，身

体防護その他の平和目的による正当化ができない種類および量の微生物剤その他の生物剤および毒素」であり、またそれらを敵対的目的また武力紛争で使用するための兵器、装置または運搬手段である。

また条約は、これらの生物剤や毒素、それらの兵器や運搬手段を9ヵ月以内に廃棄するか、平和目的に転用するよう要求している。この条約は、一定種類の兵器を全面的に禁止し、その貯蔵をすべて廃棄するという軍備撤廃を規定する初めての条約であり、その意味では画期的なものであった。しかし、当時この種の兵器は軍事的効果が不明確で、兵器としての有用性が低く評価されていたため、条約は検証に関する規定を何も含んでいない。

1980年代に入って、生物兵器禁止条約の違反疑惑や生物兵器の拡散問題が生じたため、条約を強化する必要が生じた。1986年の再検討会議により信頼醸成措置として情報の申告が定められ、1991年にはさらに拡充されている。検証に関する議定書の作成に関する交渉が進められ、2001年の再検討会議で採択が予定されていたが、米国の反対で採択されなかった。

(c) 通常兵器の規制

(イ) 欧州通常戦力 (CFE) 条約

欧州においては、1973年より中部欧州における通常兵力の相互均衡兵力削減交渉 (MBFR) が開始されたが、具体的成果を挙げることはできなかった。中距離核戦力 (INF) 条約の成立に伴い、NATOおよびワルシャワ条約機構加盟23ヵ国の通常戦力の削減交渉が、欧州安保協力会議 (CSCE) プロセスの一環として1989年から開始された。

1990年11月に署名された「欧州通常戦力 (CFE) 条約」は、まずNATOとワルシャワ条約機構の保有上限を、戦車2万両、装甲車3万両、火砲2万門、戦闘機6800機、戦闘ヘリコプター2000機とし、さらに1国が保有できる上限を定め、対象地域を4つに分類し、欧州中心部ほど保有上限を厳しく制限した。これは圧倒的優位にあったワルシャワ条約機構側の大幅削減をもたらし、かつ奇襲攻撃や大規模侵攻能力を削減する目的をもっていた。[29]

その後ワルシャワ条約機構が解体し、NATOが東方に拡大している事態に見合ったものにするための交渉が行われ、1999年11月に当事国は条約の修正合意に署名し、これまでのブロック別の規制を各国別に改め、さらに約

10％の削減に合意した。

また1992年7月に欧州通常戦力の兵員に関する交渉の最終議定書（CFE-1A議定書）が署名され、地上軍、防空軍、空軍の総数について各国ごとに上限が定められている。

(ロ)　国連通常兵器登録制度

1991年に日本とEUは通常兵器の移転登録制度の設置に関する国連総会決議を提出した。それは圧倒的多数で採択され、1992年から実施されている。それは侵略や大規模攻撃を可能にする攻撃兵器の国際移転を毎年国連に報告することにより、通常兵器の移転の透明性を高め、信頼を醸成しようとするものである。具体的には、戦車、装甲戦闘車両、大口径火砲システム、戦闘用航空機、攻撃ヘリコプター、軍用艦艇、ミサイル・同発射装置の7カテゴリーにつき、前年の1年分を4月30日までに国連に登録することになっている。

1992年以来毎年90数ヵ国が登録を行っており、その数は加盟国の半数に過ぎないが、安全保障理事会常任理事国など武器輸出大国が登録を行っているため、実質的な通常兵器の移転の実態は明らかになっている。

(ハ)　対人地雷禁止条約

まず地雷の使用禁止については、1980年の特定通常兵器条約の附属議定書が存在する。さらに1996年の改定議定書において、使用の他に移譲の禁止が定められた。対人地雷の全面禁止に関する交渉は、カナダ政府のイニシアティブにより1996年10月に開催されたオタワ会議において条約の早期成立に関する宣言が採択され、専門家会合を経て、1997年9月のオスロ会議において条約が採択された。このオタワ・プロセスにより1997年12月に条約はオタワで署名され、1999年3月に発効した。(30)

この条約の正式名は、「対人地雷の使用、貯蔵、生産及び移譲の禁止並びに廃棄に関する条約」であり、上記の活動を禁止するとともに、保有する地雷を4年以内に廃棄することを義務づけている。日本は約100万の地雷を保有しており、2000年1月よりその処分を開始し、2003年2月にすべて廃棄した。

(ニ)　小型武器の規制

　冷戦後の武力紛争の特徴は内戦の増加であるが，そこで使用される主な武器は小銃，機関銃，弾薬，携帯対戦車砲などの小型武器である。これらの武器は戦場で実際に使用され，多くの犠牲者を生み出している。この問題は，1995年のブトルス・ガーリ国連事務総長の「平和へ課題追補」においてミクロ軍縮として言及された。

　この問題のイニシアティブをとったのは日本であり，1995年にそのための専門家パネルの設置を提案し，翌年設置された政府専門家パネルの議長は堂之脇元軍縮大使が務め，1997年に，特定地域への小型武器の蓄積や移転を減少させる措置および将来におけるそれらの防止のための措置に関して24の勧告を含む報告書が提出された。その後その勧告の実施状況などを検討する政府専門家グループが設置された。また小型武器非合法取引に関する国際会議が2001年7月に開催され，行動計画が採択された。

(27)　浅田正彦「化学兵器禁止条約の基本構造(1)(2)」『法律時報』68巻1号（1996年）38-45頁，2号（1996年）56-64頁参照。
(28)　藤田久一「細菌（生物）・毒素兵器禁止条約」『金沢法学』第17巻2号（1972年）1-33頁，山中誠「生物兵器禁止条約——その禁止規定の構造」『ジュリスト』776号（1982年）84-88頁参照。
(29)　佐藤栄一「欧州通常兵力（CFE）制限条約の成立」『名城法学』42号別冊（1992年）275-321頁参照。
(30)　浅田正彦「対人地雷の国際的規制——地雷議定書からオタワ条約へ」『国際問題』461号（1998年）46-64頁，岩本誠吾「地雷規制の複合的構造」『国際法外交雑誌』97巻5号（1998年）29-58頁参照。

4　軍縮国際法の展開

(a)　軍縮と安全保障

　軍縮は国際の平和と安全保障の維持および強化に有益であると一般に考えられているが，軍縮のみで平和や安全保障が強化されるわけでもないし，一定の安全保障が確保されなければ軍縮も進展しない。歴史的に長く議論され

てきた問題として，各国は軍備を保有するから武力紛争が起こるのか，各国は安全が保障されていないから軍備を保有するのかという課題がある。極端な議論をとれば，一方では，各国が軍備を撤廃することにより国際平和が確立されることになり，他方では，安全保障が完全に確保されるまでは軍縮は不可能ということになる。

前者の主張に属するものとしては，核兵器全廃条約の締結を即時に求める主張があり，また全面完全軍縮といった言葉に象徴される軍備全廃の主張が存在している。これらは究極の目標としては理解できるが，即時にとるべき現実的措置としてとらえるのは困難である。他方，後者のように，安全保障が完全に確保されるまで軍縮は不可能であるとするならば，各国は自国の防衛のために軍備の増強に進み，国際的な安全保障も各国の安全保障も逆に低下することになる。

現実の国際社会で追求されているのは，上述の2つの極論の中間の道であり，全面完全軍縮を最終目標と設定しつつ，現実に可能な領域において軍縮を進めていこうとするものである。しかし，これまで達成された軍縮措置は国際の平和と安全保障の強化という点からは不十分であり，一層の軍縮努力が必要とされている。

軍縮はそれ自体が目的ではなく，国際の平和と安全保障の強化のための手段であり，他のさまざまな手段と並存しているものである。またそれらの手段はそれぞれ相互依存関係にあり，1つの手段の強化が他の手段の進展を促進することになる。またこれらのそれぞれの措置の進展の背景には，国際社会における信頼関係の構築といった基本的な問題が存在している。国家間の信頼関係が強化されていくことにより，武力に依存する必要が低下し，それが軍縮を促進し，平和と安全保障を強化することにもなる。

国際関係における武力の行使や武力による威嚇の禁止を一層徹底させることは，平和と安全保障を強化するとともに，軍縮の可能性を拡大させ，大幅な軍備削減を可能にし，そのことが武力紛争の可能性を低下させ，国家間の信頼を一層強化し，国際の平和と安全保障に役立つことになる。

また紛争の処理に関して，武力によらないで解決するという国際規範を一層徹底させるとともに，そのためのメカニズムを整えていくことが必要である。国家間の紛争を平和的手段により解決することが可能になれば，各国が

多大の軍備を保有する必要性および正当性が低下ないしは消滅し，軍縮の実施が容易になる。また軍縮が一層進展することにより，各国の信頼関係も強化され，紛争を平和的に解決する動機も増加することになる。

　各国が武力の行使を放棄し，また紛争の平和的解決を受け入れたとしても，それらに違反して武力を行使する国家が出現する可能性は排除できない。そのような場合に備えて，被害国を援助するためのメカニズムも必要であろう。国連の集団安全保障体制は憲章上で予定されていたが，これまで十分な働きをしてこなかった。これを再活性化させるか，あるいは他の代替的方策を実施するか，何らかのシステムが構築されることが必要である。それにより，各国は安心して軍縮を実施できるし，国際の平和と安全保障を強化することができる。

　このように，国際の平和と安全保障の維持および強化という目的に対して，さまざまな手段が可能であり，これらはそれぞれ相互依存関係にあるので，それぞれの領域で可能なところから実施していくことが重要である。たとえそれがきわめて小さな一歩であったとしても，それは他の領域における新たな進展を可能にし，その新たな進展が元の領域での一層の進展を可能にすることが考えられる。

　軍縮の分野から分析するならば，これまでの軍縮の成果は必ずしも十分ではないが，一定の軍縮措置が実施されることにより，国際の平和と安全保障に一定の積極的な貢献をなし，それが他の領域における進展を引き起こし，それにより一層の軍縮が可能になると考えられる。したがって，軍縮分野においては，いかに小さな一歩であっても，あらゆる側面において可能なところから具体的措置を積極的に実施していくことが重要である。

　また国際の平和と安全保障の側面から言えば，国家間の信頼醸成を促進し，国際紛争を平和的に解決できるメカニズムを発展させ，万一の被害国に対して集団的安全保障を提供できるようなシステムを構築することなどを並行して実施していくことが必要である。

(b) 大量破壊兵器の法的規制

　核兵器，化学兵器および生物兵器は，現在のところ，大量破壊兵器または大量殺戮兵器であると分類されている。これらの3種の兵器体系は国際法的

にそれぞれ個別に規制されているが，国家領域外においては一括して取り扱われている。

まず1959年の「南極条約」では，南極地域の平和目的のみの利用が規定され，軍事基地や防備施設の設置，軍事演習の実施など軍事的性質の措置はすべて禁止されている。次に1967年の「宇宙条約」により，月その他の天体は，南極地域と同様に，もっぱら平和目的に利用されるとされ，軍事基地，軍事施設，防護施設の設置や軍事演習が禁止されている。ここでは，大量破壊兵器のみならず通常兵器に関する活動も禁止されている。

さらに宇宙条約は，核兵器および他の大量破壊兵器を運ぶ物体を地球を回る軌道に乗せないこと，これらの兵器を天体に設置しないこと，また宇宙空間に配置しないことを定めている。1971年の「海底核兵器禁止条約」は，12海里の外側の海底に，核兵器その他の大量破壊兵器および関連施設を備え付けないことを規定している。ここでは，大量破壊兵器が一般的に禁止されている。

3種類の大量破壊兵器の中で最も厳格に規制されているのは，化学兵器である。化学兵器の使用禁止については19世紀末からその努力が開始されているが，第1次世界大戦では大量に使用され，1980年代にも使用されている。使用禁止から始まった国際的努力は，1993年の「化学兵器禁止条約」により化学兵器に関する活動が全面的に禁止されるとともに，保有化学兵器の10年以内の廃棄が定められた。すなわち条約は化学兵器の開発，生産，取得，貯蔵，保有，移譲および使用の完全かつ効果的な禁止と，一定期間内の廃棄を規定している。

さらに条約は，きわめて厳格な検証措置を備えている。すなわちこれまでに例を見ない申立て（チャレンジ）査察の制度が含まれている。これはいずれかの締約国が，他の締約国に違反の疑いが生じた時に化学兵器禁止機関（OPCW）執行理事会に要請することにより，実施されるもので，機関の査察員が現地に入って違反の疑惑を調査でき，疑惑を受けた国はその査察を拒否できないものである。もっとも査察要請の濫用を防止するため，執行理事会の4分の3の多数決で査察の中止を決定できるが，4分の1以上が賛成すれば実施できるので，実施の可能性は高いものである。

化学兵器禁止条約は，すべての国に同一の義務を課している点において，

核兵器に関する諸条約よりも優れており，厳格な検証措置を備えている点で生物兵器禁止条約よりも優れている。またこの条約には140ヵ国以上が締約国となっており，米国，ロシア，中国，英国，フランスの5大国をはじめ，日本，ドイツ，イタリア，オランダ，カナダ，オーストラリアなど西側の大国が含まれている。

しかし，イラク，イラン，イスラエル，エジプト，リビア，シリアなどの中東諸国，ならびにミャンマー，北朝鮮といったアジア諸国が条約の外にとどまっている。これらのほとんどは化学兵器の保有疑惑国となっている。したがって，化学兵器禁止条約の最大の問題は，普遍性の確保である。中東諸国はイスラエルの核兵器保有がその理由であるので，中東和平プロセスを進展させ，最終的には非核兵器地帯のみでなく非大量破壊兵器地帯を中東に設置することが追求されるべきであろう。

生物兵器については，第2次世界大戦以前から数ヵ国により開発が進められていたが，その効果の予測が困難で，コントロールも難しいことなどから軍事的有用性に対する信頼が欠如していたため，1972年の「生物兵器禁止条約」が比較的容易に採択された。その条約は，生物兵器の開発，生産，貯蔵，取得，保有を禁止し，9ヵ月以内の廃棄を規定している。軍事的有用性の評価が低かったため，条約は検証規定を含んでいない。

しかし，1980年代に入り，バイオテクノロジーの発展などもあり，生物兵器の軍事的有用性が再認識されるようになり，条約の違反疑惑や新たな拡散の問題が生じてきた。すなわち条約の実効性を確保することの重要性が認識され，検証規定の作成作業が行われた。また140国以上が締約国となっているが，イスラエル，シリア，アラブ首長国連邦，エジプトなど中東諸国が参加しておらず，ロシア，中国，イラン，シリア，エジプト，リビア，北朝鮮などが開発または保有していると考えられている。

このように，生物兵器禁止条約に関しては，化学兵器と同様に普遍性の確保という課題とともに，実効性の確保という課題にも直面している。

核兵器については，多数国間条約として，「核不拡散条約」と「包括的核実験禁止条約」がある。前者にはすでに188ヵ国が締約国となっているが，インド，パキスタン，イスラエルが条約の外に留まっている。他方，後者は指定された44ヵ国の批准がそろわないためまだ発効していない。しかし前

者に加入している非核兵器国はすでにその条約で核実験を禁止されているから，この条約の規制が実質的効果をもつのは5核兵器国と上述の3国である。5核兵器国は核実験モラトリアムに合意しており，また条約にすべて署名しており，英国，フランス，ロシアは批准している。したがって，ここでも，インド，パキスタン，イスラエルが問題となっており，この3国を中心とする普遍性の課題が残されている。さらに米国が最近この条約への反対を強く表明していることも大きな課題である。

　地域的な側面でいくつか設置されてきた非核兵器地帯は，核不拡散体制を補強するとともに核兵器の使用禁止に関する国際法の発展に寄与している。すでに南半球はほぼ非核兵器地帯にカバーされている。しかしアフリカのように条約自体がまだ発効していないものもあるし，東南アジアのように議定書の内容につき核兵器国と対立しているところもある。また核兵器の使用禁止を規定する議定書への核兵器国の批准がまだ十分でない点も課題として残されている。

　米ロのSTARTプロセスも，米国のNMD問題にからんでその進展が停滞している。冷戦終結後，大幅に削減されてきた戦略核兵器も，「STARTⅠ条約」は履行されているが，「STARTⅡ」条約が発効しないため，正式の削減は実施されておらず，STARTⅢの正式の交渉は開始されなかった。ブッシュ政権になり新たに「戦略攻撃力削減条約」が署名されたが，法的安定性や法的予見性の観点からみて不十分なものである。

　核兵器の使用の禁止に関しては，非核兵器地帯設置条約との関連で，地帯構成国に対する法的拘束力ある約束が与えられており，非核兵器地帯の増加とともにその範囲は拡大しつつあり，これは大きな進展である。しかし，核兵器のオプションを法的に放棄した非核兵器国に対して核兵器不使用の約束を与えることは当然のことと思われる。核兵器使用に関する国際規範の形成について，1996年の国際司法裁判所の勧告的意見はきわめて重要な役割を果たした。核兵器の使用は一般に国際法違反であると述べ，自衛の極端な場合で国家の存亡が危機に瀕している場合には合法か違法か判断できないと述べた。今後はこの意見を基礎に新たな国際法の定立を目指すべきであろう。

このように，核兵器に関してはさまざまな国際法上の規制が存在するが，核兵器を全面的に禁止する条約は存在しない。

(c) 国際社会の組織化と軍縮

国際の平和と安全保障を維持し強化するためには，国際社会の組織化が必要である。国際社会の組織化に従って，個々の国家の自由行動の範囲が狭められ，全体の利益を追求する方向に移行していくからであり，またその組織を通じて条約目的の追求が容易になるからである。特に軍縮は各国の安全保障の根幹に関わる問題であるので，その履行のために国際機構が必要であるし，その国際機構を通じて履行をめぐる紛争をも処理する必要がある。

まず多数国間条約に関して，化学兵器禁止条約は化学兵器禁止機関（OPCW）をその条約で設置し，条約の履行を促進し，違反の疑惑にも対応できるようになっている。それは締約国会議，執行理事会，技術事務局の3部構成になっている。また未発効ではあるが，包括的核実験禁止条約もその条約により包括的核実験禁止条約機関（CTBTO）の設置を予定しており，その準備委員会が活動を始めている。これも条約の履行を促進するとともに，国際監視システムを設置し，現地査察を含む広大な検証を行なう権限をもっている。この機構も締約国会議，執行理事会，技術事務局から構成されている。

核不拡散条約はそのための国際機構をもっていない。条約の目的の達成や義務の履行に関する問題は，5年に1度開催される再検討会議で議論されている。ただ条約義務のうち，非核兵器国が原子力の平和利用から核兵器へ転用しないことを検証するために，国際原子力機関（IAEA）の保障措置が適用されるので，この側面では国際機関が深く関わっている。しかしその他の義務，たとえば核軍縮交渉義務などの議論の場は再検討会議に限られるため，常設事務局や執行理事会の設置が提案されている[31]。

生物兵器禁止条約は，検証に関する規定を欠いているとともに，組織化の規定もなく，再検討会議の場で議論が行われ，そこでの決定に従って検証議定書の交渉が行なわれた。そこでは，生物兵器禁止機関（OPBW）の設置を含む議長草案が提出されたが，米国の反対により議定書は採択されなかった。

非核兵器地帯の設置に関する条約は，既存の地域機構を利用するとともに

条約により新たな委員会などを設置している。南太平洋非核地帯の場合には，南太平洋フォーラム（SPF）が，アフリカ非核兵器地帯の場合はアフリカ統一機構（OAU）が，東南アジア非核兵器地帯の場合は東南アジア諸国連合（ASEAN）が条約交渉の場となっていた。ラテンアメリカ非核兵器地帯の場合には，米州機構（OAS）とは別個に交渉が行われた。

ラテンアメリカでは，条約により「ラテンアメリカおよびカリブ地域核兵器禁止機構（OPANAL）」が設置され，その下に総会，理事会，事務局を置いている。アフリカ非核兵器地帯条約は，締約国会議とアフリカ原子力委員会を設置している。南太平洋非核地帯条約は，新たにすべてのメンバーからなる協議委員会を設置し，東南アジア非核兵器地帯条約も外相から構成される委員会とその下部機関としての執行委員会を設置している。

これらのさまざまな組織は，条約の目的を促進し，条約義務の履行を順調に進めるためにきわめて重要な役割を果たしている。

米ソ，米ロ2国間の条約においては，まずABM条約で常設協議委員会（SCC）が設置され，INF条約では特別検証委員会（SVC）が設置されている。さらにSTARTⅠ条約において合同遵守査察委員会（JCIC）が設置され，STARTⅡ条約では2国間履行委員会（BIC）が設置され，戦略攻撃力削減条約でも2国間履行委員会（BIC）が設置されている。これらはすべて，条約の目的および義務の履行を促進するための協議の場を設定するものである。

軍縮条約におけるこれらの組織化の動きは，基本的には条約の義務の履行を確保するためのものであり，義務の違反に対処するためのものである。軍縮は国家の安全保障に深く関わる問題であるため，条約の遵守がきわめて重要となり，一定の保障がない限り軍縮の実施は困難である。違反の早期発見の可能性を高めることにより，違反の防止という機能も促進される。

これらの組織化が，条約の履行確保という直接的側面で重要であることは言うまでもない。しかしそれ以上に，これらの組織化が国家間の信頼を醸成し，個々の国家の国益追求という側面を超えて，国際社会全体の利益の達成という性質を有していることが一層重要であろう。これは，国際社会全体の組織化という動きの特定の側面であり，今後一層の組織化の進展により，国際の平和と安全保障が強化されていくと考えられる。

国際社会における軍縮問題は過去100年にわたり議論されてきたが，核兵

器など新たな兵器の出現と開発が一方であり，他方でそれらを規制または禁止する動きがあった。冷戦終結以降，国際社会は大きな変化を経験しており，軍縮の分野でも冷戦終結以降に大きな進展が見られた。その後の軍縮の勢いは若干弱化しているが，全体の流れは軍縮を推進する方向に進んでいる。

　今後の課題は多く残されているが，新たな千年紀を迎え，国際社会の平和と安全保障の一層の強化のため一層の努力が必要とされている。即時に全面完全軍縮を達成することは不可能であるから，可能な領域から積極的に取り組んでいくことが必要である。核兵器については，核兵器のもつ政治的・軍事的価値の低下を目的とする諸措置を実施していくべきであるし，化学兵器と生物兵器についてはそれぞれの条約の普遍性を確保する努力が重要である。通常兵器についても，小型武器を含むさまざまな規制が必要である。

　軍縮を進展させるためには，同時に外部要因である国際安全保障環境を改善していくことも不可欠であり，そのためには国家間の信頼関係を強化するあらゆる措置が迅速にとられるべきである。

(31) たとえば，東京フォーラム報告書は，協議委員会と常設事務局の設置を提言している。*Facing Nuclear Dangers: An Action Plan for the 21st century*, The Report of the Tokyo Forum for Nuclear Non-Proliferation and Disarmament, Tokyo, 25 July 1999, p. 57.

第 2 章　戦略兵器の削減

第1節　第1次戦略兵器削減条約

1　交渉過程と主要問題

(a)　条約の交渉過程

(イ)　レーガン政権での交渉

　START交渉は1982年に開始されたが，西ヨーロッパへの中距離ミサイルの配備などで1983年の末に中断され，交渉の形式を変更して1985年に再開された。両国は1月の外相会談において，「交渉の主題は宇宙および核——戦略と中距離の両方——に関する問題の全体であり，すべての問題が相関関係において審議され解決されることを条件とする。交渉の目的は，宇宙における軍備競争の防止と地球における軍備競争の終結，核兵器の制限と削減および戦略的安定性の強化である」ことに合意し，交渉は核・宇宙交渉（NST）として3月12日より開始された。

　1985年の交渉において，ソ連は，米国の主張する戦略運搬手段の50％削減，および弾頭を6000に削減することを受け入れたが，これらは米国がSDI（戦略防衛構想）計画を中止することを条件としており，ソ連のいう「戦略攻撃兵器」には，ソ連に到達可能なすべての核兵器が含まれていた。またソ連は，射程600キロメートルを超えるすべての海洋発射巡航ミサイル（SLCM）の禁止を提案していた。他方米国は，戦略運搬手段を半減し，弾頭数を6000，ICBMとSLBMの弾頭数を4500，ICBMの弾頭数を3000，重ICBMの弾頭数を1500とし，ソ連の投射重量を半減し，重爆撃機の長距離空中発射巡航ミサイル（ALCM）を1500に制限し，移動式ミサイルを禁止することなどを提案していた。

　1985年11月のジュネーブ首脳会談において，レーガン大統領とゴルバチョフ書記長は，「核戦争に勝者は存在しないし，核戦争は決して闘われてはならない」という原則に合意するとともに，米ソ両国の戦略核兵器の50％削減についても共通の基礎があることを確認した。

1986年1月15日にゴルバチョフ書記長は，包括的な軍縮提案を行なった。これは，世界をより安全なものにし，世界中の核兵器を廃絶し，宇宙における軍備競争を防止し，通常兵器を大幅に削減するための統合的で，具体的で，詳細な時間割りを備えたプログラムであると評価されているが，その中心は2000年までに3段階にわたって核兵器を全廃しようとするものである。第1段階 (5-8年) では，米ソ両国は相手国の領域を目標とする核兵器を半減すること，宇宙攻撃兵器を放棄することが規定されていた。

1986年10月のレイキャビクでの米ソ首脳会談において，両首脳は，主としてゴルバチョフのイニシアティブにより軍縮措置の詳細な点にまで審議をすすめ，戦略兵器および中距離核戦力に関するいくつかの重大な論点で合意に達したが，ソ連がそれらの合意はすべて米国がSDIについても合意することを条件としたため，この会談では米ソ間になんらの合意も成立せず，表面上会談は失敗であった。したがって，軍縮措置の多くの側面で合意が達成されたにもかかわらず会談が失敗に終わったことに関して，レーガン大統領がSDIについてまったく譲歩の姿勢を示さなかった点を非難する見解が多く見られた。

しかし，潜在的には米ソ間に多くの合意が生まれており，後の交渉の進展に大きな役割を果たすことになった。戦略兵器に関しては，この会談において，米ソの戦略運搬手段を1600に削減すること，それらの弾頭を6000に削減することに合意が達せられ，ソ連は重ICBMの大幅な削減に合意し，また爆撃機の兵器の計算ルールについても合意が見られた。

1987年5月に米国はSTART条約案を提示し，ソ連も7月に独自の条約案を提示した。これらはレイキャビク会談での合意を盛り込み，戦略攻撃兵器の半減，戦略運搬手段の上限1600，核弾頭の上限6000，重ICBMの半減などでは一致していたが，弾頭の内訳に関する規制，投射重量の規制，移動式ICBMの取り扱い，SLCMの規制などに関して見解の相違が存在した。さらに両国の対立の根本的なものは，米国のSDIの取り扱いに関するものであった。

1987年9月の米ソ外相会談では，重ICBMの弾頭数を1540にすることに合意がみられ，投射重量で若干の進展がみられたが，内訳に関して，ソ連は戦略兵器の3本柱のいずれかが60%，すなわち3600を超えないことを提案した

が，米国は最も不安定をもたらすICBMの弾頭を3300に削減すること，およびICBMとSLBMの弾頭の合計を4800に制限することを主張していた。

1987年12月の米ソ首脳会談では，中距離核戦力（INF）全廃条約に両国が署名し，戦略兵器に関しても，弾道ミサイル（ICBMとSLBM）の弾頭の上限4900に合意が達成され，さらに検証に関して詳細な検討に入るよう合意された。しかし1987年の末においても，米ソ間の基本的な対立はSDIに関わるものであった。

1988年の交渉は，主として条約の実施に関連する3つの議定書，すなわち査察議定書，転換または廃棄議定書および了解覚書に審議の中心が移っていったが，SDIを巡る議論は以前と同様であり，交渉の進展は見られなかった。すなわち，SDIの規制およびABM条約の解釈に関する相違とともに，条約をSDIの規制とリンケージさせるソ連と，両者を個別に処理しようとする米国との間の対立が依然続いていた。さらにICBMの弾頭に対する規制の必要性，ALCMの計算方法，SLCMの規制方法についても意見は対立したままであった。1988年5月末から6月初めの米ソ首脳会談においても，戦略兵器に関しては何ら進展がみられなかった。

この時期の交渉においては，ゴルバチョフ書記長の出現やレーガン大統領の政策変更などにより，米ソ関係の改善が見られ，条約についても基本的な枠組みには合意が達成されていた。条約の署名にいたるには，まだいくつかの問題をクリアーしなければならない状況であったが，基本的にはレーガン大統領の主張するSDIが交渉進展の最大の障害となっていた。

(ロ) ブッシュ政権での交渉

1989年に入り，米国はレーガン政権からブッシュ政権に移行し，交渉は6月になって再開された。レーガン政権の副大統領であったブッシュは，基本的には前政権の軍備管理政策を継承し，交渉も前政権の進展を継続すると述べつつ，条約の検証措置の改善に関する提案を行なった。

1989年9月のワイオミングでのベーカー国務長官とシュワルナゼ外相との会談は，条約の作成に向けて大きな進展がみられた画期的なものであった。まず，これまで交渉の最大のネックとなっていた戦略攻撃兵器の問題と防衛・宇宙の問題について，ソ連がそれまでのリンケージの立場を変更し，戦

略攻撃兵器の削減に関する条約を個別に作成することに合意した。またSLCMの規制についても、条約の枠外で処理することに合意が達成された。また米国は移動式ICBMの禁止という以前の立場を放棄した。さらにABM条約の違反として両国の議論の的になっていたクラスノヤルスクのレーダーについて、ソ連はそれを解体することを明らかにした。また検証問題を重視するブッシュ政権の提案により、条約の完成以前に試験的査察を実施するための協定に両国は署名した。

1989年12月のマルタでのブッシュ大統領とゴルバチョフ大統領との初めての首脳会談では、両国は冷戦の終焉を宣言し、対決から協力の時代に移行したことを確認し合い、1990年に条約を完成するという目標に向けて交渉をさらに強力に推進することに合意した。しかしSLCM, ALCM, 遠隔計測の暗号化、非配備ミサイルの問題などに関してまだ見解の相違が存在していた。

1990年2月の外相会談では、残された問題につき交渉され、遠隔計測および非配備ミサイルでは合意が達成され、ALCMでもかなりの進展がみられたが、SLCMではまだ対立点が残されていた。4月の外相会談でも、ALCMとSLCMを巡る両国の意見の対立は解消されなかったが、5月の外相会談でこれら2つの問題については両国の妥協を図る解決策が合意された。

1990年5月31日から6月3日のワシントンでの米ソ首脳会談では、「戦略攻撃兵器の削減と制限に関する米ソ間の条約（START I 条約）」の基本的枠組に関する諸規定が、共同声明の形で発表された。これは新条約の内容の基本的な規定を掲げたかなり詳細なものである。さらに米ソ両国は、将来の戦略攻撃兵器の削減および制限に関する交渉（START II）の基本原則についても合意した。この時点で残された問題は、ソ連のバックファイアー、SS-18の飛行実験、第三国への協力の3点であった。

これらの3つの問題も1990年末には原則的に解決されたため、条約の署名のための首脳会談が1991年初めにも開催されることが期待されていたが、以下の理由により、半年以上も延期された。第1は、バルト3国がそれぞれ独立を宣言した際に、ソ連政府が軍隊をもってその運動の鎮圧をはかったことであり、第2は、1990年11月19日に署名された欧州通常戦力（CFE）条約の解釈・履行をめぐる米ソ間の対立であり、第3は、ソ連内部において、軍

部を中心とする保守派が条約に反対したことであり、第4は、1991年1月半ばに開始された湾岸戦争である。

　湾岸戦争が終結し、CFE条約の解釈・履行問題が解決した後、6月に入ってブッシュ大統領はSTART条約の署名に向けて積極的な活動を開始し、ゴルバチョフ大統領に書簡を送り、ゴルバチョフ大統領もそれに前向きに応えた。この時期に残っていた3つの問題は、①新型ミサイルの定義、②ミサイルの弾頭数削減、③実験データの暗号化であったが、7月14日の米ソ外相会談でほぼ最終的な合意に達した。すなわち②と③には合意が達成され、①につき新型ミサイルの定義として21％以上の変更で一致をみたが、その基礎となる投射重量の定義では合意が見られなかった。

　ロンドンでの先進国首脳会議（サミット）の場において、7月17日に米ソ首脳会談が開催され、そこにおいて投射重量についても新たなソ連案を米国が受け入れ、START条約の全体について米ソ間の合意が達成された。1991年7月31日、モスクワでの米ソ首脳会談において、START I 条約が、ブッシュ米大統領とゴルバチョフ・ソ連大統領により署名された。

(b)　交渉における主要問題

(イ)　条約とSDIのリンケージ

　条約の交渉において、米ソ両国の立場が大きく異なり、交渉の進展に大きな影を落としていたのは、レーガン大統領が1983年3月に発表したSDI（戦略防衛構想）であった。ソ連は当初からSDI計画がABM条約に違反するものであるとして反対していた。米国はSDI計画がABM条約によって妨げられないように、1985年10月にABM条約の再解釈を発表した。そこでソ連は、START条約の締結は、SDIを禁止するような条約の締結とリンクさせ、後者の解決なくしては、前者の条約の締結もありえないという姿勢を示していた。

　1985年の交渉開始時における交渉内容も、「宇宙および核に関する問題の全体が相関関係において審議・解決される」と定められていた。その年に戦略核兵器50％削減に基本的合意が見られた時にも、ソ連はSDIの中止をその条件としていた。1986年のレイキャビク首脳会談において、戦略兵器および中距離兵器の基本的枠組みに合意が達成された時も、ソ連はSDIに関する米国の合意を全体の合意の条件としたため、この首脳会談は形式的には何も

生み出さなかった。[3]

　1987年12月のワシントン首脳会談において，米ソ両国はこの問題につき，「両国は，ABM条約により許容されている研究，開発および実験を必要に応じて行なう一方で，ABM条約を1972年に署名された通りに遵守すること，ならびに一定期間ABM条約から脱退しないこと」に合意している。この文言はきわめてあいまいであり，両国の主張をそのまま採用したもののように見える。[4]

　米国の大統領がレーガンからブッシュに交替した後，1989年9月23日のワイオミングにおける米ソ外相会談において，ソ連はSTART条約とSDI問題の切り離しを提案し，この問題は解決されることになった。ソ連が両者の切り離しに同意した背景としては，まずレーガン政権からブッシュ政権へ交替したことが重要である。ブッシュ大統領もSDIの進展を一応は主張しているが，レーガンとは比較にならない。次に，SDI計画が技術的な側面において当初考えられていたものが不可能になり，きわめて小規模なものに移行しつつあるという現実がある。第3に，米国議会において，ナン上院軍事委員会委員長らを中心にABM条約の広い解釈に対する厳しい反対が存在し，また予算が削減され，伝統的な解釈を超えるものには予算が与えられないという事態がある。[5]

　(ロ)　SLCM（海洋発射巡航ミサイル）の規制

　交渉において米ソ両国の意見が鋭く対立し，早期の条約作成を不可能にした要素の1つは，SLCMの取り扱いに関するものであった。SALT II 条約議定書において，SLCMは展開を禁止されたが，その議定書の期限は3年であり，開発および実験は禁止されなかったため，実質的な規制とはなっていなかった。

　その後米国は，4000のSLCMを配備すること，そのうち約800は核装備であるという計画を発表し，START交渉が軌道に乗る1980年代半ばにはそれらの配備を開始していた。ソ連はまだ開発中であるか，まさに配備を始めようとしている時期であった。当初，米国は，技術的な優位および戦略的柔軟性の促進の観点から，SLCMをSTART交渉に含めるべきでないと考えていたのに対し，ソ連は，SLCMへの制限なしにはSTART条約は無意味である

第1節　第1次戦略兵器削減条約　47

と考え，射程600キロメートルを超えるすべてのSLCMをSTART条約の上限に含めるべきであると主張していた。

　1987年12月のワシントン首脳会談において，両国はSLCMをSTARTで規制すること，しかしその制限はすでに合意された6000の弾頭数の上限とは別に処理されることに合意した。ソ連は，SLCMの上限を1000とすること，そのうち核兵器搭載のものは400を超えてはならないことを提案し，さまざまな方法を用いることで検証も可能であると主張した。ソ連の提案に対し，米国は，主として通常兵器搭載のものと核兵器搭載のものを区別するための検証が不可能であること，潜水艦に対する検証も困難であること，米国は艦船が核兵器を搭載しているか否かを明確にしない政策をもっていることなどを理由に，受け入れられないものであるとして拒否した。[6]

　1989年9月のワイオミングでの外相会談において，ソ連はSLCMをSTART条約とは別に規制することを提案し，より広い海軍軍備管理協定の枠組みで交渉することを提案した。米国は海軍の軍縮については消極的であり，その点は拒否した。この会談によりSLCM問題はSTART条約とは別個に処理することが合意された。さらに1990年2月の外相会談において，両国は，SLCMはSTART条約の期間中，パラレルな政治的に拘束力ある宣言により取り扱われること，毎年向こう5年間の配備計画を宣言すること，検証は行なわないことに合意した。

(ハ)　ALCM（空中発射巡航ミサイル）の計算基準

　SALT II条約においては，ALCM搭載の爆撃機はMIRV化弾道ミサイルとともに1320の上限に含まれ規制されていた。しかし条約署名時には米国が展開を開始したばかりであり，ソ連はまったく展開していなかった。1980年代中期においては，米国はすでに多く展開していたが，ソ連はその展開を開始したところであった。

　この時期において，ソ連は当初はALCMの全面禁止を主張していたが，米国は一定数の配備を認める方向の提案をしていた。1986年10月のレイキャビク首脳会談において，両国は弾頭数6000，運搬手段1600に合意したが，その中にALCMも含まれることに合意した。さらに両国は弾道ミサイルの弾頭数の上限を4900とすることに合意したため，少なくとも両国とも

1100のALCMを展開できることになった。

　その後ALCMの規制をめぐって対立したのは，各爆撃機に搭載されるALCMの数をどのように計算するかであり，米国よりも開発・展開で遅れていたソ連は，各爆撃機に搭載しうるALCMの最大数を数えるべきであると主張し，後には実際に搭載しているALCMの数を数えるべきであると主張した。

　これに対して米国は，最大積載数または実際の積載数よりも少なく計算すべきであると主張し，最初は6，後には10という数字を示していた。米国がこのように，実際の積載数よりも少なく計算すべきであるとする理由は，ALCMは速度が遅く防空システムを突破しなければならないこと，したがってALCMは先制攻撃の任務に適したものではないこと，最も脅威的であるICBMよりも厳しく計算するのは不合理であることである。たとえば10以上に数えることは米国の爆撃機がソ連のSS-18よりも不安定化させるものとみなすことになるが，これはまったく正当化されないことであると主張する。[7]

　ALCMの計算方法については，両国は1990年2月の外相会談で複雑な方式に合意した。すなわち米国の場合には，150の爆撃機までは10のALCMを搭載しているものと計算し，ソ連の場合は210の爆撃機までは8のALCMを搭載しているものと計算する。それを超えるものについては実際のALCMの数を計算するが，米国は20，ソ連は12を超えるALCMを搭載することはできないとされた。しかし，これらの数字はさらに若干変更されて，現在の条約の規定となった。

(二) 移動式ICBMの規制

　移動式ICBMの取り扱いについて，交渉の最後まで米ソ間で鋭い見解の対立が存在した。米国は1985年以来条約は移動式ICBMを禁止すべきであると主張していたのに対し，ソ連は条約はそれを認めるべきであると主張してきた。米国はまだ移動式ICBMを配備していないが，ソ連は1985年に単弾頭の道路移動式ICBM・SS-25を配備し，1987年に10弾頭の列車移動式ICBM・SS-24を配備した。このような状況において，米国が移動式ICBMに反対したのは，ソ連が大きくリードしていたこと，攻撃目標の設定が困難になることなどの理由とともに，その中心は移動式ICBMの検証は困難であり，効果

的に検証できない規制は条約に含むべきではないという理由であった。(8)

その後米国は,効果的な検証手段が作成されるならばその立場を再考しうると述べ,配備禁止の立場を緩和し,1989年9月にブッシュ大統領は,MXおよび小型ICBMの両方に議会が予算を与えることを条件に,移動式ミサイルの禁止という米国提案を撤回することを明らかにした。その後両国は,移動式ミサイルの検証方法について詳細な規定に合意した。

(1) P. Volodarov, "The Soviet Programme for Nuclear Disarmament," *International Affairs*(Moscow), July 1986, p. 62.
(2) Michael Mandelbaum and Strobe Talbott, "Reykjavik and Beyond," *Foreign Affairs*, Vol. 65, No. 2, Winter 1986/87, pp.227-228 ; Raimo Vayrynen, "Minimum Deterrence, Mutual Security," *Bulletin of the Atomic Scientists*, Vol. 43, No. 2, March 1987, p. 46.
(3) Vladimir Semyonov and Boris Surikov, "The ABM Treaty : Barrier to Star Wars," *International Affairs*(Moscow), August 1987, pp. 8. 19-20.
(4) Christoph Bertram, "US-Soviet Nuclear Arms Control," *SIPRI Yearbook 1989 : World Armaments and Disarmament*, p. 362 ; David Cox, *A Review of the Geneva Negotiations 1987-1988*, Canadian Institute for International Peace and Security, Background Paper 27, March 1989, p. 6.
(5) Regina Cowen Karp, "US-Soviet Nuclear Arms Control," *SIPRI Yearbook 1990 : World Armaments and Disarmament*, pp. 433-434.
(6) Linton Brooks, "Nuclear SLCMs Add to Deterrence and Security," *International Security*, Vol. 13, No. 3, Winter 1988/89, pp. 170-172 ; Henry C. Mustin, "The Sea-Lauched Cruise Missile : More Than a Bargaining Chip," *International Security*, Vol. 13, No. 3, Winter 1988/89, pp. 184 and 190 ; Terry Terriff, "Controlling Nuclear SLCM," *Survival*, Vol. 31, No. 1, January/February 1989, p. 52 ; James P. Rubin, "START Finish," *Foreign Policy*, No. 76, Fall 1989, p. 115 ; Kosta Tsipis, "Cruise Missiles Should Not Stop START," *Bulletin of the Atomic Scientists*, Vol. 44, No. 9, November 1988, p. 36 ; Theodore A. Postol, "Banning Nuclear SLCMs," *International Security*, Vol. 13, No. 3, Winter 1988/89, pp. 201-202.
(7) Robert Einhorn, "Strategic Arms Reduction Talks," *Survival*, Vol. 33, No. 5, September/October 1988. p. 392 ; Richard Burt, "Ambassador Richard Burt on the State of START," *Arms Control Today*, Vol. 20, No. 1, February 1990, p. 4.

(8) Leon Sigal, "START Nears the Finish Line," *Bulletin of the Atomic Scientists*, Vol. 44, No. 3, April 1988, p. 15 ; Robert Gray, "The Bush Administration and Mobile ICBM : A Framework for Evaluation," *Survival*, Vol. 31, No. 5, September/October 1989, p. 428.

2 条約義務の内容

　START I 条約は，19条からなる条約本体を中心に，合意声明の附属書，用語とその定義の附属書，転換又は廃棄に関する議定書，査察に関する議定書，通告に関する議定書，投射重量に関する議定書，遠隔計測に関する議定書，合同遵守査察委員会に関する議定書，データ・ベースの設定に関する了解覚書から構成されている。さらに，それらを補助するものとして，実施に関連する諸協定，両代表の書簡，両国の往復書簡，共同声明，宣言などが存在する。このように，START I 条約の全体は，きわめて膨大でかつ複雑な文書から構成されている。

(a) 条約の対象となる戦略攻撃兵器

　本条約の対象となるのは，米ソ両国の戦略攻撃兵器であるが，具体的には，ICBM，ICBM発射基，SLBM，SLBM発射基，重爆撃機が戦略運搬手段に含まれ，さらにICBM弾頭，SLBM弾頭，重爆撃機兵器が弾頭の規制の対象となる。条約の対象となる戦略攻撃兵器システムの数および弾頭数は表1の通りである。

(b) 戦略兵器削減の基本的枠組み

　まず第1に，戦略核運搬手段（SNDV）すなわち既配備ICBMとその関連発射基，既配備SLBMとその関連発射基および既配備重爆撃機の総数の削減については，7年後に1600とすることが合意されている。SALT I 暫定協定およびSALT II 条約が規制していたのは，この戦略核運搬手段であり，SALT II 条約では，ICBM発射基，SLBM発射基および爆撃機の総数をまず2400に，次いで1981年12月31日までに2250にすることが定められていた。SALT II 条約は発効しなかったため，この総数への削減はソ連に関しては実施されて

表1 米ソ両国の戦略核運搬手段と弾頭の数（1990年9月1日現在）

① ICBM

米国	ミサイル数		弾頭数	ソ連	ミサイル数		弾頭数
Minuteman II	450	1	450	SS－11	326	1	326
Minuteman III	500	3	1500	SS－13	40	1	40
Peacekeeper(silo)	50	10	500	SS－17	47	4	188
Peacekeeper(rail)	0		0	SS－18(heavy)	308	10	3080
				SS－19	300	6	1800
				SS－24(silo)	56	10	560
				SS－24(rail)	33	10	330
				SS－25(road)	288	1	288
	1000		2450		1398		6612

② SLBM

米国	ミサイル数		弾頭数	ソ連	ミサイル数		弾頭数
Poseidon	192	10	1920	SS－N－6	192	1	192
Trident I	384	8	3072	SS－N－8	280	1	280
Trident II	96	8	768	SS－N－17	12	1	12
				SS－N－18	224	3	672
				SS－N－20	120	10	1200
				SS－N－23	112	4	448
	672		5760		940		2804

③ 重爆撃機

米国	重爆撃機数		弾頭数	ソ連	重爆撃機数		弾頭数
B－52(ALCM)	150	10	1500	Bear(ALCM)	84	8	672
	39	12	468	Bear(NW)	63	1	63
B－52(NW)	290	1	290	Blackjack	15	8	120
B－1	95	1	95				
B－2	0		0				
	574		2353		162		855

第2章　戦略兵器の削減

④　戦略核運搬手段および弾頭の総数（①＋②＋③）

米　国		ソ　連	
戦略核運搬手段	弾頭	戦略核運搬手段	弾頭
2246	10563	2500	10271

いない。

　START I 条約署名時において，米国は戦略核運搬手段を 2246，ソ連は 2500 有していたため，1600 とするためには，米国は 29％，ソ連は 36％ の削減を実施しなければならない。戦略核運搬手段の中で，特に危険であると考えられた既配備重 ICBM とその関連発射基については，154 に削減することが合意された。重 ICBM を配備しているのはソ連だけであり，その SS-18 は条約署名時において 308 存在しているので，これは 50％ の削減となる。

　次に弾頭の削減であるが，これは 1986 年のレイキャビクでの首脳会談で 6000 とすることに合意が達成された。それは米ソ両国とも約 12000 の弾頭を所有しているため，その半減を目的とするものであった。しかし条約の適用において，ICBM および SLBM に搭載された弾頭は実際の数を計算するが，重爆撃機に搭載された核兵器については実際よりも少なく計算することが定められているため，弾頭数の半減には至らない。

　条約に規定された計算方法によると，条約署名時において，米国は 10563，ソ連は 10271 の弾頭を有しており，それを 6000 にするためには，米国は 43％，ソ連は 41％ 削減しなければならないことになる。

　総数 6000 の内訳として，既配備 ICBM と既配備 SLBM に装備される弾頭数は 4900 という制限が設けられている。交渉において，ICBM の大幅な削減を規定しようとしていた米国は，ICBM に独自の内訳制限を設定することを提案し，3300 という数字を示していた。他方，ソ連は ICBM，SLBM，重爆撃機を平等に取り扱うことを主張し，それぞれが全体の 60％，すなわち 3600 を超えてはならないという提案をしていた。それは両国の戦略核 3 本柱の構成の相違にも依存している。以上の削減は，条約発効の後 7 年間で実施されることになっているが，それは 3 年，5 年および 7 年の 3 段階で表 2 に示されたように実施される。

表2 条約署名時の両国の保有数および削減の予定表

	戦略核運搬手段		弾頭		ICBM・SLBM弾頭	
	米国	ソ連	米国	ソ連	米国	ソ連
署名時	2,246	2,500	10,563	10,271	8,210	9,416
3年後	2,100		9,150		8,050	
5年後	1,900		7,950		6,750	
7年後	1,600		6,000		4,900	

(c) ICBMの規制

　戦略3本柱の中で，ソ連はその大部分をICBMが占めているのに対し，米国ではICBMの占める割合はわずかである。またソ連は，ICBMの弾頭数が米国の約2.5倍であるのみならず，大型のICBMを保有していた。したがって，START交渉における米国の第1の目的は，ソ連のICBM，特にその大型のICBMすなわち重ICBMを大幅に削減することであった。それは，米国がICBMは先制攻撃用の兵器であり，特にMIRV化されたものは，その弾頭数の多さのゆえに攻撃される前に発射するよう動機づけられると考えたからである。

　SALT II交渉において，カーター大統領は1977年に重ICBMの半減を提案していたし，レーガン大統領がSALT II条約に強く反対したのも，ソ連の重ICBMに対する規制と投射重量に対する規制が不十分であると考えたからであった。

　START交渉においても，米国はICBMに独自の制限を課すことを提案し，3300という数を示していた。条約署名時に米国は2450，ソ連は6612のICBM弾頭を保有していたから，米国案によれば，米国はまったく影響を受けないし，ソ連は50％以上の削減となっていた。ソ連の反対により，ICBMに対する制限は合意されなかったが，重ICBMおよび移動式ICBMについては，個別的な制限が課されている。

　重ICBMは実際にはソ連のSS-18のみであるが，ミサイル数を154に，弾頭数を1540に削減することが定められている。ソ連は10弾頭を装備したSS-18を308保有しているので，これはミサイルおよび弾頭の50％削減となる。削減の方法については，条約発効後毎年22ずつ削減し，7年間で段階的に実

施すること，削減は転換・廃棄議定書に従い，廃棄の手段により実施されることに合意されている。

重ICBMについては，さらに ① 新しいタイプの重ICBMの生産，飛行実験または配備，② 現存タイプの重ICBMの発射重量または投射重量の増加，③ 重ICBMの移動式発射基の生産，実験または配備，④ 重ICBMの追加的サイロ式発射基の生産，実験または配備，⑤ 重ICBM発射基でない発射基をそれに転換すること，が禁止されている。このように，重ICBMについては質的な側面からも厳格な規制が規定されている。

移動式ICBMについては，弾頭数の上限が1100と定められた。ソ連はすでに，10弾頭を装備する鉄道移動式ICBM・SS-24を33配備し，単弾頭の道路移動式ICBM・SS-25を288配備していた。しかし条約署名時の弾頭数は合計618で，上限には達していない。米国は，長い間移動式ICBMに反対していたこともあり，条約署名時にはまだまったく配備していなかったが，条約ではピースキーパー（MX）を現存タイプの移動式ICBMと規定している。このように，移動式ICBMについては，今後の大幅な増強が認められている。これは主として，移動式である方が相手の攻撃に対する脆弱性が減少するので，戦略的安定性の観点からして，固定式よりも好ましいという考えに基づいている。

移動式ICBMの規制に対する難点は検証の困難さにあるため，条約は移動式ICBMに対し，さまざまな規制を課している。まず道路移動式ICBMについては，その基地として5平方キロメートルを超えない限定地域（restricted area）を定め，1種類の10を超えないICBM発射基・ミサイルと限られた固定構造物を置くこととされている。またいくつかの限定地域を含む12500平方キロメートルを超えない配備地域（deployment area）が定められ，そこに1つのICBM基地が含まれる。配備地域を離れることができるのは，配置換えまたは実戦分散の場合のみであり，限定地域を離れることができるのは日常的移動，配置換えまたは分散の場合のみである。

鉄道移動式ICBMの場合は，その発射基およびミサイルは鉄道駐屯地（rail garrison）を基地とする。それは軌道部分が出入口から20キロメートルを超えない大きさであって，各締約国は7を超えない鉄道駐屯地をもつことができ，その中の列車の数は5を超えてはならない。列車駐屯地を離れるこ

とができるのは，日常的移動，配置換え，または分散の場合のみである。配置換えは，数的にも期間にも制限があり，鉄道移動式ICBMの日常的移動にも数的制限がある。また移動に関して相手国に通告する必要がある。

(d) ICBM・SLBMの規制

条約は，ICBMまたはSLBMに個別に数的制限を課すことはせず，弾頭総数6000の内，ICBM弾頭とSLBM弾頭の合計を4900に削減することを規定した。これはICBM弾頭とSLBM弾頭との割合が米ソで逆になっているため，両国の妥協を図ったものである。米国は8210（ICBM2450, SLBM5760），ソ連は9416（ICBM6612, SLBM2804）の弾道ミサイル弾頭を保有しているため，それぞれ40％，48％の削減になり，この分野では実際の数が計算されることもあり，両国にとって大幅な削減となる。

またSALT II条約に対する最大の批判であった投射重量に関し，START I条約は，ICBMおよびSLBMの総投射重量を，条約発効の7年後に3600トンを超えないように制限することを定めている。条約署名時において，米国の総投射重量は2361.3トンであるので影響を受けないが，ソ連は6626.3トンであるので，46％削減することが必要である。この義務はソ連に一方的に課されるものであるが，これはソ連が大型のミサイルを開発し，配備してきたことによる。

さらに質的な制限として，重SLBMの生産，飛行実験または配備が禁止され，重SLBM発射基の生産，実験または配備が禁止されている。また10を超える再突入体をもつICBM・SLBMの生産，飛行実験または配備は禁止され，それに装備されていると計算されている弾頭数を超える数の再突入体をもつICBM・SLBMを飛行実験し，配備することも禁止されている。

弾道ミサイルに対するユニークな規制として，条約は一定の場合に限定された方法で現存のミサイルの弾頭数を削減する権利を認めている。それは新しい条約体制の下で，戦略兵器システムを調整するためである。ソ連は7弾頭を装備していたSS-N-18ミサイル224をすでに3弾頭に削減しており，896弾頭を削減した。米国はミニットマンIIIを1または2弾頭削減する予定である。米ソ両国ともそれぞれあと2種類のICBMまたはSLBMの弾頭を削減することができるが，その総数は1250を超えてはならないとされており，

他の2種類については削減は500を超えてはならないと規定されている。

(e) 重爆撃機とALCMの規制

　重爆撃機は戦略核運搬手段として実際の数が計算されるが，重爆撃機に搭載された弾頭の数は，以下に述べる複雑な計算により実際よりもきわめて少なく計算される。それは，重爆撃機搭載の兵器が，ICBMやSLBM搭載の兵器に比較して破壊力が小さく軍事的にみて脅威が小さいことが1つの原因となっている。重爆撃機および重爆撃機搭載の弾頭に対して個別的な規制がまったくないことに示されているように，戦略3本柱の中で重爆撃機が戦略的安定性の観点から最も好ましいので，その弾頭を実際より少なく計算し，戦略兵器体系を重爆撃機を多くする方向へ進ませようとするものである。

　重爆撃機は，長距離核ALCMを搭載したものと長距離核ALCM以外の核兵器を搭載した爆撃機に分けられる。まず長距離核ALCM搭載重爆撃機に関しては，米国については，総数150の重爆撃機まで10弾頭を装備していると計算され，150を超えるものについては，実際に搭載しているALCMの数と同数の弾頭を装備していると計算される。ソ連については，総数180の重爆撃機まで8弾頭を装備していると計算され，180を超えるものについては，実際に搭載しているALCMの数と同数の弾頭を装備していると計算される。米国はすでに189の爆撃機にALCMを搭載しているため，150を超える爆撃機については実際に搭載された数が計算されている。他方，ソ連は99の爆撃機にALCMを搭載しているだけである。

　米国は現在および将来の重爆撃機に20以上の長距離核ALCMを搭載しないこと，ソ連は16以上の長距離核ALCMを搭載しないことを約束しているので，両国は最大数を搭載する場合には，条約の適用上実際の半数として計算されることになる。したがって，ここでは，ALCMはICBMやSLBMの半分の価値をもつものと考えられている。

　次に，長距離核ALCM以外の核兵器を搭載しているもの，すなわちSRAM（短距離攻撃ミサイル）や投下爆弾を搭載している重爆撃機については，それがいくら多くのSRAMや投下爆弾を搭載していても，条約の適用上1弾頭であると計算される。実際には16の弾頭が搭載される場合もあるが，条約に

おける計算では1弾頭となる。

このように条約は，重爆撃機搭載の核兵器を実際より少なく計算することにより，またICBMとSLBMを減らして重爆撃機を増強することはできるが，逆はできないという「一方的な混合の自由」を認めることにより，戦略核戦力をICBM・SLBMから重爆撃機に移行することを奨励している。特にICBMは第1撃用であるのに対し，重爆撃機は第2撃用であるという理由から，そのような移行が好ましいと考えられている。SLBMは両者の中間にあり，攻撃される危険が少なく，以前は命中精度も悪かったため第2撃用と考えられていたが，最近，命中精度は向上している。

(f) その他の規制

(イ) 非配備システムの規制

以上の規制は，原則的にはすでに配備されている戦略兵器システムに対するものであるが，実戦配備されていないものも実戦配備される可能性をもつものであるので，非配備システムに対しても詳細な規制が規定され，非配備の移動式ICBM発射基およびそのICBM，実験用の発射基，実験場にあるICBMとSLBM，訓練用発射基，ICBM輸送・装填機，貯蔵施設と修理施設，宇宙発射施設，非核重爆撃機，静止的展示などにすべて上限が設定されている。

(ロ) SLCMの規制

SLCMは，米ソ間の交渉において見解が鋭く対立する問題であったが，最終的にはSTART条約では規制しないことに決定され，両国が政治的拘束力のある同一の宣言をなすことになった。その宣言は条約署名の日に，両国それぞれによる「核海洋発射巡航ミサイルに関する政策の宣言」として示された。その内容は，① 条約の有効期間中，自国が計画している核SLCMの配備に関し毎年宣言を行なう。② 最初の宣言は条約発効の日に行ない，その後毎年提供するが，相手国も同様の宣言をするという了解により提供される。③ 今後5年間のそれぞれにつき配備される核SLCMの最大数を特定する。④ その数は880を超えない。⑤ 核SLCM以外の巡航ミサイルは含まれない。⑥ 宣言は600キロメートルの射程を超えるものに適用される。⑦ どのタイ

プの水上艦艇および潜水艦が核SLCMを搭載しうるかについて情報を与える。⑧2以上の核兵器で武装しうるSLCMを生産または配備しない。⑨この宣言は条約の有効期間中行なう。⑩300から600キロメートルの射程の核SLCMの数については秘密に情報を提供する。⑪相互に受諾しうる効果的な検証措置を求め続ける。

このSLCMについては，条約署名時において，米国は約370，ソ連は約100を配備しているだけであったので，上限を880とし，それも政治的約束としたことは，SLCMの増強を野放しの状況に置くに等しいものであり，今後この分野において核軍備競争が進むこと意味していた。そのため，条約署名時においてこの点は，多くの学者により批判されていた。

(g) 戦略兵器の廃棄

START I条約は，INF条約と異なり条約の対象となる兵器を全廃するわけでなく，条約で禁止されない限り近代化および代替を認めているが，基本的には戦略兵器を削減するものであるので，当然多くの兵器体系を廃棄する必要がある。戦略攻撃兵器システムの廃棄または転換については，条約および転換・廃棄議定書に詳細に規定されている。

まず移動式ICBM発射基用のICBMの廃棄は，ICBM廃棄施設で議定書に定められた手続きにより廃棄され，それに対し他の締約国は現地査察を行なわなければならない。このICBMは飛行実験により廃棄することもでき，その場合は自国の検証技術手段により検証される。次に移動式ICBM発射基の廃棄は，そのための廃棄施設で実施され，現地査察により検証される。移動式ICBM発射基の固定構造物はその場で廃棄され，廃棄の後自国の検証技術手段で検証するか，または現地で査察することができる。移動式ICBMの発射容器は，現地でまたは廃棄施設で廃棄される。

固定式ICBM発射基の場合は，サイロ式であれソフトサイト式であれ，廃棄はその場で実施され，その廃棄過程は自国の検証技術手段により検証される。SLBM発射基の廃棄は，そのための廃棄施設で実施され，検証は自国の検証技術手段により行なわれる。

重爆撃機またはかつての重爆撃機の廃棄はそのための廃棄施設で実施されるが，長距離核ALCM搭載の爆撃機の場合には廃棄の開始を査察により検

証し，それ以外の爆撃機の場合には廃棄の完了を査察により検証する。廃棄過程は自国の検証技術手段により検証する。重爆撃機の転換はそのための転換・廃棄施設で実施され，転換された爆撃機はその施設の展示場におかれ，通告の後現地査察することができる。

　一定数の戦略攻撃兵器は，静止的展示に移すことにより実戦配備の数を削減することができ，これは現地査察により検証される。また施設の廃棄については，施設閉鎖査察によりその廃棄が検証される。サイロ式ICBM発射基用のICBMおよびSLBMの廃棄については，その手続きに関する定めはなく，それを所有する締約国の任意の手続きにより廃棄できることになっている。

　これらの廃棄手続きは，基本的にはINF条約の規定を踏襲しており，廃棄過程を観察により査察することが認められているか，または自国の検証技術手段により検証することとなっている。INF条約はミサイルのみであったが，START条約では重爆撃機も含まれており，そこでは転換によって削減するという方法が認められている。

3　条約義務の検証・査察

　条約義務の検証・査察については，中距離核戦力がINF条約に従い1988年から1991年にかけて実際に全廃され，その検証・査察方式が実際に有効であったことが証明されたこともあり，基本的にはINF条約の規定を踏襲していると言ってよいが，START I 条約では対象となる兵器システムが一層広範であること，また全廃ではなく一定の削減が求められていることから，START I 条約においては，INF条約よりもさらに厳格で詳細な検証・査察規定が置かれている。

(a)　データ交換と通告

　まず検証・査察の前提となるデータを交換すること，およびさまざまな場合に通告を行なうことが必要となる。データについては，1990年9月1日現在のデータが了解覚書に含まれており，条約の発効日のデータを交換すること，その後6ヵ月毎にデータを交換することの他に，データに変更がある場合に通告することが義務づけられており，次に，戦略兵器の移動について通

告する義務がある。第3に新しいタイプのICBMおよびSLBMの飛行実験に際してその投射重量を通告すること、第4に、条約に規定された制限に従う品目の転換・廃棄について詳細に通告すること、第5に、移動式ICBMおよび爆撃機を偵察衛星から見えるようにする協力措置について、その要請とそれを受諾できない際に理由を通告することが規定されている。

第6に、ICBMおよびSLBMの飛行実験について通告すること、その情報には遠隔計測についての情報も含まれること、第7に、新しいタイプおよび新しい種類の戦略攻撃兵器が作られた場合にはそれについての詳細な情報を通告することが定められ、第8に、上述の場合に提供された情報の内容が変更した際には、計画の変更をも含めて通告する必要がある。第9に、査察および継続的監視活動については、査察議定書にその通告の手続きが詳細に規定されている。最後に、実戦的な分散については、その開始および終了、その間一時停止される義務などが通告されなければならない。これらの通告はすべて核危機軽減センター（NRRC）を通じて行なわれる。

(b) 自国の検証技術手段

(イ) 基本的ルール

戦略兵器の規制についてはSALT I以来、この自国の検証技術手段（NTM）が検証手段の中心として規定されてきた。これは主として宇宙からの偵察衛星による監視により条約の遵守を検証するものであり、一般的に認められた国際法の諸原則に合致する方法で自由に使用できること、他の締約国の手段を妨害してはならないこと、検証を妨害する秘匿手段を用いてはならないことが、以前の諸条約とほぼ同様に規定されている。START I条約に特有のものとして、移動式ICBM発射基用のICBMは、検証を容易にするため独自の識別物を付けなければならない。

(ロ) 協力的措置

これは自国の検証技術手段による検証、すなわち偵察衛星による検証を実施するに際して、検証の実効性を促進するために、検証される国家の協力を得て行なわれるものであり、INF条約で初めて導入されたものである。START I条約においては、相手当事国の要請があった場合に、道路移動式

ICBM発射基,鉄道移動式ICBM発射基および重爆撃機について,固定構造物から移動させ,外から見えるような形で展示することにより,相手当事国の検証に協力することが求められている。各締約国はこの協力の要請を年に7回行なう権利をもち,そのような協力による展示は,要請後12時間以内に開始され,要請後18時間が経過するまで継続されなければならない。ただし同一の基地については年に2回以上要請できないし,この協力措置と査察を同時に行なうことはできない。

(ハ) 遠隔計測

SALT II 条約の実施に関して,米国は,ソ連が弾道ミサイルの実験に際して遠隔計測情報を暗号化しているが,それは自国の検証技術手段を故意に妨害するものであるとして,ソ連を強く非難し,条約義務の違反を構成すると主張してきた。START交渉においても,この遠隔計測の問題は米ソ間の大きな対立点の1つであり,条約交渉の最後まで決着の付かなかったものであるが,条約はきわめて限定的な例外を除き,遠隔計測情報への完全なアクセスを保証している。

(c) 現地査察

(イ) 査察官,監視官,航空機乗員

現地査察を実施する査察官,継続的監視活動を実施する監視官,それらの人員を被査察締約国に輸送する航空機乗員につき,条約はこれら要員の法的地位を定めている。まず各締約国は,400人を超えない査察官のリスト,300人を超えない監視官のリスト,および人数が制限されていない航空機乗員のリストを作成し,相互に交換する。査察官および監視官は査察を実施する締約国の国民でなければならない。リストの交換は,条約の履行を容易にするため,条約発効よりも30日以上前に行なうことが合意されている。提案されたリストの個々人につき,相手国は賛成または反対を告げる権利を有する。

査察官,監視官および航空機乗員は,外交官に類似の特権および免除を享有する。まず査察官,監視官および航空機乗員には,ウィーン外交関係条約第29条で外交官に与えられる身体の不可侵が与えられ,監視官の住居と事

務所は同条約第22条および第30条の不可侵と保護が与えられ，査察官，監視官および航空機乗員の書類および通信は同条約第30条の不可侵を享有する。査察のための航空機は不可侵を享有する。さらに査察官，監視官および航空機乗員は，同条約第31条第1，2，3項の裁判権からの免除を享有し，監視官は同条約第34条による賦課金と租税からの免除を享有し，査察官，監視官および航空機乗員は個人的使用のための物品への関税その他の免除を享有する。これらの特権・免除の濫用があると認められるときは，両国は協議を行なう。査察官，監視官および航空機乗員は，被査察締約国の法と規則に違反してはならないし，国内問題に関与してはならない。

上述の査察官のリストの中から査察団が結成されて査察が実施されるが，その査察団の人数は，条約第11条第2，3，4，5，6，7，9，10項による査察の場合には10人以内であり，第11，12，13項の場合には条約発効後165日以内は15人以内，それ以降は10人以内であり，第8項による査察の場合は20人以内である。また継続的監視活動の監視官の人数は30人以内であるが，一定の場合には例外が認められる。さらに各航空機の乗員は10人以内とされており，一定の例外が認められる。

査察を実施する締約国の査察官および監視官が被査察締約国の入国地点に到着するとすぐに，被査察締約国の国内護衛官が彼らに会い，入国を手伝いまた必要な援助を提供する。国内護衛官は査察団に随伴し，援助しなければならないが，監視官については随伴する権利を有している。国内護衛官は査察に立ち会い，査察の終了についても査察団の長との手続きを行なう。国内護衛官の役割は，査察官や監視官を援助するとともに，査察の手続きの違反などを指摘することにより，査察が定められて通り実施されているかどうかをチェックする機能を果たしている。

被査察締約国は，査察官および監視官が常にその国の大使館と電話で通信できるようにしなければならないし，継続的監視活動の場合には，監視官は本国との間の衛星通信システムを使用する権利を有している。これらにより，査察および監視を行なう要員が常に大使館または本国と連絡がとれるよう保証されている。

(ロ) 現地査察の種類と目的

① 基礎データ査察（base-line data inspection）　了解覚書に含まれるデータの各カテゴリーにつき，条約発効日現在のデータが条約発効後30日以内に通告されるので，出発点となるデータが実際の状況を正確に現しているかどうかを確認するため，基礎データ査察が条約発効後45日から165日の間の120日間に実施される。

② データ更新査察（data update inspection）　条約発効後6ヵ月毎に，了解覚書に含まれるデータの各カテゴリーについての更新されたデータを，30日以内に通告すること，およびそれらのデータに変更があった場合には5日以内に通告することが定められておりそのデータの正確さを確認するための査察がデータ更新査察であり，締約国は，条約発効後165日経過してからこの査察を実施する権利をもち，各年に15回実施する権利を有する。

③ 新施設査察（new facilities inspection）　基礎データ査察のためのデータに含まれておらず，データの変更として通告された新しい施設に対して，そのデータの正確さを確認するために行なう査察が新施設査察であり，条約発効後45日以降において，その通告があった日から60日以内にその査察を実施する権利が認められている。

④ 疑わしい場所の査察（suspect-site inspection）　この査察は，移動式ICBM発射基用のICBMまたはICBMの第1段が，一定の施設で秘密裏に組み立てられていないことを確認するためのもので，その対象となるのは，条約署名時においては，米国のオグデン，サクラメント，マグナの施設，ソ連のズラトゥースト，ベルシェット，ペトロパヴロウスクの施設であり，さらに将来，被査察締約国の移動式ICBM発射基用のICBMと同じかより大きいICBMまたはSLBMを生産し始めた施設で，継続的監視を受けていないもの，並びに継続的監視が停止された施設がその対象となる。この査察を実施する毎に，査察締約国が権利としてもつデータ更新査察の数が1ずつ減少させられる。

⑤ 再突入体査察（reentry vehicle inspection）　この査察は，既配備ICBMまたはSLBMがそれらに装備されていると計算される弾頭の数を超える再突入体を含んでいないことを確認するためのもので，締約国は，ICBM基地またはSLBM基地において各年に10回実施する権利を持つ。この査察では，査察官がミサイルの先端部を実際に観察することにより，再突入体の

数の制限が遵守されているかどうかを検証する。

⑥　ポスト演習分散査察（post-exercise dispersal inspection）　条約第13条は，移動式ICBMを限定地域または鉄道駐屯地から演習のために分散する権利を，一定の条件で認めている。この査察は，その演習分散が完了したという通告の後に，移動式ICBM基地において，元の基地に戻っているICBMの数とそこに戻っていないICBMとの数が，そのICBM基地に特定された数を超えていないことを確認するために実施される。その基地に戻っていないものについては，国内護衛官が査察官にその場所を示すか，査察官をその場所に輸送しなければならない。

⑦　転換・廃棄査察（conversion or elimination inspection）　締約国は転換または廃棄過程の開始の30日以上前にそのことを通告する義務があり，移動式ICBM発射基用のICBMとその発射容器の廃棄については，査察官は廃棄の前後に観察と測定をしなければならず，廃棄過程を双眼鏡で観察しなければならない。移動式ICBM発射基についても，査察官は観察および測定を実施しなければならない。このように移動式ICBMと発射基の廃棄については，その現地査察が締約国の義務として規定されている。

他方，移動式ICBM発射基のための固定構造物の廃棄，重爆撃機の廃棄または転換，静止的展示による廃棄などについての現地査察は，締約国の権利として規定されている。転換・廃棄査察以外のすべての査察は，締約国の権利として認められており，転換・廃棄査察の中でも，移動式ICBMとその発射基の廃棄に対する査察のみが義務として規定されていることは，この移動式ICBMとその発射基が戦略攻撃兵器の中で特に重要であり，その廃棄が重要な意味をもつことを意味している。

⑧　施設閉鎖査察（close-out inspection）　ICBM基地，潜水艦基地，ICBM取り付け施設，SLBM取り付け施設，修理施設，貯蔵施設，転換・廃棄施設，実験場，空軍基地などの施設が閉鎖された場合に，その閉鎖を通告する義務があり，その通告の後60日以内に，締約国はその施設の廃棄の完了を確認するために施設閉鎖査察を実施する権利を有する。

⑨　以前宣言された施設の査察（formerly declared facility inspection）　これは，⑧で列挙した施設ですでに廃棄されたと通告された施設が，その後本条約に合致しない目的のために使用されていないことを確認するための査察

であり，施設閉鎖査察が実施された後，または閉鎖通告後60日内に施設閉鎖査察が実施されない場合に，実施できる。締約国は，各年に3回この査察を実施することができる。

⑩　技術的特徴の公開と査察（technical characteristics exhibition and inspection）　　各締約国は，条約発効日現在のデータが通告された日の3日後から，条約発効日の45日後の間にICBM, SLBM, 移動式ICBM発射基につきその技術的特徴を公開しなければならず，他方締約国は，その公開の間に，それらの技術的特徴が特定されているデータに一致することを確認するために，現地査察を実施する権利を有している。また新しいタイプのICBM, SLBMおよび移動式ICBM発射基についても，同様の公開と査察が実施される。

⑪　区別可能性の公開と査察（distinguishability exhibition and inspection）

各締約国は，条約発効日現在のデータが通告された日の3日後から，条約発効日の45日後の間に，重爆撃機，かつての重爆撃機および長距離核ALCMの区別可能性の公開を行なう義務がある。その公開の間に他方締約国は，長距離核ALCM搭載重爆撃機の技術的特徴が特定されたデータに一致していることを確認し，実際に搭載しているALCMの最大数を査察し，条約に違反していないかどうかを確認する。また長距離核ALCM以外の核兵器を搭載した爆撃機，非核兵器を搭載した重爆撃機，訓練用重爆撃機，かつての重爆撃機が相互に，また長距離核ALCM搭載重爆撃機から区別可能であることを確認する。さらに長距離核ALCMの技術的特徴が特定されたデータに一致していることを確認し，長距離核ALCMと長距離非核ALCMとの区別可能性を確認する。

⑫　基礎公開と査察（baseline exhibition and inspection）　　各締約国は，区別可能性の公開の完了後から，条約発効日の165日後の間に，非核兵器搭載重爆撃機，訓練用重爆撃機およびかつての重爆撃機の基礎公開を実施する義務があり，その間に他方締約国は，転換の条件をみたしているかどうかを確認するために査察を行なう権利を有する。またあるタイプの重爆撃機から初めて長距離核ALCMの飛行実験が行なわれた場合にも，基礎公開が行なわれ，それに対し査察を実施することができる。

⑬　継続的監視活動（continuous monitoring activity）　　各締約国は，移動式ICBM発射基用のICBMの生産施設において生産されるICBMの数を確認

するために，条約発効日から30日以降に，その生産施設の出入口において，継続的監視活動を実施する権利を有する。生産施設については，その内部に入って現地査察する権利は認められておらず，その施設のまわりに周辺監視地域を設定し，出入口においてその施設から出てゆくコンテナ，発射容器および運搬手段を継続的に査察する。条約署名時においては，米国の1施設，ソ連の2施設が指定されている。

(d) 合同遵守査察委員会 (Joint Compliance and Inspection Commission)

米ソ両国は，START I 条約の規定の目的およびその履行を促進するために，合同遵守査察委員会を設置している。これは，いずれかの締約国が要請する場合に，条約義務の遵守に関する問題の解決，条約の有効性と実効性を改善するための追加的措置の合意，および新しい種類の戦略兵器への条約の適用問題の解決のために開催される。この委員会は，SALT 諸条約における常設協議委員会，INF 条約における特別検証委員会と実質的には同じであり，条約の履行にかかわるあらゆる問題を2国間の話し合いにより解決していこうとするものである。委員会の構成，会期の開催，特別会期の開催，議題，委員会の活動方法等については，合同遵守査察委員会に関する議定書が，詳細に規定している。

4 条約の意義と履行

(a) START I 条約による規制

START I 条約は，9年にわたる交渉の成果として，戦略攻撃核兵器を史上初めて削減するという意味で，きわめて重要な意味を有している。1945年に最初の核爆発が実施されて以来，絶え間なく増加し続けてきた核兵器が，INF条約に続いて削減されることは，これまでの核軍備競争の方向を逆転させ，軍備縮小の方向を示すものであり国際の平和と安全保障に好ましい状況を生み出している。

この条約が成立した背景には，1980年代の終わりから1990年代の初めにかけての急激な国際社会の変化，特に米ソを中心とする東西関係の改善とい

う状況が存在した。ソ連における新思考外交,東ヨーロッパの民主化,東西ドイツの統一,ワルシャワ条約機構の解体など,冷戦の基盤が崩壊し,ポスト冷戦期に移行したことが,この条約の成立を促進した大きな要因として考えられる。

　また1987年に署名され,翌年から3年間にわたって中距離核戦力の全廃を実施したINF条約も,START I 条約の成立に大きな影響を与えている。しかしINF条約が中距離の比較的少数の核兵器を取り扱っていたのとは異なり,START I 条約は米ソ両国の核兵器体系の中心である戦略核兵器を取り扱っており,対象となる兵器もICBM, SLBMおよび重爆撃機と多岐にわたっており,これらの兵器がもつ軍事的および政治的意味はINFとは比較にならない程大きいものである。したがって,以前のSALT I 暫定協定およびSALT II 条約における現状維持的または上限設定的な措置と異なり,実際の削減を定めるSTART I 条約は,戦略兵器において以前とは異なるアプローチをとるものであり,軍備縮小に向けての重大な措置を規定している。

　ブッシュ大統領は,この条約を議会に送付する際の書簡において,米国のSTART I 交渉の目的は,①条約は危機における安定性を促進すること,②条約は戦略兵器を制限するだけでなく大幅に削減すること,③条約は米国の戦力とソ連の戦力の平等を達成すること,④条約は効果的な検証が可能であること,⑤条約は米国および同盟国に対し戦争の危険と危機における不安定性を低くすることにより,米国および同盟国の人々に支持されること[9]であったが,これらの5つの目的は達成されたと確信していると述べている。

　ブッシュ大統領が繰り返し述べているように,START I 条約の最大の目的は戦略的安定性の強化であり,これはポスト冷戦期においても重要であり続けると主張されている。したがって,地上固定式のMIRV化ICBMが,その弾頭の多さ,命中精度の良さ,速度の速さ,相手の攻撃に対する脆弱さの点から,最も安定性を阻害する兵器体系であると考えられ,その大幅な削減が求められた。逆に重爆撃機およびALCMは速度が遅く,第2撃用のものであるので,それらは増強されるべきであるとの考えから,重爆撃機に搭載されるALCMおよびその他の核兵器は,条約規定においては実際より少なく計算されるという方式が採択されている。このように,条約においては「一方的な混合の自由」が承認されているが,それは戦略的安定性を強化するた

表3　START I 条約による弾頭数の規制

	米　国			条約の規制	ソ　連		
	署名時	1990年代後半			署名時	1990年代後半	
		実　数	計算数			実　数	計算数
①　ICBM 弾頭	2,450	1,423	1,423		6,595	3,228	3,228
②　SLBM 弾頭	5,056	3,456	3,456		2,810	1,672	1,672
①＋②	7,506	4,879	4,879	4,900	9,505	4,900	4,900
③　投下爆弾 SRAM	5,608	2,736	171		616	960	60
④　ALCM	1,600	1,900	950		720	1,300	1,040
①＋②＋③＋④	11,714	9,515	6,000	6,000	10,741	7,160	6,000
⑤　SLCM	367	880		(800)	100	880	
①＋②＋③＋④＋⑤	12,081	10,395			10,841	8,040	

めであると考えられている。

　戦略兵器の削減については一般には50％の削減であると宣伝され，実際には20-30％の削減にしかならないが，米国軍備管理協会の試算に基づき，米ソの戦略核戦力を署名時および条約実施時期について，条約の計算ルールをあてはめてみると表3のようになる。この表から明らかなように，ICBMとSLBMはかなり大幅に削減されることになるが，爆撃機搭載の弾頭は現在より増強されると予想される。6000という条約上の数も，実際には米国は9515，ソ連は7160と予想されており，当初の目的からは程遠いものになっている。

　また交渉で長く議論されていたSLCMは，結局は条約に含まれないことになり，政治的約束による上限が現在よりもきわめて高く設定され，実質的には野放しに状況に置かれている。海軍の軍縮については，積極的なソ連に対し米国はきわめて消極的であるが，それは米国が海軍国であるとの自負をもっていると共に，海軍における圧倒的優位を維持し続けたいからである。しかしMIRVの例が示しているように，短期的に見て有利な状況が長期的には不利になることがあるので，米国にとって必ずしも賢明な選択とは言えない。SLCMが規制されなかったことは，条約の最大の欠陥であると言えよう。

　START I 条約は基本的には，戦略攻撃兵器の数的削減を目的とし，一定の場合を除いて，質的な側面つまり近代化および代替を容認している。重

ICBMや重SLBMなどの開発は禁止されているが，移動式ICBMの開発やALCMの開発など多くの側面で，質的な核軍備競争は規制されていない。この点について，アルバトフは，「新規の戦略計画を直接に禁止していないこと，およびこれらの計画に合わせるために条約を細かく調整していることが，START条約の大きな欠点である(11)」と主張しているように，特に米国の戦略計画はほとんど妨げられることなく，古くなった兵器を廃棄していくことにより条約は履行されることになる。

　さらに条約は，MIRV化ミサイルの弾頭数を削減するダウンローディングを認めているため，既存のミサイルの弾頭数を削減し，核運搬手段を減少することなく弾頭を減少させることができるので，戦略兵器の構成について一層の柔軟性が可能になっている。

　またSTART I条約は，INF条約と同様に，核弾頭それ自体の廃棄には言及しておらず，ミサイルやミサイル発射基は廃棄されるとしても，その核弾頭それ自体は両国が保持し，他の兵器のために再利用することが可能となっている。これは主として，兵器用核分裂性物質の生産が，環境問題などで停止されている米国にとって，他の分野においてそれらの核分裂性物質を再利用する必要があることから，廃棄の対象となっていないのである。

　このように，START I条約は戦略兵器のかなりの削減を規定し，軍備管理の流れを軍縮の流れに変えるという貴重な意義を有しており，核兵器の一層の削減に向けての第一歩としてきわめて重要な位置を占めている。しかしSTART I条約の基本的枠組みが合意されたのは，まだ冷戦期であり，戦略的安定性という考えが基本にあり，戦略兵器の近代化が前提とされているものである。したがって，START IIにおいては，一層の量的な削減とともに，質的な開発を制限することが必要と考えられていた。

(b) START I条約による検証・査察

　START I条約による検証・査察は基本的にはINF条約の検証・査察を踏襲していると言ってよいが，3年間で一定のカテゴリーの兵器体系を全廃するINF条約の場合と，いくつかのカテゴリーの兵器体系の削減を規定し，その枠内で近代化や代替を認めるSTART I条約の場合とでは，おのずとその内容は異なってくる。INF条約の場合には条約の対象となる兵器体系や関連施

設が新たに作られることはなく,廃棄の方向へ一方的に進むだけであったが,START I 条約の場合には,既存の兵器や施設の廃棄または閉鎖のみならず新たな兵器や施設が作られることもあり,それらをも検証・査察する必要がある。

また START I 条約では,廃棄ではなく転換により条約の対象から除外することが認められているため,いくつかの種類の重爆撃機を区別可能にすることも必要になり,それを検証することも必要になる。また条約は弾頭数に制限を設けているため,再突入体の数が通告されたデータと一致しているかどうかなども査察する必要がある。このように INF 条約と比較してさらに多くの種類の現地査察が認められている。

検証が効果的であるためには,現地査察が多く認められることが重要であるが,それだけでは不十分であり,その前提となるものとして,データの完全かつ迅速な交換およびさまざまな場合における通告,ならびに戦略兵器の配備や移動の制限がある。これらについても START I 条約はきわめて詳細に定めており,これらにより透明性が一段と促進され,その結果として現地査察および自国の検証技術手段が有効に実施できることになる。特に,米ソ両国の兵器体系の中心である戦略攻撃兵器について,透明性が大きく増すことは,軍縮条約の履行のみならず,米ソ関係全般にとってもきわめて好ましいことであり,国際の平和と安全保障にとっても有益なことである。

逆に言えば,米ソ両国がその軍事情報を公開し透明性を増すことに同意したことにより,条約による制限も可能になったのであり,ここにおいても軍縮措置と検証措置の相互依存関係が見られる。このように,START I 条約における検証・査察は,冷戦構造の終焉とともに,両国の信頼関係の大幅な改善に基づき,対立的なものから協力的なものに重点を移行したものであると言えよう。このことは今後の核軍縮交渉の進展をきわめて容易にするものであり,検証・査察の側面から軍縮措置が阻止される可能性が小さくなったことを意味しており,今後の一層の核軍縮の進展を期待させるものであった。

(c) START I 条約議定書

1991 年 7 月に米国とソ連の間において START I 条約が署名されたが,同年 8 月のクーデター未遂などを契機とし,ソ連の崩壊過程が加速されること

第1節　第1次戦略兵器削減条約

になった。12月8日には，独立国家共同体（CIS）の形成が宣言され，CISが核兵器の一元管理を行なうことに合意がみられた。また12月21日には，ベラルーシ，カザフスタン，ロシア，ウクライナの間において，CISの核兵器の使用は4国の合意によることが合意された。12月25日にソ連は正式に崩壊し，ゴルバチョフは核兵器使用許可コードをエリツィンに委譲した。

　1991年12月30日，CIS諸国はミンスクに集まり，核兵器の一元管理を維持すること，核兵器の使用の決定は，ベラルーシ，カザフスタンおよびウクライナの同意を得てロシア連邦大統領によりなされるという内容を含むミンスク協定に署名した。このように，ソ連崩壊後の核兵器の管理に関して一応の合意がみられ，START I 条約の批准および履行についてもロシアを中心とし，CIS諸国の内部で協議され，処理されることも期待されていた。条約の対象となる戦略核弾頭は，ロシア連邦に約8750，ウクライナに約1750，カザフスタンに約1400，ベラルーシに約100配備されていた。

　1992年に入り，ロシアとウクライナ，ロシアとカザフスタンとの間においていくつかの対立が発生し，その対立が核兵器の管理にも影響を与え，ウクライナとカザフスタンは戦略核兵器をロシアに移転すること，およびロシアのみをSTART I 条約の締約国とすることに異議を唱え始めた。3月のキエフ会談でもこれらの諸国は解決を見出すことができなかった。これらの問題の解決のために条約の締約国を拡大する可能性が探求されることになった。

　クラウチュック・ウクライナ大統領は5月6日にワシントンを訪問し，ブッシュ大統領との会談において，START I 条約を批准し履行すること，非核兵器国として核不拡散条約（NPT）に加入すること，7年以内に核兵器を撤去することに合意した。同じく，ナザルバエフ・カザフスタン大統領が5月19日にワシントンを訪れ，ブッシュ大統領との会談において，同様の内容に合意した。このような経過の後に，5月23日，リスボンにおいて，「START I 条約議定書」が，米国，ベラルーシ，カザフスタン，ロシアおよびウクライナの間で署名された。

　議定書の内容は，①ベラルーシ，カザフスタン，ロシアおよびウクライナは，この条約との関連において旧ソ連の承継国として，この条約の下における旧ソ連の義務を引き受ける。②ベラルーシ，カザフスタン，ロシアおよびウクライナは，この条約の制限と規制を実施し，条約の検証規定を機能

させ，費用を分担するために必要となる取決めを作る。③この条約の適用上，「ソ連」という語は，ベラルーシ，カザフスタン，ロシアおよびウクライナを意味するものと解釈される。④ベラルーシ，カザフスタン，ロシアおよびウクライナの代表は，合同遵守査察委員会に参加する。⑤ベラルーシ，カザフスタンおよびウクライナは，できるだけ速やかに，非核兵器国として1968年の核不拡散条約に加入する。⑥各締約国は，その憲法上の手続きに従い，この議定書とともに条約を批准する。

またこの議定書とは別に，ベラルーシ，カザフスタン，ウクライナは，それぞれブッシュ大統領への書簡において，START I 条約が実施される7年の間にそれぞれの国家の中にあるすべての戦略核兵器を撤去することを約束しており，これは法的拘束力ある約束であると考えられている。この手続が個別の書簡で処理されているのは，これら3国がロシアとは異なる立場にあること，すなわち7年後にはロシアにしか核兵器が存在しないという状況を議定書の中に書き込むことを嫌ったからである。

この議定書は，ソ連の崩壊による国際情勢の変化およびSTART I 条約の署名国の消滅にうまく対応するものであり，ベラルーシ，カザフスタン，ウクライナを条約締約国とすることにより，それら3国の独立国家としての地位を強化するという名目上の利益を与える一方で，実質的にはロシアをソ連の承継国として唯一の核兵器国としての地位を与えるものである。すなわちこれら3国に対して核不拡散条約（NPT）への加入を義務づけるとともに，START I 条約の実施期間中にすべての核兵器を撤去させることにより，新たな核兵器国の出現の防止について，また核兵器の物理的管理について有用な役割を果たしている。

(d) 条約の発効と履行

条約議定書が署名された後，米国は1992年10月1日に，ロシアは1992年11月4日にそれぞれ条約を批准した。しかしその後ウクライナとロシアの関係が悪化し，ウクライナは条約の批准を進めず，1993年11月18日に条約の批准を決定したが，その領土から撤去される核弾頭に対する補償が不十分なことや国際的な安全保障が欠如していることなどに言及しつつ，実質的な拒否にあたる多くの条件をつけていた。

1994年1月にロシア，米国，ウクライナの大統領はモスクワ首脳会談において，核兵器声明に署名したが，それはウクライナの国境の尊重，および積極的安全保障および消極的安全保障の供与を含むものであった。その後ウクライナ議会は2月にSTART I 条約への新規加入を承認し，11月にNPTへの加入を承認した。

1994年12月5日，欧州安保協力会議（CSCE）首脳会議の式典において，ウクライナはNPTの批准書を寄託し，その後ベラルーシ，カザフスタン，ロシア，ウクライナ，米国がSTART I 条約の批准書を交換する議定書に署名した。1月の声明にはその後英国も加わり，その内容は12月5日より公式のものとされた。

このようにSTART I 条約の発効は署名時から3年少しかかり，かなり遅れて発効したが，米ロとも不活性化を進めていたこともあり条約の履行は順調に進められた。条約は3段階にわたる削減を規定しており，それぞれ発効日から3年，5年，7年目での保有可能数が決められており，それに従って実施された。2001年12月5日には米国およびロシアは条約規定に従って削減を実施したことを発表した。当日の戦略核弾頭の数は，6000の制限に対して，米国は5949，ロシアは5520であると発表された。また査察・検証も規定通りに実施され，履行の確保に大きな役割を果たした。またベラルーシ，カザフスタン，ウクライナは各国に存在していたすべての核弾頭と戦略核兵器をロシアに移送した。

戦略兵器の削減という条約の中心的義務はこれで完了したが，条約は15年の有効期限をもつので，少なくとも2009年まではこの義務は継続するし，検証・査察も実施される。さらに条約期限が延長される可能性も規定されている。

(9) *Department of State Dispatch*, December 9, 1991, pp. 881–882.
(10) *Arms Control Today*, Vol. 21, No. 3, April 1991, pp. 30–31.
(11) Alex G. Albatov, "We Could Have Done Better," *Bulletin of the Atomic Scientists*, November 1991, p. 36.

第2節　第2次戦略兵器削減条約

　第1次戦略兵器削減条約（START I 条約）が署名された後，ソ連が崩壊し，戦略兵器の交渉は米国とロシアとの間でSTART II 交渉として継続された。本節では，まずソ連解体を目前にして，1991年に米国ブッシュ大統領（第41代）がとった一方的削減のイニシアティブおよびそれに呼応してゴルバチョフ大統領がとった一方的措置を検討する。
　第2に，1993年1月に米ロにより署名された第2次戦略兵器削減条約（START II 条約）成立過程と条約内容を考察する。第3に，START II 条約の発効を促進するためにとられたさまざまな措置について，START III の基本合意を中心に検討し，最後に2000年以降の動向として，ソ連によるSTART II 条約の批准と，その後のブッシュ政権（第43代）誕生に伴うSTARTプロセスの終焉について検討する。

1　大統領イニシアティブ

(a)　大統領イニシアティブによる一方的措置

　START I 条約にブッシュ大統領とゴルバチョフ大統領が署名した後，ソ連の国内情勢はさらに不安定なものとなり，8月には保守派のクーデターが発生した。このクーデターは3日で失敗に終わり，それによりソ連の民主化の方向が実証された反面，連邦自体の弱体化が促進され，連邦を構成する共和国の独立が加速されることとなった。その結果，ソ連の所有する核兵器に対する管理が，連邦の弱体化に伴い危惧されるようになってきた。このような状況において，ブッシュ大統領は，1991年9月27日に以下のような内容を発表した。[1]
　西ヨーロッパに対するソ連の侵攻の予想はもはや現実的な脅威ではないこと，ソ連では民主化勢力がクーデターに勝利し，クレムリンや各共和国の新しい指導者達は大規模な核兵器の必要性を疑問視していることから，米国お

よびソ連の核の態勢を変える絶好の機会であるとの認識が，このイニシアティブの背景となっている。

　まず第1に戦域核兵器について，① 地上配備の短距離すなわち戦域核兵器を全世界的に廃棄する。つまりすべての核砲弾と短距離弾道ミサイル弾頭を本国に撤収し廃棄する。ソ連に対し同様の措置を取るよう求める。② 海上艦艇，攻撃型潜水艦からすべての戦術核兵器を撤去し，地上配備海軍航空機の核兵器を撤去する。これは艦艇と潜水艦からすべての核トマホーク巡航ミサイルを撤去し，空母上の核爆弾を撤去することを意味する。ソ連も同様の措置をとるべきである。

　第2に戦略兵器については，START I 条約を跳躍台として安定化のための追加的措置をとるべきであり，① すべての戦略爆撃機を警戒態勢から解除する。対応措置として，ソ連は移動式ミサイルを駐屯地に限定することを要請する。② START I 条約の下で廃棄予定のすべてのICBMを警戒態勢から解除する。ソ連も同様の措置をとるよう求める。③ 移動式ピースキーパーICBMの開発および移動式小型ICBMの開発を停止する。小型単弾頭ICBMが残る唯一のICBM近代化計画となる。ソ連も複数弾頭の将来のICBM計画を停止し，ICBM近代化を単弾頭ミサイルの1タイプに限定するよう要請する。④ 戦略爆撃機用の核短距離攻撃ミサイル（SRAM）の代替計画を撤回する。⑤ 戦略核戦力をより効果的に運営できるよう指揮・管制手続きを整理し，海軍と空軍の指揮を米戦略指令部に統一する。

　第3に，ソ連への提案として，① 米ソ両国は，最も脆弱で不安定要因となる複数弾頭ICBMをすべて廃棄するため，早期に合意を求めるべきである。② 限定的な弾道ミサイル攻撃に対する非核防衛の限定的配備を許容する即時の具体的措置を取ることにつき，ソ連が米国と協力することを要請する。③ ソ連の核兵器の安全な管理のため協力するための協議の開始を提案する。

　最後に，米国の利益を保護し，同盟国との約束を守るため強力な軍事力を維持することが必要であるので，戦略兵器の近代化計画として，B-1およびSDI計画に十分な基金を与えるべきである。

　この提案に応える形で，ゴルバチョフ大統領は1991年10月5日に以下のような声明を発表した[2]。

　まず戦術核兵器について，① すべての核砲弾と戦術ミサイル用核弾頭を

廃棄する。②対空ミサイル用核弾頭は部隊から撤去し，中央基地に集中し，一部は廃棄する。核地雷はすべて廃棄する。③海上艦艇と多目的潜水艦からすべての戦術核兵器を撤去する。これらの兵器と地上配備海軍航空機の核兵器は中央貯蔵所に貯蔵し，一部は廃棄する。④米国に対し，相互主義に基づき，海軍のすべての戦術核兵器を完全に廃棄すること，前進戦術航空機戦闘部隊から核兵器を撤去することを提案する。

第2に，戦略攻撃兵器については，START I 条約の早期の批准を希望しつつ，①重爆撃機を警戒態勢から解除し，その核兵器を貯蔵庫に置く。②重爆撃機用の新型核短距離ミサイルの開発を停止する。③小型移動式 ICBM の開発を停止する。④鉄道移動式 ICBM の発射基を増加させず，近代化しない。これにより移動式 MIRV 化 ICBM の数は増加しない。⑤すべての鉄道移動式 ICBM をその基地にとどめる。⑥ 134 の MIRV 化 ICBM を含む 503 の ICBM を警戒態勢から解除する。⑦ 44 の SLBM 発射基をもつ核ミサイル潜水艦3隻を退役させたが，さらに48の発射基をもつ潜水艦3隻を退役させる。

第3に，戦略攻撃兵器一般につき，① START I 条約を上回る削減を決定し，条約に規定された 6000 ではなく 5000 に削減する。米国の同様の措置を歓迎する。② START 条約の批准後，戦略攻撃兵器をさらに半減する交渉の開始を提案する。③米国の非核 ABM システム提案を議論する用意がある。④核攻撃に対する共同早期警戒システムの開発可能性の検討を提案する。

第4に，その他の軍縮措置として，①1年間の核実験の一方的モラトリアムを本日から開始することを通知する。②兵器用核分裂性物質の生産停止につき，米国と合意することを望んでいる。

第5に，核管理につき，①核弾頭の貯蔵や輸送のための安全な技術の開発で米国と協議する用意がある。②核兵器の管理の信頼を促進するため，すべての戦略核戦力を単一作戦指揮の下に置く。

第6に，①すべての核兵器国が米ソの努力に参加することを期待する。②すべての核兵器国による核兵器の先制不使用の宣言が有益であると考える。

第7に，米国の兵力50万人削減計画に満足し，ソ連は70万人削減する。

これらの米ソ両国によるそれぞれの一方的声明において，さまざまな軍縮措置に関する一方的措置の実施，および新たな軍縮措置に関する提案がなされている。その内容は多岐にわたり，両国の声明の内容がすべて同一である

わけではないが，その中心は，地上配備および海洋配備の戦術核兵器をそれぞれ一方的に撤去すること，ならびにSTART I 条約の内容を批准前に実施していくことと，START II 条約の内容を実施または提案するものである。

　まず戦術兵器に関して，地上配備の戦術核兵器を撤去することを両国が決定したことはきわめて重要なことである。INF条約の成立後，ソ連はSNF（短距離核戦力）交渉の開始を主張したが，米国はCFE（欧州通常戦力）交渉を優先したため，SNF交渉はまだ開始されていなかったが，ソ連内部の分裂が明らかになるにつれ，これらの兵器に対する管理の問題が危惧されるようになり，時間のかかる交渉によるよりも，一方的措置として急いで実施する方法が採られたのであった。

　この措置は，それまで東西が対峙していた前線に配備され，危機における先制使用の可能性をもつものとして，拡大抑止理論を支えていたものであり，これらの核兵器が撤去されることは，戦略の大きな変化を意味している。もっとも，東ヨーロッパの民主化，ワルシャワ条約機構の消滅，CFE条約の成立などにより，その種の核兵器の存在理由が消滅していたとも考えられる。またこの決定により，韓国に配備されていた戦術核兵器が撤去されることになり，これは北朝鮮（朝鮮民主主義人民共和国）へのIAEA保障措置の適用を可能にしたばかりでなく，南北朝鮮の非核化共同宣言など朝鮮半島の緊張緩和に大きな役割を果たした。

　第2に海洋配備の戦術核兵器の撤去については，海軍軍縮に消極的であった米国が，SLCMを含む核兵器の撤去を一方的に宣言したことは大きな意味をもっている。特にSLCMの撤去は，START I 条約を強化する上できわめて重要である。すなわちSTART I 条約では，SLCMは規制対象から除外され，法的義務としてではなく政治的約束という形で，現在よりかなり高いレベルに上限を設定したからである。これによりSTART I 条約の最大の抜け道が，一方的措置によるものであるが，解消されることになる。

　また米国の海上艦艇および攻撃型潜水艦が核兵器を搭載しているかどうかについては，「肯定も否定もせず」という政策がとられていたため，日本やニュージーランドなどの同盟国との間に寄港や領海通航を巡って摩擦が生じていたが，今回の措置により実質的にこの政策が放棄されたことになり，摩擦の解消へと進展するであろう。

START I 条約に関連する戦略攻撃兵器については，まず両国ともすべての重爆撃機を警戒態勢から解除することを決定し，次に ICBM に関して米国は START I 条約の下で廃棄予定の 450 のミニットマン II を警戒態勢から解除することを決定し，ソ連は 503 の ICBM を警戒態勢から解除し，92 の SLBM をもつ潜水艦の退役を決定した。これらはソ連が START I 条約の下で廃棄予定のものの約半分に当たる。米国はその後，条約の下で廃棄が予定されている 1600 の SLBM をもつポセイドン潜水艦 10 隻についても，警戒態勢からの解除を決定した。

第 3 に移動式 ICBM につき，米国は MX（ピースキーパー）およびミジェットマンの開発計画を停止することを決定し，ソ連は小型移動式 ICBM の開発停止，鉄道移動式 ICBM の凍結および基地への限定を決定した。

第 4 に，両国とも短距離攻撃ミサイルの開発の停止を決定した。これらの措置において，両国はほぼ同様の決定しており，相互的な一方的措置として実施されていくであろう。

米国はソ連に対し，将来の ICBM につき，複数弾頭の開発を停止し，単弾頭の 1 タイプに限定することを要請し，複数弾頭 ICBM をすべて廃棄するための合意を求めることを提案したが，ソ連はこれらに関しては肯定的な返答を示していない。これは START I 条約の交渉中から明らかであったように，ソ連は SLBM への言及なしに ICBM のみを削減させようとする米国の提案に反対していることを示唆している。

また ABM 条約との関連で重大な関心が生じるのは，米国が提案した「限定攻撃に対する世界的防護（GPALS）」に対し，ソ連が積極的な対応を示したことである。GPALS の配備のためには ABM 条約の改正が必要となるが，SALT／START 体制の基礎となっている ABM 条約の改正には，複雑な問題が絡んでくる。

なお 1991 年 10 月 27 日，NATO 国防相会議は，ブッシュ大統領の決定に応えてヨーロッパ配備の 1400 の核砲弾の全廃，700 の地上発射戦術ミサイルの全廃を決定し，さらに航空機搭載の核爆弾 1400 を 700 に半減することに合意した。これにより，ヨーロッパ配備の戦術核兵器は約 3500 から 700 へと 80％削減されることになった。

(b)　一方的措置の評価

　START I 条約署名後における米国およびソ連の一方的措置は，ポスト冷戦期における国際社会の大きな変化を示している。特に核兵器に関して，それまで国家の軍事的および政治的な力の象徴として最高の価値をもつと考えられていたものが，経済的な負担になると認識され始め，長くかかる交渉を経ないで一方的に撤去しまたは廃棄すると声明されたことは画期的なことである。これは，両国の経済的な理由の他に，ソ連の弱体化および解体という歴史的な出来事が背景となっている。

　両国の一方的措置の多くはパラレルなものであり，その側面においてはあたかも軍縮条約が成立したかのように，両国の軍備の削減が実施されていくであろう。このことは検証なしで軍縮を実施することを意味するのであり，冷戦期には想像もできなかったことである。この点において，これらの一方的軍縮措置は核兵器をめぐる国際社会の状況に対しきわめて重大な意味をもっている。

　また両国の一方的措置の内容として特に重要なのは，両国とも一定の兵器の開発の中止を決定していることである。これまでの軍縮条約は，数的な制限が中心であり，近代化などの質的な側面はほとんど規制してこなかった。しかしこれらの一方的措置には，多くの質的な規制が含まれており，それが核軍備競争の停止へと連なるという意味で画期的なものである。

　ソ連の弱体化および崩壊により，ソ連およびロシアが核兵器を大量に保有する意思および能力を喪失したことと，米国とソ連，および米国とロシアの間に一定の信頼関係が存在したこと，米国にとっても経済的側面から核軍縮が望ましいことなどがその理由となっている。

　これらの措置により一層の核軍縮が進展し，より平和で安全な国際社会の構築が期待されるが，現実には，旧ソ連に存在する核兵器に対する管理の不完全さから生じるさまざまな問題に対処する必要が生まれている。米国の一方的措置の提案は，ソ連の核兵器の管理に対する危険を軽減するために，核兵器を廃棄するのが好ましいという考えにも基づいている。すなわち各共和国に存在する戦術核兵器およびカザフスタン，ウクライナ，ベラルーシに配備された戦略核兵器に対する物理的管理，ならびに核兵器の一元的な管理の

問題，さらに核物質や核科学者の拡散の危険が存在している。

最後に，一方的軍縮措置は，長い困難な交渉を必要とせず，相互にパラレルな措置を採ることにより，量的および質的に大幅な軍縮措置が実現できるという大きなメリットをもつ反面，状況の変化により一方的に取り消すこともできるという弱点を有している。特に開発停止などの措置は一方的な取り消しが容易である。両国の間で必ずしも一致していない面も多々あるので，短期的な緊急の措置としてこれらの一方的措置は有効であるが，それに引き続きそれを相互の合意として確立する作業が必要であり，それにより一方的措置が真の軍縮措置として客観的に意味をもつようになるであろう。

(1) "A New Era of Reciprocal Arms Reductions : President George Bush, September 27," *Arms Control Today*, Vol. 21, No. 8, October 1991, pp. 3–5.
(2) "A New Era of Reciprocal Arms Reductions : President Mikhail Gorbachev, October 5," *Arms Control Today*, Vol. 21, No. 8, October 1991, p. 6

2　第2次戦略兵器削減条約

(a)　START II 条約の交渉過程

その後，ソ連の各共和国は独立を宣言し，1991年12月25日にソ連は崩壊し，ソ連の有していた地位は基本的にはロシア連邦に承継されることになったが，戦略核兵器はロシア連邦の他に，ウクライナ，ベラルーシ，カザフスタンに配備されていたため，独立国家共同体（CIS）の首脳会議における議論の末，核兵器の一元的管理に合意が見られ，核兵器の使用については4共和国が拒否権をもつ形の共同決定によることとなった。また戦術核兵器は旧ソ連の多くの地域に配備されていたため，それらの核兵器に対する物理的管理も緊急かつ重要な課題となった。

このような状況において，ブッシュ大統領は，1992年1月27日の「一般教書」演説において，米国が冷戦に勝利したことを強調しつつ，共産主義の消滅により軍事費削減のプロセスを加速しうると述べ，一方的に以下の措置をとることを明らかにした。

① 調達済みの20のB-2爆撃機が完成した後,B-2爆撃機の生産を停止する。——B-2爆撃機は75機調達することが予定されていたので,これは大幅な計画縮小となる。
② 小型ICBM計画を中止する。——1991年9月の声明では,小型ICBMの開発計画は維持されていたが,これにより中止されるので,ICBMはミニットマンⅢのみが残ることになる。
③ 海洋発射弾道ミサイル用の新型爆弾の生産を中止する。——トライデント用の弾頭W88の生産が中止されることになり,米国は1945年以来初めて核兵器をまったく生産しない状態に入った。
④ ピースキーパー・ミサイルの新規の生産を停止する。——2年続けて大統領は追加的なピースキーパー・ミサイルの生産を見送った。
⑤ 新型巡航ミサイルの調達を停止する。——当初1000のミサイルが予定されていたが,640で中止されることになった。

さらにブッシュ大統領はロシア大統領への提案として,独立国家共同体(CIS)がすべての地上配備複数弾頭弾道ミサイルを廃棄するならば,米国は,① ピースキーパー・ミサイルをすべて廃棄し,② ミニットマン・ミサイルの弾頭数を1に削減し,③ 海洋発射ミサイルの弾頭数を約3分の1削減し,④ 戦略爆撃機の大部分を通常兵器用に変換する方針であることを明らかにした。これはMIRV化ICBMの全廃を指向するものであり,ソ連の方が圧倒的に数が多いので,米国はSLBMの一定の削減と戦略爆撃機からの核兵器の撤去を追加することにより,米・CIS間のバランスを維持しようとするものである。

エリツィン・ロシア大統領は,1992年1月29日に全般的な軍縮についての演説を行なったが,そのうち戦略兵器に関する措置は以下の通りである。
① START I条約の批准をロシア議会に付し,発効以前にも削減措置を実行する。
② 約600の地上,海洋発射弾道ミサイルの発射態勢を解除する。
③ 130のICBM地下発射サイロを廃棄しまたは廃棄の準備をする。
④ 6隻の原子力潜水艦のミサイル発射装置の解体を準備する。
⑤ いくつかの戦略兵器の研究,開発計画を中止する。
⑥ ウクライナに配備された戦略核兵器を以前の計画よりも短い期間で除去する。

⑦ TU-160（ブラックジャック）とTU-95MS（ベア）戦略爆撃機の生産を停止する。
⑧ 長距離ALCMの現在のモデルの生産を中止する。米国との合意にもとづき新型ミサイルを生産しない。米国の合意の下にすべての長距離SLCMを廃棄する用意がある。
⑨ 大量の戦略爆撃機を動員した演習を行なわない。
⑩ 戦闘配備の原子力潜水艦の数を半分に減らし，将来一層削減する。
⑪ 米国が合意すれば，原子力潜水艦の戦闘配備を止める用意がある。
⑫ START I 条約の削減を7年でなく3年で実施する。
⑬ 削減後も米ロの戦略兵器が相手の目標を狙わないことに賛成する。
⑭ 近日中に戦略核弾頭を2000-2500に削減する提案を行なう。
⑮ 中国，英国，フランスが核軍縮にまとまることを希望する。

戦術核兵器については，① 地上配備の戦術核，核砲弾，核地雷の生産を中止した。現在配備備蓄されている核弾頭は将来廃棄する。
② 海洋配備戦術核を3分の1削減し，対空ミサイル用戦術核を半減する。
③ 空軍の戦術核を半減する。残りの戦術核兵器は米国との相互合意に基づき前線の戦術空軍から引き上げ中央管理に移す[4]。

その直後の2月1日にブッシュ大統領とエリツィン大統領は首脳会談を行ない，両国はお互いを潜在的な敵とみなさず，友好とパートナーシップを維持すること，戦略核兵器の削減を含め，冷戦時代の遺物の除去に努めること，拡散防止で協力することなどを含む共同声明に署名した。この会談においては，戦略兵器の削減について，2500までの削減を主張するロシアと4500までの削減を主張する米国の見解の相違が見られ，MIRV化ICBMの廃棄を優先させようとする米国と，原子力潜水艦のパトロールの停止を優先させようとするロシアとの間に見解の相違が見られた。

(b) START II 条約の基本的枠組み

1992年6月16-17日のワシントンでの首脳会談において，ブッシュ大統領とエリツィン大統領は，以下のような戦略兵器の大幅な削減に合意した。
① STRAT I 条約発効後7年以内に，戦略戦力を以下のように削減する。
　　——弾頭の総数を3800と4250の間またはそれ以下

——1200のMIRV化ICBM弾頭
　　——2160のSLBM弾頭
② 2003年までに，両国は，
　　——弾頭の総数を3000と3500の間またはそれ以下に削減する。
　　——すべてのMIRV化ICBMを撤去する。
　　——SLBM弾頭を1750以下に削減する。
③ 上記の総数計算において，
　　——重爆撃機の弾頭の数は，実際に装備されている核兵器の数である。
　　——長距離核ALCMを装備したことがなく，かつ通常任務に変更された100を超えない重爆撃機は，一定の条件に従う場合，この合意で定められた総数に含めない。
④ この合意により要求される削減は，STARTⅠ手続きを用いてミサイル発射機および重爆撃機を廃棄することにより，また両国の計画に従いSS-18以外の現存の弾道ミサイル上の弾頭数を削減することにより実施される。
⑤ 両大統領は，この合意を迅速に簡潔な条約文書にするよう命令した。両大統領はそれに署名し，それぞれの国において批准のため提出する。この新しい合意はSTARTⅠ条約とは別個であるが，それに基礎を置くものであるので，STARTⅠ条約ができるだけ早く批准され履行されることを両大統領は引き続き要請する。

　この共同了解により，新しい条約の基本的枠組みは決定し，後はどのように条文化していくかが問題であった。この合意の中心は，ロシアがMIRV化ICBMの全廃に合意したことである。米国にとっては，以前からロシアのMIRV化ICBMが最も危険なもので，戦略的安定性を損なうものと考えられていた。

　この後の交渉において，ロシアは主として経済的理由により，全廃されるSS-18ミサイルのサイロを破壊しないで，他の小さなミサイルに転用できるようにすることを要求した。またSTARTⅠのルールでは認められていないが，6弾頭搭載のSS-19を5弾頭ダウンロードして単弾頭ミサイルにできるよう主張した。さらに米国爆撃機に対する査察や，核任務と通常任務の区別を外部から識別できる措置なども要求した。これらの多くは，ロシアの主張

を部分的に受け入れる形で解決された。

(c) START II 条約

(イ) 総数制限（第1条）

条約は戦略核弾頭の削減を2段階で実施することを規定し、第1段階はSTART I 条約発効後7年であり、第2段階は2003年1月1日である。さらに米国がロシアの戦略攻撃兵器の破壊または廃棄に財政援助できる場合には2000年12月31日までに第2段階が実施されることになっている。

配備された弾頭総数は、第1段階で3800-4250で、第2段階は3000-3500である。

配備されたSLBM弾頭は、第1段階で2160で、第2段階は1700-1750である。

複数弾頭装備の配備されたICBM弾頭は、第1段階は1200で、第2段階は0である。

配備された重ICBM弾頭は、第1段階で650で、第2段階で0である。

(ロ) ICBMの廃棄および転換（第2条）

2003年1月1日より前に複数弾頭装備のすべての既配備および非配備のICBM発射機は廃棄されるか、単弾頭装備のICBM発射機に転換され、それ以降複数弾頭装備のICBM発射機を持たないこと、さらにそれらを生産、取得、飛行実験、配備しないことを約束している。

重ICBM（SS-18）について、START I 条約ではSS-18発射機の半分にあたる154のサイロを廃棄することを要求していた。START II 条約では、ロシアの主張を受け入れ、SS-18 ICBM発射機の廃棄は要求しているが、そのサイロについては、さまざまな技術的制限の下で154のうち90についてはその転換が認められている。ロシアはそのサイロに、より小さいミサイルである単弾頭のSS-25などを配備することができる。

(ハ) ダウンローディング（第3条）

核弾頭の削減の方法として、複数弾頭が搭載されているミサイルの弾頭数を削減することにより実施することをダウンローディングと呼ぶ。START

Ⅰ条約もSTART Ⅱ条約もダウンローディングの権利を認めており，米国のミニットマンⅢとロシアのSS-N-18および他の2種類の弾道ミサイルを4弾頭まで削減することを認めていた。START Ⅱ条約は，総数制限を撤廃し，4弾頭までの削減に対する例外として，ロシアのSS-19について，105のICBMにつき5弾頭のダウンローディングを認めている。

(ニ) 重爆撃機の規制（第4条）

重爆撃機について，START Ⅰ条約との大きな違いは，そこでは核兵器の数が実際よりもかなり少なく計算されることになっていたが，START Ⅱ条約では，重爆撃機に装備された弾頭数は実際に装備されている核兵器の数とするとなっていることである。条約発効後180日以内に，各当事国は他国に実際に装備している核兵器の数を示すために，重爆撃機を公開することが定められている。

各当事国は，一定の条件の下に核任務の重爆撃機を100機以内で通常任務に再適用する権利が認められ，さらに一定の条件の下に核任務に戻す権利をもっている。

(ホ) 検証および組織化（第5条）

START Ⅱ条約に明記されている場合を除き，検証規定を含むSTART Ⅰ条約の規定が条約の履行のために使用される。したがって，検証は，原則的にはSTART Ⅰ条約の規定に従って実施される。

条約の規定の目的および履行を促進するために，2国間履行委員会（Bilateral Implementation Commission）が設置される。

(ヘ) START Ⅱ条約の意義

第1に，この条約は戦略攻撃兵器の弾頭総数の大幅な削減を規定している。START Ⅰにおける6000という数字は，重爆撃機搭載の核兵器をきわめて少なく計算するというルールに従っていたので，一般に50％削減と言われたが実際には3分の1削減であった。START Ⅱ条約は実際の核弾頭を計算するので，約3分の2の削減となる。弾頭総数につき，1991年10月にゴルバチョフは6000ではなく5000に削減すると決定したと述べ，1992年2月の米ロ首

脳会談ではロシアは2500，米国は4700までの削減を主張していた。新しい合意は両者の中間的な数字となっている。

　第2に，START II 条約は MIRV を搭載した ICBM の全廃を規定している。ソ連の大型で MIRV を装備した ICBM は米国にとって大きな脅威であり，「脆弱性の窓」の主要な要因であると考えられていた。SALT／START 交渉の米国の第1の目的はその脅威の除去であった。これはロシアが大幅な譲歩を行ったことを意味している。しかし，必ずしもロシアの一方的譲歩により条約が成立したわけではない。

　米国の譲歩としては，1991年の START I 条約の下で配備しようとしていた SLBM 弾頭の半減に合意し，重爆撃機搭載の核兵器の数を実際の数とし，B-2ステルス爆撃機への査察の権利を認め，重爆撃機を再適用できる回数の制限を受け入れ，90の SS-18 サイロを転換する権利および105の SS-19 ミサイルをダウンロードする権利を認めたことなどがある。ロックウッドは，「さらに重要なことは，START II 条約がロシアの安全保障上の利益にかなうことである。相互的基礎において，この条約は戦略的安定性を促進し，予見可能性と透明性を増大させ，1995年の延長会議で NPT の長期延長の可能性を改善し，潜在的にかなりの額のお金を節約させることになるだろう。これらはすべてロシアの利益になることである」と述べている。

　またロックウッドは，「START II 条約は，批准され実施されるならば，戦略核戦力の大幅な削減をもたらし，安定を損ねる MIRV 化 ICBM を取り除くことにより，米国の安全保障を明らかに強化するだろう。それはまた，国際核不拡散体制を補強し，経済資源の他の分野への割り振りを可能にするだろう。さらに，新たな条約は米国とロシアの新たな関係の重要なシンボルであり，両国間で他の種類の相互に有益な協力を進めるのに役立つであろう」と述べ，きわめて積極的な評価を下している。

(3)　Minsk Agreement on Strategic Forces, December 30, 1991. この問題の分析については，浅田正彦「ソ連邦の崩壊と核兵器問題(1)(2完)」『国際法外交雑誌』第92巻6号（1993年）1-33頁，第93巻1号（1994年）9-36頁参照。

(4)　Matthew Bunn, "Bush and Yeltin Press New Nuclear Cutbacks," *Arms Control Today*, Vol. 22, No.1, January/February 1992, pp. 38, 48-49.

(5)　Dunbar Lockwood, "Nuclear Arms Control," *SIPRI Yearbook 1993 : World*

Armaments and Disarmament, Oxford University Press, 1993, p. 559.
(6) Dunber Lockwood, "Strategic Nuclear Forces Under START II," *Arms Control Today,* Vol. 22, No.10, December 1992, p. 14.

3 第3次戦略兵器削減条約の枠組み

(a) START Ⅲ条約の基本合意

　1993年に署名されたSTART Ⅱ条約について，米国では1996年1月26日に上院で賛成87，反対4で批准が承認されたが，ロシアの国内では鋭い批判が存在していた。批判の中心は，条約がロシア戦略戦力の中心であるMIRV化ICBMの全廃を規定している点がロシアにとって不利であるというものであり，それは米国との戦略的対等というロシアの安全保障の基本的位置付けに関することであった。さらに，START Ⅱ条約の規定を実施しつつ，かつ米国との対等性を維持するためには，MIRV化ICBMを全廃しながら，新たな単弾頭のICBMを製造し配備しなければならないことになり，ロシアにとっては経済的側面からもきわめて困難なことであった。

　START Ⅱ条約の批准問題は，上述の戦略核兵器の問題にとどまらず，米ロ関係一般に及ぶ問題となり，特にロシアのデュマ（下院）がその批准に反対した背景には，NATOの東方拡大問題と米国のTMD（戦域ミサイル防衛）開発問題が存在した。前者は，以前はワルシャワ条約機構のメンバーであった中東欧諸国をNATOの新たなメンバーとして加盟させる問題で，ロシアはそれに強く反対していた。TMDは米国が開発を進めている防衛システムで，ロシアの核戦力や抑止力を弱体化させる可能性があることから，ロシアは反対していた。このように，米ロ関係が全般的に悪化しつつあり，またロシアのエリツィン大統領はSTART Ⅱ条約の批准を進めようとしても議会が賛成しないという状況であった。

　このような背景において，1997年3月20-21日のヘルシンキでの首脳会談において，クリントン大統領とエリツィン大統領は，「核戦力の一層の削減に関するパラメーターについての共同声明」に合意した。

　第1に，両大統領は，START Ⅱが発効したならば，米国とロシアは

START III条約の交渉を即時に開始するとの了解に達した。その基本的な構成要素は，以下の4つである。
　① 2007年12月31日までに，各当事国は2000-2500の戦略核弾頭というより低い総数レベルを設定する。
　② 弾頭数の急激な増加の防止を含め，大幅削減の不可逆性を促進するために，戦略核弾頭目録の透明性および戦略核弾頭の廃棄に関する措置，ならびに共同で合意されるその他の技術的および組織的措置をとる。
　③ 現在のSTART諸条約の期限を無期限にするという目標に関する問題を解決する。
　④ START II条約の下において取り除かれることになっているすべての戦略核運搬手段を，弾頭を取り外すことによりまたは他の共同で合意される措置により，2003年12月31日までに不活性の状態に置く。米国は，早期の不活性化を促進するため，ナン＝ルーガー計画を通じて援助を提供している。
　第2に，両大統領は，START II条約の下で戦略核運搬手段を取り除くためのデッドラインを2007年12月31日に延長するという了解に達した。
　第3に，両大統領は，専門家達がSTART III交渉の文脈で，別個の問題として，適切な信頼醸成および透明性措置を含めるため，核長距離海洋発射巡航ミサイル（SLCM）および戦術核システムに関する可能な措置を探求することにも合意した。両大統領は，核物質の透明性に関する問題を検討することにも合意した。

(b)　START III条約の意義

　第1に，新しい条約は2007年12月31日までに，米ロの戦略核弾頭を2000-2500に削減するものである。これは，START Iが6000，START IIが3000-3500への削減となっており，そのプロセスの延長上にあり，一層の削減を推し進めるものである。またこの数字はロシアが主張していたものである。各国の核戦力の構造や構成については言及していない。
　第2に，大幅削減の不可逆性が強調されており，戦略核弾頭目録の透明性および戦略核弾頭の廃棄に関する措置がとられることになっている。START IおよびII条約では，核運搬手段は廃棄されるが，ミサイルなどか

ら取り外された弾頭は廃棄されず，保管されたままであった。この点において，START IIIは画期的なものとなっている。この措置は，核軍縮が逆戻りすることなく，削減の方向に一方的に移行することを確保するためにきわめて重要なものである。特に，ミサイルの核弾頭がダウンロードされその核弾頭が残される場合には，ブレイク・アウトと呼ばれる突然の大幅な違反が行なわれる可能性が残る。

第3に，START III交渉の文脈で，START III条約とは別であるが，核長距離SLCMおよび戦術核システムに関する措置が探求され，核物質の透明性に関する問題も検討される。ロシアは米国のSLCMに対して懸念を表明しており，米国はロシアの戦術核システムに懸念を表明していたため，この点ではそれぞれの懸念を和らげるためのものとなる。さらに核兵器解体に伴う核物質の管理なども緊急課題とされた。

第4に，このSTART III条約の枠組みへの合意は，START II条約の批准を促進するという主要な理由が背景にあり，START II条約との関連で合意されたものである。すなわち，START IIIの交渉は，START II条約が発効すれば直ちに行なうと規定されており，START II条約が発効しなければ交渉は開始されない形になっている。

第5に，この条約枠組みへの合意は，START II条約の削減のデッドラインを5年間延長して，START IIIと同じである2007年12月31日とする合意とセットになっている。すなわち，ロシアが経済的理由により，START II条約の規定通りに削減を実施できないという問題に対応し，START II条約を実施しつつ米国との対等を維持するためには，ロシアは新たな単弾頭のミサイルを開発し配備しなければならないという点を解決するために有効なものと考えられた。ただその際に，START II条約の実施をすべて延期するのではなく，そこで廃棄されることになっている戦略核運搬手段を，2003年12月31日までに弾頭を取り外すなどして不活性の状態にすることに合意している。

(c) START II条約の延長とABM問題

(イ) START II条約の延長

1997年3月のヘルシンキ首脳会談の共同声明において，START II条約に

よる戦略核運搬手段を取り除くデッドラインを2007年12月31日に延長することに合意したが，1997年9月26日，それを法文化した条約議定書にオルブライト国務長官とプリマコフ外務大臣が署名した。議定書によれば，条約第1条における削減の第1段階は，START I 条約発効から7年となっていたのを2004年12月31日とし，第2段階は，2003年1月1日となっていたのを2007年12月31日と変更した。この議定書は批准に従うものとするとされ，批准書の交換の日に発効すると規定されている。

米ロは，オルブライト国務長官とプリマコフ外務大臣との交換書簡において，START II 条約により取り除かれることになっている戦略核運搬手段を，2003年12月31日までに不活性の状態に置くことを規定した。

(ロ) ABM 条約関連合意

START II 条約のロシアでの批准を妨げている1つの重要な問題が，米国のTMD開発問題であり，1972年のABM条約との関連で議論が続けられていた。1997年9月26日にABM条約の承継に関して，およびABMとTMDのディマーケイーションに関して協定が署名された。

1991年末のソ連の崩壊により，ABM条約の実施に関わりのあるベラルーシ，カザフスタン，ウクライナをロシアとともにソ連の承継国として認めることが必要になり，「ABM条約に関する了解覚書」が署名され，2国間条約であったABM条約を5ヵ国の条約とすることが合意された。

ABMとTMDのディマーケーションに関しては，「ABM条約に関する第1合意声明」と「ABM条約に関する第1合意声明に関する共通了解」，および「ABM条約に関する第2合意声明」と「ABM条約に関する第2合意声明に関する共通了解」が署名された[12]。前者は迎撃ミサイルの速度が毎秒3キロメートル以下の低速TMDに関するもので，それらが秒速5キロメートル以上または3500キロメートルを超える射程距離をもつ弾道ミサイル標的に対して実験されない限り，ABM条約の下で許容される。後者は秒速3キロメートルを超える高速TMDに関するもので，秒速5キロメートルまたは射程3500キロメートルを超える弾道ミサイル標的に対してそれを実験することが禁止されている。

さらにこれらの5ヵ国は，「戦略弾道ミサイル以外の弾道ミサイルを迎撃す

るシステムに関する信頼醸成措置に関する協定」に署名し，詳細な情報の交換，TMD の実験発射の事前通告などに関して合意した。

(7) NATO 拡大と核削減の関連について，スタインブルナーは，「NATO 拡大のプロセスは，ロシアの核兵器運用にきわめて深刻で危険な圧力をかけることが予想されるので，彼らの反応を心配すべきである。NATO 拡大により，ほとんどすべての主要な任務をカバーするために核兵器に広範に依存するよう駆り立てられると彼らは言っており，われわれはそれを注意深く聞くべきである」と述べている。(John Steinbruner, "Arms Control and the Helsinki Summit : Issues and Obstacles in the Second Clinton Term," *Arms Control Today*, Vol. 27, No.1, March 1997, p. 14.)

(8) ロシアの START II 条約批准に関する議論については，Yuri K. Nazarkin and Rodney W. Jones, "Moscow's START II Ratification : Problems and Prospects," *Arms Control Today*, Vol. 25, No. 7, September 1995, pp. 8-14. 参照。なおこの時期において，メンデルソーンは，「ここにおいて最も重要な次のステップは兵器削減プロセスへの両国のコミットメントを再確認する大統領共同『原則宣言』を出すこと，できるだけ早く START III 協定を交渉することである。……それは，START II の批准により有効となるより低い 2000-2500 レベルへの明確なコミットメントを提供することにより，START II の下での戦力再編成という潜在的な問題に関するロシアの懸念を和らげるであろう」と述べていた。(Jack Mendelsohn, "START II and Beyond," *Arms Control Today*, Vol. 26, No. 8, October 1996, p. 6.) レピングウェルは，START II 条約批准の見通しはきわめて乏しいので，批准なしの実施が最善の方法であると主張している。(John W. R. Lepingwell, "START II and the Politics of Arms Control in Russia," *International Security*, Vol. 20, No. 2, Fall 1995, pp. 82-86.)

(9) この首脳会談においては，この問題以外に，「対弾道ミサイル条約に関する共同声明」，「欧州の安全保障に関する米ロ共同声明」，「化学兵器に関する米ロ共同声明」が合意された。

(10) START II 条約の延長の重要性を強調するものとして，メンデルソーンは，「このサミットで最も重要なのは，時間を延長したことである。それは START II に関する技術的財政的問題を軽減するのみならず，ロシアに対して政治的な息抜きの余裕を与えるからである。それにより彼らは，NATO 拡大と TMD 計画が彼らの安全保障上の利益に与える真の影響を評価する時間が与えられる」と分析する。(Jack Mendelsohn, "Arms Control and the Helsinki

Summit : Issues and Obstacles in the Second Clinton Term," *Arms Control Today*, Vol. 27, No.1, March 1997, p. 11.)
(11) ヘルシンキ合意に関する分析とその後の措置に関しては，Frank von Hippel, "Paring Down the Arsenals," *Bulletin of the Atomic Scientists*, Vol. 53, No. 3, May/June 1997, pp. 33-40 ; Rodney W. Jones and Nikolai N. Sokov, "After Helsinki, the Hard Work," *Bulletin of the Atomic Scientists*, Vol. 53, No. 4, July/August 1997, pp. 26-30 ; 戸崎洋史『STARTⅡ条約後の戦略核兵器の削減』日本国際問題研究所軍縮・不拡散促進センター，1998年参照．
(12) この問題については，荒井弥信「ABM条約とABM―TMDディマーデーション合意」『国際公共政策研究』第5巻第1号，2000年11月，291-311頁参照．

4 STARTプロセスの継続と終焉

(a) ロシアによるSTARTⅡ条約の批准

　エリツィン大統領の下においては，STARTⅡ条約の批准作業は進展しなかった．それは条約の内容への不満，NATOの東方拡大，米国のTMD開発などの問題が継続していたが，さらに米国によるイラク空爆，コソボ空爆などへの反発があった．しかし基本的にはデュマの構成員の多数が大統領に対立していたことが背景にある．
　1999年末に至ってこの事態が大きく変化した．すなわち12月の議会選挙において，条約に強く反対していた国家主義者および共産主義者の会派が大きく減少し，12月末にエリツィン大統領が辞任し，プーチン大統領に変わったことである．プーチン大統領はSTARTⅡ条約の批准を積極的に推進した．
　大統領を中心に行政府で確認されたのは，ロシアはソ連時代の戦略核戦力を現在のレベルに維持する余裕はなく，ロシアの戦略核戦力は21世紀の最初の10年でSTARTⅡのレベルよりもずっと低いレベルに減少するだろうし，2010年には1500以上を配備することはできないということであった．このように条約の存在に関係なくロシアの戦略兵器は減少していくわけであるから，STARTⅡ条約を批准することは，米国の戦略兵器の削減をもたらし，

ロシアと米国の戦略戦力の数的なバランスを維持するのに有益であるという考え方が支配的になった。[13]

2000年4月14日に、ロシアのデュマは、1993年のSTART II 条約および1997年のSTART II 条約議定書の批准を賛成288，反対131，棄権4で決定した。その後4月19日にロシア議会上院で承認され、5月4日にプーチン大統領により署名され、ロシアの批准に関する手続は終了した。[14]

START II 条約の批准に関する連邦法は、第1条で批准を決定するとともに、第2条でロシアに条約から脱退する権利を与えるような異常な事態として以下のものを列挙している。① ロシアの国家安全保障を害する米国によるSTART II 条約の違反、② ABM条約からの米国の脱退、③ ロシアの国家安全保障の脅威となるような第3国による戦略攻撃兵器の構築、④ START II 条約署名以降に加盟したNATO諸国における核兵器の配備など、⑤ ロシアのミサイル攻撃早期警戒システムの正常な機能を妨げるものの配備、⑥ 条約義務のロシアによる履行を不可能にするような経済的技術的異常事態。

さらに第9条は、ロシアによるSTART II 条約の批准書の交換は、米国が1997年のSTART II 条約議定書を含むSTART II 条約、1997年のABM条約に関する了解覚書、ABM条約に関する第1合意声明、ABM条約に関する第2合意声明、戦略弾頭ミサイル以外の弾道ミサイルを迎撃するシステムに関する信頼醸成措置協定の批准手続を完了した時に実施されると規定している。[15]

START II 条約が発効するには、第9条に列挙された諸協定がすべて米国により批准されることが条件となっている。クリントン政権は、NMD（国家ミサイル防衛）の開発のため、ABM条約の修正を望んでおり、ロシアとの交渉を続けていたが、共和党が多数を占める上院ではABM条約からの脱退の声が強く、これらの諸協定を批准することは考えられなかった。

結果として、ロシアがSTART II 条約を批准したにもかかわらず、その条約が発効する見込みはまったく存在しない状況となった。

(b) STARTプロセスの終焉

2001年に入り共和党のブッシュ政権が成立し、事態は大きく変化した。ブッシュ大統領は大規模なミサイル防衛の構築を目指し、ABM条約を超えて進まなければならないことを主張し、戦略攻撃兵器については一方的に削

減することを主張していた。何度かの首脳会談を通じてブッシュ大統領とプーチン大統領は，戦略攻撃兵器および戦略防衛兵器の双方について議論を重ねてきた。

2001年11月のワシントンおよびクロフォードでの首脳会議において，戦略攻撃兵器の削減とABM条約の改正について妥協が成立することが期待されていたが，両国が合意できる妥協は成立しなかった。その会議において米国は戦略核弾頭の一方的削減に関して，2012年までに実戦配備戦略核弾頭を1700-2200に削減することを発表した。

さらに2001年12月13日にはABM条約からの脱退を通告し，条約の制限を取り外してミサイル防衛を開発し，配備する意思を明確にした。その後，戦略核弾頭の削減に関して，ロシアは一方的措置ではなく法的拘束力ある条約にすることを強く要請し，米国もそれを受け入れ，2002年5月24日に，「戦略攻撃力削減条約（Strategic Offensive Reductions Treaty）」が両大統領により署名された。これはこれまでのSTARTプロセスとは異なり，全文5条しかないきわめて簡潔な条約である。

ABM条約については，米国の脱退声明から6ヵ月経過した2002年6月13日に米国の脱退が効力を発生し，ABM条約は正式に消滅することになった。ロシアはSTART II 条約の批准に関する連邦法において，ロシアが条約から脱退する場合として，米国のABM条約からの脱退を挙げていたこともあり，ロシアはSTART II 条約にもはや拘束されないと宣言した[16]。これによりSTARTプロセスは完全に終焉を迎えることになった。

(13) Shannon N. Kile, "Nuclear Arms Control and Ballistic Missile Defense," *SIPRI Yearbook 2001 : Armaments, Disarmament and International Security*, Oxford University Press, 2001, pp. 448-449.
(14) デュマがSTART II 条約への批准を承認したことの意義については，"Implications of the Duma's Approval of START II ," *Arms Control Today*, Vol. 30, No. 4, May 2000, pp. 3-9. 参照
(15) "START II Resolution of Ratification," *Arms Control Today*, Vol. 30, No. 4, May 2000, pp. 26-28.
(16) START II 条約はまだ発効していなかったが，ロシアは条約に署名していたため，ウィーン条約法条約第18条の規定により，条約の発効前に条約の趣

旨および目的を失わせてはならない義務を負っていたが，ロシアはその義務から免れることになる。

第3節　戦略攻撃力削減条約

2002年5月24日，モスクワにおいて，ブッシュ米国大統領とプーチン・ロシア大統領は，「戦略攻撃力削減条約（The Treaty between the United States of America and the Russian Federation on Strategic Offensive Reductions）」（モスクワ条約）[1]に署名した。その内容は，米ロ両国が，2012年12月31日までに，それぞれの戦略核弾頭を1700-2200に削減することを約束するものである。ブッシュ大統領は，「この条約は冷戦の遺産を一掃するものである[2]」と性格づけている。

本節の目的はこの条約の内容および意義を明らかにすることである。まずブッシュ政権下における核兵器削減政策を検討し，この条約作成に至る経緯を明らかにする。次に条約の内容を，その基本的義務，検証と組織化，最終条項について検討する。第3にSTARTプロセスとの比較において本条約の内容を多角的に検討する。最後に，本条約の特徴や弱点を明かにすることによりその意義を明らかにする。

(1) この条約名は，英語ではSOR条約あるいはモスクワ条約と呼ばれている。日本語では，「戦略攻撃戦力削減条約」あるいは「戦略攻撃兵器削減条約」と一般に言われている。本稿で「戦略攻撃力削減条約」としたのは，直訳の「戦略攻撃削減条約」では日本語として意味が不明確であるが，それに近いというのが1つの理由である。さらに，実際に削減されるのは「戦略核弾頭（strategic nuclear warheads）」であり，ブッシュ大統領から上院に送付された書簡において，「このタイトルは，運搬手段や発射機を意味する伝統的に考えられてきた『戦略攻撃兵器（strategic offensive arms）』ではなく，戦略核弾頭の削減にこの条約が焦点を当てている事実を反映させるため意識的に選ばれたのである」と説明されているのがもう1つの理由である。ここでは兵器（運搬手段や発射機）は削減対象ではないことが明確に示されている。（"Letter of Transmittal and Article-by-Article Analysis Of the Treaty on Strategic Offensive Reductions," *Arms Control Today*, Vol. 32, No. 6, July/August 2002, p. 29.)

(2) "President Announces Nuclear Arms Treaty with Russia, Remarks by the

President Upon Departure," *Washington File*, May 13, 2002, [http://www.whitehouse.gov/news/releases/2002/05/20020513-3.html]

1 ブッシュ政権の核兵器削減政策

(a) 大統領就任以前の見解

　ブッシュが共和党の大統領候補になる以前の2000年5月23日に，ナショナルプレスクラブで行なった演説においても，その後のブッシュ政権の基本的な姿勢が現われていた。そこでは，強力なミサイル防衛を主張するとともに，核兵器の削減を追求すること，できるだけ多くの核兵器を高い警戒態勢から解除することが可能でなければならないと述べている。彼は1991年9月に父親のブッシュ大統領が実施した一方的な核兵器の削減や撤退に言及しつつ，必要ならば一方的に核兵器のレベルを削減すると主張した。START II レベルより一層削減する必要性は述べたが，具体的にどこまで削減するかには触れず，「十分な削減」は国防長官および防衛関連組織と協議して決定すると述べた。[3]

　共和党の大統領候補となった後，米国軍備管理協会の質問状に対して，ブッシュは以下のように答えている。

　　　米国は，新たな安全保障環境の下で核抑止のための必要条件を再考すべきである。冷戦時における核兵器の攻撃目標という前提によって，米国の軍備の規模をもはや決定すべきではない。……私は国家安全保障に合致する最低限の数を追求する。われわれの安全保障を損なうことなく，START II ですでに合意されたものよりもっと大幅に核弾頭の数を削減することは可能であるはずだ。

　　　さらに，米国はできるだけ多くの弾頭を高い警戒態勢で一触即発の態勢から解除すべきである。これも冷戦時の対立の不必要な名残である。

　　　米国の核戦力に対するこれらの変更は，何年もかかる詳細な軍備管理交渉を必要とすべきではない。……戦略核兵器の分野では，ロシア政府に対しわれわれの新たなビジョンを受け入れるよう要請すべきであるが，米国は垂範によって先導する用意がある。[4]

以上のように、ブッシュの核削減政策は、大統領就任以前からかなりの部分が明らかになっており、要約すると以下のようになる。
① 冷戦の終結により、冷戦期に定められた核政策から離脱し、新たな環境の下での核政策を作成する。ロシアはもはや敵ではない。
② 核弾頭は大幅に削減されるべきであって、それはSTART IIレベルをさらに大幅に下回るものでなければならない。
③ できるだけ多くの核弾頭を警戒態勢から解除すべきである。
④ これらの措置は条約交渉によるのではなく、米国が一方的に実施し、ロシアに続くよう要請する。

(b) 大統領としての基本演説

ブッシュ大統領は、2001年5月1日の国防大学での演説において、ブッシュ政権の安全保障政策を明らかにした。大統領はここにおいて、冷戦時の脅威であったソ連はすでになく、ロシアはもはや敵でなく脅威でないこと、新たな脅威は、多くの国が大量破壊兵器およびミサイルを保有しまた開発していることであり、それは不確かで予測しにくい脅威であると分析し、そのために新たな政策が必要であり、攻撃力と防衛力の両方に依存する新たな抑止概念が必要であると述べた。

その演説の中心は、「今日の世界のさまざまな脅威に対抗するためのミサイル防衛の建設を認める新たな枠組みが必要である。そのため、われわれは30年になるABM条約の制限を超えて進まなければならない」というところにある。

しかしこれとの関連で、「この新たな枠組みは核兵器の一層の削減を奨励しなければならない。核兵器は、われわれの安全保障および同盟国の安全保障において果たすべき重要な役割をまだもっている。われわれは、冷戦は終結したという現実を反映する方法で、米国の核戦力の規模、構成、性格を変えることができるし、そうするつもりである」と核兵器削減の意欲を示している。

その具体的な基準あるいは方法については、以下のように述べた。

　　私は、同盟国への義務を含む米国の安全保障の必要性に合致する最低数の核兵器で信頼しうる抑止を達成することを確約する。私の目標は核

戦力を削減するために迅速に動くことである。米国はわれわれの利益および世界平和のための利益を達成するために，垂範により先導するつもりである。[5]

この演説を大統領就任以前の発言と比較すると，以下のようになる。
① 冷戦の終結による安全保障環境の変化および，脅威の対象および変化については同様である。
② 核兵器の大幅削減については，以前のようなSTART IIレベル以下への言及はなく，米国および同盟国の安全保障の必要性に合致する最低数への削減と抽象的な表現に留まっている。これは国防総省において，核態勢の見直し作業が行なわれていたからであると思われる。
③ 以前に強調されていた「警戒態勢の解除」がこの演説ではまったく言及されなかったことは，大きな違いである。これは非常に大きな説明上の違いであるが，実質的にはブッシュ政権の目指しているのは核弾頭の削減というよりも，核弾頭の警戒態勢解除の色彩が強いが，それを削減という用語で全体を説明する方が，インパクトがあるし，核軍縮という概念とも整合しやすいと考えられたからだと推察される。
④ 核削減は条約によらないで，一方的に実施するものであって，米国が模範を示して先導しロシアがそれに続くという形が考えられているところは，以前と同様である。

(c) 核弾頭削減の声明

2001年11月13日，ブッシュ大統領はロシアのプーチン大統領とのワシントンとクロフォードでの首脳会談の席において，米国の核弾頭削減計画を明らかにした。「現在の米国の核戦力のレベルは今日の戦略的現実を反映していない。私はプーチン大統領に対し，米国はわれわれの実戦配備戦略核弾頭 (operationally deployed strategic nuclear warheads) を今後10年で1700から2200の間のレベルに削減することを伝えた。これは米国の安全保障に完全に合致するレベルである。」

この発言に対して，プーチン大統領は，「われわれは大統領により示された制限へ戦略攻撃兵器を削減するという大統領の決定を極めて高く評価する。われわれの側としても，同じような対応をするだろう」と述べた。しかし，

「ロシア側としては，検証や管理の問題を含む条約の形でわれわれの合意を提示する用意がある」と述べ，核兵器削減を条約として作成することを主張した。

これに対してブッシュ大統領は，「信頼と協力に基づく新たな関係は軍備管理交渉という無限の時間を必要としないものである。……もしそれを書き記す一片の紙が必要であるならば，喜んでそうしよう。しかしそれは，わが政府が今後10年間で行なおうとしていることについてである。われわれは軍備管理協定もしくは軍備管理を必要としない。われわれはわれわれの兵器を大幅に削減するのに軍備管理交渉を必要とはしない」と答え，条約交渉を行なわないことを強調した。

この大統領の声明で明かになったことは以下のことである。
① 米国は今後10年で，実戦配備戦略核弾頭を1700-2200に削減する。ロシアも同様に削減する。
② 米国は一方的に削減するのであって，ロシアとの交渉を経た条約によるのではない。

ロシアは条約による削減を主張している。

前者についての問題点は，① 米国の主張する実戦配備戦略核弾頭はどの範囲の核戦力を意味するのかという点，② 実戦配備されていない戦略核弾頭にはどういう状態にある核弾頭が含まれるのかという点，③ また削減される核弾頭（正確には実戦配備から撤去される核弾頭）はどのように処理または管理されるのかという点，④ さらにそれらは廃棄されるのかどうかの点である。

後者についての問題点は，① 条約なしの一方的削減にロシアが合意するかどうか，② 条約なしの場合に，実施をどのように確保し，それを検証するのか，③ 条約なしの場合に，削減の不可逆性をどのように確保するのか，などである。

(d) 核態勢見直し (NPR)

2001年末に核態勢見直し（Nuclear Posture Review）が議会に提出され，そのブリーフィングが2002年1月9日に実施され，ブッシュ政権の核政策，核配備計画などがかなり明らかになった。この核態勢見直しは，2001年9月30

日に提出された「4年毎の防衛見直し（Quadrennial Defense Review = QDR）」
に基づくものである。
(8)

まず核戦力の規模については，以下の通りである。

さまざまな不測事態に対応するために必要な米国の核戦力に関する新たなアプローチとして，① 即時の不測事態および予測できない不測事態に対応する実戦配備戦力（operationally deployed force）と，② 潜在的な不測事態に対する応答的戦力（responsive force）が必要である。また即時のおよび潜在的な不測事態については，事前の計画が不可欠である。

新たな防衛政策目標の条件と適合させるため，2012年までに実戦配備弾頭を1700-2200に維持する目標を定める。戦力の規模は，ロシアを含む即時の不測事態により決められるものではない。戦力構造と撤去された弾頭は，応答的戦力のために維持される。

現在の戦略構造は2020年あるいはそれ以降も維持される。すべてのシステムの耐用年数延長が進められ，次期システムの検討も行なわれる。またエネルギー省の核実験準備態勢が加速される。

次に核戦力削減に関しては以下のような決定がなされた。

今後10年間にわたって，実戦配備弾頭を1700-2200に削減する。そのため，① ピースキーパー（MX）ICBMの引退を2002年に開始する。② 4隻のトライデント潜水艦を戦略任務から外す。③ B-1を核任務に戻す能力を維持しない。④ 実戦配備ICBMおよびSLBMから弾頭をダウンロード（搭載数を減少）する。

計画された削減は段階的に実施され，2007会計年度までに3800に削減し，その後の1700-2200への削減は2012年までに達成される。

(e) 条約作成に関するロシアとの協議

ブッシュ政権の政策は一貫して「核兵器の削減は一方的に実施し，条約には依存しない」とするもので，その理由として言及されていたのは，冷戦が終結しロシアはもはや敵ではないので，冷戦時のような時間のかかる詳細な規定をもつ軍備管理条約は必要ではないという説明である。ここでは，ロシアがもはや敵でないこと，条約締結には時間がかかることが指摘されている。

しかし，ブッシュ政権の核政策を詳細に検討すると，その本質的な理由は，

米国の裁量あるいは自由を最大限確保することであることが分かる。ブッシュ政権の核政策に決定的な影響を与えている米国公共政策研究所の報告書は，以下のように主張している。

> 軍備管理の伝統的な冷戦時のアプローチに従って，大幅削減を法典化することは，変化する戦略環境に適合させるために必要である戦力を調整する米国の法的特権および事実上の能力を排除してしまうことになる。国際環境は比較的良好であり続けるという前提は極めて疑わしいので，法典化は米国を脆弱にする。……米国の戦略戦力をさらに調整することが，伝統的な軍備管理過程における法典化を通じて，実際あるいは法的に「不可逆」なものにされてはならない。(9)

ここでは，将来の安全保障環境は不確実であるから，状況に応じて核戦力を削減したり増大したりする米国の自由を維持すべきことが強く主張されており，ブッシュ政権の基本的な考えとなっている。この考えに従って，ブッシュ政権は条約によらない核削減を一貫して主張してきた。

他方，プーチン大統領は，核削減は法的拘束力のある条約により行なうべきであることを強硬に一貫して主張してきた。それは，一方的行動による場合，大統領が交代した際にこの削減が継続される保障がないことを指摘し，そのために条約が必要であると主張していた。ロシアの立場については，その国内事情からして現在の核戦力を維持することも困難であり，自国の核戦力が縮小していく際に，米国の削減も条約で確定することが好ましいという考え，および条約により法的な同等性を確保することにより，大国としての地位を維持したいという考えが背景にあると考えられる。

2001年11月の米ロ首脳会談において，核兵器の削減についてとともに，ABM条約の将来についても合意がみられるのではないかと予測されていた。しかし，この会談において，ブッシュ大統領は米国の核兵器の一方的削減の計画を明らかにしたが，ABM条約については合意できなかった。ロシアはABM条約を維持しつつ一定の修正に応じるという態度であったのに対し，米国はロシアとともに共同で条約からの脱退に合意を求めるものであったからである。

その後両国で協議が進められるが，12月の初めにも法的拘束力ある文書にする方向が示唆されていた。(10)他方，米国は12月13日にABM条約からの脱

退をロシアに通告した。9月11日のテロ事件以来,ロシアは米国を中心とするアフガンでの作戦について米国に大幅な協力を実施しており,さらに米国がABM条約からの一方的脱退を通告した。このような状況において,米国はロシア側に一定の譲歩を行なうことが必要になった。これが,米ロ間で法的拘束力ある文書の作成に進展していった背景である。

　2002年2月5日の上院外交委員会の公聴会において,パウエル国務長官は,戦略攻撃力削減についてそれを法的拘束力あるものにする予定であること,それは行政協定であるかも知れず,また条約であるかも知れないと述べ,法的拘束力ある文書であることを明らかにした。ここでいう行政協定(11)(executive-legislative agreement)は,上院および下院それぞれの過半数の賛成を必要とするものであり,通常の条約(treaty)は上院の3分の2の賛成を必要とするものである。

　行政府は当初,正式の条約よりは公式性のレベルの低い行政協定の可能性をも示唆していたが,最終的には正式の条約によることとなった。この決定に影響を与えたのは,3月15日付けのヘルムズおよびバイデン上院議員からパウエル国務長官に送られた書簡である。ヘルムズは共和党で外交委員会の元委員長であり,バイデンは民主党で当時の外交委員会委員長である。そこでは,米国の配備された戦略核弾頭に関する米国の重要な義務を含むような合意は,上院の助言と同意に従う条約を構成すると確信していること,締結される協定を助言と同意のために上院に移送する以外の選択肢は憲法上存在しないことは明かであることが述べられていた。(12)

(3)　"Bush Outlines Arms Control And Missile Defense Plans," *Arms Control Today*, Vol. 30, No. 5 , June 2000, p. 23.
(4)　"Presidential Election Forum: The Candidates on Arms Control," *Arms Control Today*, Vol. 30, No. 7 , September 2000, p. 5.
(5)　"George W. Bush, "Remarks by the President to Students and Faculty at National Defense University," Fort Lesley J. McNair, Washington D. C., May 1, 2001. [http://www.whitehouse.gov/news/releases/2001/05/20010501-10.html]
(6)　"Transcript : Bush Announces Deep Cuts in Nuclear Arsenal," *Washington File*, 13 November 2001.
(7)　"Special Briefing on the Nuclear Posture Review," J. D. Crouch, ASD ISP,

January 9, 2002 with Slides.［http://www.defenselink.mil/news/Jan2002/t0-1092002-t0109npr.html］

(8) このQDRにおいては，米国の戦略は以下の4つの主要目標に沿って作られており，それらが米国戦力および能力の開発，それらの配備や使用をガイドするものとなっている。

① 同盟・友好国に対し米国がその安全保障上の約束を満たすという目的とその能力の強固さを保障すること（assuring）

② 敵国が，米国の利益または同盟・友好国の利益を脅かすような計画や作戦を実施するのをやめさせること（dissuading）

③ 迅速に攻撃を撃退し，攻撃に対して敵国の軍事的能力と支援インフラへの厳しい刑罰を科すための能力を前線配備することにより，攻撃および強制を抑止すること（deterring）

④ 抑止が失敗した場合には敵国を決定的に打ち負かすこと（defeating）

また「この見直しの中心的目的は，防衛計画の基礎を，過去に思考を支配していた『脅威ベース』モデルから，将来のために『能力ベース』モデルへ移行することである。この能力ベースモデルは，特に誰が敵でありどこで戦争が起こるかというよりも，敵がどのように戦うかという側面に焦点を当てている。……米国は，その目的を達成するために奇襲的，欺瞞的，非対称的戦闘に依存する敵を抑止し打ち負かすのに必要な能力を明らかにしなければならない。……要約すれば，米国の非対称的な優勢を将来にも拡大するため，米国の戦力，能力および制度の変形が必要となる」と述べられている。(U.S. Department of Defense, *Quadrennial Defense Review Report*, September 30, 2001)

(9) National Institute for Public Policy, *Rationale and Requirements for U.S. Nuclear Forces and Arms Control*, Volume I, Executive Report, January 2001, p. viii.

(10) "Transcript : Powell, Ivanov Remarks Following their Meeting in Moscow," *Washington File*, 10 December 2001.

(11) "Testimony at Budget Hearing before the Senate Foreign Relations," U. S. Department of State, February 5, 2002.［http://www.state.gov/secretary/rm/-2002/7806.htm］

(12) http://www.armscontrolcenter.org/2002summit/a7.html

2　条約の内容

　この条約は前文と本文5ヵ条からなるきわめて簡潔な条約であり，詳細で多くの文書からなるSTART I条約とは決定的に異なっている。⁽¹³⁾

(a)　戦略核弾頭削減の義務

第1条は以下のように規定する。

　　各締約国は，2001年11月13日にアメリカ合衆国大統領が述べたように，および2001年11月13日ならびに2001年12月13日にロシア連邦大統領がそれぞれ述べたように，戦略核弾頭を削減し制限するものとし，2012年12月31日までに各締約国の戦略核弾頭の総数が1700-2200を超えないようにする。各締約国は，戦略核弾頭の数に定められた総計制限に基づき，その戦略攻撃兵器の構成および構造を自ら決定するものとする。

　条約の基本的義務に関する規定はこの第1条のみである。この条約には，用語の定義に関する規定がまったく含まれていない。ここでは，「戦略核弾頭（strategic nuclear warheads）」の総数を2012年12月31日までに，1700-2200以下に削減することのみが，明記されている。

　まず，削減の対象について，米国大統領の11月13日の声明では，「実戦配備戦略核弾頭（operationally deployed strategic nuclear warheads）」と言われており，核態勢見直し報告でも，この用語が使用されている。米国は一貫してこの用語を使用しており，たとえば，パウエル国務長官はこの条約の説明で，「この条約は，実戦配備核弾頭を現在の約5000ないし6000のレベルから，1700-2200へと削減させるものである」と述べている。⁽¹⁵⁾

　他方，ロシア外務省は，条約の締結によりロシアは米国のこの定義を受け入れたのかという質問に対し，「ロシアはその定義を受け入れていない。条約にはそのような用語はない。条約の実施に関わる問題は，特別の2国間履行委員会で両国により取り組まれる」と答えている。⁽¹⁶⁾またロシアはSTART条約で使用されてきた定義を用いることを主張していた。

　米国は，その核態勢見直し報告の中で，核弾頭の存在状態につきさまざ

なカテゴリーに分けて詳細に記述しており，削減については実戦配備された戦略核弾頭の数についてのみ言及している。条約では，実戦配備戦略核弾頭の用語が使用されておらず，ロシアの見解では2国間履行委員会での協議に委ねられるとなっている。[18]

この点について，パウエル国務長官は，「この条約はまたきわめて柔軟的である。第1条は，ブッシュおよびプーチン大統領の個々の声明に言及することにより，締約国はそれぞれの削減を同一の方法で履行する必要がないことを明確にしている」と述べ，米国は即時または数日の内に利用可能な弾頭の本当の数を削減するが，ロシアはSTART諸条約と同様の計算方法で削減することを示唆していたのであり，「ロシアが1700-2200の弾頭レベルをこの方法で達成しようと，米国の方法を用いようと，いずれの場合も結果はすぐに入手できる戦略核弾頭の数を制限することになる」と述べている。[19]

第2に，さらに重要な問題は弾頭の計算ルール，すなわち配備された核弾頭をどのように計算するかという問題である。米国の考えでは，現実に配備されている弾頭数が条約の対象として計算される。他方，ロシアの考えでは，STARTⅠ条約における場合と同様に，あるミサイルに搭載可能な弾頭数の最大数を搭載しているものとして弾頭数を計算する。たとえば，最大10発の核弾頭の搭載が可能なミサイルに実際には1発しか搭載していない場合，米国の計算方式では1発であるが，ロシアの計算方式では10発となる。特に，ダウンロード（ミサイルに搭載する弾頭数を削減）することにより，核弾頭の削減を実施することが予定されているが，米国の方式を実施するためには，実際にいくつ核弾頭を搭載しているかを明確にし，相手国に納得させる必要がある。そこまで侵入的な検証はこれまで実施されたことはない。検証の側面からはロシアの考えに一理あるが，ダウンロードの実施をどう確保していくのかの問題が残る。削減実施過程の透明性の増大が不可欠となる。

第3に，条約は削減の過程に関して，中間段階における総数などは規定していない。START諸条約では2または3段階にわたる履行過程が規定されていた。この条約が規定しているのは，削減の最終段階における総数のみであり，段階的に実施される保証はない。削減実施過程では条約違反の問題が生じる余地はまったくなく，遵守しているかどうかは最終日にのみ判断される。またその最終日である2012年12月31日は，条約が失効する日でもある。[20]

第4に，条約では，総数制限の中において，戦略攻撃兵器の構成および構造を自由に決定できるものとされている。戦略攻撃兵器として，ICBM，SLBM，爆撃機と3種類あり，これらは戦略兵器の3本柱と言われてきた。START諸条約では，その構成および構造に関して詳細な規定が定められていた。今回の条約は，そのような規制や制限はまったく存在しないため，両国は1700-2200という総数制限の中において，自由に戦略攻撃兵器を構成することができる。

第5に，実戦配備から撤去された弾頭の処理については何も規定されていない。また運搬手段についてもまったく規制はない。米国は，配備から撤去された弾頭のいくらかはスペアとして利用され，いくらかは貯蔵され，いくらかは廃棄されると述べている。パウエル国務長官は上院外交委員会において，配備される核弾頭と保管される核弾頭の合計は約4600であると述べた。[21]

これまでの条約でも，核弾頭の廃棄を規定するものはなかった。核弾頭の廃棄は検証が困難であると考えられており，機微な技術や情報を含んでいるので現地査察を認める余地はないと考えられてきた。しかし，START諸条約では合意された弾頭数を搭載できる運搬手段を越える運搬手段は廃棄されると規定され，実際にミサイルとその発射機，爆撃機が廃棄された。

本条約においては，弾頭の廃棄も運搬手段の廃棄もまったく規定されていない。配備された核弾頭が取り外され，核弾頭を搭載していない運搬手段が多く存在するようになるが，それらを廃棄する義務がないため，多くのものがそのまま存在し続けることになる。このことは，弾頭の廃棄が義務づけられていないことと相まって，削減を逆行させることが物理的に容易である状況が存続することを意味している。[22]

(b) 検証と組織化

軍縮条約において検証はきわめて重要な地位を占めており，国家の安全保障の根幹に関わる軍事力の規制や制限については，他国が条約義務を遵守しているかどうかを検証することが不可欠の条件と考えられてきた。これまでの軍縮交渉において，検証が可能かどうかが規制や制限の内容を決定することもしばしば見られた。

しかし，この条約は検証に関する規定をまったく含んでいない。パウエル

国務長官は，その理由として，「米国の安全保障およびロシアとの新たな戦略関係からして，そのような規定は必要ではなかった」と述べており，さらにラムズフェルド国防長官は，「条約は一方的に宣言した削減を法典化したにすぎず，また両国に履行に際して広範な柔軟性を与えているので，いずれの国も条約の裏をかくことに利益をもたない」と述べている。[24]

その代わりとして，条約第2条は，「締約国は，START条約がその用語に従って有効であり続けることに合意する」ということを規定している。ここでSTART条約と言われているのはSTART I 条約である。米国は，「STARTの包括的な検証レジームは，この新しい2国間条約の履行に関して，透明性と予見可能性の基礎を提供するだろう」と述べ[25]，ロシアも，START I 条約が有効であると確認されたことは，「特に，適切な検証を確保するという観点から重要である。START I 条約の検証メカニズムは，新たな条約の役に立つことも含め，締約国がお互いの戦略兵器の実状を追求するのを可能にする」と述べ[26]，両国とも，この規定が主として検証に関わるものとしている。

START I 条約は有効期限が15年であり，1994年12月5日に発効したので，2009年12月5日まで有効であり，本条約は，以下で述べるように，2012年12月31日まで有効である。したがって，第2条の内容を実施するためには，START I 条約を延長することが必要になる。

また第3条は，「この条約を履行する目的で，締約国は，少なくとも年に2回，2国間履行委員会（Bilateral Implementation Commission）の会合を開催するものとする」と規定しており，新たな委員会の設置を決定している。[27] START諸条約においても同様の委員会の設置が規定されていた。

(c) 批准，発効，有効期限，脱退

条約第4条は，批准，発効，有効期限および脱退について以下のように規定する。

1　本条約は各締約国の憲法上の手続に従い批准されなければならない。本条約は批准書の交換の日に効力を発生する。
2　本条約は2012年12月31日まで効力を有し，締約国の合意により延長され，または後の合意によりそれ以前に代替されることもある。
3　各締約国は，その国家主権の行使として，他の締約国への3ヵ月の書

第3節　戦略攻撃力削減条約　　109

面の通告により本条約から撤退することができる。
　まずこの合意の性質は，交渉の過程で大きな問題となったが，結果的には，批准を必要とする正式の条約として作成された。米国の場合には，上院の3分の2以上の賛成による助言と同意を得なければならない。ロシアの場合には，批准に関する法が下院を通過し，上院により承認され，大統領により署名されなければならない。その後の批准書の交換により発効する。これらはSTART I 条約およびSTART II 条約と同じである。
　次に条約の有効期間は，戦略核弾頭の削減の期日と同じ，2012年12月31日となっている。そのままであれば，条約の基本的義務が実施されるその日に条約は失効することになる。そのため，本条約を延長する可能性，およびその期日以前に他の条約に代替される可能性も規定されている。
　第3に，条約からの脱退は軍縮関連条約に一般に含まれているものであるが，START I 条約もSTART II 条約も6ヵ月の事前通告を条件としていたが，本条約は3ヵ月の事前通告となっているため，柔軟性が強調されている。
　なお，条約第5条は，条約の登録および条約の正文に関するものであり，本条約は全5条であり，それぞれの規定も他の諸条約に比べてきわめて短くかつ簡潔であり，内容を詳細に規定するものではない。

(13)　ラムズヘルド国防長官は，START I 条約と比較しつつ，その条約は700頁の長さであり，交渉に9年かかったが，モスクワ条約は3頁であって，交渉は6ヵ月であったことを強調している。("Testimony of the Secretary of Defense Mr. Rumsfeld before Senate Foreign Relations Committee," July 17, 2002.)
(14)　米国はこの用語を以下のように定義している。ICBM 発射機にある ICBM 上の再突入体，潜水艦に搭載された SLBM 発射機にある SLBM 上の再突入体，および重爆撃機に搭載されているかまたは重爆撃機基地の兵器貯蔵地域に貯蔵されている核軍備。("Letter of Transmittal and Article-by-Article Analysis of the Treaty on Strategic Offensive Treaty," June 20, 2002.)
(15)　"Transcript : Powell Says Moscow Treaty Consistent with Previous Treaties," *Washington File*, 25 May 2002.
(16)　"Fact Sheet : On the Principal Provisions of the New Russian-American Treaty on Strategic Offensive Reductions (SOR)," Russian Foreign Ministry Document 1041-22-05, May 22, 2002, in Acronym Institute, *Disarmament*

Documentation, May 2002. [http://www.acronym.org.uk/docs/0205/doc07.htm]

(17) 米国の核態勢見直しにおいては，戦略核兵器は戦略活性ストックパイル（strategic active stockpile）と戦略不活性ストックパイル（strategic inactive stockpile）に大きく分けられる。その区別は後者は一定の短命構成要素が取り外されていることである。戦略活性ストックパイルは，実戦配備兵器（operationally deployed weapons），応答的戦力（responsive force）および兵站的予備（logistic spare）に区分されている。

(18) 「実戦配備された戦略核弾頭」と「配備された戦略核弾頭」の違いは，米国の定義によれば，SLBM搭載の潜水艦がオーバーホールのため港に入っている場合に，前者ではそれを計算に参入しないが，後者ではそれを参入することであり，その差は約400の核弾頭である。

(19) "Testimony of Secretary of State Mr. Powell before the Senate Foreign Relations Committee," *Washington File*, 09 July 2002.

(20) しかしロシアは以下のように述べている。「START I 条約の経験が示しているように，戦略攻撃兵器の削減は複雑で重労働であり，多くの努力，時間，費用が必要である。そたがって両国は条約に関連条項はないが，そのようなスケジュールを作成することができるだろう。条約の検証可能性を促進するため，削減計画およびその履行に関する一定の透明性を確保することに相互了解が存在する。」"Fact Sheet: SOR Treaty — a New State in the Development of the Treaty Base with Respect to Nuclear Arms Reductions," Russian Foreign Ministry, 1047-22-05-2001, May 22, The Acronym Institute, *Disarmament Documentation*, May 2002. [http://www.acronym.org.uk/docs/0205/doc07.htm]

(21) "Powell Says U. S. Plans to Cut Total Strategic Warheads to 4,600." *Washington File*, 09 July 2002.

(22) 米国が撤去された核弾頭を廃棄しない理由として，パウエル国務長官は，「われわれが直面する不確実性があるし，ロシアとは異なり米国は新たな核兵器を製造していないという事実から，米国は，予測できない将来の不測事態に対応するために，ならびにストックパイルに技術的問題が生じた時のために，実戦配備から撤去された弾頭を保持する柔軟性が必要である」と述べている。("Testimony of Secretary of State Mr. Powell before the Senate Foreign Relations Committee," *Washington File*, 09 July 2002.)

(23) "Testimony of Secretary of State Mr. Powell before the Senate Foreign

Relations Committee," *Washington File*, 09 July 2002.
(24) "Testimony of Secretary of Defense Mr. Rumsfeld before the Senate Foreign Relations Committee," July 19, 2002.
(25) "Fact Sheet : Moscow Treaty on Strategic Offensive Reductions,"*Washington File*, 24 May 2002.
(26) "Fact Sheet : SOR Treaty — a New State in the Development of the Treaty Base with Respect to Nuclear Arms Reductions," Russian Foreign Ministry, 1047-22-05-2002, May 22, The Acronym Institute, *Disarmament Documentation*, May 2002. [http://www.acronym.org.uk/docs/0205/doc07.htm]
(27) 条約が署名された日に,両国は「新しい米ロ関係の共同宣言」にも署名した。そこで「戦略的安全保障のための協議グループ (Consultative Group for Strategic Security)」の設置が合意されたが,それは両国の外務(国務)・国防大臣から構成されるもので,この条約を越えるもっと広範な安全保障問題を協議するメカニズムである。

3 STARTプロセスとの比較検討

(a) 総　論

　STARTプロセス自体は,冷戦期の1982年から開始されているが,実際に成果が現われるのは冷戦が終結してからであり,STARTⅠ条約は1991年7月31日に署名され,1994年12月5日に発効している。STARTⅡ条約は,1993年1月3日に署名され,米国は元の条約に,ロシアは改正された条約に批准したが,条約は発効しなかった。STARTⅢについては,交渉も開始されなかったが,1997年3月の米ロ首脳会談において,「核戦力の一層の削減に関するパラメーターについての共同声明」が発表された。
　これらのプロセス,特にSTARTⅠ条約とSTARTⅡ条約は,戦略兵器の削減と制限を連続的に実施しようとするものと理解できる。それは,STARTⅡ条約が,STARTⅠ条約をベースにその規定に依存しつつ新たな削減および制限を規定しているからである。
　STARTⅠ条約は,非常に詳細な規定を含む19条からなる条約本体を中心に,合意声明の附属書,用語とその定義の附属書,転換または廃棄に関する

議定書，査察に関する議定書，通告に関する議定書，投射重量に関する議定書，遠隔計測に関する議定書，合同遵守査察委員会に関する議定書，データベースの設定に関する了解覚書から構成されている。

START II 条約は，8条からなる条約本体の他に，重 ICBM の廃棄および重 ICBM サイロの転換に関する議定書，重爆撃機の展示および査察に関する議定書，爆撃機のデータおよび弾頭の装備に関する覚書から構成されている。

それに反して，本条約は本文5条だけであり，しかもそれぞれの条項はきわめて短くかつ簡潔なものである。これは，基本的には米国のブッシュ政権の考えが反映されたものである。ブッシュ政権は，新たな時代においては冷戦期のような条約は必要でないこと，米国は一方的に削減し，ロシアがそれにならって削減すればよいことをしばしば述べていた。条約よりも一方的削減が好ましいことの1つの理由としてしばしば強調されたのは，冷戦期の軍備管理条約はその作成のために非常に長い時間がかかるという点であった。しかし実際には，米国の柔軟性を最大限確保することが目的であると考えられる。

(b) 削減の数と対象

START I 条約が削減の目標とした数は6000であり，START II 条約は3000-3500であり，START III では2000-2500が予定されていた。これらと比較して，今回の条約は1700-2200への削減であり，この点からは START プロセスよりも一歩進んだものと解釈できる。これは条約の対象に関わる問題であるが，START プロセスで対象とされた「配備された戦略核弾頭」と今回の条約で米国が主張する「実戦配備された戦略核弾頭」に若干の相違がある。SLBM 搭載の潜水艦でオーバーホールのため港にいるものは，前者には含まれるが，後者には含まれない。その結果，START III の予定する数と今回の条約の数はほぼ同数になる。

次に弾頭数の計算に関して，START I 条約はミサイルに関してはそれが搭載可能な最大数を計算し，爆撃機搭載の核弾頭については，一定の範囲で最大数の半分に計算しており，複雑な計算方式が詳細に規定されていた。したがって6000という総数も実際にはそれを上回る保有が認められていた。START II は，爆撃機に関する計算方式を取りやめ，実際の数を計算するよ

うになった。

　今回の条約は計算ルールについては何らの規定もなく，米国の考えでは実際に配備している弾頭数を対象とすることになっている。複数弾頭の搭載が可能なミサイルにおいて，実際にいくつ搭載しているかをいかに検証するのかという重要な問題が残されている。

(c)　削減のプロセスとペース

　START I 条約は条約発効後，3年，5年，7年と3段階にわたるスケジュールを規定し，それぞれの段階での戦略核運搬手段，弾頭総数およびICBMとSLBMに搭載した弾頭数につきそれぞれ上限を規定していた。START II 条約は，START I 条約発効後7年および2003年1月1日という2段階の実施を定めていた。その後，この条約の実施期限は2007年12月31日に延期された。START III も，上記の削減をこれと同じ2007年12月31日までに実施することが予定されていた。

　START諸条約においては，全体が1つのプロセスとして継続的にかつ連続的に実施されるものと考えられ，それぞれの条約においても，細かなスケジュールが設定されていた。それに反して，本条約では中間段階などを含むスケジュールはまったくなく，締約国の自由にまかされており，実施に関する最大限の柔軟性が確保されている。

(d)　核戦力の構成と構造

　本条約においては，「その戦略攻撃兵器の構成および構造を自ら決定するものとする」と規定され，何らの規制も存在しない。STARTプロセスにおいては，主として戦略的安定性の強化という側面からさまざまな規制が定められていた。まずSTART I 条約では，戦略運搬手段に対しても1600という制限が課され，弾頭6000の内訳として，ICBMとSLBM搭載の弾頭に4900という制限が設けられ，総投射重量も制限が設けられた。重ICBMは50％削減でミサイル数154，弾頭数1540の制限が規定され，質的な側面からの規制も課された。移動式ICBMの弾頭数には1100の上限が設定され，検証を可能とするさまざまな規制が規定された。

　START II 条約は，3000-3500という総数制限のほかに，特に重要なものと

して，MIRV搭載ICBMを全廃し，重ICBMを全廃することを規定した。また SLBM 弾頭も 1700-1750 に削減することを規定していた。

STARTプロセスにおいては，戦略的安定性を強化するため，両国の戦略核戦力を一定の方向に向けて削減することが意図されていたが，本条約では，これらの要素はまったく考慮されていない。したがって，START II 条約が発効しない中において，そこで規定されていた MIRV 搭載の ICBM の禁止という条項も，この後は適用されないことになる。

(e) 運搬手段および弾頭の廃棄

START I 条約および START II 条約においては，配備された弾頭数を制限する方法として，制限数を越える運搬手段を廃棄することが決められた。したがって撤去される運搬手段に搭載された核弾頭は廃棄されることなく貯蔵庫に保管されるが，撤去される運搬手段，すなわち ICBM, ICBM 発射機，SLBM, SLBM 発射機および爆撃機は実際に廃棄されている。これは，戦略核戦力が再び増強される可能性を排除する上できわめて重要な措置であった。

それに反して，本条約は，弾頭が廃棄されないことは以前と同様であるとしても，運搬手段も廃棄されない。このことは，弾頭と運搬手段の双方が残されることを意味し，戦略核戦力がいつでも即時に増強されうることを意味している。この点から本条約の実効性が大きく疑問視されることになる。

さらに START III においては，撤去された核弾頭の廃棄についても言及されており，そこでは不可逆性の重要性が強調されていた。

(f) 検証と組織化

START I 条約の検証規定はきわめて詳細である。まず検証・査察の前提としてさまざまなデータの交換およびさまざまな場合における通告が定められている。詳細は，通告に関する議定書およびデータベースの設定に関する了解覚書に記されている。この仕組みは条約関連の実態の透明性にとってきわめて重要なものである。次に自国の検証技術手段（NTM）に関する原則とそれに関する協力措置を規定している。第3に現地査察については，査察官の人数，法的地位，権限などを定め，現地査察として13種類の査察活動を列挙している。さらに転換および廃棄に関する議定書，査察に関する議定書

により詳細に規定されている。

　またこの条約は、条約の規定の目的およびその履行を促進するために「合同遵守査察委員会（Joint Compliance and Inspection Commission）」を設置した。委員会は、いずれかの締約国が要請する場合に開催される。合同遵守査察委員会に関する議定書が、委員会の構成、活動などにつき詳細に規定している。

　START II 条約の義務の履行に関する検証・査察は基本的には START I 条約の規定に従って実施されることになっている。またこの条約により、条約の規定の目的および履行を促進するために「2国間履行委員会（Bilateral Implementation Commission）」が設置されることになっており、いずれかの当事国の要請で会合することになっていた。

　今回の条約においては、検証・査察に関する規定はまったくなく、START I 条約が有効であり続けることが規定され、「2国間履行委員会」の設置が規定されているだけである。またこの委員会は、一方が要請する時にいつでも開催されるとは規定しておらず、少なくとも年に2回開催するとのみ規定されている。本条約では「条約を履行する目的で」と規定され、「条約の規定の目的およびその履行を促進するため」という START 諸条約の規定振りとは、意気込みが異なる印象を受ける。

（g）　批准，発効，有効期限，脱退

　批准および発効に関しては、本条約は START 諸条約と同じであり、批准を必要とする正式の条約として作成された。この点は米国が一貫して一方的削減を主張していた点から見れば、法的安定性の側面から大きな前進である。

　有効期限は、START I 条約は15年であり、削減自体は7年以内の実施であったので、削減措置が完了してからも8年間有効である。START II 条約は、START I 条約が有効である限り有効であると規定している。START I 条約は、条約満了の1年より前に、5年間の延長を検討すること、その後も同様の手続をとることを規定している。他の条約に取って代わられる場合は別であると規定する。START III のパラメーターに合意された時には、START 諸条約を無期限の条約にする方向にも合意されていた。本条約の場合は、2012年12月31日まで有効とし、条約が延長される可能性および他の協定に代替される可能性が規定されている。

脱退についての1つの大きな違いは，START諸条約の場合には6ヵ月の事前通告であったのが，本条約では3ヵ月の事前通告となり，その期間が半分になったことである。もう1つの大きな違いは，START諸条約では，「本条約の内容に関する異常な出来事がその至高の利益を危うくしていると決定するときは，その国家主権の行使として本条約より脱退する権利を有する」とし，「その至高の利益を危うくしていると考える異常な出来事の陳述」を脱退通知に含めることが義務づけられている。他方，今回の条約は，「その国家主権の行使として，本条約より脱退することができる」と規定するだけである。その結果，脱退の根拠として，本条約の内容に関する異常な出来事が生じていること，それが自国の至高の利益を危うくしていることは，脱退の条件とはされていない。したがって，いかなる理由であっても，国家主権の行使として脱退が可能になる。

これら2点における大きな差異を見るならば，今回の条約はSTART諸条約に比べて，きわめて容易に脱退が可能となり，締約国の柔軟性が確保される反面，条約による規制という法的安定性や予見可能性が著しく小さくなる。

4　条約の意義

(a)　条約の成立の重要性

ブッシュ大統領は，この条約を上院に提出する際の書簡において，「このモスクワ条約は，米国とロシアの間の新しい戦略関係の1つの重要な要素を示している。それは，両国の配備された戦略核弾頭を2012年12月31日までに大幅に削減するための安定的で予見可能な方法を提供するものである。その削減が完了した時には，両国は過去数十年の間で最低レベルの配備された戦略核弾頭をもつことになる。これは米国およびロシアの双方の人々にとっての利益であり，もっと安全な世界に貢献するものである」[28]と述べているように，この条約は米ロの新たな戦略関係の要素であり，国際社会にも一定の貢献をなすと思われる。

またパウエル国務長官も，「モスクワ条約は米ロ関係の新たな時代を記している。それは柔軟だが法的拘束力ある方法で大幅な戦略攻撃力削減を行な

うという両国のコミットメントを法典化している。それは，戦略的ライバルから，相互安全保障，信頼，公開性，協力，予見可能性の原則に基く真の戦略的パートナーへの移行を容易にしている。モスクワ条約は新たな戦略枠組みの1つの重要な要素である」と述べ，ロシアとの新たな関係の側面からこの条約の意義を高く評価している。

　1980年代から90年代にかけてSTARTプロセスが継続され，1991年にSTART I 条約が署名され，1994年に発効し，2001年までに実施された。1993年にSTART II 条約が署名されたが，発効せず，そのためSTART IIIの交渉も開始されなかった。1990年代後半における米ロ関係全般の悪化により，戦略兵器の削減も進展しなかった。このように行き詰まり状態にあったSTARTプロセスに代わって，ブッシュ政権下で新たな条約が作成されたことは十分に賞賛に値するものである。

　ブッシュ大統領は「戦略核弾頭の削減は軍備管理条約によるのではなく，米国が一方的に実施する」と一貫して主張しており，2001年11月には，米国の核態勢見直し報告に依拠して，具体的に戦略核弾頭を削減することを発表した。一方的な削減は自主的に行なうものであるから，いつ止めるのも自由であるし，逆にいつ増加するのも自由である。そこでは米国の100％の裁量が認められる。ロシアの強い主張により，米国がその主張を撤回し，法的拘束力ある文書の作成に合意し，最終的には正式の条約としてこの条約が作成されたことは，一方的削減に比較して格段の意義をもっている。それは，自主的措置ではなく，法的義務としての措置であることにより，法的安定性あるいは法的予見可能性の観点から見て重要である。[30]

(b)　条約の柔軟性の強調

　この条約の最大の特徴はその義務の柔軟性にある。これはブッシュ大統領が2001年11月，「一片の紙が必要であるならば，喜んでそうしよう。しかしそれは，わが政府が今後10年間で行なおうとしていることについてである」と述べたように，米国が一方的に実施しようとしていたことを条約にしたけれでも，米国の自由を最大限に確保するものである。

　米国の基本的な姿勢は，核兵器の削減は米国の判断により自主的に実施すべきで，将来の不確実性に対応できるものでなくてはならず，法的に不可逆

なものにすべきではないというものであった。法的拘束力ある正式の条約となったことで、一定の法的安定性が確保され、予測可能性も一定程度確保されるが、START諸条約との比較からも明らかなように、その範囲はきわめて限定されたものである。

　条約の基本的義務においては、用語の定義が存在せず、弾頭の計算ルールも規定されていないため、現実には米国は米国の解釈で条約を実施していくことになるだろう。また撤去される核弾頭は言うまでもなく、撤去された運搬手段も廃棄されない。米国は撤去された弾頭および運搬手段の多くをそのまま維持する方針を示している。そのことは核兵器削減のプロセスが容易に逆転する可能性があることを意味する。

　また削減プロセスに関する詳細なスケジュールや中間段階の規定もないため、10年間の実施のプロセスは明確ではない。また削減のプロセスはどうであれ、2012年12月31日に規定された数に削減していれば条約義務を遵守したことになる。しかし条約はその同じ日に失効することが規定されている。

　検証に関しても、START I 条約の存続を規定し、2国間履行委員会を設置するのみで、詳細な規定はない。START I 条約に規定されたデータベースの交換や種々の通告は、引き続き実施されるであろうが、それが今回の条約にどの程度適用されるかはまだ明らかではない。

　最後に、脱退に関しても、START諸条約とくらべて、より容易な条件が課されているだけであって、条約に関連する異常な事態が発生しなくても自由に脱退できるように規定されている。

　キンボールも「この条約の内容は、最大限の戦略的柔軟性を維持するというブッシュ政権の目標に一致するものである」(31)と述べているように、本条約では米ロの活動に関して大幅な自由裁量が認められており、条約の確実な履行は、両締約国の誠実な行動に全面的に依存している感がある。

(c)　核軍縮・核不拡散体制への意味合い

　まず、この条約は「冷戦の遺産を一掃するものである」と宣伝されているが、それに対する異論が多く出されている。シリンシオーネは、「新しい条約は次の10年で核兵器を3分の1に削減することもないし、何千の核兵器を廃棄することもない。10年たっても米国とロシアは、まさに今日と同様に、

何万という核兵器を持っているだろう。……条約は1つの核弾頭も廃棄しない。……したがって，条約は冷戦の遺産を一掃することはない。10年たっても，米国は多くの分散された戦略核戦力を維持しているであろう。その唯一の正当化は，ロシアの軍事，産業，政治の拠点を標的とし破壊することである」と述べている。
(32)

またベーズとスコブリックも，条約は一定の進歩ではあるが，基本的な軍備管理の原則とこれまでの達成を否認し，予見可能性を避け，拡散の危険を増大しているので，「この条約が核の敵対関係という冷戦の遺産を一掃するというブッシュの勝ち誇ったような主張は，決定的に時期尚早である」と結論づけている。
(33)

米国の削減計画によれば，10弾頭搭載のピースキーパーICBMの50基すべてを撤退させることと，4隻のトライデント潜水艦を戦略任務から通常任務に転換することはすでに決まっているが，その後の削減は後に決定されることになっている。特に実戦配備から撤去された核戦力すなわち，核弾頭とその運搬手段が必ずしも廃棄されず，それらの多くは将来の不測事態に備えて温存されることになっている。また核態勢見直し報告書において，ロシアが将来米国の敵になる可能性への備えの必要性が言及されていることからも，冷戦の遺産が一掃されたどうかはまだ判断できない。

第2に，今回の条約の採択は，これまでのSTARTプロセスの断絶を意味する。START I 条約は現在有効な条約であり，その有効性の継続が本条約で確認されているが，START II 条約はその存在意義を失う。START II 条約は発効しなかったが，その規制の内容は有意義なものであった。特に，START II 条約は，多弾頭ICBMの全廃を規定していたが，新たな条約の成立により，この規制はもはや適用されなくなり，米ロともその規則に拘束されなくなった。多弾頭ICBMは先制攻撃には有効であるが，攻撃された時の損失が大であるので，先制使用の動機を与えるものであり，戦略的安定性の観点からみて，きわめて不安定化を促進するものであり，STARTプロセスでは，多弾頭ICBMの規制が特に米国の交渉の優先課題であった。

この規制が解除されたことにより，特にロシアが多弾頭ICBMを維持する可能性が増大しており，それはロシアにとって戦略的および経済的に有利な配備方法だと考えられる根拠があるので，国際社会全体を不安定にし，核兵

器使用の可能性を増加するものになるかもしれない。

　第3に，この条約は撤去された核弾頭の廃棄を要求していないので，配備されていない核弾頭が大幅に増加することになる。特にロシアにおいて，配備された核兵器と比較して，保管されている核兵器の保安体制はいっそう緩やかになっており，この条約の履行に伴い，不十分な保安体制の下に置かれる核弾頭が増加することになる。

　このような状態は，ロシアの核兵器あるいは核分裂性物質の管理がずさんなことから，盗難や強奪に遭う可能性が高くなり，それらがならず者国家やテロリストの手に入る可能性が増大することが懸念されている。その意味で国際核不拡散体制の中で現在最も懸念されている側面において，本条約はその懸念を増大させている。撤去された核弾頭を廃棄すべきだという主張は，この側面からも強く行われている。

　第4に，本条約の前文において，「1968年7月1日の核不拡散条約の第6条の下での義務に留意して」と規定されているように，核兵器削減の条約は，核軍縮への誠実な交渉の成果として位置付けることができる。この条約が実際に核軍縮への大きな進展になるかどうかは，条約の履行状況を見てみないと分からない。特に，本条約は米国の戦略的柔軟性を強調するあまり，条約内容の法的安定性が脆弱なものとなっている。それは特に，2000年NPT再検討会議の最終文書で確認されている「核軍縮の不可逆性の原則」に逆行しているからである。不可逆性の原則によれば，核軍縮の進展は削減および廃棄に向けての一方的な方向性をもつべきであり，そのために核兵器を廃棄するなど逆行の可能性を除去することが必要になる。それに反して，すでに述べたように，本条約は柔軟性を強調したために「不可逆性の原則」が排除され，将来の事態によっては核軍縮が逆転する可能性が広範に残されている。この側面がこの条約の意義を考える場合に，大きなマイナスの評価を導くことに寄与している。

　第5に，本条約は戦略攻撃兵器を規制の対象としたものであって，戦術核兵器はまったく取り扱われていない。戦術核兵器は，1990年代初めの「大統領イニシアティブ」により，米ソにより一方的に削減されたが，それらは法典化されていないし，正式の交渉も行なわれていない。しかし，使用される可能性の高いのは戦術核兵器であり，また管理を含めた保安体制が弱いの

第3節　戦略攻撃力削減条約　　*121*

も戦術核兵器である。1997年のSTART IIIの合意では戦術核兵器を取り扱うことが予定されていた。今回の条約が戦術核兵器にまったく言及していないのは，緊急の脅威を取り除く点からも，条約の不十分性を表している。

　21世紀になって結ばれた最初の条約である戦略攻撃力削減条約は，今後10年にわたり米ロの戦略核弾頭を3分の1に削減するものであり，その意味では画期的なものである。しかし，この条約は米国の戦略的柔軟性を優先させる形で作成されたため，条約の内容および履行に関してさまざまな懸念が表明されている。
　この条約の真の評価は，米ロ両国がこの条約をどのように履行していくかに依存している。条約の枠組みはすでに存在しているのであるから，その規制内容を誠実に履行していくならば，戦略核弾頭の大幅な削減が実施され，国際社会全体の平和と安全保障のためにも有益なものとなるだろう。しかし，自国の安全保障の強化のみを図る立場から，条約規定のあいまいさを利用するようになれば，それは国際社会をいっそう不安定なものにするだろう。
　前者の方向に進むならば，この条約に規定されている以上の核兵器の削減が可能になり，核兵器廃絶への展望も開けるであろう。逆に，後者の方向に進むならば，本当の意味での核兵器の削減は進まず，核兵器が国際社会において政治的にも軍事的にも重要視されるようになり，ならず者国家やテロリストのみならず，その他の国家もそれを保持しようとし，国際社会はいっそう不安定で危険な社会となるであろう。

(28)　"Text : Bush Sends New Arms Reduction Treaty to Senate for Ratification," *Washington File*, 20 June 2002.
(29)　"Testimony of Secretary of State, Mr. Powell, before the Senate Foreign Relations Committee," *Washington File*, 09 July 2002.
(30)　この条約に対する徹底的な批判として，ウルフスタールは，「この協定は，歴史の中において，この種の文書で最も効果がなく，最も拘束力がなく，最も有益でないものに疑いなくなるであろう。……ブッシュ大統領とその政府は核戦力を制限する拘束力ある軍備管理協定の交渉に反対していた。プーチンは法的拘束力ある文書を欲しがった。両者はこの法的拘束力はあるが，何も管理したり削減したりしない文書により，それぞれ欲しがっていたものを手

に入れた」と分析している。(Jon Wolfsthal, "Toothless, Nameless Treaty," Carnegie Analysis, May 24, 2002.) [http://www.ceip.org/files/nonprolif/templates/article.asp?NewsID = 293] またラムズフェルド国防長官は、「われわれは、ロシアがその軍備について何をしようとも、これらの削減を行なっているであろう。われわれが削減するのは、モスクワで条約を締結したからではなく、ロシアとの関係が根本的な変容したことでこんなに多くの配備した兵器がいらなくなったからである」と説明している。("Testimony of Secretary of Defense Mr. Rumsfeld before the Senate Foreign Relations Committee," July 19, 2002.)

(31) Daryl Kimball, "Arms Control Experts Call Nuclear Arms Treaty a Missed Opportunity, Urge Pursuit of Comprehensive Nuclear Risk Reduction Strategy," Arms Control Association, May 24, 2002. [http://www.armscontrol.org/aca/sortmay02.asp]

(32) Joseph Cirincione, "Flash! Treaty Will Not Eliminate Weapons or Reduce Arsenals," Carnegie Analysis, May 20, 2002. [http://www.ceip.org/files/nonprolif/templates/article.asp?NewsID = 2889]

(33) Wade Boese and J. Peter Scoblic, "The Jury Is Still Out," *Arms Control Today*, Vol. 32, No. 5, June 2002, p. 4.

第4節　米国の核態勢見直し

　米国防総省は，2001年12月31日に「核態勢見直し(Nuclear Posture Review)」報告書を議会に提出した。それは機密文書であり公表されなかったが，2002年1月9日および2月14日に国防総省によりブリーフィングおよび証言が行なわれ，機密でない部分が明らかになった。さらに3月に入って，機密部分のいくらかがリークされて一般に知られるようになった。

　この核態勢見直しは，今後5年から10年の米国の核政策，核削減，核調達，核配備などの方向性を定めたものであり，核兵器を巡る今後の国際社会の動きに決定的な影響力をもつものである。

　本節では，この核態勢見直しの報告書を基礎に，米国の進もうとしている方向を明かにするとともに，そこに含まれる内容を批判的に検討する。まず第1に，その基本的内容を紹介し，次に核戦力の規模に関する計画を，第3に新たな核増強の計画を紹介し，最後にこの核態勢見直しが核軍縮と逆の方向を示していることを明らかにする。

1　核態勢見直しの基本的内容

(a)　核態勢見直しの特徴

　この報告書の前文において，ラムズフェルド国防長官は，新たな核態勢の特徴を以下のように述べている。[1]

　ブッシュ大統領が米国の軍事力を変形し，新たな予測不能な世界に備えることをすでに命令しており，その成果が「4年毎の防衛見直し（Quadrennial Defense Review）＝QDR」[2]である。この核態勢見直しもQDRを基礎としており，この報告書は新たな3本柱を設置している。新たな3本柱とは，① 攻撃打撃システム（核および非核の両方），② 防衛（能動的および受動的の両方），③ 発生する脅威に適時に対応できるような新たな能力を提供する再活性化された防衛インフラである。

またこの3本柱の設置により，核兵器への依存を減らすことができ，防衛の追加と非核打撃力の追加により拡散しつつある大量破壊兵器による攻撃を抑止する能力を高めることができる。新たな3本柱を構成する新たな能力の結合により，米国が核兵器を削減しつつも，米国への危険は削減される。

この報告書のハイライトとして，以下の2点がある。

① 核態勢見直しは戦略戦力の計画に関する冷戦時のやり方を退けた。核態勢見直しは，米国の戦略戦力の計画を冷戦時の脅威ベース・アプローチから能力ベース・アプローチへと移行する。

② もっぱら攻撃核戦力に依存する戦略態勢は，21世紀にわれわれが直面する潜在的な敵を抑止するのに不適切であると結論した。大量破壊兵器で武装したテロリストやならず者国家が，米国の同盟・友好国への安全保障コミットメントを試しに来るだろう。それに対抗するため一連の能力が必要である。新たな3本柱がそのために必要となる。

QDRを基礎として構築された核態勢見直しは，冷戦期の攻撃的核3本柱を，来るべき数十年のために考案された新たな3本柱に変形するであろう。

(b) 新たな安全保障環境[3]

冷戦の終結から10年もたち，安全保障環境も大きな変化を遂げているのに，米国の核態勢はほとんど変わっておらず，新たな核態勢が必要である。まず，脅威の認識に関して，冷戦期はソ連と継続的に敵対関係にあり，それは明確なイデオロギー上の同等の敵対国であり，長期的な闘争で明確なブロックがあり，不測事態は限られていたが，生存がかかったものであった。それに対し，現在では，多数の潜在的な敵および紛争の源があり，先例のない挑戦があり，ロシアとは新たな関係となっているが，さまざまな不測事態がありうるし，その影響はさまざまである。

冷戦期は，もっぱら攻撃核戦力に依存する抑止が強調されてきたが，現在では，同盟国を保証すること，敵対国を思い止まらせること，侵略者を抑止すること，敵を撃破することが必要で，抑止は不確かである。そのため，核兵器と非核戦力，攻撃力と防衛力の相乗効果が重要である。

そのために核計画は，冷戦期の脅威ベースから能力ベースへ移行すること，さまざまな不測事態に対していっそうの柔軟性を維持すること，軍備レベル

は条約で固定するのではなく一方的削減で柔軟性を維持することが重要である。

現在の脅威の中心は核兵器,化学兵器,生物兵器および弾道ミサイル運搬システムの拡散である。12ヵ国が核兵器計画をもち,28ヵ国が弾道ミサイルをもち,13ヵ国が生物兵器をもち,16ヵ国が化学兵器をもっている。

新しい環境における大統領の方針は,① ロシアとの協力を促進し「新たな枠組み」を作ることであり,抑止への冷戦期のアプローチはもはや適切でなく,相互確証破壊（MAD）に基礎をおくロシアとの関係を終わらせること,② 米国および同盟・友好国の安全保障上の必要に合致する最低数の核兵器を配備することと,削減は冷戦期スタイルの条約を必要としないこと,③ ABM条約が許容するよりも大きな能力をもつミサイル防衛を開発し配備すること,④ 先端通常兵器をもっと重視することである。

(c) 「能力ベース」アプローチ

この核態勢見直しはQDRに基礎を置いており,QDRにおいて,脅威ベース・アプローチから能力ベース・アプローチへの移行が決定されていた。そこでは,同盟・友好国を保証すること,競争者を思い止まらせること,侵略者を抑止すること,敵を撃破することが基本目標となっている。

冷戦期における伝統的な脅威ベース・アプローチでは,米国の戦力規模は主としてソ連という特定の脅威への対応として考えられてきた。そこではもっぱら攻撃核戦力による抑止が重視され,ミサイル防衛は実際的ではなく,安定性を阻害するものとして規制されていた。

今日の世界においては,変わり行く環境の中で不測事態は多様化しており,新たな脅威が発生しており,脅威を特定することはできない。したがって,予測できない事態や潜在的な脅威の事態に対応できる能力を維持することが必要である。そのために,これまでの攻撃打撃力による抑止への依存を縮小し,能動的防衛能力と非核打撃能力を強化することが必要である。さらにこの能力ベース・アプローチの有効性は,指揮・管制・情報および適応的計画に依存する。

(d) 新たな3本柱

冷戦期の3本柱は，ICBM，SLBMおよび爆撃機であった。能力ベースという概念の実行のためには新たな3本柱が必要である。第1の柱は，非核および核打撃能力であり，ここには従来の3本柱に加えて非核打撃力が含まれる。そのためには，堅固で地下深くにある目標に対する攻撃能力を改善することが必要である。第2の柱は防衛であり，その中心はミサイル防衛である。そのための強力な研究，開発，実験，評価プログラムが必要であり，限定的で効果的なミサイル防衛を配備することが必要となる。第3の柱は応答的インフラである。これら新たな3本柱全体について，指揮・管制・情報および計画を強化することが必要になる。

核態勢見直し報告の主要な決定として，国防次官のフェイスは以下の5点を挙げている。(4)
① 核弾頭の削減はロシアとの新たな関係が生じたことにより可能になり，核態勢見直しによりMAD政策からの離脱が行なわれた。
② 大統領の計画は65％の削減になり，ロシアとの新たな関係により可能となったが，新たな脅威が生じた場合に対応する選択肢も慎重に維持している。
③ 非核戦力と防衛能力を新たに強調し，新たな3本柱に統合したことで，安全保障を維持しながら大幅な核削減が可能となった。
④ ミサイルと大量破壊兵器の拡散など，脅威の源は多様であり予測不可能であるので，そのために軍事能力の多様な手段を備えている。
⑤ 冷戦時の敵対的な軍備管理交渉を拒否しており，ロシアの核戦力の規模と構成を法的に押し付ける理由は存在しない。

(e) 1994年核態勢見直しとの比較

1994年に提出された核態勢見直しは，冷戦が終結して数年経過し，ソ連が崩壊し，ワルシャワ条約機構も解体した後に実施されたものである。1988年以降に，核戦力の削減などさまざまな措置が取られてきたが，冷戦後の核態勢として，新たな方向を定めるものであった。

第4節　米国の核態勢見直し

　背景の状況としては，1987年の中距離核戦力（INF）条約に従った核兵器の廃棄が米ソの間で3年間で完全に実施されており，1991年に署名されたSTART I 条約および1993年に署名されたSTART II 条約は，いずれもまだ発効していない段階であった。
　ペリー国防長官は，冷戦時の競争と核兵器増強に代わって，今は協力と核兵器削減を実施しており，核兵器に対する考え方を変える時期であり，そのために核態勢見直しが実施されたと述べた。また見直しは2つの大きな問題を取り扱っているが，その第1は「先導（leading）」と「用心（hedging）」の適切なバランスを達成することである。「先導」とは，核兵器の一層の継続的な削減についてのリーダーシップをとることであり，「用心」とは，ロシアにおける改革が逆行し，米国に敵対する権威的で軍事的政府への逆戻りに対する備えである。第2の大きな問題は，核兵器の残存戦力の安全と保安を改善するという利益をどう達成するかであり，米国およびロシア双方において，これらの利益を完全に達成するためにどのような行動，どのようなプログラムを行なうべきかに焦点を当てている。
　「したがって，この見直しはこれらの2つの問題に対応しようとするもので，それはもはや相互確証破壊（MAD）に基づくものでは全くない。われわれはこの新たな態勢に対して新たな名前を記し，相互確証安全（Mutual Assured Safety = MAS）と呼んでいる」とペリー国防長官は述べた。[5]
　1994年の核態勢見直しにおいても，ロシアはもはや敵ではないことが明記されており，冷戦期のMADにもはや依存するのではなく，「MAS（相互確証安全）」という概念が提示されていた。
　この時期の安全保障環境の変化としては，①冷戦の終結を契機として，旧ソ連諸国の通常兵器の脅威の低下，ロシアとの関係改善，旧ソ連諸国の不確実性，ロシアの大量の核兵器の存続などの問題があり，②大量破壊兵器の拡散の増大を契機として，米国および同盟国がその威嚇に直面しており，旧ソ連諸国の核兵器のずさんな管理が問題となっていた。
　2つの核態勢見直しを比較検討した場合，脅威の認識については，両者ともロシアはもはや敵ではないとする点は共通している。1994年見直しはロシアが再び敵対国となる場合の用心（hedging）を強調し，2002年見直しは，ならず者国家の脅威を強調しているが，核弾頭を2200に削減する際に2400

の応答的戦力（responsive force）を維持し続ける点から考えても，ロシアの敵対化も視野に入っていると思われる。

(1) *Nuclear Posture Review Report*, Foreword, by Donald H. Rumsfeld. [http://www.defenselink.mil/news/Jan2002/d20020109npr.pdf.]
(2) 2001年9月に出されたQDRにおいては，米国の戦略は以下の4つの主要目標に沿って作られており，それらが米国戦力および能力の開発，それらの配備や使用をガイドするものとなっている。
　① 同盟・友好国に対し，米国がその安全保障上の約束を満たすという目的とその能力の強固さを保証すること（assuring）。
　② 敵国が，米国の利益または同盟・友好国の利益を脅かすような計画や作戦を実施するのを思い止まらせること（dissuading）。
　③ 迅速に攻撃を撃退し，攻撃に対して敵国の軍事的能力と支援インフラへの厳しい刑罰を科すための能力を前線配備することにより，攻撃および強制を抑止すること（deterring）。
　④ 抑止が失敗した場合には，敵国を決定的に撃破すること（defeating）。
また「この見直しの中心的目的は，防衛計画の基礎を，過去に思考を支配していた『脅威ベース』モデルから，将来のための『能力ベース』モデルへの移行である。この能力ベースモデルは，特に誰が敵でありどこで戦争が起こるかというよりも，敵がどのように戦うかという側面に焦点を当てている。……米国は，その目的を達成するために奇襲的，欺瞞的，非対称的戦闘に依存する敵を抑止し撃破するのに必要な能力を明らかにしなければならない。……要約すれば，米国の非対称的な優勢を将来にも拡大するため，米国の戦力，能力および制度の変形が必要となる」と述べられている。(U. S. Department of Defense, *Quadrennial Defense Review Report*, September 30, 2001.)
(3) 以下の核態勢見直しの説明は主として，2002年1月9日に行われた国防省によるブリーフィングおよびそこで用いられたスライドによる。(Special Briefing on the Nuclear Posture Review, J. D. Crouch, ASD ISP, January 9, 2002, with Slides. [http://www.defenselink.mil/news/Jan2002/t01092002_t0109npr.html])
(4) Statement of the Honorable Douglas J. Feith, Undersecretary of Defense for Policy, Senate Armed Services Hearing on Nuclear Posture Review, February 14, 2002.

(5) William Perry, Secretary of Defense, Defense Department Briefing on Nuclear Posture Review, September 22, 1994.

2　核戦力の規模と削減[(6)]

(a)　不測事態

　核攻撃能力の必要性を定める根拠として、米国が備えなければならない不測事態（contingencies）は、即時のもの、潜在的なもの、予測不能なものに区別される。

　即時の不測事態とは、広く認められている現在の危険であり、その例としては、イラクのイスラエルまたは近隣国への攻撃、北朝鮮の韓国への攻撃、台湾海峡での軍事対立がある。

　潜在的な不測事態とは、ありうるかも知れないが即時の危険ではないもので、たとえば大量破壊兵器をもつ国が米国またはその同盟国に対する新たな敵対的軍事同盟を結成することが考えられている。

　予測不能な不測事態とは、キューバ・ミサイル危機のような突然の予期できない挑戦が考えられている。

　即時の、潜在的な、または予測不能な不測事態に関わるかもしれない国家として、北朝鮮、イラク、イラン、シリア、リビアがある。

　中国は、その進展する戦略目的と戦力の継続的近代化の結合により、即時のあるいは潜在的な不測事態に関わる可能性のある国である。

　ロシアを含むような核攻撃の不測事態は、ありうるとしても、予期されないものである。しかしロシアの核戦力と核計画は、懸念として存在し続けている。将来ロシアとの関係が大幅に悪化した場合には、米国はその核戦力の規模および態勢を変更しなければならない。

(b)　核戦力の規模と構成

　さまざまな不測事態に対応するために必要な米国の核戦力に関する新たなアプローチとしては、①即時のおよび予測不能な不測事態に対応する実戦配備戦力（operationally deployed force）と、②潜在的な不測事態に対応する

応答的戦力（responsive force）が必要である。また即時のおよび潜在的な不測事態については，事前の計画が不可欠である。

　新たな防衛政策目標の条件に適合するように，2012年までに実戦配備弾頭を1700-2200に維持する目標を定める。戦力の規模は，ロシアを含む即時の不測事態により決められるものではない。戦力構造と撤去された弾頭は，応答的戦力のために維持される。

　現在の戦力構造は2020年あるいはそれ以降も維持される。すべてのシステムの耐用年数延長が進められ，次期システムの検討も行なわれる。またエネルギー省の核実験準備態勢が加速される。

　実戦配備弾頭とは，ICBMおよびSLBMに実際に搭載されている弾頭であり，爆撃機についてはその基地の貯蔵地に置かれている弾頭である。他方，応答的戦力は危機の進展に応じて，実戦配備に移され得るものであり，それは数日ではなく，数週間，数カ月，さらに数年で利用できるものである。

　核態勢見直しの定義によれば，米国の戦略核戦力は，活性（active）ストックと不活性（inactive）ストックに二分される。その違いはその兵器が寿命の短い構成要素（トリチウム，バッテリー，中性子発生器など）を搭載しているかどうかである。活性ストックは即時に使用が可能であるが，不活性ストックは寿命の短い構成要素を装備する必要がある。

　活性ストックである核兵器は，実戦配備兵器と応答的戦力に分けられる。前者は運搬手段に搭載されているのに対し，後者は運搬手段から取り外され保管されているものである。

　2012年に計画されている戦力構造は，14隻のトライデント原子力潜水艦，500のミニットマンⅢ ICBM，76機のB-52H爆撃機および21機のB-2爆撃機である。

（c）　核戦力の削減

　今後10年にわたって，実戦配備核弾頭を1700-2200に削減する。そのため，①50のピースキーパー（MX）ICBMの引退を2002年に開始する。②4隻のトライデント潜水艦を戦略任務から外す。③B-1を核任務に戻す能力を維持しない。④実戦配備ICBMおよびSLBMならびに爆撃機から弾頭をダウンロード（搭載核弾頭の削減）する。その場合オーバーホール中のSLBMの弾

第4節　米国の核態勢見直し　　131

頭は実戦配備とは計算しない。

　計画された削減は段階的に実施され，2007会計年度までに3800に削減し，その後の1700-2200への削減は2012年までに達成される。2007会計年度以降の一層の削減については，米国は，弾道ミサイルに搭載する弾頭をダウンロードすることで数を削減する予定である。爆撃機については，実戦配備の兵器数の削減，すなわち実戦爆撃機基地において搭載のため利用できる弾頭数の削減によって実施する。

　START II 条約については，2000年に採択されたロシアの批准決議には，新たな戦略枠組みや新たな3本柱の設置に矛盾する受け入れがたい条件が含まれている。

(d)　1994年核態勢見直しとの比較

　1994年の核態勢見直しは，すでに署名されていたSTART II 条約の実施期限が2003年であることも考慮して，2003年までの約10年間が対象となっている。そこでなされた核戦力構造に関する決定は以下の通りであった。[7]

① 弾道ミサイル潜水艦の数を18から14に削減し，14すべての潜水艦をD-5トライデント・ミサイルに改装し，トライデント戦力の2つの基地を東海岸と西海岸に維持する計画である。

② 爆撃機については，通常および核任務の両能力をもつB-52爆撃機を94機から66機に削減し，B-1爆撃機はもはや核任務をもたず，20機のB-2が核任務をももつ両能力を必要とする。

③ ICBMについては，単弾頭の500のミニットマンIII ICBMを維持する。

　非戦略核戦力については，① 米国空軍の両能力をもつ航空機を維持する。それらは米国内に，また同盟の約束の一部として欧州に維持する。② 空母およびその他の水上艦には核兵器能力をもはや維持しない。③ 攻撃型潜水艦は核トマホーク・ミサイル発射能力を維持する。

　核兵器の削減については，2003年に3500というSTART II 条約の計画を継続していくし，重要なことであるが，それ以上の削減の可能性に向けて進もうとしているし，追加的戦力が必要な場合のための備えもとっている。

　対抗拡散イニシアティブとして，① 弾道ミサイルの脅威に対する効果的な戦域防衛の開発，② 拡散の脅威に対抗する通常兵器能力の改善，③ 国連

その他の国際不拡散努力を支持する能力を国防総省に与えること，④核軍備管理協定を完全に履行し，NPT，BWC，CWCを支持すること，⑤核兵器の安全と保安を促進するため旧ソ連諸国への援助を継続すること。

1994年と2002年の見直しを比較した場合，核戦力の削減については，トライデント潜水艦の4隻削減は両者に共通しており，これは1994年見直しで決定されたことが，2002年に再び決定されたことを意味する。

ICBMについては，1994年見直しは500の単弾頭ミニットマンIIIに移行するとしているが，2002年見直しはピースキーパー（MX）ICBMを引退させるとしているのみである。10弾頭搭載のMXミサイルの廃棄は1994年でも予定されていたことであり，特にSTART II条約が多弾頭ICBMの全廃を定めていたので，当然廃棄されるものである。2002年見直しはMXミサイルの引退のみに言及しており，残るICBMはミニットマンIIIのみとなるが，それを単弾頭にするとは述べていない。ICBMからのダウンロード（弾頭の削減）は予定されており，最終的には2012年には単弾頭になると考えられるが，1994年見直しのように単弾頭化が明示されているわけではない。

爆撃機については，B-1を核任務に戻す能力を維持しないことが2002年見直しで述べられているが，これもすでに1994年見直しで言及されている事柄である。

(6) 以下の核態勢見直しの説明は，注(3)(4)とともに，リークされた報告書（Nuclear Posture Review [Excerpts] Submitted to Congress on 31 December 2001. 8 January 2002, Nuclear Posture Report, [http://www.globalsecurity.org/-wmd/library/policy/dod/npr.htm]）に依存している。なおリークされた部分の日本語訳については，「米国の『核態勢見直し（NPR）』暴露部分（全訳）」梅林宏道／前田哲男監修『核軍縮と非核自治体2002』NPO法人ピースデポ，2002年，130-147頁参照。

(7) Statement of the Honorable John M. Deutch, Deputy Secretary, Department of Defense, and Prepared Statement of Hon. John Deutch, in U. S. Nuclear Policy, Hearing before the Committee on Foreign Affairs, House of Representatives, One Hundred Third Congress, Second Session, October 5, 1994.

3 新たな3本柱の構築[(8)]

(a) ミサイル防衛の指針と計画

　新たな3本柱の1つである防衛の中心を占めるのがミサイル防衛であり，ミサイル防衛を追求する際の指針として以下の3点が挙げられている。
① ミサイル防衛は多層であれば最も効果的である。
② 米国は少数の長距離ミサイルの攻撃に対する効果的な防衛，および多数の短距離・中距離ミサイルによる攻撃に対する効果的な防衛を追求する。
③ ミサイル防衛システムは100％以下の有効性であっても良い。

　検討中の短・中期（2003-2008年）の緊急ミサイル防衛の選択肢として以下のものがある。
① 単一航空機搭載レーザーによるブースト段階での迎撃――あらゆる射程のミサイルに対して。
② 初歩的な地上配備ミッドコース・システム――米国への長距離の脅威に対して。
③ 海洋配備イージス・システムによる初歩的なミードコース能力――短・中距離の脅威に対して。

2006-2008年から，以下の実戦能力を配備できるであろう。
① 2-3の空中配備レーザー搭載航空機
② 追加的な地上配備ミッドコース基地
③ 4隻の海洋配備ミッドコース艦船
④ 短距離の脅威に対する防衛としてのターミナル・システム

(b) 現行核弾頭のインフラ

　このインフラへの投資不足，特に生産施設に対する投資不足により，貯蔵に重大な問題が生じた場合には，現行のデザインを再生産したり取り替えたりする将来の選択肢は限定されているという危険が増大している。
　核兵器生産施設の再活性化の必要は明白である。それは，もし命令された

ら,新たな国家的必要に対応した新たな核弾頭を考案し,開発し,生産し,確認できるものとなる。また必要になれば地下核実験を再開できる準備態勢を維持することも必要である。

(c) 生産インフラの回復

弾頭の組立と分解について,パンテックス工場の能力拡大が進行中である。

ウランの運用について,Y-2工場での完全な核兵器第2次爆発装置の生産能力を回復するのに7,8年の努力が必要である。

プルトニウムの運用について,核兵器第1次爆発装置であるピットを生産し確認する能力がないことが大きな欠陥である。その暫定能力を設置する作業がロスアラモス研究所で継続中である。

1988年以来中止されていたトリチウム生産が再開される計画である。

(d) 核実験再開の準備態勢

包括的核実験禁止条約に関連して,実験モラトリアムの継続的な遵守は支持する。しかし,実験なしの環境において,貯蔵兵器の能力に関する客観的判断がますます困難になるであろう。核兵器国は,自国の核兵器の安全性と信頼性を確保する責任を負っている。

核実験準備態勢は,核実験計画要員がネバダ実験場地下で行なわれている貯蔵兵器管理計画に参加することにより主として維持されている。これには2つの懸念が存在する。第1に,現在の2-3年の実験準備態勢では,多くの経験ある実験要員が引退しているので,維持できないであろうし,第2に,将来発見されるかもしれない重大な欠陥に対応するには,2-3年という態勢は長すぎる。

これらの懸念に対応するため,NNSA(国家核安全保障管理局)は今後3年間で,さまざまな措置をとることにより核実験の準備態勢を促進することを提案する。国防省とNNSAは,新たな3本柱を最も良く支援する核実験準備時間を決定し,履行し,維持するために,実験シナリオを洗練させ,費用対効果を評価する。

(e) 核戦力の維持と近代化

ICBMについては,次世代ICBMの要求過程を開始しつつ,ミニットマンIIIの寿命を2020年まで延長する。

SSBNについては,海洋配備戦略核戦力が継続して必要である。次世代SSBNが配備されるのは2029年頃である。

SLBMについては,トライデントD-5の寿命延長を行ない,次世代SLBMは2029年頃に必要になる。

戦略爆撃機については,現行のB-2およびB-52を今後35-40年にわたって運用し続ける。

(f) 核兵器の新たな能力付与

今日の核戦力は冷戦の起源を反映しており,限界があり,新たな能力の開発が必要である。その目的は,①堅固で地中深く埋められた目標のような新たに生じつつある脅威を破壊するため,②移動式および移動可能な標的を発見し攻撃するため,③化学または生物兵器を破壊するため,④命中精度を改善し付随的損害を限定するためであり,新たな3本柱を現実のものとするためには不可欠である。

約1400の地下施設が,公然あるいは疑惑の戦略(大量破壊兵器,弾道ミサイル配備,指導部または最高幹部の指揮・管制)基地であり,そのほとんどは地中深くにあり,撃破するのに最も困難なものである。米国は現在,B61-11自由落下爆弾という唯一の地下貫通核兵器を持つのみであり,非常に限られた地下貫通能力しかもっていない。もっと効果的な地下貫通核兵器があれば,多くの埋設標的は,地表爆発兵器よりもずっと低い威力の兵器を用いて攻撃できるだろう。

今日の最大の挑戦の1つは,移動式および移動可能な標的の位置の不確実性を克服することである。この挑戦に対応するため,敵の移動式能力を撃破する情報収集システムと技術が開発されなければならない。

化学兵器および生物兵器の非対称的使用に対抗するため,国防総省とエネルギー省は努力を継続中である。化学兵器や生物兵器への接近を拒否し,使用不能にし,中和し,破壊するためのエージェント撃破兵器概念が現在評価

されている。

　柔軟で適応的な攻撃計画における核兵器システムの望ましい能力は，低威力，高い命中精度，適時の使用のためのさまざまな選択肢が含まれることである。

(g)　1994年核態勢見直しとの比較

　1994年の核態勢見直しでは，インフラおよび核実験について以下のように述べていた。

　　インフラに関して強調しておきたいのは，現在の兵器に追加されるべき新たな核弾頭の必要性を見出さないし，この見直しの結果として新たなデザインの核弾頭も必要とはされない。

　　包括的核実験禁止条約という目標を強く支持しており，核実験なしに，また核分裂性物質の生産なしに，核兵器能力を維持する。[9]

(8)　以下の核態勢見直しの説明は，注(3)(4)とともに，リークされた報告書 (Nuclear Posture Review [Excerpts] Submitted to Congress on 31 December 2001. 8 January 2002, Nuclear Posture Report, [http://www.globalsecurity.org/wmd/library/policy/dod/npr.htm]) に依存している。なおリークされた部分の日本語訳については，「米国の『核態勢見直し（NPR）』暴露部分（全訳）」梅林宏道／前田哲男監訳『核軍縮と非核自治体2002』NPO法人ピースデポ，2002年，130-147頁参照。

(9)　Statement of the Honorable John M. Deutch, Deputy Secretary, Department of Defense, and Prepared Statement of Hon. John Deutch, in U. S. Nuclear Policy, Hearing before the Committee on Foreign Affairs, House of Representatives, One Hundred Third Congress, Second Session, October 5, 1994.

4　核態勢見直しの批判的検討

(a)　能力ベース・アプローチ

　今回の核態勢見直しは，必要な核戦力の規模に関し，「4年毎の防衛見直し（QDR）」に基き，これまでの「脅威ベース・アプローチ」から「能力ベー

ス・アプローチ」へと大きく変化した。この能力ベース・アプローチに基いて追求すべき能力は，明確に示されておらず，それは，即時の不測事態，潜在的不測事態および予測できない不測事態すべてに対応できる能力とされている。そこには，北朝鮮による韓国への攻撃，イラクによるイスラエルなど近隣諸国の攻撃，台湾海峡における軍事衝突，中国の核戦力への対応，さらに米ロ関係悪化の場合などが含まれている。

　このようにあいまいな「能力ベース・アプローチ」によれば，米国が実際に必要とするよりもずっと大規模な核戦力を保持することになる。また従来の脅威ベース・アプローチの概念を，よりあいまいに，また拡大して利用することが可能となり，脅威が実際に存在するか否かよりも，政治的に好ましいと考えられるあらゆる兵器体系を開発できるようにする可能性がある。その意味でこの概念は，米国の核戦力を自由に拡大できるものとなっている。

(b) 核戦力の規模と削減

　核態勢見直しの1つの中心は，戦略核弾頭を10年間で1700-2200に削減することであり，ブッシュ政権は，これは現在の状況から3分の1に削減するものであり，画期的なものであると高く評価している。

　しかし，レービンが，「核態勢見直しが勧告しているのは，実際には米国の核弾頭の数を削減するものではない。それは，クリントン大統領とエリツィン大統領がSTART Ⅲ合意の下で予定していたように弾頭を廃棄するのではなく，ミサイル，爆撃機，潜水艦から取り外された弾頭のいくつかまたは全部を『応答的』戦力，言いかえればバックアップ戦力に移すことを提案しているからである。これらの弾頭は不可逆にされるのではなく，数週間，数ヵ月で再配備されうるものである。核態勢見直しは，これらの弾頭をある場所から他の場所へ移動させるだけである」と述べているように，実戦配備核弾頭の削減は実態的な側面から広く批判されている。応答的戦力は，非活性 (inactive) ストックではなく，活性 (active) ストックであって，いつでも元に戻せる状況で保管されている。

　米国は，MXミサイル50基から核弾頭を外し，4隻のトライデント潜水艦は核任務から外されるが，それ以外の削減は，ミサイルに搭載している核弾頭数の削減（ダウンロード）で実施する。それは実戦配備されているミサイ

ルに核弾頭が外されたスペースがそのまま残され，核弾頭も保管され続けることを意味する。したがって，保管されている核弾頭をミサイルのスペースの部分に戻すのはきわめて簡単なことである。

応答的戦力の存在は，実戦配備核戦力の削減と表現するよりも，核弾頭を運搬手段から取り外し，即時発射態勢を緩和することを意味する「警戒態勢解除」措置として捉える方が適切であろう。

ブッシュ政権の核削減は，1994年のクリントン政権の核態勢見直しと比較するとほとんど異ならないことが分かる。1994年の見直しは，ミニットマンICBM500基，14隻のトライデント弾道ミサイル潜水艦，66機のB-52爆撃機と20機のB-2爆撃機であったが，2002年の見直しは，ICBMとトライデント潜水艦は同数であり，76機のB-52爆撃機，21機のB-2爆撃機となっていた。

1700-2200への削減も，今回の核態勢見直しではオーバーホール中の潜水艦配備の核弾頭数を実戦配備の計算に入れないので，START Ⅲの枠組みとして合意されていた2000-2500への削減と実質的には同数である。さらにSTART Ⅲの場合は，2007年までに実施する予定であったし，取り外された核弾頭を廃棄することが検討されていた。

核態勢見直しでは，核弾頭の削減は条約によらず，米国が一方的に実施することとされていたが，2002年5月24日に米ロ間で「戦略攻撃力削減条約 (Strategic Offensive Reductions Treaty)」が署名され，条約として実施されることとなった。[11]

(c) 新たな核能力の開発

核態勢見直しは，ミサイル防衛を強調するとともに，核弾頭インフラの再活性化，弾頭生産インフラの能力拡大などを勧告しつつ，新たな核兵器の能力の開発が必要であるとしている。それは，①堅固で地下深くにある標的の破壊，②移動式標的の攻撃，③生物・化学兵器の破壊のために必要とされている。

この点については，「ブッシュ政権は核兵器への依存を減少させると言っているが，それは，新たな核兵器の開発という古い考えにより損なわれている。新たな核兵器として，小さな標的や深く埋められたバンカーを目標とす

る低威力の核弾頭が含まれる。今後3年間でそのような兵器のためのデザインを開発するという政権の計画は，混乱を招くものである。米国の兵器にそのような兵器が存在すれば，核攻撃の敷居を危険なまでに低下させるだろうし，現在の核兵器国および核兵器を取得しようとする国家の間で新たな軍備競争を引き起こすだろう。ブッシュ政権がならず者国家を抑止することにその戦略計画の焦点を当てていることは正しいが，その脅威のために新たな核兵器を開発することは，必要でもないし意味のないことである」と批判されている。
(12)

この核態勢見直しは，1994年の核態勢見直しとは対照的であり，後者では，インフラに関して，現在の兵器に追加されるべき新たな核弾頭の必要性はないし，新たなデザインの核弾頭も必要とされないと記述されていた。

(d) 核実験再開の可能性

ブッシュ政権は包括的核実験禁止条約を支持しないことを公言しつつも，核実験モラトリアムは当分の間は遵守するとしている。しかし，核実験なしで，核兵器の安全性と有効性をいつまでも確保することは不可能であると述べ，さらに核兵器国はその核兵器の安全性と信頼性を確保する義務があると述べている。

これに関して，核態勢見直しでは，現在2-3年である実験準備期間を短縮すること，核実験に携わる現在および新たな要員の訓練を促進するよう勧告している。また新たな核兵器の開発に向けての努力がさまざまな箇所で述べられており，そのためには核実験が必要になる事態も予測される。

核態勢見直しは，核実験を再開することに直接には言及していないが，それをとりまく状況を総合すると，核実験再開の可能性がかなりの程度のものであることが分かる。

米国による核実験の再開は，他の核兵器国および事実上の核兵器国，あるいは新たな核兵器国による核実験に対する禁止規範がその存在意義を失うことを意味し，包括的核実験禁止条約（CTBT）体制の崩壊とともに，国際核不拡散体制にも致命的な打撃となるだろう。

(e) 核兵器使用ドクトリンの変更

核兵器の役割は，伝統的には主として抑止であり，最後の手段として報復することであった。また核不拡散条約（NPT）の締約国である非核兵器国に対しては，その国が他の核兵器国と連携しまたは同盟して攻撃する場合を除いて核兵器を使用しないという消極的安全保障（negative security assurances）を約束してきた。ただこの消極的安全保障もさまざまなケースに，政府高官によりあいまいにされる傾向があった。

今回の核態勢見直しは，第1に，非核攻撃では破壊できない標的に対し，核兵器が先制第1撃として使用されうることを示唆しており，第2に，核不拡散条約の当事国である北朝鮮，イラン，イラク，シリア，リビアに関わる即時のあるいは予期できない不測事態に，核兵器で対応できるようにすることを要請している。[13]

メンデルソーンは，核態勢見直しが核兵器と通常兵器の区分をあいまいにしている点を指摘し，このアプローチには2つの重大な危険が内在していると非難している。まず，核兵器と通常兵器を連続させることは，両者の間に質的な違いがあること——放射線の影響，政治的，法的または道義的な抑制——をあいまいにし，核兵器の使用を抑止や報復以外にももっと受け入れやすく信頼できるものにする危険があること，第2に，長距離精密攻撃通常兵器を核兵器と連続するものとして戦略的役割を高めることは，その間にギャップが存在するので，命中精度のよい低威力の新たな特別の核兵器が必要であるという主張を容易にする危険があることを指摘する。[14]

このように，核態勢見直しは，特にならず者国家との関係において，地下貫通型の新たな核兵器を開発し，それらを先制的に使用する可能性を増大させる内容を含むものである。

(f) 核不拡散体制への悪影響

マクナマラとグラハムは，「国防総省の計画は，消極的安全保障の信頼性を損なうものであるが，それは核不拡散条約を下から支えているものである。この不使用の約束を直接に危うくすることは，条約自体を危うくすることである。さらに，核態勢見直しは，米国は好むならいつでもいかなる国でも核

兵器の標的とする権利をもつという重要な意味合いをもつので，拡散の危険を増大させそうである。……米国の強力な核兵器を永久に正当化しようとすることおよび核実験を再開することは，死活的な米国の不拡散コミットメントに逆行するものである」と述べ，核拡散の側面から鋭く批判している。
(15)

核態勢見直しが，全体として核兵器の政治的および軍事的有用性を肯定的に強化している傾向が見られ，また北朝鮮，イラク，イラン，リビア，シリアへの核兵器使用が考慮されていることなどからして，核兵器を新たに取得したいという国家の欲望を抑制するのではなく，逆に刺激しており，この点から核不拡散体制の一層の動揺に拍車をかける可能性が高いと思われる。

(g) 全体の評価：冷戦との決別か

ブッシュ政権の核政策は，冷戦期の相互確証破壊（MAD）を放棄し，攻撃力と防衛力に依存する抑止態勢を構築し，戦略核弾頭を大幅に削減することにより，核兵器への依存を縮小し，冷戦との決別を明らかにするものであると，政権内部の人々によりしばしば主張されてきた。

核態勢見直しを詳細に検討してみると，米国の核政策は，多くの予測できない不測事態にも対応するという前提に立って作成されているため，さまざまな状況で核兵器の軍事的な有用性を強化する方向に進んでいる。戦略核弾頭が削減されることは肯定的に評価すべきであるが，その意義は実際にどのように実施されていくかに強く依拠しており，応答的戦力として短期間に元に戻せる状況が維持されることは，核削減の方向性を不安定なものにしている。

他方，核態勢見直しは，核兵器の新たな任務を列挙し，新たな核兵器の開発をも示唆し，核兵器生産インフラの拡充を強く勧告しており，また核兵器使用の対象国として，北朝鮮，イラン，イラク，シリア，リビアを挙げ，さらに中国やロシアをもその対象に含めている。これらの状況を全体的に分析するならば，ブッシュ政権の核政策は，以前よりも一層核兵器の重要性を強調し，核兵器の使用の可能性を拡大しているものと理解できる。

シリンシオーネは，核態勢見直しの要約として，① 米ロで1997年に合意された削減の正当性を確認し，② 今後50年にわたる新世代の戦略核兵器を主唱し，③ 新型核兵器の新たなデザインを主唱し，④ 核兵器の新たな使用

を主唱し，⑤新たな核兵器デザインの実験へと近づけ，⑥核兵器生産施設への資金と能力を劇的に増加するものであると分析し，「この報告の最も失望させる点は，冷戦のドクトリンからの決別に失敗していることである。この見直しは，無期限の将来に向けて高い警戒態勢にある大量の核兵器を維持することを主唱している。これは，特にロシアに対し，大規模の核兵器を維持し構築することを促すことになる。したがって，核兵器の事故や偶発使用，さらに核兵器の盗難やテロリストへの転用という危険を増加させるものとなっている」と結論している。(16)

ニューヨーク・タイムズの社説は，この見直しについて，「もしある国が，新たな核兵器を開発し，列挙された非核兵器国に対して先制攻撃を目論んでいるとしたら，ワシントンはその国に対し，正当にも，危険なならず者国家であるとのラベルをはるだろう。先週公になった国防総省の新たな計画の報告書でブッシュ大統領に勧告されているのは，まさにそのようなコースなのである」と述べ，米国が核ならず者国家であると主張している。(17)

核態勢見直しは，冷戦終結後の新たな国際核秩序を形成する出発点として提出されたものであるが，それは核兵器の政治的および軍事的価値あるいは有用性を低下させる方向に導くものではなく，逆に核兵器の政治的および軍事的価値あるいは有用性を高めるものであり，米国の短期的で近視眼的な利益に合致するかもしれないが，国際社会全体の利益とは逆の方向に進んでおり，長期的な米国の利益にも反するものであると考えられる。

(10) Opening Statement of Senator Carl Levin, Chairman, Committee on Armed Services, Hearing on the Results of the 2001 Nuclear Posture Review, February 14, 2002. [http://www.senate.gov/~levin/floor/021402cs1.htm]

(11) この条約の分析については，本書第2章第3節「戦略攻撃力削減条約」参照。

(12) "The Nuclear Posture," *Washington Post*, Editorial, March 13, 2002.

(13) Center for Arms Control and Non-Proliferation, Briefing Book on the Bush-Putin Summit and the U. S. Nuclear Posture Review, Talking Points of the Nuclear Posture Review, May 2002. [http://www.armscontrolcenter.org/2002-summit/chapt4.html]

(14) Jack Mendelsohn, "The US Nuclear Posture Review : Plus ça change, plus

c'est la même chose," *Disarmament Diplomacy*, No. 64, May/June 2002. [http://www.acronym.org.uk/dd/dd64/64op1.htm]

(15) Robert McNamara and Thomas Graham Jr., "Nuclear Weapons for All?" *International Herald Tribune*, March 15, 2002.

(16) Joseph Cirincione, "A Deeply Flawed Review," Testimony before the Senate Foreign Relations Committee, May 16, 2002. [http://www.ceip.org/files/nonprolif/templates/Publications.asp?p = 8&PublicationsID = 988] 核態勢見直しが，核兵器についての冷戦の論理と決別していないことは，他の専門家にも指摘されている。(Ivo Daalder and James M. Lindsay, "Stuck in the Cold War," *Financial Times*, January 14, 2002.)

(17) "America as Nuclear Rouge," *New York Times*, Editorial, March 13, 2002.

第3章　核兵器の不拡散

第1節　冷戦終結直後の核拡散問題

　第2次世界大戦後40数年にわたり国際社会の中心的な秩序であった東西対立という枠組みが、ワルシャワ条約機構の解体やソ連の崩壊などを契機として1990年前後に消滅し、ポスト冷戦時代へと突入した。この時期における国際社会の特徴は、以下の3点に要約される。第1は、世界的な東西対立が影をひそめ、紛争の中心は地域的なものにその重点を移行したことであり、特に冷戦時代には超大国の影響力により抑圧されていたものが、その枠組みの崩壊とともに噴出してきたことである。第2は、冷戦期においては東西対立を背景に麻痺状態に陥っていた国連安全保障理事会が、冷戦の終焉とともにその活性を取り戻し、国際社会において、特に米国を中心として一定の大きな役割を果たしたことである。第3は、軍縮に関して冷戦期には米ソの核兵器が中心的であったが、ポスト冷戦期には、米ソ（ロ）の核軍縮が進展していることもあり、重点が核不拡散に移動してきたことである。

　これらの3つの特徴を兼ね備えかつ顕著な形で現れたのが、イラクの核開発問題および北朝鮮の核開発疑惑問題であり、本節の中心的対象となるものである。さらに第3点を最近の動きの中でとらえるならば、不拡散（nonproliferation）から対抗拡散（counterproliferation）という概念に移行しつつある。すなわち核兵器を開発・保有していない国が核兵器を開発するのを防止するだけでなく、すでに核兵器を開発しておりもしくは保有していると考えられる国に対して、核兵器の開発・保有を断念させるための措置であり、ある場合には、武力を使用することも含まれる。

　本節においては、第1に、国際原子力機関（IAEA）の任務と核不拡散条約（NPT）との関連におけるIAEAの役割、特に一般に核査察と呼ばれている保障措置（safeguards）の任務について検討する。第2に、いわゆる湾岸戦争を契機に明らかになったイラクの核兵器開発に関連して、国連安全保障理事会およびIAEAが演じた役割を明らかにする。さらに、イラクの教訓をもとに、NPT体制およびIAEAの強化のためにとられた一連の措置を検討する。第3に、イラクでの教訓を初めて適用したケースである北朝鮮の核疑惑につき、

IAEAおよび安全保障理事会の対応を中心に，特に詳細な検討を加える。第4に，ポスト冷戦期における新しい国際秩序形成への努力として，これらの一連の動きを整理し，核兵器との関連におけるIAEAおよび国連安全保障理事会のそれぞれの役割を明らかにしたい。

1　IAEAとNPT

　1953年のアイゼンハワー米大統領の国連総会における「平和のための原子力（Atoms for Peace）」演説を契機とし，1957年に創設された国際原子力機関（IAEA）の目的は，①全世界の平和，保健および繁栄のため原子力の貢献を促進・増大し，②IAEAを通じ，またはIAEAの管理下において提供された援助が軍事的目的に転用されないことを確保することである。保障措置の適用については，当初は小規模な3者間協定により，原子力援助にかかわる核施設に対して実施され（INFCIRC/66），この種の保障措置は現在でもNPTの当事国でない非核兵器国に対して実施されている。

　他方，1970年に発効したNPTはその第3条において，NPTの当事国であるすべての非核兵器国に対し，IAEAの保障措置を受諾することを義務づけたため，IAEAの保障措置活動は飛躍的に拡大することになった。この保障措置の目的は，原子力が平和利用から核兵器その他の核爆発装置に転用されることを防止することであり，適用の対象は，平和的原子力活動にかかわる原料物質および特殊核分裂性物質である。

　IAEAはこのNPTタイプの保障措置の適用に関し，モデル協定（INFCIRC/153）を作成し，各非核兵器国はそれに従いIAEAと保障措置協定を締結している。条約成立当時において，潜在的な核兵器国と考えられていた日本および西ドイツなどは，保障措置の適用が過度に侵入的なものにならないように，また自国の原子力産業の妨げにならないように主張した結果，保障措置は核物質に対する封印と監視，計量管理制度および査察を中心として実施されるようになった。また核物質が申告されない可能性についても，それほど深刻に考えられていたわけではない。

　冷戦期においては，この保障措置の対象となる中心的な国は先進工業国であり，核物質の量に応じて査察の回数が決定されるため，IAEAの査察の大

(1) 初期のIAEA保障措置については, Ryukichi Imai, *Nuclear Safeguards*, Adelphi Paper, No. 86, March 1972; Paul C. Szasz, "International Atomic Energy Agency Safeguards," in Mason Willrich (ed.), *International Safeguards and Nuclear Industry*, 1977, pp. 73-141. 参照。
(2) 黒澤満『軍縮国際法の新しい視座』有信堂, 1986年, 83-84頁。

2 イラクの核開発

(a) イラク核開発の問題点

1991年4月3日の国連安全保障理事会決議687は, 湾岸戦争の終結を表すものであり, イラクにより正式に受諾されている。その決議のC部はイラクの大量破壊兵器を取り扱っており, 核兵器については第11項から13項で規定され, まずイラクがNPTの義務を無条件で再確認することが要請されている。次に, イラクは, ①核兵器または核兵器に使用可能な物質を取得・開発しないこと, ②事務総長およびIAEA事務局長に対し, 核兵器に関連する品目の場所, 量, 種類についての申告を提出すること, ③すべての核兵器に使用可能な物質をIAEAの排他的管理の下に置くこと, ④緊急の現地査察を受け, 上述の品目を破壊等に従わせること, ⑤将来にわたり監視および検証を受けること, に合意することが決定されている。

安全保障理事会は, この決議により国連イラク特別委員会 (UNSCOM) を設置し, それに大量破壊兵器の査察および破壊等の責任を負わせたが, 特に核兵器に関しては, UNSCOMの援助と協力の下に, IAEAがイラクの核開発に関する現地査察を行うこととされた。IAEAの査察の対象は, 決議687に従ってイラクが提出した情報に示された場所, およびその他の情報に依拠してUNSCOMが指定した場所であり, IAEA査察団には, あらゆる地域, 施設, 装置, 記録および輸送手段への無条件で無制限なアクセスが保障されていた。

この一連の行動は, 国連憲章第7章の下での行動であり, イラクに対する強制行動としてイラクを法的に拘束する措置として実施されているため, こ

のような広範な行動の自由が許されているのであって，IAEAの通常の査察とは根本的に異なるものである。

　これらの査察活動の結果，大規模なウラン濃縮計画および小規模なプルトニウム生産・分離計画が発見され，さらに核兵器のデザインについても実質的な開発がなされていたことが明らかになった。[3]

　イラクは1971年以来NPTの当事国であり，IAEAの全面的保障措置を受諾しており，イラクの申告した核施設についてはIAEAの定期的な査察が実施されていた。しかしながら，申告されていない施設においてこのようにかなりの規模の核兵器開発計画が実施されていたことが判明し，IAEA保障措置の実効性さらにはNPT体制の実効性にまで疑問が呈されるようになった。

　IAEA事務局長のブリックスは，「イラクのケースは，核兵器の一層の拡散を管理する措置についての本に新たな1章を加えるもので，現存の不拡散管理の範囲および実効性を疑問視させるものである。……イラクのケースから生じた不拡散に関する最も厳粛な結論は，IAEAおよび外国の情報によって探知されることなく，保障措置を受けるべき核物質および核施設を隠すことが可能であったということである」と分析している。[4]

　UNSCOM委員長であるエケウスは，「イラクにおいて，条約に署名し批准した国がその義務に疑問の余地なく違反した事例に直面した。国際社会はこのような違反に対処する用意がなければならない。条約だけでは不十分である。それは実効的に履行されなければならない。……イラクの経験は，最後の手段としての強制による軍備管理が必要なことを示している」と述べ，申告されていない施設に対しIAEAが特別査察を実施すること，IAEAが諸政府から入手する情報を増大すること，IAEAの活動を国連安全保障理事会と一層結合させること，の3点を強調している。[5]

　またオルブライトらも，「イラクの活動は，IAEA保障措置の重大な欠陥を明らかにした。すなわち，申告されていない活動が近くで行われているかどうかにおかまいなく，査察官は査察される国が申告した施設しか訪問できないという欠陥である」として，特別査察の重要性を指摘している。[6]

　また国連との関連において，エケウスは，「決議687の履行における大幅な進展により，国連システムが強制により軍備管理の実効的な検証を実施する能力があることを証明した」と述べ，包括的な不拡散措置の主張の一環とし[7]

第1節　冷戦終結直後の核拡散問題　*151*

(b)　NPT体制およびIAEAの強化

　このようなイラクの経験にもとづき，NPT体制およびIAEAの不十分さが広く認識され，それに対する改善策が試みられるようになった。その1つは，国連安全保障理事会による不拡散問題の重視である。ソ連崩壊の約1ヵ月後の1992年1月31日に，安全保障理事会理事国の首脳による初めての会合が開催され，そこにおいて，冷戦後の新しい国際秩序を形成するための議論が展開され，最後に議長声明が発表された。この議長声明[8]は，今が変化の時期であるという認識の下に，国連の集団的安全保障へのコミットメントを再確認し，事務総長に対し，後に「平和への課題」として提出された報告の提出を要請し，さらに軍縮，軍備管理および大量破壊兵器に言及している。

　まず，「あらゆる大量破壊兵器の拡散は，国際の平和および安全に対する脅威を構成する」と述べている。これは国連憲章第39条の規定の文言に従ったものであり，平和に対する脅威の存在の認定を前提として，第41条の非軍事的措置および第42条の軍事的措置が，法的拘束力ある決定として強制的にとられる可能性を示唆しているものである。さらに，「核不拡散について，彼らは核不拡散条約への多くの国の加入決定の重要性に注目し，その条約の履行における完全に効果的なIAEA保障措置の不可欠な役割，および効果的な輸出管理の重要性を強調する。安全保障理事会のメンバーは，IAEAが彼らに通報するいかなる違反の場合にも適切な措置をとるであろう」と述べ，保障措置協定違反の場合に，国連安全保障理事会が積極的に介入し，対応するという意思を表明している。

　次に，イラクの経験にもとづき，IAEAは事務局長および事務局が中心となり，IAEA保障措置の強化のための措置を模索し始めた。1991年9月16日の理事会において，ブリックス事務局長は，IAEA保障措置の強化策として特別査察（special inspection）を強調し，特別査察が効果的であるためには，①査察官は，査察が実施される国家以外からの情報，すなわち衛星および情報機関からの情報にアクセスできること，②査察官は，信頼し得る情報によれば申告されていない核施設があり申告されていない核物質を含む何らかの場所がある場合，それらについてタイムリーな無制限のアクセスの権利

をもつこと，③ IAEAは，その憲章および国連との関係協定の下において，安全保障理事会にアクセスする権利を行使すること，の3つの条件が満たされなければならないと演説している。[9]

1992年2月26日のIAEA理事会は，IAEA保障措置システムを強化するため事務局が準備したいくつかの文書を検討し，以下のことに合意した。[10]

> 理事会は，昨年12月におけるこの問題の議論を想起し，必要かつ適切な場合には，包括的保障措置協定をもつ加盟国において特別査察を実施するIAEAの権利，および平和的核活動におけるすべての核物質が保障措置の下にあることを確保するIAEAの権利を再確認する。

> 理事会はさらに，IAEA憲章およびすべての包括的保障措置協定に従って，追加的な情報を取得し追加的な場所にアクセスできるIAEAの権利を再確認する。

この特別査察の権利の再確認の基礎となっている，IAEA事務局長の解釈は以下の通りである。[11]

> 「IAEAは，包括的保障措置協定を締結している国の平和的原子力活動のすべての核物質に保障措置が適用されていることを確保する権利および義務を有する。保障措置協定は，申告された物質と申告されていない物質とを区別していない。IAEAの義務は，保障措置に従うべきすべての物質が実際に保障措置に従っていることを確保することである。IAEAがこの義務を履行する1つの方法は，特別査察の権利を行使することである。

> 特別査察を実施する手続きは，すべての包括的保障措置協定において同一である。国家が提供した情報がその協定にもとづくIAEAの責任を遂行するのに十分でないとIAEAが認めた場合，IAEAはその国家と直ちに協議しなければならない。その協議に照らして，IAEAは，国家が申告しているもの以上の追加的な情報または場所への『その国家との合意による』アクセスを要請することができる。そのようなアクセスの必要性に関するいかなる意見の相違も，その協定に規定された紛争解決手続きにより解決されなければならない。しかしながら，理事会が，IAEAが特別査察を実施するためにアクセスを認めるという国家の措置が不可欠かつ緊急であると決定する場合には，当該国家は，紛争解決手続きが

援用されているかどうかにかかわりなく，遅滞なく必要な措置をとらなければならない。

　国家によるその保障措置義務の違反——たとえば理事会が要求したアクセスの拒否——の際に理事会がとるべき行動は，IAEA憲章およびIAEA・国連関連協定に規定されている。憲章第12条Cは，理事会は違反をすべての加盟国ならびに国連の安全保障理事会および総会に報告しなければならないと規定している。関連協定も同様の規定を含んでいる。」

ここでは，特別査察の権利の再確認が詳細な形で合意されている。

(3)　イラクにおけるUNSCOMおよびIAEAの活動については，Rolf Ekeus, "The United Nations Special Commission on Iraq," *SIPRI Yearbook 1992: World Armaments and Disarmament*, pp. 509–524; Rolf Ekeus, "The United Nations Special Commission on Iraq: Activities in 1992," *SIPRI Yearbook 1993: World Armaments and Disarmament*, pp. 691–703; Eric Chauvistre, The Implications of IAEA Inspections under Security Council Resolution 687, *UNIDIR Research Papers*, No. 11, 1992. 参照。

(4)　Hans Blix, "Verification of Nuclear Nonproliferation: The Lesson of Iraq," *Washington Quarterly*, Vol. 15, No. 4, Autumn 1992, p. 58.

(5)　Rolf Ekeus, "Minimizing the Risk of Proliferation," United Nations, Disarmament Topical Papers 10, *Non-Proliferation and Confidence-Building Measures in Asia and the Pacific*, 1992, pp. 47–48.

(6)　David Albright and Mark Hibbs, "Iraq's Quest for the Nuclear Grail: What Can We Learn," *Arms Control Today*, Vol. 22, No. 6, July/August 1992, p. 9.

(7)　Rolf Ekeus, "The Iraqi Experience and the Future of Nuclear Nonproliferation," *Washington Quarterly*, Vol. 15, No. 4, Autumn 1992, p. 73.

(8)　UN Doc. S/23500, 31 January 1992.

(9)　*PPNN Newsbrief*, No. 15, Autumn 1991, p. 14.

(10)　IAEA Press Release, PR 92/12, 26 February 1992.

(11)　Hans Blix, "IAEA Safeguards: New Challenges," *Disarmament*, Vol. XV, No. 2, 1992, pp. 41–42.

3　北朝鮮の核疑惑

　北朝鮮は，1985年12月12日にNPTに加入しながらも，長い間保障措置協定を締結しなかったが，冷戦の終結，韓国からの核兵器の撤去，チーム・スピリット合同軍事演習の中止，朝鮮半島非核化共同宣言の合意などを背景に，1992年1月30日にIAEAとの保障措置協定に署名し，協定は同年4月10日に発効した。5月25日から北朝鮮の冒頭報告にもとづく特定査察（ad hoc inspection）が開始され，1993年2月までに6回の査察が実施された。

　これらの査察の結果にもとづき，IAEA事務局長は1993年2月9日に北朝鮮に対し特別査察を要請した。その目的は，サンプルと計測における大幅な矛盾を明白にすることであり，北朝鮮内の2つのサイトへのアクセスを得ることであるとされ，この2つの要素はIAEAがその報告の正確さを確認し，北朝鮮の申告された核物質の在庫目録の完全さを評価するために必要であると述べられていた。[12]

　その後2月25日に，IAEA理事会は決議を採択し[13]，北朝鮮とIAEAとの間の保障措置協定の完全かつ迅速な履行を要請し，北朝鮮の冒頭報告の正確さを検証し完全性を評価することが不可欠であることを強調し，北朝鮮に対し，IAEAが保障措置協定の下での責任を完全に果たすことができるよう十分協力すること，追加的情報および追加的な2つのサイトへのアクセスを求める1993年2月9日の事務局長の要請に対し積極的にかつ遅滞なく対応することを要請した。

　このような事務局長および理事会による特別査察の要請に対して，北朝鮮はそれを拒否するとともに，3月12日にはNPTからの脱退を通告した。この脱退通告に関連して，IAEA理事会は3月18日に決議を採択し[14]，事務局および事務局長への支持を表明するとともに，保障措置協定がまだ有効であることを確認し，事務局長に対しその努力と対話を継続するよう要請している。その後4月1日に，理事会は北朝鮮に関してきわめて重要な以下のような決議を採択した。[15]

　　IAEA理事会は，
　1　事務局長の報告にもとづき，北朝鮮がIAEAとの保障措置協定の下

第1節　冷戦終結直後の核拡散問題　155

での義務に違反していることを認定する。

　2　保障措置協定第19条に従い，IAEAは保障措置協定に従い保障措置の下に置くよう要請されるいかなる核物質も核兵器その他の核爆発装置に転用されていないことを検証できないことをさらに認定する。

　3　北朝鮮に対し，1993年2月9日の北朝鮮に対する事務局長の要請に規定されている特定の追加情報および2つの場所へのアクセスを遅滞なく認めることを含め，違反を直ちに除去するよう要請する。

　4　IAEA憲章第12条Cにより要請されているので，保障措置協定第19条に従って，北朝鮮が違反していること，およびIAEAが保障措置の下に置かれるべき核物質が転用されていないことを検証できないことを，IAEAのすべての加盟国ならびに国連の安全保障理事会および総会に報告することを決定する。

　この決定に従い，北朝鮮の違反に関するIAEA事務局長の詳細な報告書が国連に提出されている。この報告に対する安全保障理事会の最初の対応は，4月8日の議長声明であり，理事会のメンバーはこの事態の解決のための努力を歓迎し，IAEAが北朝鮮との協議を継続するよう奨励するものであった。

　その後4月11日に採択された安全保障理事会決議825は，北朝鮮に対しNPT脱退の声明を再考するよう要請し，また北朝鮮に対しNPTの下での不拡散の義務を尊重し，IAEAとの保障措置協定を遵守するよう要請し，IAEA事務局長に対し北朝鮮との協議を継続するよう要請するものであった。

　北朝鮮は，米国との高官協議における進展を背景とし，脱退声明が効力を有するようになる前日6月11日に脱退声明の発効を一時停止すると発表した。その後2回目の米朝高官協議が7月に実施されたが，事態は進展せず，IAEA理事会は9月23日の決議で，IAEA理事会の以前の決議および国連安全保障理事会の決議も履行されていないことを懸念しつつ，事務局長が理事会に新しい進展につき情報を与えるよう要請している。

　さらにIAEA総会は，9月30日に決議を採択し，理事会および事務局長がこれまでとってきた措置を支持し，北朝鮮がその保障措置義務を履行していないこと，さらに予定されたIAEAの特定査察および通常査察（routine inspection）を受け入れないことにより違反の範囲を拡大していることに深い懸念を表明し，北朝鮮に対し保障措置協定の完全な履行のためIAEAと即時

に協力することを要請している。

　その後事態は進展しなかったが，1994年になり，2月15日に北朝鮮とIAEAの間で申告されている7つの施設に対する査察の再開に合意がみられ，2月23日のIAEA理事会議長声明[20]は，事態の深刻さに懸念を表明し，査察再開の合意を歓迎しながらもそれは問題解決の第1段階にすぎないことを明らかにしている。この査察に対しても北朝鮮の十分な協力が得られなかったため，IAEA理事会は3月21日に決議を採択し[21]，北朝鮮が保障措置協定にさらに違反していることを認定し，北朝鮮に対しすべての要求された査察活動をIAEAが完全に実施できるようにすることを要請している。国連安全保障理事会との関連においては，安全保障理事会が要請している北朝鮮の保障措置問題を解決する努力が行き詰まりであることを遺憾とし，この決議および事務局長の報告を安全保障理事会に送付することを事務局長に要請している。

　この問題は再び安全保障理事会で審議され，米国を中心に北朝鮮に対する制裁の実施も検討されたが，3月31日の議長声明[22]は，IAEA理事会の認定に留意して，北朝鮮に対し2月15日の合意に従ってIAEAの査察活動を完全に実施できるようにすることを要請し，南北朝鮮に対し非核化共同宣言の履行のため協議を再開することを要請している。またIAEA事務局長に対し安全保障理事会に情報を常に提供するよう要請している。

　その後北朝鮮がIAEAの立ち会いなしで5メガワット級実験用原子炉の燃料棒の交換を実施したことに関し，安全保障理事会は審議の後5月31日に議長声明[23]を発表し，北朝鮮に対し燃料計測の技術的可能性を残す方法でのみ燃料交換を実施するよう強く要請し，必要な技術的措置につきIAEAと北朝鮮が即時に協議を始めるよう要請した。この要請に北朝鮮が従わなかったため，IAEA理事会は，6月10日に決議を採択し[24]，北朝鮮がその保障措置協定に対する違反をさらに拡大し続けていることを認定し，北朝鮮に対しIAEA事務局に即時に完全に協力するよう要請し，IAEA憲章第12条Cに従って，北朝鮮に対する医療分野以外のIAEAの援助を停止することを決定した。これはIAEAによる初の制裁措置の発動である。これに対し，北朝鮮は6月13日にIAEAからの脱退を通告した。

　北朝鮮の非妥協的態度に対し，国連の制裁の可能性が以前から検討されていたが，6月15日に米国は国連安全保障理事会において，北朝鮮に対する制

裁案を提案し各理事国との調整を開始した。6月16日にカーター元大統領が金日成主席と会談し，その結果を受けて，同日クリントン大統領は北朝鮮が核開発を凍結することを条件に米朝高官協議を再開することを表明した。その後南北朝鮮の首脳会談開催合意など一定の進展がみられたが，7月8日の金日成主席の死去により事態はさらに不透明になった。

しかし1994年10月21日に，米国と北朝鮮の間で「枠組み合意」[25]が署名され，北朝鮮の核疑惑問題に対して一応の解決策が合意された。ここでは，北朝鮮が現行の核活動を凍結すること，米国が重油を供給し，黒鉛型原子炉に代わる軽水炉を供給する国際共同事業体を組織することが合意された。またこの軽水炉の重要構成要素が移転される時に，北朝鮮はIAEAの特別査察を受け入れることも合意された。

(12) IAEA Press Release, PR/93/4, 16 February 1993.
(13) IAEA Doc. GOV/2636, 26 February 1993.
(14) IAEA Doc. GOV/2639, 18 March 1993.
(15) IAEA Doc. GOV/2645, 1 April 1993.
(16) UN Doc. A/48/133, S/25556, 12 April 1993.
(17) UN Doc. S/25562, 8 April 1993.
(18) IAEA Doc. GOV/2692, 23 September 1993.
(19) IAEA Doc. GC (XXXVII)/1090, 30 September 1993.
(20) IAEA Press Release, PR/94/5, 23 February 1994.
(21) IAEA Press Release, PR/94/9, 21 March 1994.
(22) UN Doc. S/PRST/1994/13, 31 March 1994.
(23) UN Doc. S/PRST/1994/14, 31 May 1994.
(24) IAEA Press Release, PR/94/25, 13 June 1994.
(25) IAEA Doc. INFCIRC/457, 2 November 1994.

4 国際社会の対応

以上の検討から明らかになるように，核不拡散というポスト冷戦期における最大の課題にIAEAと安全保障理事会は緊密に連携しながら対応してきた。イラクのケースにおいては，まず安全保障理事会の法的拘束力ある決定が存在し，その内容を履行する上でIAEAが具体的な任務を遂行してきた。他方，

北朝鮮のケースにおいては，まず保障措置協定の違反というIAEAの決定があり，その違反の認定の報告を受けて安全保障理事会が，第7章の下における制裁の可能性をも含めて積極的にこの問題に関与した。

イラクの教訓を基礎に，安全保障理事会が1992年1月に不拡散に対する積極的な姿勢を明らかにし，IAEAが同年2月に特別査察の権利を再確認した。その直後に北朝鮮が保障措置協定を締結し，特定査察において北朝鮮の報告とIAEAの査察結果との間に不一致が生じたため，特別査察の要請となり，安全保障理事会の積極的な関与となったのである。その意味で北朝鮮のケースはイラクの教訓が即時に実施に移されたものである。両方のケースにおいて，IAEAと国連安全保障理事会が緊密に連絡を取り合い，それぞれの任務に応じて問題に対処し，全体として協力的な体制の下に事態の解決を図っていることは，ポスト冷戦期の大きな特徴として高く評価されるべきものである。

イラクのケースは，国連の強制的な制裁の一部として実施されているため，査察員にはあらゆる場所にアクセスできる無制限な権利が認められていた。しかし，北朝鮮のケースは保障措置協定にもとづく査察であって，査察員に完全に自由な行動が認められているわけではない。その意味でこの2つのケースは厳格に区別されるべきである。すなわちイラクの場合は，クウェート侵略という国際法の基本原則の違反という事態を前提に，国連憲章第7章の下での行動がとられたのに対し，北朝鮮の場合は，保障措置協定に関連して，北朝鮮が原子力平和利用を核兵器に転用していないということをIAEAが確認できないという事態である。核兵器の不拡散または対抗拡散という観点から考えれば，両者は類似のケースであろうが，その概念が適用される背景あるいは法的状況は大きく異なると言えよう。

核兵器の不拡散問題の内容は，NPTが成立した1970年頃と冷戦終結以降では大きく異なっている。条約成立時には西ドイツあるいは日本といった先進工業国が，NPT作成の主要な動機であり対象であった。ポスト冷戦期においては，その対象はイラク，北朝鮮，イラン，リビアといった民主主義の伝統をもたない開発途上国である。その意味でNPT体制の目的も大きく変化したと考えられる。

このような事態において，NPT体制を強化しIAEA保障措置を強化するこ

とは，ポスト冷戦期における新しい国際秩序の形成のためにきわめて重要であると一方において考えられている．すなわち米国を中心とする国連安全保障理事会の再活性化を背景に，国連の制裁をちらつかせながら，さまざまな情報を根拠にIAEAの特別査察をかなり強制的に実施しようとするものである．

　ポスト冷戦期における新しい秩序の模索として，一般的な方向としては是認できるとしても，このような強硬な方策には一層の慎重さが求められる。(26)
まず第1に，国連の役割に関連して，イラクの場合も北朝鮮の場合も，「国際社会の利益」と「米国の利益」が重複した形で表れており，世界最強の国である米国の協力なくしては国連といえども活動できないことは理解できるとしても，新しい国際秩序として定着するためには「国際社会の利益」をもっと全面に押し出す必要があるだろう．

　第2に，特別査察を実施する前提となる情報の収集に関して，当該国家からの情報およびIAEAが査察などで得た情報以外の情報の収集について，一層の慎重さが求められる．今回の北朝鮮については，米国の偵察衛星による情報が多くの部分を占めている．国際機構の重要な決定の基礎となる情報が関連する1国からのものであるということは，国際機構の国際性の側面からも好ましくない．より客観的な情報の収集方法が検討されるべきであり，多数国による国際的な衛星による偵察の可能性などが検討されるべきである．

　第3に，特別査察に関して，条約締結時の解釈によれば，特に対象が西ドイツとか日本であるということから考えても，北朝鮮に対するような強硬な措置が許されていたのかどうかは疑問である．保障措置協定による査察はあくまで自主的なものであり，当該国家の合意を得て特別査察を実施できるものであると解釈されてきた．ポスト冷戦期に入り，IAEAは新たな解釈を打ち出し，それが理事会で承認されたと理解することも可能であるが，特別査察の実施の手続きに関して一層の詳細なルールが必要であろう。(27)

(26) Eric Chauvistre, "The Future of Nuclear Inspection," *Arms Control*, Vol. 14, No. 2, August 1993, pp. 23-64; Ryukichi Imai, "NPT Safeguards Today and Tomorrow," *Disarmament*, Vol. XV, No. 2, 1992, pp. 47-57.
(27) 化学兵器禁止条約におけるチャレンジ査察および改正前のトラテロルコ条約における「特別査察」は，IAEAの特別査察とは異なり，その査察には当

事国の合意を必要とせず，強制的に実施できるものである。これはすべての当事国が同一の義務を引き受けており，査察に関しても「相互性の原則」が働き，査察を要求する国と査察を要求される国が同じ立場にある。しかし，NPTの場合には，核兵器国は査察を要求できるが自国に対して要求されることはない。また非核兵器国は，核兵器国に対して査察を要求することができない。このように，NPTの場合には「相互性の原則」が働かないため，チャレンジ査察に近いものを求めることは，核兵器国と非核兵器国の差別性をさらに拡大することになる。

第2節　1995年NPT再検討・延長会議

　冷戦の終結後，国際社会は大きな変化を遂げてきたが，軍備管理・軍縮の分野においても変化が見られる。冷戦期の軍備管理・軍縮の問題は，東西の対立を背景とし，東西，特に米国とソ連の戦略的安定性および相互抑止の維持という考えにもとづき，戦略核兵器の制限が中心であった。ポスト冷戦期においては，戦略兵器の削減が進展するとともに，問題の中心は核兵器，さらに大量破壊兵器の拡散防止という点に移行していった。[1]

　本節の中心課題は，1995年4月から5月にかけて開催されたNPT再検討・延長会議を中心に核不拡散体制の新たな展開を検討することである。[2][3]まずその前提として，冷戦終結後の国際社会において，核不拡散の問題が急激に国際社会の緊急課題となった背景およびそれに対する対応を明かにする。次にそのような背景を持って開催されたNPT再検討・延長会議で，NPTの無期限延長がどのように決定されていったのか，またそれがどのような意味を持つのかについて考察する。第3に，会議においてNPTの各条項についてどのような議論が展開されたのかを分析した後，最後に核不拡散体制の将来の展望として，各軍縮との関連で体制を強化する方法を検討する。

(1)　冷戦後の核不拡散問題については，黒澤満「核兵器不拡散問題の現状と課題」『国際問題』1993年4月，第397号，2-14頁，黒澤満「新国際安全保障秩序と核軍縮」黒澤満編『新しい国際秩序を求めて──平和・人権・経済──』信山社，1994年3月，1-19頁，黒澤満「新国際秩序と不拡散」山影進編『新国際秩序の構想』南窓社，1994年3月，39-62頁を参照。

(2)　NPT再検討・延長会議直前におけるこの問題の分析については，黒澤満「核兵器不拡散の包括的アプローチ」『新防衛論集』第22巻第3号，1995年3月，1-20頁を参照。

(3)　NPT再検討・延長会議の検討については，Lewis A. Dunn, "High Noon for the NPT," *Arms Control Today*, Vol. 25, No. 6, July/August 1995, pp. 3-9; John Simpson, "The Birth of a New Era? The 1995 NPT Conference and the Politics of Nuclear Disarmament," *Security Dialogue*, Vol. 26, No. 3, September 1995, pp. 247-256; Mitsuru Kurosawa, "Beyond the 1995 NPT Conference: A Japanese View," *Osaka University Law Review*, No. 43, February 1996, pp. 1-12. を参照。

1 核拡散の危険の増大

(a) イラクの核兵器開発[4]

　国連安全保障理事会は，湾岸戦争の終結に関して1991年4月3日に決議687を採択し，イラクの合意の下でかつ国連憲章第7章の権限に従い，イラクの大量破壊兵器の解体という任務を国連イラク特別委員会（UNSCOM）に与えた。その中でも核兵器に関しては国際原子力機関（IAEA）との協力において実施することが規定された。この活動により，秘密のウラン濃縮計画に関連してIAEAに申告していない核施設の存在が暴露された。イラクは1971年以来NPTの当事国であり，すべての核物質をIAEAに申告し，その保障措置の下に置く義務があったにもかかわらず，秘密裏に核兵器の開発を行っていたのである。

　この事件は核不拡散体制に対しきわめて重要な2つの側面をもっている。1つは，IAEA保障措置の適用により義務を遵守していると考えられていた国が，未申告の核施設を保有し核兵器の開発を行っていたことに関連して，保障措置の前提が否定されたことである。NPT当事国は当然すべての核物質についてIAEAに申告するという前提に依拠する保障措置制度の限界が明らかになった。もう1つは，NPT成立当時は，日本や西ドイツといった先進工業国が条約により核拡散を防止する主要な対象と考えられていたが，先進技術の世界的な拡散によりイラクのような開発途上国でも核兵器を開発できるということである。

(b) 北朝鮮の核兵器開発疑惑

　第2は，北朝鮮の核兵器開発疑惑の問題である。NPTに加入しながらもIAEAとの保障措置協定の締結を長い間拒否してきた北朝鮮は，冷戦の終結，特に韓国からの米国の核兵器の撤去などに伴い，1991年に保障措置協定を

締結し，1992年に冒頭報告を提出しIAEAの特定査察を受け入れた。その結果，北朝鮮が提供した情報とIAEA査察官が得た物質のサンプルの分析から得られた情報との間に齟齬が生じたため，北朝鮮は申告していない核施設を保有しているのではないかという疑惑が生じた。IAEAの分析による齟齬と米国の偵察衛星に基づく情報を基礎に，IAEA理事会は北朝鮮の2つの施設に対し特別査察を要請した。北朝鮮は特別査察を拒否するとともにNPTからの脱退を表明した。米朝会談での合意により，脱退の効力発生は停止されたが，問題は解決せず，1994年10月の米朝の枠組み合意で一応の解決のスタートには到着したが，この実施には5年，10年といった時間が必要である。

　この事件も冷戦の終結を原因としており，小国が核兵器を材料として大国からさまざまな譲歩を引き出すというまさに核拡散の危険を象徴的に現しているものである。ここでもIAEAの保障措置の有効性が問題となり，特別査察の要請が初めて行われたが，当該国の合意がない限り実施できないものであるので，IAEAから国連安全保障理事会に問題が持ち込まれたが，国連としてまとまった行動をとることができず，米国と北朝鮮の2国間交渉に移された。

(c) ソ連の崩壊

　第3はソ連の崩壊による拡散の危険の増大である。ソ連時代には一元的に管理されていた核兵器も，ウクライナなど核兵器が配備されている国家の独立という側面が一方であり，またロシアおよび旧ソ連諸国における核兵器および核物質の管理に対する危惧が存在している。ウクライナ，カザフスタン，ベラルーシに存在した戦略核兵器については，各国がロシアへの移送に合意し，NPTに非核兵器国として加入することを決定したため法的には1994年12月になって解決したが，物理的にすべての核兵器または核物質が管理されロシアにうまく移送されたかどうかは明白ではない。

　さらにロシアにおける核兵器解体から生じる核分裂性物質の管理，また以前に核兵器の製造に関わっていた科学者の解雇から生じる頭脳流出の問題もある。前者については，米国のナン＝ルーガー法を中心に安全で確実な核兵器解体のための協力的措置がとられており，後者については西側の資金による国際科学技術センターが設置されている。

(4) イラク・北朝鮮問題とIAEA査察に関しては，黒沢満「国際原子力機関の核査察と国連安全保障理事会」『国際問題』1994年9月，第414号，2-13頁を参照。

2 NPT延長の決定

(a) 延長に関する規定

NPTの有効期限に関する規定はきわめてユニークなものである。軍縮に関する多くの条約は「無期限」の効力をもつことを規定し，多くの多数国間条約も「無期限」であるものが圧倒的に多い。しかしNPTは，条約の効力発生の25年後に会議を開いて条約の延長を決定するという規定をもっている。これは，NPTの権利義務関係の特殊性に関連している。その基本的構造は，核兵器国には核兵器の保有のみならず，一層の開発も許容する一方で，非核兵器国に対しては核兵器の製造や取得など一切の活動を禁止するものである。

NPTの交渉過程で米国とソ連の提出した条約草案では，条約の期限は無期限と規定されていた。しかし非核兵器国からは，このような不平等な関係を永久に維持することになる「無期限」には賛成できないとの意見が表明され，とりあえず25年間は条約の効力を認め，それ以降はその時点で決定することとされた。このことは，条約の有効期間は25年でそこで条約は期限切れになることを意味していない。少なくとも一定期間その先に条約は存続することが前提とされている。

すなわち条約の規定によれば，決定の選択肢として，①無期限延長，②一定期間の1回延長，③一定期間の複数回延長，の3つがあるが，実際に議論されたのは①と③である。NPTをこの時点で終了させるという選択肢は条約の規定からしても存在せず，また一定期間の1回限りの延長であると，その時期の終了とともに条約が終了するという危険があったからである。

なおこの延長の決定は締約国の過半数の賛成によることになっており，核兵器国も非核兵器国もすべて平等な立場に置かれていた。したがって，当初は非核兵器国，特に非同盟諸国は数の上では圧倒的な優位を保っているので，

それらの国にとってきわめて有利な規定であると考えられていた。なぜなら以前の再検討会議の議論においては，特に核軍縮の進展に関して，少数の核兵器国と大多数の非核兵器国もしくは非同盟諸国が対立していたからである。

(b) 延長への各国の態度

しかし，核兵器国，特に米国はNPTの無期限延長を確保するためにさまざまな外交活動を積極的に推し進めた。1993年9月のクリントン大統領の演説においては，大量破壊兵器の拡散防止という課題にきわめて高い優先度が与えられ，米国の外交の中でもNPTの無期限延長に最大限の努力をすることが明確にされた。その後，米国はG7（先進7ヵ国）首脳会議においても，またCSCE（欧州安保協力会議）においても，無期限延長に対する支持を各国から得るよう努めている。同様にフランスと英国も，EU（欧州連合）などにおいて，各国の支持をとりつける活動を実施してきた。1993年7月のG7東京サミットにおいて，日本はNPTの無期限延長に支持を表明できなかったが，このことに対する米国の批判および説得は相当なものであったと思われる。細川新政権は，8月にNPTの無期限延長の姿勢を表明せずにはおれなかったのである。

他方，非同盟諸国については，1994年5/6月のカイロ閣僚会議において非同盟諸国の意見の調整が図られ，同年9月のNPT再検討会議準備委員会でその見解が提出され，核軍縮，非核兵器地帯，包括的核実験禁止，安全の保障，核分裂性物質生産停止，原子力平和利用などについては，詳細な見解を述べている。しかしながら，条約の延長については一致した見解に到達することができなかった。(5) さらにNPT再検討・延長会議の会期中に，バンドン宣言の40周年を記念してバンドンで1995年4月25日から27日に開催された非同盟諸国閣僚会議においても，NPTの延長問題については合意を達成できなかった。

(c) 会議での延長決定

NPT再検討・延長会議の一般演説においては，116ヵ国が演説を行い，その内80ヵ国が無期限延長を支持する意思を表明し，20ヵ国が無期限延長に反対または消極的な態度を表明した。この傾向は，演説の初日から明白であり，

したがって延長の方向は定まったので、いかにしてコンセンサスを達成するか、また核軍縮へのコミットメントをどう確保するかという問題に重点は移行していった。

この時点で、重要な役割を果たしたのが一般演説の2日目に演説した南アフリカの提案であった(6)。南アフリカは、無期限延長を支持しながらも、延長の決定は単なる過半数ではなく大多数の賛成によって決定すべきであり、また無期限の延長を決めるだけでなく、軍縮が進展する方策も決定すべきであるとして、再検討のプロセスを強化するとともに、「核不拡散と核軍縮の原則」を採択することを提案した。

条約の延長に関しては、5月5日に3つの提案が提出された。第1はメキシコによるものであり(7)、それは条約の無期限延長を定めるとともに、5年ごとに再検討会議を開催し、再検討会議は、可能ならば特定の時間枠組みをもつ目標の設定を求めるべきであるとし、いくつかの具体的な軍縮措置の要請を規定していた。第2はカナダを中心とする103ヵ国の提案で(8)、これは「条約第10条2項に従い開催された核不拡散条約締約国会議は、条約は無期限に効力をもつべきことを決定する」とのみ規定していた。第3はインドネシアなど11の非同盟諸国による提案であり(9)、これは「条約は25年の複数期間効力をもつべきであり、各期間の終わりに再検討・延長会議を開催し、多数が延長に反対しない限り次の25年間延長される」と規定し、また5年毎の再検討会議において一定の期間内に達成する特定の目的を確定すべきであるとし、具体的軍縮措置を列挙していた。

5月8日の午前の会議でこれらの提案が紹介され、手続規則に従い、48時間の協議期間が置かれコンセンサスを達成する努力が続けられたが、5月10日の午後の会議でコンセンサスを達成できなかったことが報告され、議長は新たに議長提案として3つの決定案を提出した。第1は「条約の再検討プロセスの強化」に関する文書であり、第2は「核不拡散と核軍縮の原則と目標」(10)(以下「核軍縮の原則」という)に関する文書であり(11)、第3は「核不拡散条約の延長」に関する文書である(12)。翌日の午前の会議において、議長はこれらの3つの提案につき、一般的な支持が存在するので、投票なしで採択すると述べ、反対がないのでそのように決定すると述べた。

これらの3つの決定は法的にはそれぞれ別個の決定であるが、第3の延長

決定に際して、「条約の再検討プロセスの強化」と「核軍縮の原則」が政治的なパッケージとして採択されたと考えられる。これは延長決定の前文においてこれら2つの決定が強調されていることからも明らかである。延長に関する決定は、「会議は、第10条2項に従いその無期限延長支持について締約国間に過半数が存在するので、条約は無期限に効力を継続すべきことを決定する」となっている。

(d) 無期限延長決定の意義

この延長の決定については、投票なしでまた他の2つの決定と同時に採択されたこと、延長の決定は締約国の過半数で行うという条約規定が存在すること、決定の後の意見表明においていくつかの国が無期限延長を支持していないと発言したことなどにより、その性質がきわめて特殊なものになっている。まずこの決定が「全会一致」でなされたとする見解は、すべての国が積極的に賛成を表明したわけではないので誤りであろう。

次に、この決定が「コンセンサス」であったかどうかは、「コンセンサス」の意味に関わってくる。投票なしで、かつその場合に反対なしで決定されたという意味では、コンセンサスで採択されたと言えるだろう。しかし延長の決定は締約国の過半数で決定されるという前提の下で、すでに103ヵ国が無期限延長支持を表明した決定案が出された時点においては、無期限延長への反対の表明は延長の決定に意味をもたない。コンセンサスで採択されるべき状況の下で、反対を述べる国がいない場合には、それはコンセンサスで採択されたと言うのは正しい。しかし、今回は、多数決で決定するという前提の下で、すでに1つの提案に多数が賛成していることが明らかな状況で、反対なしで決定が採択されたのであり、さらにその直後にいくつかの国が無期限延長を支持していないと発言したのである。この決定は一定の特殊な前提条件の下で「投票なしで」採択されたと考えるのが妥当であろう。[13]

条約の延長決定がこのように投票なしでなされたことは、会議の運営上からはきわめて有意義なことであり、特に議長を務めたダナパラ大使の卓越した会議運営能力に依拠するところが大きかった。すなわち延長決定は多数決で決定することが可能であったが、投票に付した場合に一定数の国が反対票を投じる可能性があり、NPT体制の正当性や道義性といった点から考える

と，特に多くの反対票があればそれらが脆弱化するおそれがあった。また手続的にも，延長決定方法については必ずしも確定しておらず，たとえば秘密投票か公開投票か，どのような方式でまたどの提案から順に投票するかなどの問題が残っていたため，投票なしの決定が望ましいと考えられていた。

核軍縮の促進という側面から無期限延長に消極的であった国々に対しては，前述の「条約の再検討プロセスの強化」および「核軍縮の原則」により一応の対応がなされたが，さらに地域的な状況から，無期限延長に消極的な一団の国家が存在し，会議の成功のためにはこれらの国々に対しても適切な対応を示す必要があった。すなわちエジプトなど中東のアラブ諸国は，イスラエルが核兵器を保有している限りNPTの無期限延長には賛成できないと主張していた。

会議において，中東の14のアラブ諸国は決議案を提出し(14)，イスラエルに対しNPTに遅滞なく加入すること，およびその核活動のすべてをIAEAの保障措置の下に置くことを要請した。これはイスラエルを直接名指しするもので，米国にとって受け入れられないとみなされ，非公式協議の後，NPTの3被寄託国政府の共同提案が提出され(15)，投票なしで採択された。これはイスラエルへの直接の言及を削除し，中東における懸念の表明と中東諸国に対する加入の要請を含んでいる。

(5)　非同盟諸国の立場については，Mohamed I. Shaker, "Why the Non-Aligned States May Not Support an Indefinite Extension," *Disarmament*, Vol. XVIII, No. 1, 1995, pp. 24–35; Working Paper of the Group of Non-Aligned and Other States Parties to the Treaty on the Non-Proliferation of Nuclear Weapons on the 1995 Review and Extension Conference of the Parties to the Treaty, NPT/CONF. 1995/19, 18 April 1995 を参照。

(6)　Statement by the Foreign Minister of the Republic of South Africa, Mr. Alfred Nzo, 19 April 1995.

(7)　Mexico: draft resolution, NPT/CONF. 1995/L. 1/Rev. 1, 5 May 1995.

(8)　Extension of the Treaty on Non-Proliferation of Nuclear Weapons: draft decision, NPT/CONF. 1995/L. 2, 5 May 1995.

(9)　Extension of the Treaty on Non-Proliferation of Nuclear Weapons: draft decision. NPT/CONF. 1995/L. 3, 5 May 1995.

(10) Strengthening the Review Process for the Treaty: Draft decision proposed by the President, NPT/CONF. 1995/L. 4, 10 May 1995.
(11) Principles and Objectives for Nuclear Non-Proliferation and Disarmament: Draft decision proposed by the President, NPT/CONF. 1995/L. 5, 9 May 1995.
(12) Extension of the Treaty of the Non-Proliferation of Nuclear Weapons: Draft decision proposed by the President, NPT/CONF. 1995/L. 6, 9 May 1995
(13) 会議の議長であったダナパラ大使は，筆者とのインタビュー（1995年6月，長崎にて）において，同様の見解を明らかにした。
(14) NPT/CONF. 1995/L. 7, 9 May 1995.
(15) NPT/CONF. 1995/L. 8, 10 May 1995.

3 核不拡散体制の論点

NPT再検討・延長会議は，延長の決定とともに再検討のための会議であり，条約全体の運用についても積極的な検討が行われた。以下においては，核不拡散体制のそれぞれの構成要素について，会議での議論および採択された「核不拡散と核軍縮の原則と目標」を中心に検討を進める。

(a) 核兵器の不拡散（第1・2条）

まず注目すべきことは，冷戦の終結という歴史的な転機を得て，1990年の前回の再検討会議以降に38ヵ国が条約に加入し，締約国が178ヵ国となったことである。核兵器国であるフランスと中国が加入したこと，一度は核兵器を保有したがそれを廃棄して非核兵器国として南アフリカが加入したこと，自国に核兵器が配備されていたウクライナ，カザフスタン，ベラルーシが非核兵器国として加入したことなどが特に重要である。これにより条約の普遍性は大きく前進し，さらに会議の終わり頃にチリが条約を批准している。

条約にまだ加入していない国で保障措置を受けていない核施設を保有しているのは，インド，イスラエル，パキスタンの3国であり，「核軍縮の原則」においても，条約の普遍性が緊急の優先課題であり，条約未加入国，特に保障措置を受けていない核施設をもつ国に対し加入するよう要請している。

核兵器国の義務に関する第1条については，一方において核兵器国はその義務を十分遵守しているという見解があり，他方で，核兵器国相互の間にお

いて，また安全保障取決めの内部において条約義務が遵守されていないとの指摘がある。第2条の非核兵器国の義務については，イラクの核開発および北朝鮮の核開発疑惑を除いては，一般に遵守されていると考えられている。[16]「核軍縮の原則」においては，核兵器の拡散は核戦争の危険を増大させるものであり，NPTは核兵器の拡散防止に決定的な役割を果たしており，核拡散防止のため条約の履行に最大の努力がなされるべきであると述べられている。

(b) 保障措置（第3条）

会議では，IAEA保障措置は核不拡散体制の重要な必須の部分であることが強調され，イラクおよび北朝鮮での経験をふまえて，保障措置を一層強化すべきことについては合意が見られた。包括的保障措置協定の履行のためには，国家の申告が正確でありかつ完全であることをIAEAが検証できるようにすることが重要であり，そのためには申告された活動から核物質が転用されないこと，および申告されていない核活動が存在しないことを確実に保証することの必要性が強調された。

またIAEA保障措置の強化のため，IAEAが関連情報によりアクセスできること，合意された取決めの下で関連する場所に物理的にアクセスできるようにすべきであり，そのため「プログラム93＋2」として現在行われている作業の一般的方向への支持が表明された。[17]

「核軍縮の原則」においても，IAEAは保障措置協定の遵守を確保する責任をもつ権限ある機関であり，他国の違反に懸念をもつ国はそれをIAEAに提出すべきであり，IAEA保障措置は定期的に評価されるべきことが確認されている。またIAEA保障措置の有効性を一層強化するために理事会が採択した決定は支持され履行されるべきであり，未申告核活動を探知するIAEAの能力が増加されるべきことが支持されている。さらに軍事利用から平和的原子力活動に移送された核分裂性物質は，IAEA保障措置の下に置かれるべきことが強く勧告されている。

(c) 原子力平和利用（第4条）

　会議は，条約が原子力平和利用の発展に寄与してきたこと，各国の不可譲の権利を確認し，各国の選択と決定を尊重し，NPT締約国を優先的に援助することを確認している。また原子力の安全，安全な海上輸送および核廃棄物につき議論が展開されたが，日本との関連においてはプルトニウムや高レベル廃棄物の海上輸送が大きな問題となった。さらにロシアからイランへの原子炉の移転に対して，米国が強硬に反対している問題をめぐって，会議では鋭い見解の対立がみられた。[18]

　「核軍縮の原則」では，原子力平和利用の不可譲の権利の重要性が強調され，原子力平和利用にかかわる最大限の交換の約束が履行されるべきであり，原子力平和利用の促進活動では条約締約国が優先的取扱いを受けるべきこと，核関連の輸出管理の透明性が促進されるべきこと，核の安全性につき最大限可能なレベルを維持すべきことが勧告されている。さらに平和目的の核施設への攻撃または威嚇は，核の安全性を損ない国際法上重大な問題を生じさせるものであるとの懸念が表明されている。

(d) 核軍縮（第6条）

　会議を直前に迎えた4月6日に，核兵器国は会合し，NPT第6条との関連で，「今後も誠実に核軍縮の交渉を行う」として，その義務を再確認する宣言を採択している。[19] 会議においては，まず核軍備競争が終わったのかまだ終わっていないのかの評価をめぐって，米ロ等と非核兵器国との間で鋭い対立がみられた。核軍縮の中で最も議論のあったのは包括的核実験禁止の問題であり，ジュネーブ軍縮会議での交渉の進展および実験モラトリアムについて議論が活発に交わされた。中国およびフランスに対して危惧が表明されたが，1996年内に条約を作成することには合意が見られた。

　また兵器用核分裂性物質の生産禁止（カットオフ）については，できるだけ早く交渉を開始すべきであると一般に主張されたが，その範囲に関して，新たな生産停止だけでなく，すでに保有している物質をも禁止すべきであるという主張も広く見られた。これはインド，イスラエル，パキスタンに特殊な地位を認めるかどうかという微妙な問題を含んでいる。さらに戦略兵器の

一層の削減についても多くの国からその必要性が主張され，また英国，フランス，中国の核兵器についても削減交渉を開始すべきであるとの見解が広く述べられた。

非核兵器地帯の設置に関しては，非常に高い評価が与えられ，それが国際および地域の平和と安全保障にとってきわめて有益であるとの一般的な見解があった。また非核兵器地帯の実効性のためには，核兵器国の協力が不可欠であることが指摘されていた。[20]

非核兵器国の安全保障については，まず積極的安全保障に関して，1995年4月11日に安全保障理事会は決議984を採択し，1968年の決議255を強化する措置をとった。基本的には以前の決議と同様であるが，以前は米英ソ3国であったが今回は仏中を含む5核兵器国すべてを含んでおり，援助の内容に関して詳細な規定を含んでいる。消極的安全保障については，1995年4月6日に米国，ロシア，英国，フランスの4国は，統一的な消極的安全保障の宣言を行なった。[21][22]内容的には以前の米英仏の宣言にロシアが歩み寄ったことで統一が可能になっただけで，実質的には進歩しているわけではない。中国は以前の声明と同様に，核兵器の先制不使用および非核兵器国に対する不使用の約束を繰り返している。[23]これらの宣言は安全保障理事会決議984で注目されている。しかし，一般演説において多くの非核兵器国は，消極的安全保障が無条件でかつ法的拘束力ある形で与えられるべきであると主張し，核兵器国の宣言は不十分であると非難していた。

「核軍縮の原則」においては，NPTに規定された核軍縮に関する約束は決意を持って履行されるべきこと，これにつき核兵器国はその約束を再確認しているとした後，第6条の完全な実現と実効的な履行のために必要な措置として以下の3つを列挙している。

a) 普遍的で，国際的かつ実効的に検証可能な包括的核実験禁止条約に関する軍縮会議の交渉を1996年内に完成させること。この条約の発効まで核兵器国は最大限の自制をしなければならない。

b) 核兵器その他の核爆発装置のための核分裂性物質の生産を禁止する，無差別で普遍的に適用される条約の交渉の即時の開始と早期の締結。

c) 核兵器廃絶という究極的目的をもち核兵器を世界的に削減する組織的で漸進的努力を核兵器国が決意をもって追求すること。

非核兵器地帯の設置は世界的および地域的な平和と安全を促進するという確信を再確認し，非核兵器地帯の進展，特に中東のような緊張地域での非核兵器地帯の設置を奨励している。また非核兵器地帯が最大限効果的であるためには，すべての核兵器国の協力および関連議定書の尊重と支持が必要であるとされている。安全保障については，積極的および消極的安全保障に関する安保理決議984および核兵器国による宣言に注目し，核兵器の使用に対する安全保障のため一層の措置が検討されるべきであるとし，それは国際的に法的拘束力ある文書の形をとることも可能であると述べられている。

(16) Report of Main Committee I, NPT/CONF. 1995/MC. I/1, 8 May 1995.
(17) Report of Main Committee II, NPT/CONF. 1995/MC. II/1, 5 May 1995.
(18) Report of Main Committee III, NPT/CONF. 1995/MC. III/1, 5 May 1995.
(19) NPT/CONF. 1995/20, 19 April 1995.
(20) Report of Main Committee I, NPT/CONF. 1995/MC. I, 8 May 1995.
(21) NPT/CONF. 1995/24, Appendix B.
(22) PPNN, *Newsbrief*, No. 30, 2nd Quarter 1995, pp. 28–31.
(23) NPT/CONF. 1995/26, 27 April 1995.

4 核軍縮の具体的措置

核不拡散条約の無期限延長が決定されたことにより，核不拡散体制の中心に位置する法的文書の地位が確固たるものになった。核不拡散体制が国際の平和と安全に大きな貢献をなしてきたこと，これからも核兵器の拡散を防止するための主要な体制であることからして，無期限延長の決定は重要なものであった。しかし条約成立以来多くの国が無期限延長に消極的であったことからも明らかなように，核不拡散は核軍縮のための必要条件ではあるが十分条件ではなく，また核軍縮のための手段ではあるが，それ自身は差別的な制度であり目的とはなり得ないものである。したがって，無期限延長されたNPTを基礎として核軍縮に向けての一層の努力と一層の成果が必要とされている。そのために以下のような核軍縮措置を早期に達成することが必要であろう。

(a) 包括的核実験禁止条約（CTBT）の締結

CTBTの交渉はNPT再検討・延長会議を視野に入れて，1994年1月以来ジュネーブ軍縮会議において精力的に行われてきた。会議において無期限延長を勝ち取りたい核兵器国は，核軍縮に誠実に取り組んでいることをアピールするためにも，必要な行動であった。多くの非核兵器国は会議の開催以前にCTBTに合意することを望んでいたが，核兵器国はNPTの無期限延長がCTBT交渉の前提であるとの態度をとっていた。

NPT再検討・延長会議が無期限延長を決定した直後に中国は核実験を実施し，フランスも9月から6回にわたる核実験のシリーズを開始した。両国とも1996年に条約を完成させること，条約が発効してからは実験を行わないことを明らかにしているが，無期限延長に賛成した非核兵器国にとってはきわめて残念な事態であった。

ただNPT再検討・延長会議で採択された「核軍縮の原則」においてCTBTを1996年内に完成させることに合意が達成されており，米国などが以前のさまざまな留保を取下げ，禁止の範囲を全面的なものにし，条約を永久的なものにする方向に進んでいった。その後も，検証問題，組織の問題，条約発効条件の問題などまだ多くの難題が残され，中国は最後まで平和目的核爆発を留保していたが，ジュネーブの軍縮会議（CD）で1996年8月に一応の合意が得られた。しかしコンセンサス・ルールで活動するCDにおいて，インドが反対を表明したためCDでは採択できなかった。

その後，その条約案は国連総会にまわされ，1996年9月10日に国連総会において採択され，同年9月24日に署名のため開放された。この条約が発効するためには，5核兵器国および3つの事実上の核兵器国を含む44の指定された国家の批准が必要である。その44国のうち，英国，フランス，ロシア，日本など31国は批准しているが，インド，パキスタン，北朝鮮は署名もしておらず，米国，中国などは批准していない。特に米国は1999年10月に上院が批准を拒否する決定を行ない，ブッシュ政権は条約の死文化を目指しているため，批准の目途は立っていない。

(b) 兵器用核分裂性物質の生産禁止

1995年に入って「兵器用核分裂性物質の生産禁止」に関する条約交渉も、ジュネーブ軍縮会議のマンデートに追加され、NPT再検討・延長会議の「核軍縮の原則」においても、この種の条約の即時の交渉開始と早期の締結が勧告されているが、実際には交渉はまだ開始されていない。CTBTが完成してからでないと交渉は開始されないと考えられていたが、CTBT交渉が終わった後にも交渉は開始されていない。まずこのカットオフ条約の規律の範囲についても十分な合意があるわけではない。核兵器国は、将来の生産のみを禁止しようとしているが、非核兵器国は現存の核分裂性物質の廃棄をも要求している。

現在の5核兵器国は中国を除き兵器用核分裂性物質の生産を停止し、そのモラトリアムを継続している。この措置の主たる目標は、インド、イスラエル、パキスタンなどの「事実上の核兵器国」である。したがって、これらのNPTに入っていない諸国が果たして条約の交渉に参加するかどうかという問題が1つあり、また将来の生産の禁止のみを規定すると、核兵器国と非核兵器国の間に第3カテゴリーの国家グループを法的に作り出すことになり、逆に生産停止だけでなく保有の廃棄をも規定すると事実上の核兵器国は参加しない可能性が高いという問題がある。

さらに1990年代の終わりになって、ミサイル防衛の開発・配備が米国の政策で優先順位が与えられることになり、特に脅威を感じる中国は、カットオフ条約の交渉と「宇宙における軍備競争の防止」問題をリンケージすることを主張し、後者の交渉なしには前者の交渉には応じないとしており、カットオフ条約の交渉開始は暗礁に乗り上げている。

核軍備競争の量的な側面を規制するという意味できわめて重要な措置であるが、交渉の開始にいたるにはさまざまな問題が解決されなければならない状況となっている。

(c) 戦略兵器の一層の削減——START Ⅲ

1991年7月に米ソ間で署名されたSTART Ⅰ（第1次戦略兵器削減）条約は、その後ソ連の崩壊に伴い、1992年5月のリスボン議定書により、米国、ロシ

ア，ウクライナ，カザフスタン，ベラルーシを締約国とする条約に変更され，同時にウクライナ等3国は非核兵器国としてNPTに加入することをも約束した。ロシアと旧ソ連3国とのさまざまな対立が解決され，START I 条約が批准され発効したのは，1994年12月5日である。これにより旧ソ連と米国の戦略核戦力は，弾頭数で6000にまで削減されることになり，2001年12月5日までに両国はその削減を実施した。

1993年1月に，米国とロシアとの間で署名されたSTART II（第2次戦略兵器削減）条約は，両国の戦略核弾頭を2003年までに3000-3500にまで削減することを規定している。この条約はロシアのICBM（大陸間弾道ミサイル）を大幅に削減しているが，米国のSLBM（潜水艦発射弾道ミサイル）を大部分残したままであるので，ロシアにとって不利であると考えられており，ロシアの国内事情の不透明性と絡んで，ロシアでの批准が疑問視されていた。米国は1996年1月に批准したが，その後の米ロ関係の悪化もあり，ロシアが批准したのは2000年5月であった。しかし，ロシアの批准にはABM条約の批准など多くの条件が付けられていた。2001年12月に米国はABM条約からの脱退を通告し，6ヵ月後の2002年6月にロシアもSTART II 条約に拘束されないと声明し，この条約は正式に発効せず，実施されなかった。

1995年のNPT再検討・延長会議の「核軍縮の原則」はSTART IIIに全く言及しておらず，多くの非核兵器国の主張にもかかわらず，米国とロシアはそれを進める用意がないことが示された。まずポスト冷戦期においては3000-3500でも過剰な核兵器であること，冷戦終結期からの核軍縮のモメンタムを維持するとともに，START II でロシアが不利だと考えている側面をSTART IIIで矯正することが重要であることから考えて，米露はSTART III交渉を迅速に始めるべきであると考えられた。

1997年3月のヘルシンキでの米ロ首脳会談で，START IIIの枠組みとして2007年までに2000-2500に削減することに合意された。しかし，START IIが発効しなかったため，このための交渉は開始されなかった。ブッシュ政権になって，米国は一方的に削減することを主張していたが，2002年5月24日に米ロ間で「戦略攻撃力削減条約」が署名され，2012年12月31日までに，それぞれの実戦配備戦略核弾頭を1700-2200に削減することが合意された。さらにその延長線上で米ロの核弾頭が1000またはそれ以下に削減されて初

めて，英国，フランス，中国を含む5核兵器国の核削減交渉が可能になるであろう。

(d) 消極的安全保障

NPTの当事国である非核兵器国に対する核兵器の使用禁止の問題は，1995年のNPT再検討・延長会議でも大きく取り上げられ，会議直前に核兵器国の一定の動きがあったにもかかわらず，実質的には進展が見られていない。核兵器は基本的には政治的兵器であり，核兵器の保有を背景に国家の威信を高め，他国に圧力をかけるものとなっているので，核軍縮の進展のためには，核兵器の政治的価値または政治的有用性を低下させることが必要であり，その第一歩として消極的安全保障はきわめて有益である。

冷戦の終焉とともに核抑止の意味合いも当然変化しており，米国が北朝鮮に消極的安全保障の約束をし，ロシアがウクライナに消極的安全保障の約束をしているなど新たな展開が見られる。中国は一貫して非核兵器国に対する核兵器の使用禁止を約束している。このような状況において，5核兵器国は，現在の条件付きおよび政治的宣言であるものを，無条件の法的拘束力ある約束に変えるべく交渉を開始すべきであろう。また，核兵器の先制不使用についても，冷戦状況の消滅による戦略環境の変化を十分考慮して，推進する方向で検討を開始すべきであろう。

これらの問題についても，1995年以降，具体的な進展は見られない。これらの措置は核兵器廃絶への不可欠な要素であり，初期の段階において可能な措置である。

(e) 非核兵器地帯の設置

冷戦時代においても非核兵器地帯は，その地域の非核兵器国のイニシアティブにより核軍縮に有益な働きをしてきたが，ポスト冷戦期においては，その重要性は一層増している。米ソの世界的対立が消滅し，それに伴って他国に配備されていた米ソの核兵器が撤去され，また冷戦の終結により核兵器へのインセンティブが消滅した所もあり，非核兵器地帯の設置に向けて有利な状況が展開している。

アフリカでは南アフリカが核兵器を廃棄したことにより，非核兵器地帯の

設置が現実的なものとなり，1995年6月には条約草案に合意が見られ，1996年4月11日にアフリカ非核兵器地帯条約が署名された。また東南アジアにおいても，冷戦終結による米ソの撤退，フランス核実験に対する反対などを契機に，1995年12月15日に東南アジア10ヵ国により東南アジア非核兵器地帯条約が署名され，条約は1997年3月27日に発効した。また北東アジアにおいても，すでに朝鮮半島非核化共同宣言により法的には非核兵器地帯が存在しているが，実際には履行されていない。これが実施され，南北の相互査察が軌道に乗った時には，日本も北東アジア非核兵器地帯の設置を検討すべきであろう。

中東および南アジアにおいては，すでに核兵器を保有していると考えられている事実上の核兵器国が存在するため，非核兵器地帯の設置は困難を伴うであろうが，地域の和平プロセスの進展を考慮しつつ非核兵器地帯の設置という目標を追求すべきであろう。世界のさまざまな地域に非核兵器地帯を設置することは，それだけ核兵器国の自由を制限することになり，また核兵器の軍事的および政治的有用性を減少させることを意味する。その意味で核軍縮の進展に大きな役割を果たすものである。

第3節　2000年NPT再検討会議

　2000年NPT（核不拡散条約）再検討会議が，4月24日から5月20日までニューヨークの国連本部で開催され，会議はコンセンサスで最終文書を採択した。そこでは核不拡散および核軍縮に関するあらゆる議論が展開された。最終文書の採択により会議は一応成功であったと評価できるが，(1) 4週間に及ぶ激しい議論の末に合意されたもので，多くの部分が妥協の産物であり，核軍縮の進展という目的を十分に果たしたかどうかについては詳細な検討が必要である。

　本節においては，この再検討会議での議論を中心に，核軍縮に向けてどのような議論がなされ，どのような合意が達成され，それがどのような意義をもつかを検討する。まずこの会議の背景と会議の特徴を明らかにし，次に主要な参加国がどのような主張を行ない，どのような議論が展開されたのかを検討し，さらに会議の成果として採択された最終文書で定められた今後とられるべき核軍縮措置を詳細に分析する。最後に国際核不拡散体制の強化の問題を検討する。(2)

(1)　再検討会議の議長であったバーリは，会議の2カ月後に開催された講演で，会議の成功の要因は，①会議の準備と補助機関設置問題の会議前の解決，②会議の厳格な時間管理と作業計画やデッドラインの尊重，③5核兵器国によるNMD/ABM条約を含む共同声明，④ロシアのSTART IIとCTBTの批准，⑤主要プレーヤーの実際的で現実的な態度であったと述べている（Abdallah Baali, "2000 NPT Review Conference: Succeeding against all odds. What is next?" International Symposium and Lectures, Expanding the Nuclear Free Umbrella, August 4, 2000, Hiroshima.）。日本政府代表の登大使は，「各国がギリギリの妥協を行なって辛うじて合意が成立した背景には，この会議の失敗がもたらすであろう影響についての懸念が深刻に感じられたことが想起される」と分析している（登誠一郎「2000年NPT運用検討会議を振り返る」『外交フォーラム』2000年9月号，34頁）。

(2)　本稿は再検討会議で議論されたすべての問題を取り扱うものではない。た

とえば第3条に関する保障措置，技術援助，輸出管理，第4条の原子力平和利用に関するさまざまな問題，および地域問題，さらに条約の再検討プロセスの強化の改善に関する問題などは検討の対象外である。

1 会議の背景と特徴

(a) 再検討会議の背景

NPT再検討会議は，条約の前文の目的の実現および条約の規定の遵守を確保するようにこの条約の運用を検討するためのもので，条約発効以来5年ごとに開催されてきた。NPTは核兵器の不拡散という中心的目的をもつ条約であるが，その内容は，核不拡散，核軍縮，安全保障（security assurances），保障措置，非核兵器地帯，原子力平和利用など多岐にわたるものであり，条約の再検討はこれらすべてにわたって実施されるものである。

しかし条約の交渉過程からも明らかなように，条約第6条が規定している核軍縮措置について誠実に交渉を行ってきたかが最も重要な側面である。それは核不拡散の概念が差別的性質を有しているにもかかわらず，将来の核軍縮を進めるには現状の悪化を防止する必要があり，将来の核軍縮の進展という観点をふまえてこの条約が作成され，多くの非核兵器国が参加したからである。

条約が差別的性質をもつ点は条約の期限にも影響を与えた。最初の核兵器国による条約案では期限は無期限となっていたが，差別的性質の条約を無期限で受け入れることはできないという非核兵器国の反対に遭遇し，条約はとりあえず25年の有効期限をもち，その時点でさらにどれだけ延長するかを決定するように規定された。(3) 1995年のNPT再検討・延長会議では，条約の無期限延長が決定された。

今回の会議は，無期限延長が決定されて以来最初の再検討会議であることから，以前の再検討会議とは異なる意味で重要であると考えられていた。それは，条約が無期限となることにより，非核兵器国はその交渉力を低下させており，核兵器国の積極的な協力がなければ，核兵器国のペースですべてが進むことを危惧していたからである。

そのため1995年会議は，無期限延長の決定とパッケージで「条約の再検討プロセスの強化」および「核不拡散と核軍縮の原則と目標」に関する文書を採択したのであった。これらの文書は，条約が無期限に延長された後も，条約目的の達成に向けて，継続的にかつ具体的にその進展を評価できるようにするものであった。すなわち前者により，再検討会議が5年ごとに開催され，その3年前から毎年10日ずつ準備委員会が開催されること，それは従来のように手続き事項だけでなく実質事項についても会議に勧告できること，会議は特定の問題を集中的に審議するため補助機関を設置できることとなった。後者は，今後5年間に実際にとるべき措置を列挙し，進展の方向を示すとともに，進展の達成度を計る尺度を提供するものであった。(4)

2000年NPT再検討会議に向けて1997，98，99年に各10日間ずつ準備委員会が開催され，手続き事項だけでなく実質事項をも討議したが，準備委員会は実質事項についての再検討会議への勧告に合意することができなかった。そのため，新しい制度に対する失望と再検討会議の成果に対する悲観的な予測が一般的であった。

それはまた，過去5年間における核軍縮への逆風という国際情勢を反映したものでもあった。1995年の決定に含まれる措置のうち，包括的核実験禁止条約（CTBT）は1996年9月に採択されたが，カットオフ条約については交渉は開始されず，核軍縮にもほとんど進展は見られなかった。STARTプロセスは停滞し，米国上院はCTBTの批准を拒否した。また1998年5月にはインドとパキスタンが核実験を実施し，核不拡散体制に真っ向から挑戦する姿勢を示した。インドとパキスタンはNPTに加入していないため，直接の条約違反という問題は生じないとしても，国際社会の大多数により支持されている国際核不拡散体制を傷つけるものであり，NPTの正当性を大きく損なうものであった。

会議開催以前における悲観的な展望の原因は，もっと広い意味では，国際社会一般の安全保障環境が悪化していることであった。NATOの東方拡大やNATOのコソボ空爆などを原因として，さらに米国のTMD（戦域ミサイル防衛），NMD（国家ミサイル防衛，米本土ミサイル防衛）の開発などのため，米国とロシアの間，さらに米国と中国との間の関係が大幅に悪化している状況であった。(5)

(b) 再検討会議の進展とその特徴

(イ) 会議の開始

　上述のような悲観的な観測の中で開始された会議は，初日の段階で予想されていたよりもいいスタートを切ったと考えられた。その理由の1つは，START II 条約の批准承認を長い間拒否してきたロシア下院が，会議開催の10日前にその条約の批准を承認し，さらに会議開催の3日前にCTBTの批准をも承認したからである。これらはロシアの平和攻勢であるが，会議直前の雰囲気を大きく好転させたのであり，会議の成功の出発点としてきわめて大きな積極的役割を果たしたと考えられる。

　もう1つの理由は，補助機関の設置に関するもので，会議は初日に2つの補助機関の設置を決定したことである。補助機関は特定の問題を集中的に審議するために再検討会議で設置されると決められており，南アフリカを中心とする非核兵器国は核軍縮に関する補助機関を，エジプトを中心とするアラブ諸国は中東問題に関する補助機関を設置するよう求めていた。しかし米国がこれに強く反対していたため，会議の冒頭はこの問題で紛糾するのではないかと危惧されていたからである。これは会議議長の事前交渉の成果であり，また米国やエジプトなどの譲歩により補助機関の設置が可能になった。ただアラブ諸国が強く要求していた中東問題は，米国の意向もあり，南アジアなど他の地域をも含む地域問題として設置された。

　初日に，アルジェリアのアブダラ・バーリ大使が議長に選出された。当初は南アフリカのジャッキー・セレビが選出されることになっており，彼は対人地雷全面禁止条約の採択に関するオスロ会議の議長であり，高い評価が与えられていた。バーリは軍縮の分野ではまったく知られていない人物であり，会議の議長としての資質は未知数であったため，この点からも会議の成功に悲観的な見解が流れていた。しかし実際には，彼は忍耐強く最終文書の作成に努力した。最終文書の採択に漕ぎ着けた彼の手腕は高く評価すべきであるし，会議成功の1つの要因であると考えられる。

　議長は，初日の声明において過去5年間のネガティブな側面とポジティブな側面を列挙した。ネガティブな側面として，インドとパキスタンの核実験，NPTの普遍性の欠如，米国上院のCTBTの批准拒否，米ロの核軍縮の進展の

なさ，NATOおよびロシアの新しい核戦略，ABM条約への挑戦とミサイル防衛システムを配備しようとする米国の意図，軍縮会議の停滞，世界中で3万もの核兵器が存在することを列挙し，ポジティブな側面として，ロシア議会によるSTART II条約の批准，NPT当事国が187に増加したこと，追加議定書によるIAEA保障措置の強化，核兵器国が一方的削減を行い透明性を増加させたこと，非核兵器地帯がアフリカと東南アジアに設置され，中央アジアで完成に近いこと，CTBTが署名のため開放されたことを挙げた。その後，この会議の成果が核軍縮と核不拡散の将来に決定的な意味をもつと述べ，NGOの重要性に言及し，現実的措置に関する共通合意を見い出す決意で意見の相違を乗り越えるよう要請した。(6)

続いてコフィ・アナン国連事務総長が国際社会は大きな挑戦を受けているとして，3万5000発の核兵器がまだ存在し，そのうち数千発は警戒態勢で存在していること，核軍縮交渉が停滞していること，先制使用を含む核ドクトリンが再確認されていること，最も新しい挑戦としてNMDが推進されていることに懸念を表明した。さらに今後の進展のベンチマークとして，CTBTの発効，核兵器の大幅な不可逆的な削減，非核兵器地帯の強化と新たな交渉，拘束力ある消極的安全保障，核兵器と核物質に対する透明性の向上を主張した。(7)

(ロ)　会議の主要なプレーヤー

今回の再検討会議は従来の会議に比べて，プレーヤーの面で大きな変化が見られた。軍縮に関する議論は，伝統的には，軍縮会議におけるグループ分けに示されるように，西側，東側，非同盟という3つのグループ間の交渉であった。しかし，冷戦終結後は東側が西側に吸収され，非同盟も必ずしもグループとしてのまとまりをもたない形で交渉が行われてきた。また特に核不拡散に関しては，伝統的には，核兵器諸国対非同盟諸国という対立軸を中心に議論が展開されてきた。

今回の会議の特徴の1つは，非同盟諸国（Non-Aligned Movement Countries = NAM）に代わって新アジェンダ連合（New Agenda Coalition = NAC）が中心的役割を果たしたことである。NACは，NAMに含まれないアイルランド，スウェーデン，ニュージーランドと，NAMに含まれるエジプト，ブラジル，

メキシコ,南アフリカの7ヵ国から構成されている。5核兵器国(N5)は核軍縮を実施する主体であり,その重要性は以前と変わらないが,今回それに対抗したのはNACであり,NAMはそれ自体としては重要な役割を演じることはなかった。1998年6月に発足したNACは,これまでも核軍縮にきわめて熱心であった諸国から構成されているが,以前のNAMと比べてより現実的な路線を主張している。

　もう1つの特徴は,N5とNACの中間にあって両者の妥協を模索する国家グループの存在である。これら中間国としては,日本とオーストラリアがあり,NATO5と呼ばれるドイツ,オランダ,ベルギー,イタリア,ノルウェーがあり,さらにカナダがあった。これらの諸国は,最終文書の採択に向けて積極的に文書を提出し,議論を展開し,会議の成功に一定の役割を果たしたと考えられる。

(ハ)　会議の構成

　4月24日から開始されたNPT再検討会議は,初日午前の議長,国連事務総長,IAEA事務局長の声明に続き,午後からは各国による一般演説が開始され,第1週および第2週の初めまでに93の当事国が自国の立場を明らかにした。具体的な議論は3つの委員会に分かれて行われており,主要委員会Iは核不拡散,核軍縮,安全保障(security assurances)の問題を,主要委員会IIは保障措置,非核兵器地帯その他の問題を,主要委員会IIIは原子力平和利用の問題を取り扱った。1990年および95年の会議では,主要委員会IIとIIIは最終文書案の採択に成功したが,主要委員会Iが失敗したため,全体として最終文書の採択には失敗している。その意味で今回も主要委員会Iでの議論が注目された。

　今回の会議では,主要委員会Iの下に核軍縮に関する補助機関Iが,主要委員会IIの下に地域問題に関する補助機関IIが設置されたため,若干以前とは異なっている。補助機関は特定の問題について集中的に審議するために設けられたものであるが,主要委員会の議論にさらに追加的に行われたわけではなく,主要委員会に割り当てられている時間のうち4回を補助機関に当てられたので,全体の会合数は増加しているわけではない。また3つの主要委員会は同時に開催されることもあるが,主要委員会Iと補助機関Iが,また

主要委員会Ⅱと補助機関Ⅱが同時に開催されることはなく，実質的には，1つの審議機関として存在し，異なる問題を審議するという形になっていた。1995年の決定では，これらの点の詳細は明らかではないが，補助機関は主要委員会での議論に追加的になされるものであるとの解釈も行われていた。結果的には，当初予定されていない時間まで非公式協議が入ったため，実質的には追加的に審議が行われたのと同じ状況になった。

(二) 議論の進展

各主要委員会の議論は第1週の終わりから開始され，第2週に入り5核兵器国の共通の立場が示され，各補助機関も活動を開始した。第2週の終わりには，主要委員会Ⅰの議長ワーキングペーパーと補助機関Ⅰのクラスター1の議長ワーキングペーパーが提出された。第3週に入り，審議は一層詳細になり，非公式協議が開始され，それは夜中まで及ぶこともあった。議長のワーキングペーパーを基礎に議論が継続され，さらに議論を続けて議長ワーキングペーパーが改訂されるという形で議論が続けられた。第3週の終わりに補助機関の議論を含む各主要委員会の報告書が全体会合に提出された。

第4週に入るとすべての会合は非公式協議となり，各主要委員会と各補助機関において合意文書の作成に精力が注がれた。バーリ議長自身が協議に乗り出すこともあり，3主要委員会と2補助機関で文書の作成が続けられ，さらに全体会合で会議議長の下で「NPTの強化された再検討プロセスの有効性の改善」が議論された。最終的には，これら6つの文書が条約の条文に従って整理され，最終文書となった。会議の最後まで残された主要問題は，「核廃絶の明確な約束」「核の透明性」および「イラク問題」であった。

(3) NPTの条約交渉過程については，黒澤満『軍縮国際法の新しい視座——核兵器不拡散体制の研究』有信堂，1986年，参照。
(4) 1995年のNPT再検討・延長会議については，黒澤満「核不拡散体制の新たな展開——核不拡散条約（NPT）の延長と今後の展望」藤田久一・松井芳郎・坂元茂樹編『人権法と人道法の新世紀』東信堂，2002年，287-311頁，黒澤満「NPTの無期限延長について」『エネルギーレビュー』1995年9月号，40-42頁参照。
(5) 2000年NPT再検討会議の展望については，Mitsuru Kurosawa, "Toward

the 2000 NPT Review Conference," *Osaka University Law Review*, No. 47, Feb. 2000, pp. 1–15; Emily Bailey and John Simpson, "Issues and Options for the 2000 NPT Review Conference," *PPNN Issue Review*, No. 17, April 2000, 8p ; Rebecca Johnson, *Non-Proliferation Treaty: Challenging Times*, Acronym 13, February 2000; Tariq Rauf, "The 2000 NPT Review Conference," *Nonproliferation Review*, Vol. 7, No. 1, Spring 2000, pp. 146–161; Lawrence Scheinman, "Politics and Pragmatism: The Challenges for NPT 2000," *Arms Control Today*, Vol. 30, No. 3, April 2000, pp. 18–23. 参照。

(6) Statement by the President of the 2000 Review Conference of the Parties to the Treaty on the Non-Proliferation of Nuclear Weapons, H.E. Ambassador Abdallah Baali (Algeria), New York, April 24, 2000.

(7) The Secretary-General Address to the NPT 2000 Review Conference, New York, 24 April 2000.

(8) バーリ議長は、非公式協議を開始した当初は、30数カ国を指名し、限られた数の国家間で協議を進めようとしたが、それに含まれない諸国からの反対に遭遇し、オープン・エンデッドなものに変更することを余儀なくされた。また議長は、一時期、過去の再検討とは切り離し、将来の事柄に関する条項を委員会の議長ワーキングペーパーから選出する手続きを開始したが、この作業も途中で放棄された。

2 各国の主張と議論

(a) 核兵器国の主張

　会議の初日と2日目に5核兵器国は一般演説を行い、それぞれの立場を表明した。その内容は自国がいかに核軍縮に努力し、第6条の義務を履行してきたかを述べるとともに、いくつかの具体的問題に言及した。一般演説により、いくつかの重要な問題で核兵器国の間にも大きな相違があることが明らかになった。

　米国は、NPTの無期限延長を評価しつつ、インド・パキスタンの核実験については条約上新しい核兵器国という規定はないことを強調した。核軍縮はすばらしい進歩を見せたとして、START II、IIIの進展、ロシアとの協力的脅威低減プログラム、NATO内の核兵器削減などを根拠に、米国は第6条

の約束を遵守したと述べている。ミサイル防衛については、ABM条約が署名されて30年経過し世界は劇的に変化しており、その条約は以前にも改正されており、戦略抑止体制の外にいる第3国からの新たな脅威に対応するため、再び改正できないわけはないと反論した。CTBTについては、米国は核実験を再開せず、CTBTO準備委員会を支援し、米国が批准することを確信していると積極的に支持する方向を示した。またある国が非現実的で尚早な措置を要求するならば、それはNPTを傷つけみんなの目的を後退させるとの警告を発した。[9]

ロシアは、現在の戦略的安定性のシステムを損なう傾向、および他国の利益の犠牲の上に自国の安定性をうち立てる試みが危険であり、これは新たな軍備競争へ直接導くものであると述べる。将来の戦略兵器の一層の削減はABM（対弾道ミサイル）条約の維持の文脈でのみ考え得るし、ABM条約の崩壊は過去30年にわたる軍縮協定全体を損なうであろうと述べ、米国のNMD構想を批判している。第6条の義務は完全に遵守しているとして、START IIおよび関連合意の批准、CTBTの批准、戦術兵器の大幅削減などを列挙している。STARTプロセスでは、ロシアは1500のレベルにまで削減する用意があると述べている。[10]

英国は、NMDは米ロの問題で両国で対応すべきと述べながら、ABM条約を評価しており、それが維持されること欲することは両国に明らかにしてあると述べる。また英国の核軍縮努力として、CTBTの批准、航空核戦力の廃棄により潜水艦配備の核戦力のみになったことなど自国核戦力の大幅な一方的削減、透明性の増大や核分裂性物質の生産禁止とそれへのユーラトムの保障措置の適用、また検証に関する研究の開始などにつき詳しく述べている。[11]

フランスは、陸上配備核戦力の廃棄により2つの構成要素になったことと核兵器の全体数が半減したこと、CTBTの批准とムルロア核実験場の閉鎖など自国の核軍縮措置を列挙した後、将来につき、CTBTの発効とカットオフ条約（FMCT）交渉による核分裂性物質の生産停止を挙げている。フランスは戦略的安定性の維持を重視しており、ABM条約はその不可欠の要素であること、戦略的均衡の崩壊と軍備競争の再来をもたらすABM条約への挑戦は避けるべきであると主張している。[12]

中国は、核軍縮につき米ロのプロセスは十分ではないと批判し、NMDに

つき，世界的な核軍縮は世界的な戦略バランスなしには到達できないので，ミサイル防衛は国際安全保障と安定性に多大の否定的影響をもたらし，新たな軍備競争を引き起こすと批判している。中国の核兵器は自衛のためで最大限自制しており，無条件で先制不使用を約束しており，CTBTを批准する用意があると述べた。またカットオフ条約との関連において，NMD問題もあり，宇宙の兵器化防止の方がより緊急であるとする。核の透明性については，核兵器国は異なる核戦略と核兵器をもっているので，同じ透明性を求めるのは非合理であると退ける。逆に，中国は核兵器国が無条件で先制不使用を約束すべきであると主張する。[13]

5核兵器国の立場はさまざまな点で異なっていたが，第2週の初めに「共通声明」を発表し，5核兵器国の共通の立場を明らかにした。[14]そこでは，NPTの強力かつ継続的支持を繰り返し，1995年の決定・決議へのコミットメントを再確認し，普遍性の必要性と遵守の重要性を強調している。さらに核兵器の究極的廃絶と全面完全軍縮条約への明確なコミットメントを繰り返し，1995年の行動計画には十分な進展があったと述べる。CTBT早期発効を確保するための努力への5核兵器国のコミットメントは疑いのないものであると謳われるが，カットオフについては，中国の主張を入れたものになり，「カットオフ条約の即時交渉開始と早期締結を含む作業計画の合意を軍縮会議に求める」ものとなる。核兵器削減については各国において示されているとしており，照準解除についての宣言がなされる。START Ⅲの早期締結への展望が述べられ，NMDに関連して，ABM条約を維持し強化することとし，維持を主張する口中仏の見解と強化を主張する米の見解が玉虫色に採り入れられている。また余剰核分裂性物質を国際検証に置くことへのコミット，非核兵器地帯の積極的な支持，消極的安全保障に関する安全保障理事会決議984の再確認などが共通の立場として示された。

(b) 新アジェンダ連合（NAC）と非同盟諸国（NAM）の主張

ブラジル，エジプト，アイルランド，メキシコ，ニュージーランド，南アフリカ，スウェーデンの7国からなるNACは，核軍縮分野において過去5年間において核兵器国による組織的で漸進的な努力は行われなかったし，いかなる多国間条約も発効しなかったとの評価を下している。また戦略概念にお

ける核兵器の中心的役割を再確認する政策や核兵器の使用を伴う戦争の可能性などに大きな懸念を表明した。将来については，核兵器国が核兵器の全廃を達成するという明確な約束をし，次回再検討期間の2000－2005年に加速された交渉プロセスに取り組み，核軍縮に導く措置をとるとの明確な約束をすることを第1に求めていた。さらに5核兵器国に対し，暫定的措置として，核兵器の使用を排除するような核政策の変更，警戒態勢解除や核弾頭の運搬手段からの除去，戦術核兵器の削減と廃絶，法的拘束力ある消極的安全保障の提供，透明性の向上，不可逆性原則の適用などを主張していた。[15]

NAMは第6条のコミットメントの履行が重大な懸念であると述べ，それはNPT第6条の規定の履行に進展が見られないことに示されてきたとし，人類および文明の生存に対して核兵器が与えている危険に言及し，NAMは核軍備競争の逆転および核兵器の全廃を要請している。NAMの提案は，NAC提案と多くのところで重なり合うが，特徴的なのは，核軍縮に関して，ジュネーブ軍縮会議に対し，アドホック委員会を設置し，核軍縮の段階的プログラムおよび核兵器条約を含む特定の時間的枠組みをもった核兵器全廃のための交渉を始めるよう要請している点である。またNAMは軍事目的の核の共有を禁止すべきだと主張し，CTBTについてあらゆる実験を禁止すべきことを強調した。[16]

(c) 中間国の主張――日豪，EU，NATO 5，カナダ

今回の会議で特徴的であったのは，核兵器国とNAC/NAMの間で両者の妥協を図り，中間的な立場を主張する一連の国が積極的に行動したことである。

まず日本は，オーストラリアとの共同提案として以下の8項目を提案した。[17]

(1) CTBTの早期発効および発効までの核実験モラトリアム。
(2) カットオフ条約（FMCT）交渉の即時開始。望ましくは2003年まで，遅くとも2005年までの交渉終了。FMCT発効までの兵器用核分裂性物質生産モラトリアム。
(3) START IIの早期発効とその完全実施。START III交渉の早期開始と終了。START IIIを超えたプロセスの継続。
(4) 核兵器国による一方的核削減のための一層の努力。適当な時点におけ

る核兵器国による核軍縮交渉の開始。
(5) 核軍縮・核不拡散についての可能な措置に関するジュネーブ軍縮会議における多数国間の議論。
(6) 中央アジア非核兵器地帯条約交渉の早期終了。
(7) IAEA追加議定書の普遍化。保障措置の有効性強化および効率性改善のための統合保障措置の早期創設。
(8) 余剰兵器用核分裂性物質の処分。核軍縮の不可逆性を確保することを目的として、適切な国際的保障措置の下に、余剰兵器用および民生用核分裂性物質を置くこと。

日本が再検討会議でこのような文書を提案するのは初めてのことであり、またオーストラリアとの共同提案というのも初めてであり、画期的なことであった。またカナダとの協力も模索された。

EU（欧州連合）は議長国であるポルトガルが一般演説を行い、CTBTやFMCTに関する提案の他に、軍縮措置を支える自主的信頼醸成措置としての透明性の拡大、核軍縮・軍備管理のあらゆる措置をガイドするものとしての不可逆性の原則の採用、さらに核兵器削減努力の枠内で非戦略核兵器の重要性の強調などを提案している[18]。

NATO 5（ドイツ、オランダ、ベルギー、イタリア、ノルウェー）の提案は、EU提案より一歩進んだもので、CTBTの2005年までの発効、FMCTの2005年までの締結、非戦略核兵器の削減と究極的廃棄、核兵器の透明性として核弾頭数、運搬手段数、核物質のストック量の公表および軍縮の進展に関する説明書の提出、余剰核分裂性物質の取決めなどを含んでいる[19]。

カナダは、CTBTの早期発効とモラトリアム、ストックパイルを含むFMCTの早期締結、START IIIの達成と一層の大幅削減、戦術核兵器の削減と全廃、警戒態勢解除や核弾頭と運搬手段の切り離しなどの措置を提案している[20]。

(d) 核軍縮措置の再検討

過去5年間の軍縮の進展状況の検討は主要委員会Iで行われた。一般演説および各国の作業文書に基づき、議長ワーキングペーパーがまず5月4日に提出され[21]、それを基礎にさらに議論が続けられ、議長ペーパーの改訂版が5

第3節　2000年NPT再検討会議

月9日(22)と11日(23)に提出された。それは同日の主要委員会Ⅰの報告書(24)に含まれ，全体会合に提出された。それを基礎にさらに議論が続けられ，最終文書が合意された。最終文書では「第6条および前文第8項から12項」の部分の第1項から14項で規定されている。

会議はまず条約の第6条と前文第8項から12項へのコミットメントを再確認し，全体的な評価を以下のように規定している。「会議は，2国間および一方的軍備削減の達成にもかかわらず，配備・貯蔵されている核兵器の総数はまだ数千になることに注目する。会議は，核兵器が使用される可能性により示される人類への継続する危険に深い懸念を表明する。」

米国などの核兵器国はこの5年間に核兵器の削減など核軍縮に向けて大幅な進展があったと主張していたが，NACおよびNAMは核軍縮はほとんど進展しなかったと評価していた。また先制使用のドクトリンを維持し非核兵器国への使用を排除しないドクトリンなど，核兵器国による核兵器ドクトリンの再確認に対する懸念も広く表明され(25)，それは議長ワークングペーパーには最後まで含まれていたが，最終文書の段階で削除された。

会議は，核の危険を除去するための国際会議の開催という国連事務総長の提案に注目している(26)。会議は，核実験の停止が核不拡散と核軍縮プロセスに貢献することを再確認し，CTBTについては，その採択と署名のための開放を歓迎し，発効のために批准が必要とされる残り16ヵ国に早期発効の努力をするよう要請している。また，会議は1999年10月のCTBT発効促進会議で採択された最終宣言を歓迎しているが，CTBTとの関連で，南アフリカなどにより提案されていた「会議は，核兵器の一層の開発および近代化のための実験を行わないという，CTBT交渉中になされた声明を想起する」(27)という文言は，最終文書では削除された。

国際司法裁判所（ICJ）の1996年の勧告的意見への言及については，マレーシアとコスタリカを中心に非核兵器国が強く求めていたが，米国は削除を要求していた(28)(29)。最終文書においては，1996年7月8日にハーグで出された「核兵器の威嚇・使用の合法性」に関する国際司法使用裁判所の勧告的意見に注目するとのみ規定され，核軍縮交渉を終結させる義務といった詳細な内容やそれが全会一致であったことなどはすべて削除された。カットオフ条約については，交渉が行われていないことに遺憾の意が表明されている。

核軍縮について，会議は，一方的またはSTARTプロセスによる2国間でなされた核削減の進展を歓迎し，START IIではロシアの批准を歓迎し米国の批准が優先事項であるとしている。さらにその他の核兵器国による一方的削減措置をも歓迎し，その関連で核軍縮を不可逆にする努力をも歓迎している。

会議はまたベラルーシ，カザフスタン，ウクライナが自主的に核兵器をその領域から撤去したことの貢献に言及し，ABM条約に関連する諸協定がベラルーシ，カザフスタン，ロシア，ウクライナ，米国の間で署名されたことを歓迎している。最後に，会議は，いかなる核兵器もいかなる国にも照準されていないという核兵器国の宣言に注目している。

過去5年間の核軍縮進展の検討につき，核軍縮が十分行われたという核兵器国の主張と十分ではないという非核兵器国の主張が，これまでの再検討会議でも大きな対立をなしてきており，会議が最終文書を採択できずに失敗に終わった中心的な原因となっていた。今回の会議に際して，各核兵器国は自国がいかに核軍縮に努力し，いかに多くの成果を挙げてきたかを記述した文書をそれぞれ提出した。しかし過去5年間は，国際安全保障環境が一般に悪化したこともあり核軍縮で十分な成果は挙がっておらず，非核兵器国の主張に核兵器国がどこまで応えるかが注目され，会議はこの側面では最終文書に合意することは困難であろうとも予想されていた。その場合，過去の検討の文書は不可能でも，せめて将来の核軍縮に関する文書だけは採択すべきであると議論されていた。

今回の会議における議論では，議長がまとめたワーキングペーパーを基礎に議論が展開されたが，第4週の初めでは合意は困難であろうと考えられていた。しかし，補助機関Iでの議論が進展し合意達成が近いという状況になって，過去5年間の再検討の議論も合意を目指して再開された。対立点はまだ残っており，通常なら議論が続くであろうところで，NAC諸国は，将来の核軍縮に関して「核全廃への明確な約束」に合意が得られる状況になったので，過去の検討における対立点については大きな譲歩を示した。その結果，対立していた条項はほとんど削除されるという形で合意が達成されたのである。

第3節　2000年NPT再検討会議　　193

(9) Remarks, Secretary of States, Madeleine K. Albright, to the Opening Session of the United Nations Nuclear Non-Proliferation Treaty Review Conference 2000, General Assembly Hall, United Nations Headquarters, New York, New York, April 24, 2000; NPT/CONF. 2000/MC. I/CRP. 3, 2 May 2000.

(10) Statement by H.E. Mr. Igor S. Ivanov, Minister of Foreign Affairs of the Russian Federation at the Review Conference of the Parties to the Treaty on the Non-Proliferation of Nuclear Weapons, New York, April 25, 2000; NPT/CONF. 2000/MC. I/CRP. 14, 8 May 2000.

(11) Towards A Nuclear-Free World: the United Kingdom and the Nuclear Non-Proliferation Treaty, Peter Hain MP, Minister of State, Foreign Office, NPT Review Conference, New York, 24th April 2000.

(12) Débat général, Intervention de S.E.M. Hubert de La Fortelle, Représentant de la France auprès de la Conférence du Désarmement, Conférence d'Eamen du TNP, New York, mardi 25 avril 2000; NPT/CONF. 2000/WP. 8, 4 May 2000.

(13) Statement by H.E. Amb. Sha Zukang, Head of Delegation of the Government of the People's Republic of China at the 2000 Review Conference of the Parties to the Treaty on the Non-Proliferation of Nuclear Weapons, 24 April 2000, New York; NPT/CONF. 2000/MC. I/CRP. 7, 5 May 2000; NPT/CONF. 2000/MC. I/CRP. 13, 8 May 2000.

(14) NPT/CONF. 2000/21, 1 May 2000.

(15) Statement by Ambassador Rosario Green, Minister of Foreign Affairs of Mexico on Behalf of the Delegations of Brazil, Egypt, Ireland, Mexico, New Zealand, South Africa and Sweden, General Debate, 2000 Review Conference of the Parties to the Treaty on the Non-Proliferation of Nuclear Weapons, New York, 24 April 2000; NPT/CONF. 2000/WP. 3, 24 April 2000.

(16) Statement by H.E. Dr. Makarim Wibisono, Permanent Representative of the Republic of Indonesia at the General Debate in the 2000 Review Conference of the Parties to the Treaty on the Non-Proliferation of Nuclear Weapons to introduce a Working Paper submitted by the Members of the Movement of Non-Aligned Countries Parties to the Treaty on the Non-Proliferation of Nuclear Weapons, 24 April 2000; NPT/CONF. 2000/18, 24 April 2000; NPT/CONF. 2000/MC. I/CRP. 6, 5 May 2000.

(17) NPT/CONF. 2000/WP. 1, 24 April 2000.

(18) Council Common Position of 13 April 2000 relating to the 2000 Review Con-

ference of the Parties to the Treaty on the Non-Proliferation of Nuclear Weapons, Official Journal of the European Communities, 19. 4. 2000; NPT/CONF. 2000/MC. I/WP. 5, 2 May 2000; NPT/CONF. 2000/MC. I/SB. I/WP. 2, 2 May 2000.
(19) NPT/CONF. 2000/MC. I/WP. 7, 4 May 2000: NPT/CONF. 2000/MC. I/SB. I/CRP. 1, 3 May, 2000.
(20) NPT/CONF. 2000/MC. I/WP. 4, 2 May 2000.
(21) NPT/CONF. 2000/MC. I/CRP. 5, 4 May 2000.
(22) NPT/CONF. 2000/MC. I/CRP. 5/Rev. 1, 9 May 2000
(23) NPT/CONF. 2000/MC. I/CRP. 5/Rev. 2, 11 May 2000.
(24) NPT/CONF. 2000/MC. I/1, 11 May 2000.
(25) NPT/CONF. 2000/MC. I/CRP. 8, 5 May 2000.
(26) United Nations General Assembly, Fifty-fourth session, Agenda item 49 (b) The Millennium Assembly of the United Nations, We the Peoples: the roles of the United Nations in the twenty-first century, Report of the Secretary-General, A/54/2000, 27 March 2000, p. 56.
(27) NPT/CONF. 2000/MC. I/CRP. 8, 5 May 2000; NPT/CONF. 2000/MC. I/CRP. 16, 10 May 2000.
(28) NPT/CONF. 2000/MC. I/SB. I/WP. 4, 8 May 2000.
(29) NPT/CONF. 2000/MC. I/CRP. 10, 5 May 2000.

3　核軍縮に向けた実際的措置

　将来の核軍縮に向けての措置は補助機関Ⅰで審議され，一般演説および各国の作業文書を基礎にして最初の議長ワーキングペーパーが5月4日[30]と8日[31]に提出された。それに基づき再び議論が続けられ議長ワーキングペーパーの改訂版が，5月9日[32]，15日[33]，16日[34]，17日[35]と提出され，最終文書として採択された。最終文書では「第6条および前文第8項から12項」の部分の第15項に列挙されている。
　会議は，NPT第6条および「核不拡散と核軍縮の原則と目標」に関する1995年の決定第3項および第4項(c)を履行するための組織的で漸進的な努力のため，以下の実際的措置に合意したのである。
　ここには，会議で主要な論点となった「NMD/ABM条約」や「核兵器全

廃を達成する核兵器国の明確な約束」など重要な問題，および今後とるべき具体的軍縮措置が含まれており，会議においても多くの注目を集めた論点が多数含まれているので，それぞれの具体的規定について，その作成過程の議論や問題点を踏まえながら1つずつ検討する。

(1) 包括的核実験禁止条約の早期発効を達成するため，遅滞なく無条件でかつ憲法プロセスに従った，署名と批准の重要性と緊急性

この規定の内容は，日豪提案，NAC提案，NAM提案，EU提案，NATO 5提案，カナダ提案，中国提案にも，さらにN5共通声明にも含まれており，この点については一般的な合意が存在した。NAM提案はさらに進んで，「CTBTの目的に従いあらゆるタイプの実験を差し控えるよう核兵器国に要請し」ており，ここでは未臨界実験なども禁止すべきことが主張された。またNATO 5提案は，「可能な最も早期の発効」を主張しつつ，「2005年再検討会議より遅くない発効」を主張した。これらのNAM提案とNATO 5提案は受け入れらなかった。米国は，自国の上院批准拒否もあり，無条件というところに留保を主張したりもし，「憲法プロセスに従った」の挿入を主張した。それは当然のことで入れる必要がないという反論もあったが，最終的には採用された。

(2) この条約の発効までの間における，核兵器の実験的爆発または他の核爆発のモラトリアム

条約発効までの核実験モラトリアムは，日豪提案，NAC提案，NAM提案，カナダ提案，スイス提案に含まれていたが，EU提案，NATO 5提案，中国提案，N5共通声明には含まれていなかった。この問題についてもほとんど議論なく合意されたが，米国内にはCTBT反対の議論が存在しているし，米国のNMDなどに対抗するために，特に中国に核実験の必要が生じるかもしれないと危惧されることもあるので，モラトリアムに合意されたことは重要である。

(3) 核軍縮と核不拡散の両者を考慮しつつ，1995年の特別調整官の声明およびそこに含まれるマンデートに従った，核兵器または他の核爆発装置の

ための核分裂性物質の生産を禁止する，無差別の，多数国間の，国際的に効果的に検証しうる条約に関する軍縮会議での交渉の必要性。軍縮会議は，5年以内に締結するためその条約の交渉の即時開始を含む作業計画に合意するよう要請される。

　この条項は，特に中国の激しい反対に遭いさまざまな議論が展開された問題であるが，基本的にはN5共通声明に最も近い規定ぶりになっている。また最終文書では，条約発効までの核分裂性物質生産のモラトリアムは削除されている。まずカットオフ条約の交渉につき，日豪提案，EU提案，NAM提案，NATO5提案は条約交渉の即時開始と早期締結を求めており，NAC提案は条約の重要性と緊急性を主張していた。締結時期について，日豪提案は「できれば2003年以前の締結，しかし2005年より遅くない締結」を主張し，NATO5も「2005年再検討会議より遅くない締結」を主張した。補助機関Ⅰの議長ワーキングペーパーも当初は，「2005年までの締結のため」となっていたが，最終的には「5年以内に締結するため」となり，交渉が開始されてから5年以内の締結という解釈が可能になったため，実質的には2005年より遅くなる可能性も許容されている。

　カットオフ条約の内容について，最終文書は「核軍縮と核不拡散の両方を考慮して」というNAC提案に含まれていた用語を採用した。これによりストックパイルが議論される可能性が確認されたが，NAM提案の「核分裂性物質の生産およびストックパイルを禁止する条約」というものや，カナダ提案の「核分裂性物質のストックを取り扱う適切な措置が決定され履行されるべきである」という提案ほど直接的ではない。

　中国の主張は，カットオフ条約よりも，宇宙における軍備競争の防止の方がより重要で緊急であるので，軍縮会議は，カットオフ条約，宇宙の軍備競争の防止，核軍縮に関して3つのアドホック委員会を設置して交渉を開始すべきであるというものである。

　モラトリアムについても，日豪提案，NAC提案，EU提案，スイス提案，NATO5提案，カナダ提案に含まれており，ほとんどすべての国が賛成していたにもかかわらず，中国の強硬な反対の前に削除された。補助機関Ⅰの議長の当初のワーキングペーパーにはモラトリアムが含まれていたが，最初の改訂版で削除されたため，多くの国がモラトリアムの約束を復活すべきだと

再び主張したが受け入れられなかった。

　まず中国がモラトリアムに反対し，それが削除されたことは，中国がいまだに兵器用の核分裂性物質の生産を継続しているか，継続することを望んでいることを意味しており，中国の核兵器開発が継続しており，米国のNMDなどに対する対抗措置の必要性を認識しているものと考えられる。

　また軍縮会議に対してカットオフ条約の即時交渉開始を直接要請するものではなく，それを含む作業計画に合意することを要請していることは，中国の主張する他の問題とのリンケージの可能性が強くなり，この問題がすぐに単独で交渉される可能性はきわめて低くなっており，その意味では1995年の決定よりも後退した感がある。

(4)　核軍縮を取り扱うマンデートをもつ適切な補助機関の軍縮会議での設置の必要性。軍縮会議は，その補助機関の即時設置を含む作業計画に合意するよう要請される。

　議長の当初のワーキングペーパーでは，前半のみが含まれていたが，後に前項のカットオフ条約の形式と合わせる形で修正された。前半の部分はNAC提案そのままであり，日豪提案は，「核軍縮と核不拡散に関する可能な将来の措置についての軍縮会議での多国間の議論」を，NATO5提案は，「核軍縮に向けての努力につき情報と意見を交換するためのアドホック作業グループの設置」を，カナダ提案はそのためのメカニズムを求めていた。他方，NAM提案は，軍縮会議にアドホック委員会を設置し，核軍縮の段階的措置に関して，また核兵器条約を含む特定の時間的枠組みをもつ核兵器全廃のための，交渉を開始するよう要請していた。さらにマレーシアとコスタリカ等は，国際司法裁判所の勧告的意見のフォローアップとして，核兵器条約の締結へと導く多国間交渉の開始に合意するよう提案していた。[38] N5共通声明はこの問題には触れておらず，中国は前項と同様に，3つのアドホック委員会の設置を主張していた。

　この条項の規定により，軍縮会議は核軍縮について議論を開始することを要請されているが，交渉の開始を要請されているわけではない。しかし単に議論するだけではなく適切な補助機関を設置して行うことになり，交渉と単なる議論の中間的なものが予定されているようである。この設置も直接的で

はなく，これを含む作業計画への合意であるので，前項と同様のリンケージの問題が出てくる。

(5) 核軍縮，核その他の関連する軍備管理・削減措置への不可逆性の原則の適用

不可逆性の原則は最近の核軍縮議論の中でしばしば強調されてきたもので，NAC提案およびEU提案において言及されていた。この原則に対する反対として，ロシアが抽象的な原則ではなく具体的なものにすべきであること，またABM条約に基づく戦略的安定性を維持しつつ行うことを主張していたが，一般的には合意があった。議論の対象となったのは，核兵器関連に限定するかその他の軍備管理・削減措置をも含めるかという対立で，これは核兵器国が主張するように，すべてのものが含まれることになった。もう1つは，この原則を常に適用するのか，ガイドとするのかという問題で，NAC案は適用であり，EU案はガイドであったが，適用が採用された。

(6) すべての当事国が第6条の下でコミットしている核軍縮に導くような，その核兵器の全廃を達成するという核兵器国による明確な約束

これまでの核廃絶への取り組みは，1994年に日本が国連総会決議として提案して以来，5核兵器国も受け入れるようになった「核兵器の廃絶という究極的目標」という言葉に象徴されるものであった。当初は究極的であれ核兵器の廃絶という目標を核兵器国が認めたことが高く評価されていたが，現実に核廃絶に向けての進展がまったく見られないことから，また逆にこの言葉が，核廃絶をきわめて遠い将来の課題に追いやっているため，現実的な力をもたないことが批判されるようになった。

この条項は，NACとN5が最後まで鋭く対立したもので，NACが今回の会議で最も重要視したものである。それはNAC文書の第1に挙げられ，以下のように規定していた。「その核兵器の全廃を達成するという核兵器国による明確な約束，および次回NPT再検討期間である2000－2005年に加速された交渉プロセスに取り組み，すべての当事国が第6条の下でコミットしている核軍縮に導くような措置をとることの明確な約束。」

他方，N5は基本的にはこれは受諾不可能であるとして，共通声明におい

て，「われわれは，核兵器の全廃，および厳格で効果的な国際管理の下における全面完全軍縮条約という究極的目標に対する明確な約束を繰り返す」と述べていた。ここでは核兵器の全廃と全面完全軍縮が究極的目標として述べられていた。これに対して，NAC諸国を中心に厳しい反論が提起されたが，それは以下の2点に集中していた。1つは「究極的目標」に対する批判で，この概念は過去数年認められてきたが，実際にはまったく核軍縮の進展が見られず，逆に核兵器の全廃を遠い将来に押しやる効果をもっていると述べ，明確な（あいまいでない＝unequivocal）約束を要求した。もう1つは，核兵器全廃と全面完全軍縮をセットとしている点につき，1978年の国連軍縮特別総会の最終文書において核軍縮に最優先度が与えられていること，1996年の国際司法裁判所の勧告的意見で，核軍縮交渉を締結に至らせることがNPT第6条の義務として述べられていることを根拠に，核兵器の全廃のみに言及すべきであると主張した。

　会議の最終週において，NAC側の譲歩により「および次回NPT再検討期間である2000－2005年に加速された交渉プロセスに取り組み，措置をとる」という部分が削除された。しかし，ロシアとフランスはそれでも受諾できないと反対し，会議最終日の前日になってやっと受け入れを表明した。

　この規定は，今回の会議の1つの大きな成果であると考えられるが，原案の中間部分が削除されたことにより，核兵器全廃への明確な約束は獲得されたが，それに向けて今後5年間に交渉を加速し措置をとるという具体的な約束は含まれなかった。ただ，最終文書の他の部分においてさまざまな具体的措置が列挙されているので，この原則的な約束がどのように実施されているかを慎重に見守る必要があるだろう。

(7)　START IIの早期発効と完全履行，ならびに戦略的安定性の基盤としておよび戦略攻撃兵器の一層の削減の基礎として，その規定に従いABM条約を維持しかつ強化しつつ，できるだけ早期のSTART IIIの締結

　この条項は，STARTプロセスとABM条約の両方を取り扱っており，両者は深く関連しているが，便宜上両者を分けて検討する。まずSTART IIについては，日豪提案が即時の発効と完全履行を，NAC提案が完全履行を，NAM提案が完全かつ早期の履行を，EU提案が即時の発効とタイムリーな履

行を主張しており、最初の議長ワーキングペーパーも即時の発効と完全履行となっていたが、その後、早期の発効と完全履行に変更され、そのまま最終文書に採り入れられた。

STARTⅢについては、日豪提案は、「交渉の早期開始と締結、およびSTARTⅢを超えるプロセスの継続」を求めており、NAC提案は早期締結のため交渉の遅滞なき開始を、NAM提案は交渉の早期開始を、EU提案は交渉の早期開始を主張していた。N5の共同声明は、できるだけ早期のSTARTⅢの締結となっており、この文言が採用されている。日豪の提案は最も野心的であり、STARTⅢを超えたプロセスの継続を要求し、さらに一層の削減を求めるものであったが、米ロの反対に遭い最終文書には入れられなかった。

今回の会議における大きな問題の1つは米国のNMD計画であり、それとの関係でABM条約が取り上げられることになった。NMDに対しては、一般演説においても、それは戦略的安定性を損ない、新たな核軍備競争を引き起こし、これまで30年以上にわたって構築されてきた核軍縮・軍備管理の体制そのものを崩壊させるおそれがあるといった鋭い批判が存在した。特に、ロシアと中国は直接の影響を受けることから最も強烈に反対を表明し、フランスも戦略的安定性の観点から強い反対を表明していた。EU提案も戦略的安定性の基盤としてのABM条約の重要性を再確認しており、NAC提案もABM条約は戦略的安定性の基盤であり続けるべきであり、その完全性を維持することを主張し、NAM提案も対弾道ミサイル防衛システムの開発と展開の否定的意味合いを懸念し、ABM条約の規定を完全に遵守するよう要請していた。

他方、米国は、その一般演説において、世界はABM条約が署名されて以来約30年の間に劇的に変化しており、ABM条約は以前にも改正されたこともあり、戦略的抑止レジームの外にある第3国からの新たな脅威に対応するために条約を改正できない理由などないと述べ、これは数十の侵入ミサイルから自国を防衛するもので、米ロの抑止力を低下することを意図したものではないと説明していた。

この問題は、米国と他の核兵器国および多くの非核兵器国との間に対立があったにもかかわらず、第2週の初めに提出された5核兵器国の共同声明で一応解決された。そこでは「戦略的安定性の基盤としておよび戦略攻撃兵器

の一層の削減のための基礎として，その規定に従いABM条約を維持しかつ強化しつつ，できるだけ早期のSTART IIIの締結を展望する」と規定され，それは5核兵器国がこれに合意したことを意味している。5核兵器国の共通声明は全体として妥協の産物であるが，この点については米国の強い意向が反映されている。すなわち，ABM条約の改正に反対するロシア，中国，フランスなどは，条約を維持するという文言を重視し，米国は条約を強化するという文言を重視し，自国の立場に従った解釈をとっていると考えられる。結局，この文言が最終文書に採択されることになった。

5核兵器国の共通声明では，ロシア，中国，フランスの強硬な反対に遭いながらも，米国はそのNMD計画を防御することに成功したことになる。このために，米国はいくつかの譲歩をしており，会議全体においても米国はこのNMD計画の推進を最優先したため，会議での米国の態度は従来に比べて防御的であり，また発言もそれほど多くなかった。中国への譲歩として明らかなのは，カットオフ条約交渉の取り扱いである。米国自身としては多国間交渉の第1順位にあるものとして即時に交渉を開始し早期に条約を締結することを望んでいたが，NMDとの関連で，中国の意向をほぼそのまま受け入れたものとなっている。これは，米国がNMDを守るため，核軍縮を犠牲にしたことを意味している。

この共通声明が出された後にも，ロシアは核軍縮措置に関して「戦略的安定性を維持しながら」といった文言の挿入を強く主張しており，中国もしばしば戦略的安定性の必要性を強調している。ここでの玉虫色の解決は，この問題はこの会議で解決できるものではないので，この問題でこれ以上会議を紛糾させることを避けるのが賢明であるという考えの下で，実質的には棚上げされたと考えるのが順当である。したがって，この問題は核軍縮の進展に大きく関わるものとして今後も重要性を維持し続けるであろう。

(8) 米国，ロシア，国際原子力機関の間の3者イニシアティブの完成と履行

米国とロシアは，大量の核兵器の解体作業を実施してきており，その進展が逆行しないように，核兵器から取り出された核分裂性物質にIAEAの保障措置を適用することにすでに合意しており，それは部分的には実施されている。それを一層推進し，完全に履行することを求めているのがこの条項の内

容である。したがって，あまり議論もなく合意された。

NAC提案においては，「米国，ロシア，国際原子力機関の間の3者イニシアティブを一層発展させ，すべての5核兵器国を同様の取決めに含め，兵器プログラムからの核分裂性物質の不可逆的な取り除きを確保すること」と規定されており，第10項の余剰核分裂性物質の問題が中心となっていた。議長の最初のワーキングペーパーでは，「3者イニシアティブの一層の発展」という前半部分だけが規定されていたため，意味が不明確であったため，その部分が「3者イニシアティブの完成と履行」にすぐに変更された。

(9) 国際的安定性を促進する方法で，かつすべての国の安全保障を減損しないという原則に基づき，すべての核兵器国による核軍縮へと導く措置

この条項では，6つの具体的措置が列挙されているが，当初これらの6つの措置は他の条項と同じように独立した条項として規定されていた。それが最後の段階において，すべての核兵器国に対する具体的核軍縮措置として，1つの条項にまとめられ，全体をカバーする前文が挿入された。その理由は，これらの6措置が5核兵器国に対する具体的核軍縮措置を要求しているという共通性があったことと，これらの措置のいくつかに「戦略的安定性を維持しつつ」といった文言を追加することが主張されたので，それらを一括して前文において言及するのが好ましいと考えられたからである。

ここでは，一方的削減，透明性の増加，非戦略核兵器の削減，運用状況の低下，役割の低下，全核兵器国の関与の6措置が列挙されているが，透明性と全核兵器国の関与を除く4措置に「戦略的安定性を維持し」といった文言が付け加えられていた。それは主としてロシアおよび中国の主張によるもので，米国のNMDに対する反対の意思表示であり，ABM条約を厳格に遵守すべきことを意味していた。最終的には，その部分は「国際的安定性を促進する方法で，かつすべての国の安全保障を減損しないという原則に基づき」という文言に変えられた。戦略的安定性という用語は取り除かれたが，内容はそれほど変わっていないと考えられる。

NAC提案においては，5核兵器国が早期の暫定措置として約束すべきものとして (a) 核兵器の使用を排除する核政策・態勢の採用，(b) 警戒態勢解除や核弾頭の運搬手段からの取り外し，(c) 戦術核兵器の削減，(d) 一層の透

明性，(e) 3者イニシアティブを発展させすべての核兵器国を含むこと，(f) 不可逆性原則の適用という6つの措置が列挙されていた。最終文書では，(e) と (f) は別個の条項として規定されている。

〈核兵器を一方的に削減するという核兵器国による一層の努力〉
　冷戦後，米国とロシア，および英国とフランスは一方的に核兵器を削減してきたが，本条項はその努力をさらに続けることを要請するものである。これは日豪提案にのみ含まれていた内容で，若干の核兵器国が難色を示したが，そのまま最終文書に採り入れられている。議論の途中において，「戦略的安定性を維持するために」という文言が主張され，議長のワーキングペーパーに一時期含まれたことがあったが，これらも前文で処理されている。

〈核兵器能力および第6条に従った協定の履行につき，核軍縮の一層の進展を支持する自主的信頼醸成措置として，核兵器国による透明性の増大〉
　NAC提案は，「核兵器と核分裂性物質の在庫につき一層の透明性を示すこと」を主張し，EU提案は，「軍縮の一層の進展を支持する自主的信頼醸成措置としての透明性の増加」を主張し，議長の最初のワーキングペーパーはこれを合体したものであった。さらにNATO 5の提案は，核兵器に関する透明性の増加として，核兵器，運搬手段，核分裂性物質のストックの総数を定期的に提供するよう要請していた。
　中国は，透明性の増大に絶対反対の立場を最初から表明しており，一般演説においても，「それぞれの核兵器国はその核戦略や核兵器において異なっているため，同時に同様の透明性措置をとることは合理的ではない。中小核兵器国に対して透明性措置をとるよう求めることはその国の安全保障を強化しないし，世界的な戦略バランスと安定性の利益にならない」と述べている。また他の核兵器国も詳細な内容の公表に異議を唱えたため，「核兵器と核分裂性物質の在庫」は「核兵器能力」という抽象的な用語に変えられた。また第12項とも関わるが，「第6条に従った協定の履行」についての透明性の増加が追加された。
　もう1つの議論点は，「自主的」信頼醸成措置とするかどうかであり，初期の議長ワーキングペーパーでは「自主的」という文言はなかったが，核兵

器国およびEU諸国の主張，特にフランスの主張により，自主的なものとされた。

中国は，このように最初の議長ワーキングペーパーからは内容が格段に薄められたにも拘わらず，最後までこの条項は受諾できないと主張し，会議の最終日に至ってやっと受け入れを表明した。

〈一方的イニシアティブに基づき，核軍備削減・軍縮プロセスの不可分の一部として，非戦略核兵器の一層の削減〉

NAC提案は，「核兵器削減の不可分の一部として，戦術核兵器を削減し，その廃棄へと進むこと」を主張し，EU提案も，「核兵器削減努力の枠組み内での非戦略兵器の重要性の強調」を述べ，NATO 5提案は，米ロの声明の重要性を強調し，両国に対し透明で不可逆的な方法で非戦略核兵器の削減を進め，非戦略核兵器の削減と究極的廃絶を全体的な核兵器削減交渉に含めるよう奨励していた。[39]

議長の最初のワーキングペーパーでは，「核兵器削減の不可分の一部として，透明で不可逆的な方法での非戦略核兵器の一層の削減，およびそれらの全廃へと導くプロセス」と規定されていた。ロシアは，一方的に削減を継続しているし，孤立した方法で取り上げるべきでないと反対し，「一方的履行に基づき」「核軍縮と不可分の方法で」を挿入することを提案した。また戦略的安定性をも主張していた。

その結果，最終文書では，「一方的イニシアティブに基づき」，また全体の核削減のプロセスの中で実施するよう要請するものとなった。

〈核兵器システムの運用状況を一層低下させるための合意される具体的措置〉

NAC提案は，「廃絶に至るまでの間，警戒態勢解除，核弾頭の運搬手段からの取り外し，すべての核戦力の実践配備からの撤去を進めること」を主張し，カナダ提案は，「核兵器のドクトリンと運用に関して，適切な追加的措置（たとえば，警戒態勢解除，核弾頭と運搬手段の切り離し，透明性，信頼醸成）を追求すべき」となっていた。

5核兵器国が提出した共通声明には，「われわれは，その核兵器のいかな

るものもいかなる国にも照準を合わせていないことを宣言する」という照準解除宣言が含まれており，この共通声明を代表して説明したフランス代表は，特にこの項目を読み上げ，共通声明の中できわめて重要であることを示唆していた。

　当初の議長ワーキングペーパーにおける規定は，上述のNAC提案に従ったものであったため，中国は，これは受諾できないと述べ，逆に他国配備の核兵器の撤去や核の傘や核共有への反対を主張していた。また他の核兵器国も照準解除以外のすべての措置は削除すべきであると主張したため，NAC諸国とは大きな見解の対立があった。またここでも，戦略的安定性の議論が行われた。核兵器国の強い反対に遭遇し，警戒態勢解除など具体的な措置の記述はすべて除去され，最終的には，きわめて抽象的な表現となった。

〈核兵器が使用される危険を最小限にし，その全廃プロセスを容易にするため，安全保障政策における核兵器の役割の低下〉
　NAC提案は，その前文において，安全保障政策における核兵器の役割の低下の緊要性を強調し，本文において，核兵器の使用を排除するように核政策・態勢を変更することを主張していた。またミャンマー提案も，核兵器の役割の低下と，核の危険を削減する核政策への変更を主張していた。[40]
　核兵器国は一般にこの条項には否定的であり，NATOの核政策が再検討中であるとか，孤立して取り扱われるべきでないといった反対を表明し，また戦略的安定性の問題も議論された。しかしここでの議論の焦点は，核兵器が使用される危険を「最小限にする」か「排除する」かの対立であり，核兵器国およびその同盟国の主張する「最小限にする」が採用された。

〈核兵器の全廃へと導くプロセスへのすべての核兵器国の適切な早い時期の参加〉
　日豪提案は，「適切な段階で，核兵器国を含む核兵器の削減のための交渉の開始」を一方的削減との関連で主張しており，NAC提案は，「核兵器国は，それぞれの核兵器の全廃へと導くプロセスへのすべての5核兵器国の早期の統合を進めることを約束する」と規定していた。カナダ提案も，他の核兵器国も近い将来にこのプロセス（START）に直接参加すべきであると主張して

いた。

5核兵器国の共通声明では,「世界的に核兵器を削減する組織的で漸進的な努力への5核兵器国の貢献は,それぞれにより各国別に示されてきたし,これからも示される」となっている。

フランスは早期の段階での参加には留保を付していたし,英国も早期ではなく適切な時期に変えるべきだと主張しており,最終的には適切な早い時期となった。

(10) それらの物質が永久に軍事プログラムの外にとどまることを確保するため,各核兵器国によりもはや軍事的目的に必要でないと指定された核分裂性物質を,実行可能な早い時期にIAEAまたは他の関連する国際的検証の下に置くための核兵器国による取決め,およびその核分裂性物質の平和目的のための処分のための取決め

日豪提案は,「核軍縮の不可逆性を確保するため,もはや防衛目的に必要とされない核分裂性物質の処分,およびそのような物質および民生用核分裂性物質を適当な国際保障措置の下に置くこと」を主張し,NAC提案は,3者イニシアティブをすべての核兵器国に拡大することを要求していた。EU提案は,「もはや防衛目的に必要でないと指定された核分裂性物質を,適当な国際保障措置および物理的防護の下に置くこと」を要請し,NATO 5も同様の要請をしていた。

5核兵器国の共通声明は,「われわれは,各国によりもはや防衛目的に必要でないと指定された核分裂性物質を,実行可能な早い時期にIAEAまたは他の関連する国際検証の下に置くことを約束している。われわれは,そのような物質の安全で効果的な管理と処分を提供するため多くの重要なイニシアティブをとってきた」と述べている。

各国提案の内容はかなり似通っており,議論は主として字句の選択の問題となり,実質的な対立はみられなかった。

(11) 軍縮プロセスの諸国の努力の究極的目標は,効果的な国際管理の下における全面的かつ完全な軍縮であることの再確認

この条項は,第6項の「核全廃への明確な約束」との関連で,会議の終盤になって現れたものである。第6項の議論でもすでに述べたように,核兵器

国，特にフランスは，核廃絶と全面完全軍縮を並列して規定すべきであると主張していた。それに対して，NAC諸国は，ここでは核兵器が優先されるべきであり，核兵器の廃絶に限定すべきだと主張していた。その妥協として，全面完全軍縮に関する条項を別に立てることで合意が見られ，この条項が作られたのである。

(12) NPTの強化された再検討プロセスの枠組みの中で，かつ1996年7月8日の国際司法裁判所の勧告的意見を想起しつつ，第6条および「核不拡散と核軍縮の原則と目標」に関する1995年の決定第4項(c)の履行についてのすべての当事国による定期報告

NATO 5の提案は，「核兵器国は，強化された再検討プロセスの枠組みの中で，条約第6条および1995年の原則と目標の第4項(c)の履行に向けて達成した進展の書面による報告を定期的に提出することを約束する」となっており，NAM提案は，国際司法裁判所の全会一致の結論の履行に関してとった努力と措置を国連事務総長に報告すべきことを要求していた。

議長の最初のワーキングペーパーでは，「NPT再検討プロセスの枠組みの中で，第6条の履行に関する核兵器国による報告」となっていた。議論の過程で変更されていったのは，報告を行う主体が　核兵器国からすべての当事国に拡大されたこと，報告の対象が第6条に付け加えて，目的と原則の第4項(c)も含まれたこと，報告が，年次報告となり，最終的には定期報告となったことである。

国際司法裁判所の勧告的意見への言及はマレーシアを中心とする非同盟諸国のきわめて強い要望があったため，会議の終盤になって挿入されたものである。

(13) 非核世界の達成と維持のため，核軍縮協定の遵守の保証を提供するために必要とされる検証能力の一層の開発

この問題は英国がイニシアティブをとり，作業文書を提出したが[42]，中国は，これは核軍縮交渉の成果を先に判断することになり，中国にとって受け入れられないと主張していた。

最初の頃の議長のワーキングペーパーでは，検証能力の開発が，「各国で，

2国間で，多国間で，および関連する国際機構を通じて」行われると，詳細に規定されていたが，それらは削除された．

- (30) NPT/CONF. 2000/MC. I/SB. 1/CRP. 2, 4 May 2000.
- (31) NPT/CONF. 2000/MC. I/SB. 1/CRP. 4, 8 May 2000.
- (32) NPT/CONF. 2000/MC. I/SB. 1/CRP. 7, 9 May 2000.
- (33) NPT/CONF. 2000/CRP. 2, 15 May 2000.
- (34) Chairman's Working Paper, 16 May 2000.
- (35) Non-Paper, 17 May 2000.
- (36) NPT/CONF. 2000/MC. I/WP. 1, 1 May 2000.
- (37) NPT/CONF. 2000/MC. I/WP. 3, 2 May 2000.
- (38) NPT/CONF. 2000/MC. I/SB. I/WP. 4, 8 May 2000.
- (39) フィンランドも非戦略核兵器について独自の提案を出していた（NPT/CONF. 2000/MC. I/SB. I/WP. 3, 3 May 2000.）
- (40) NPT/CONF. 2000/MC. I/CRP. 4, 3 May 2000.
- (41) 日豪は，その後民生用を削除した提案を出している（NPT/CONF. 2000/MC. I/SB. I/W.P. 1, 3 May 2000.）．
- (42) NPT/CONF. 2000/MC. I/WP. 6, 3 May 2000.

4　核不拡散体制強化の措置

(a)　消極的安全保障

　この問題も，核軍縮措置の再検討と同じ主要委員会Ⅰで議論された．議長のワーキングペーパーは最初5月4日に出され[43]，その後議論をふまえながら5月9日[44]，11日[45]に改訂され，同日，主要委員会Ⅰの報告書として全体会合に提出された[46]．その後も議論が続けられ，最終文書として採択された．
　この問題に関する焦点は法的拘束力ある消極的安全保障に関するものであり，NAC提案，NAM提案およびエジプト提案は当然それらを要求していたが[47]，NATO5提案も，法的拘束力ある消極的安全保障は核不拡散体制を強化するというものであった．中国を除く核兵器国の態度は，非核兵器地帯条約の議定書により法的拘束力ある消極的安全保障は増加するというものである．
　最終文書では，消極的安全保障に関して，会議は，その基礎として国連憲

章第2条4項の武力不行使の原則に言及し，核兵器の全廃が核兵器の使用または使用の威嚇に対する唯一の絶対的保障であることを再確認している。さらに会議は，NPT当事国に対する5核兵器国による法的拘束力ある消極的安全保障が核不拡散体制を強化することに合意し，この問題について2005年再検討会議に勧告をなすよう準備委員会に要請している。NACもNAMも法的拘束力ある消極的安全保障を与えるよう強く要請していたが，中国以外の核兵器国はそれを支持しなかったため，次回再検討委員会の準備委員会への要請となった。

会議はまた，非核兵器国の安全保障に関する1995年の安全保障理事会決議984を再確認し，また非核兵器国の安全保障に関してジュネーブ軍縮会議が一時アドホック委員会を設置したことに注目している。それとの関連で，アドホック委員会を即時に再設置すべきだという主張があったが，それは取り入れられなかった。

また中国が常に主張している，先制不使用と消極的安全保障の約束，そのための国際条約の締結という条項も最終的に削除された。

会議は，最後に，非核兵器地帯の設置とその議定書への署名が，消極的安全保障を拡大するのに果たしている重要な役割を承認し，関係国がその保障を有効にする措置をとることの重要性を強調している。

(b) 非核兵器地帯

非核兵器地帯に関する議論は主要委員会Ⅱで行われた。主要委員会Ⅱの報告書の議長草案が5月5日に提出されたが，非核兵器地帯の部分は空白であった。その後5月16日に主要委員会Ⅱの報告書[48]が全体会合に提出された。それは，合意のみられない部分を太字にしたもので，非核兵器地帯に関する10項目のうち2項目が太字になっていた。その後の議論の結果，最終文書として採択された。

非核兵器地帯の設置については一般に積極的な支持が存在した。日豪提案は中央アジアにのみ言及していたが，NAC提案は中東や南アジアにも言及し，NAM提案はさらにモンゴルと南半球に言及していた。N5も非核兵器地帯の設置を一般に支持し，その議定書への署名と批准を重視し，中央アジアでの努力を奨励し，モンゴル非核兵器地位を支持し尊重すると述べていた。

最終文書において，まず会議は1995年以降の新たな非核兵器地帯の設置を歓迎し支持し，非核兵器地帯の設置が世界および地域の平和と安全を促進し，核不拡散体制を強化し，核軍縮実現に貢献することを再確認している。次に，中東や南アジアのようにまだ非核兵器地帯が存在しない所でその設置提案を支持している。またモンゴルの非核兵器地位の宣言を歓迎し支持し，朝鮮半島非核化共同宣言を歓迎し，迅速な履行を要請している。

南極条約，トラテロルコ条約，ラロトンガ条約，バンコク条約，ペリンダバ条約が核不拡散・核軍縮の目的に果たしている継続的な貢献を承認し，これらの条約のすべての地域国家による署名と批准および核兵器国による関連議定書の署名と批准の重要性を強調している。

中東非核兵器地帯について，国連総会でのコンセンサスの達成を歓迎し，関係国にそのための現実的で緊急な措置をとるよう要請している。この点で，イスラエルへの言及や条約締結までの間核兵器を取得しないことやIAEA保障措置を受諾することなどが議論されたが，これには合意が得られず削除された。

会議はさらに，国連軍縮委員会が1999年4月に採択した非核兵器地帯の設置に関する報告書[49]を歓迎した。中央アジア非核兵器地帯の設置の意図とコミットメントを支持し，そのための具体的措置を歓迎し，国際社会は新たな非核兵器地帯の設置を促進すべきであると述べている。ただ，ベラルーシが提案していた中・東欧に非核兵器スペースを設置するというイニシアティブは，多くの国の反対に遭遇し，最終文書には取り入れられていない。

(c) 条約の普遍性

今回の会議において，4週間にわたりさまざまな議論が展開されたが，議論の全般に共通していた基本的な流れは，核不拡散体制は現在の国際社会においてきわめて重要な役割を果たしていること，その中心にあるNPTは国際の平和と安全に多大の貢献をなしているというものであった。各国の議論の底流にあったのは，差別性を内包する条約であるが，だからといって簡単に放棄できるものではなく，NPT自体の重要性を認めつつ，その欠陥を是正していこうとするものであった。

会議前には，条約に対する不満の表明として，脱退を主張する国が出てく

るかもしれないということも議論されていたが，会議においてはそのような主張や傾向は見られなかった。

　1995年の前回の会議から5年間に新たに9ヵ国がNPTに加入し，当事国は187となり，軍縮関連諸条約の中でも最も多くの当事国をもつものとなっている。条約に加入していないのは，インド，パキスタン，イスラエル，キューバであるが，キューバはIAEA保障措置の追加議定書に署名しており，実質的な拡散の危険はない。再検討会議の最終文書は，未加盟国であるこれら4国を名指ししながら，非核兵器国として条約に加入することを要請している。

　第1の問題は，1998年5月に核実験を実施し，その後ミサイル開発などを一層進めているインドとパキスタンである。国連安全保障理事会は，決議1172を採択することにより，インドとパキスタンに核兵器の開発を自制し，NPTに加入するよう要請していた。

　今回の会議でも，それらの核実験を嘆くとともに，核実験により核兵器国の地位や特別な地位を与えられないことを宣言し，安保理決議1172の措置をとるよう要請している。またCTBTへの加入およびNPTへの加入をも要請している。

　インドとパキスタンの核実験は国際核不拡散体制への重大な挑戦であり，厳格な法的義務には違反しないとしても，国際社会の大多数が受け入れている国際規範に違反するものである。国際社会は，何度も宣言されているように，両国に核兵器国の地位や何らかの特権的な地位を与えることをせず，核実験の実施が両国にとってマイナスであったことを実感させる必要があるだろう。

　両国が核兵器開発への道を逆行させるよう仕向けるには，各国の一致した上述の態度とともに，南アジアの安全保障環境を改善することが必要である。そのためには，両国の交渉や協議を促進させるために各国は積極的に努力すべきであるし，特に中国はインドからみれば核の脅威となるわけだから，緊張緩和や信頼醸成の措置を積極的にとるべきであろう。

　第2の問題は，中東で唯一核兵器を保有していると考えられているイスラエルである。1995年の会議以降，中東のすべてのアラブ諸国がNPTに加入したため，イスラエルは中東での唯一の非当事国となっている。今回の会議

では，地域問題に関する補助機関IIが設置され，そこで中東問題が集中的に議論された。会議は，その最終文書において，イスラエルがNPTに加入すること，およびそのすべての核施設を包括的IAEA保障措置の下に置くことの重要性を再確認している。また会議は，軍縮委員会が中東非核兵器地帯の設置ならびに非大量破壊兵器地帯の発展を奨励したことに注目し，各国にこれらの目的を再確認するかそれへの支持を宣言するよう要請している。

イスラエルが今すぐにNPTに加入する可能性はきわめて低い。しかし中東和平プロセスを精力的に継続することにより，中東の安全保障環境の改善を目指すべきであろう。またイスラエルはCTBTを署名しているので，それを批准するよう国際社会が働きかけることも重要であろう。

(d) 不遵守と履行確保

今回の会議の最終文書は，その最初に，会議は，条約およびあらゆる側面における不拡散体制の完全かつ効果的な履行が，国際の平和と安全を促進する重要な役割をもつと規定している。また会議は，条約当事国による条約の不遵守のケースに懸念を表明し，不遵守国に対しその義務の完全遵守に即時に移行するよう要請している。

イラクに関しては，最終日を延長してまでの議論の末に，会議は，イラクのIAEAとの完全な継続的協力およびその義務の遵守の重要性を再確認している。米国は条約の第1条，第2条のみならず，国連安全保障理事会決議の厳格な遵守を強く主張していた。[51]北朝鮮については，会議は懸念を表明しながらも，IAEAとの保障措置協定の完全遵守に戻るという表明された意図の実施を期待している。

不遵守と履行確保に関しては，1993年以来IAEAが保障措置の強化に着手し，1997年には追加議定書のモデルに合意している。追加議定書が発効している国の数はまだ少ないが，長期的には各国の核関連活動がもっと透明になり，保障措置の正確性と完全性が向上し，履行確保が高められるであろう。NPT当事国は，一般に，不遵守に対する対応および履行確保の強化に積極的であり，これまでの大多数の国が条約を厳格に遵守してきたわけであるから，この点においても今後それほど事態が悪化するとは考えられない。

このように，核不拡散体制の重要性については，少なくともNPT当事国

の間ではほぼコンセンサスが存在するし，条約への不参加および条約の不遵守に対しては，大多数の国家による体制維持のための努力がなされていることからして，核不拡散体制の重要性はこの会議でも再確認されたし，今後も強化の方向に向かうものと考えられる．

(43) NPT/CONF. 2000/MC. I/CRP. 5, 4 May 2000.
(44) NPT/CONF. 2000/MC. I/CRP. 5/Rev. 1, 9 May 2000
(45) NPT/CONF. 2000/MC. I/CRP. 5/Rev. 2, 11 May 2000.
(46) NPT/CONF. 2000/MC. I/1, 11 May 2000.
(47) NPT/CONF. 2000/MC. I/WP. 1, 2 May 2000.
(48) NPT/CONF. 2000/MC. II/1, 16 May 2000.
(49) General Assembly Official Records, Fifty-third session, Supplement No. 42 (A/53/42), Report of the Disarmament Commission, 1998, pp. 12–16.
(50) William Potter, "The NPT under Siege: External and Internal Challenges," 日本国際問題研究所軍縮・不拡散促進センター『国際シンポジウム：核不拡散体制——核軍備競争再来の可能性に直面して——』2000年3月, 77頁．
(51) NPT/CONF. 2000/MC. I/CRP. 2, 2 May 2000.

核不拡散体制は，それ自体が重要であることは上述した通りであるが，その体制の正当性が問われなければならない．今回の会議の最終文書も述べているように，「大多数の国家が核兵器その他の核爆発装置を受領せず，製造せず，その他の方法で取得しないという法的拘束力ある約束に入ったのは，特に，条約に従って核軍縮を行うという核兵器国による対応した法的拘束力ある約束との関連においてである」という側面である．

NPT再検討会議の目的はすべての条項の再検討であるが，条約の形成過程からしても，最も重要なのは核軍縮がいかに進んでいるかを検討することであり，今後の核軍縮の方向を示すことである．今回の会議において，核軍縮の具体措置が合意され，核兵器国がその核兵器の全廃を達成するという明確な約束を行ったことはきわめて重要であり，この最終文書に従って，核軍縮が実施されていくべきである．

(52) 会議の成果が核軍縮に与える影響の分析については，Tariq Rauf, "An Unequivocal Success? Implications of the NPT Review Conference," *Arms Con-*

trol Today, Vol. 30, No. 6, July/August 2000, pp. 9–16; Rebecca Johnson, "The 2000 NPT Review Conference: A Delicate, Hard-Won Compromise," *Disarmament Diplomacy*, No. 46, May 2000, pp. 2–21; Thomas Graham, Jr., "Surviving the Storm: the NPT After the 2000 Review Conference," *Disarmament Diplomacy*, No. 46, May 2000, pp. 22–25; Jayantha Dhanapala, "Eliminating Nuclear Arsenals: The NPT Pledge and What It Means," *Disarmament Diplomacy*, No. 47, July 2000, pp. 3–6. 参照。

第4節　核不拡散と輸出管理

　核兵器の拡散を防止するための努力は1960年代から実施されてきたが，政治的な不拡散の約束とともに，技術的な側面から拡散を防止する試みがなされている。それは，一方で核不拡散条約（NPT）に加入しない国が存在するからであり，他方，NPTの当事国となりながらも，核兵器開発の疑惑が発生しているからである。本節では，特に核兵器および核関連技術の拡散を防止するための技術的措置の検討を行う。

　第1に，核兵器および核関連技術の拡散がさまざまな状況で起こっていることに対し，実際にどのような対策がとられているのかを考察する。そこでは核不拡散措置の類型として，政治的対応，技術的対応，軍事的対応が試みられている現状を分析する。

　第2に，核開発技術の拡散を防止するためにとられている措置を，政治的な合意を前提とするものと，政治的合意を前提としないものに区別して，それぞれの内容および特徴を検討する。

　第3に，核関連技術の拡散を防止するために実施されている「原子力供給国グループ」および「ザンガー委員会」による輸出管理制度のさまざまな問題点を検討し，この制度に関してどのような議論が展開されているかを明かにし，特に，実効性と正当性の観点から批判的に分析する。

　最後に，核関連技術の拡散は不可避のものであり，技術的にまた供給国グループの政策だけでは十分対応できないものであり，サプライサイドからだけではなく，デマンドサイドからのアプローチの必要性，および核不拡散を核軍縮と関連づけて考える必要性を検討する。

1　核不拡散措置の類型

　核不拡散体制は，条約を初めさまざまな措置により構成されており，現在の国際社会において重要な地位を占めている。核不拡散体制は，差別的な性質を含みながらも，国際社会の平和と安全にとって一定の有益な働きをして

いる。核拡散を防止し，それに対応するためにさまざまな措置がとられてきているが，大きく分類すると，政治的な対応，技術的な対応，軍事的な対応に区別できる。

(a) 政治的対応

政治的な対応として，その中心となるのは条約を作成することにより対応することであるが，条約以外の方法による政治的対応もあり，両者を分けて検討する。

(イ) 条 約

核不拡散条約（NPT）は1968年に署名され，1970年に発効し，現在188国が当事国となっており，そのうち183ヵ国は非核兵器国である。この条約は，非核兵器国が，核兵器を製造せず，取得しないという法的義務を引き受けることにより，核兵器の拡散を防止するものであり，核関連技術がいかに広く拡散しようとも，政治的な意思を通して，核兵器の拡散，すなわち新たな核兵器国の出現を防止しようとするものである。

条約の場合に問題になるのは，その普遍性と実効性である。普遍性の問題とは，条約に参加しようとしない国家が存在することである。インド，パキスタン，イスラエルがそのケースにあたる。また実効性の問題とは，義務があるにもかかわらず，それに違反して核兵器の開発，製造を行う国家があることであり，イラクや北朝鮮の場合がそれにあてはまる。実効性を確保するための検証措置として，NPTは締約国である非核兵器国に対して，IAEAの全面的（フルスコープ）保障措置を受け入れることを義務付けている。

非核兵器地帯条約は，核不拡散とともに，核兵器の配備禁止をも規定するもので，NPTを補完する役割を担っている。地域的なイニシアティブにより，ラテンアメリカ，南太平洋，東南アジア，アフリカに非核兵器地帯が設置されている。

包括的核実験禁止条約（CTBT）も，5核兵器国の核実験を停止させるという目的をもっているが，実質的には，インド，パキスタン，イスラエルを核不拡散体制に組み込むという目的をもっており，NPTの普遍性を補完するためのものであった。

(ロ)　条約以外の手段

　核兵器の拡散を防止するための，条約以外の政治的対応としては，冷戦後の世界でみられる協力的措置がある。これは，核兵器の拡散の危険がある場合に，それを防止するために政治的に協力することを約束するものである。

　1つは，ソ連崩壊に伴う旧ソ連諸国における核兵器および核分裂性物質の管理の強化，およびSTART条約の実施による核兵器解体の援助のために，米国が1992年から開始している「協力的脅威削減（CTR）プログラム」がある。[3]

　もう1つは，1994年の米朝枠組み合意に含まれていた，北朝鮮への軽水炉提供を実施するための「朝鮮半島エネルギー開発機構（KEDO）」の設置とその活動である。

(b)　技術的対応

　核兵器の拡散を防止するために，核関連品目や技術の移転を禁止し，あるいはそれらの移転をIAEA保障措置の適用を条件として行うといった措置がとられており，これらは技術的な側面から対応しようとするものである。NPT締約国である非核兵器国に対しては，上述したようにIAEAのフルスコープ保障措置が適用される。

　また，NPTの締約国でない非核兵器国に対して，締約国が原子力関連の品目を輸出する場合には，それに対してIAEAの保障措置が適用されなければならないが，それはフルスコープ保障措置ではなく，輸出に関連する施設に対する保障措置である。この側面については，ザンガー委員会と呼ばれる原子力関連資材などの輸出国のグループが存在する。

　技術的対応の中心は，原子力供給国グループ（NSG）による輸出管理である。これは供給国のみでグループとして行動し，そこで共通のガイドラインに合意し，メンバー国がそれを自国の法令などにもとづいて個別に実施するものである。それは，輸出するに際して保障措置を適用しなければならない品目のリストとしての「トリガー・リスト」と，原子力関連品目や技術の輸出のガイドラインの2つから構成されている。

　技術的対応に関するこれらの詳細な検討は2で行う。

218　第3章　核兵器の不拡散

(c) 軍事的対応

　核兵器の拡散を防止するため，あるいは拡散したものを元に戻すため，軍事力を用いてあるいはその威嚇を背景として実施する措置がある。
　1つは，米国で1993年以来強調されている「対抗拡散 (counterproliferation)」であり，主としてすでに拡散している状況を元に戻すこと目的とし，米国の兵器調達と関連させて実施されているものである。攻撃的側面は，たとえばイラクの地下に保管された核兵器の破壊を目的としたような，地下貫通型の新たな核兵器の開発・製造が考えられており，防衛的側面では，当初は主としてTMD（戦域ミサイル防衛）が，後にはNMD（国家ミサイル防衛）が考えられている。
　もう1つの軍事的対応としては，湾岸戦争終結の国連安全保障理事会決議687 (1991) におけるものがある。ここでは，核兵器に関しては，イラクが開発していることは当時分からなかったため，核兵器に利用可能な物資などを申告することとし，それらを保管，撤去することが定められていた。その後，国連イラク特別委員会（UNSCOM）とIAEAの現地査察などにより，イラクの核兵器開発が明確になった。その結果，UNSCOMとIAEAはイラクの核兵器関連施設や物質のすべてを破壊する権限を与えられた。これにより，イラクが核兵器を開発しつつあった施設や関連物質はすべて軍事的に破壊された。[4]

(1)　ロバーツは，不拡散システムの措置として，輸出管理，軍備管理，対抗拡散をそれぞれ分析し，過去10年間に生じた重大な教訓として，これらの政策道具は互いに補完的であるばかりでなく，それらの統合された追求が全体的な成功に不可欠であると結論している（Brad Roberts, "Proliferation and Nonproliferation in the 1990s: Looking for the Right Lessons," *Nonproliferation Review*, Vol. 6, No. 4, Fall 1999, p. 74.)。またミッチェルは，核不拡散のための戦略として，アメとムチだけでなく，抑止戦略，報酬戦略，予防戦略，発生戦略，認識戦略，規範戦略の6つが必要であると分析している（Ronald B. Mitchell, "International Control of Nuclear Proliferation: Beyond Carrots and Sticks," *Nonproliferation Review*, Vol. 5, No. 1, Fall 1997, pp. 40-52.)。

(2)　このことは，CTBTの発効条件として，5核兵器国のみならず，インド，

パキスタンおよびイスラエルを含む指定された44ヵ国の批准を必要とするように規定されたところにも現われている。
(3) 協力的脅威削減計画については，Graham T. Allison, Owen R. Cote, Jr., Richard A. Falkenrath, *Avoiding Nuclear Anarchy*, The MIT Press, 1996; Jason Ellis, "Nunn-Lugar's Mid-Life Crisis," *Survival*, Vol. 39, No. 1, Spring 1997, pp. 84-110; Jessica E. Stern, "U.S. Assistance Programs for improving MPC & A in the Former Soviet Union," *Nonproliferation Review*, Vol. 3, No. 2, Winter 1996, pp. 17-45; Kenneth N. Luongo, "The Uncertain Future of U.S.-Russia Cooperative Nuclear Security," *Arms Control Today*, Vol. 31, No. 1, January/February 2000, pp. 3-10: Joseph R. Biden, Jr., "Maintaining the Proliferation Fight in the Former Soviet Union," *Arms Control Today*, Vol. 29, No. 2, March 1999, pp. 20-25. 参照。
(4) UNSCOMの活動については，Edward J. Lacey, "the UNSCOM Experience: Implications for U.S. Arms Control Policy," *Arms Control Today*, Vo. 26, No. 6, August 1996, pp. 9-14; Rolf Ekeus, "Leaving Behind the UNSCOM Legacy in Iraq," *Arms Control Today*, Vol. 27, No. 4, June/July 1997, pp. 3-6; Richard Butler, "Keeping Iraq's Disarmament in Track," *Arms Control Today*, Vol. 28, No. 6, August/September 1998, pp. 3-7; Richard Butler, "The Lessons and Legacy of UNSCOM," *Arms Control Today*, Vol. 29, No. 4, June 1999, pp. 3-9. 参照。

2　核開発技術の不拡散の努力

(a)　政治的合意を前提とするもの

(イ)　国際原子力機関による保障措置（NPT第3条1項）

　NPT第3条1項の規定によれば，締約国である非核兵器国は，原子力が平和的利用から核兵器その他の核爆発装置に転用されることを防止するため，IAEAの保障措置を受諾することを約束し，ここでの保障措置は，当該非核兵器国のすべての平和的な原子力活動に係わるすべての原料物質および特殊核分裂性物質に適用される。

　この保障措置を実施するために，各国はIAEAと保障措置協定を締結することになっており，そのためのモデル協定が1971年に作成された。ここで

規定されているのはフルスコープ保障措置であり，締約国である非核兵器国のすべての平和的原子力活動に適用される。[6]

　しかし，湾岸戦争の後の安全保障理事会決議687（1991）に基づくUNSCOMとIAEAとの現地査察などにより，イラクが秘密裏に核兵器の開発を進めていたことが明らかになった。イラクは1971年以来NPTの当事国であり，IAEAの査察を受けており，IAEAはイラクについては問題がないと毎年報告していた。IAEAの保障措置は締約国の申告をベースに実施されるもので，イラクは申告外の施設において核兵器の開発を行っていたのである。条約成立時においては，そのような可能性はほとんどありえないと考えられ，たとえあったとしても施設の大きさなどからして発見されるものと考えられていた。

　イラクが秘密裏に核兵器を開発していたことをIAEAが探知できなかったことで，IAEAの探知能力を非難する主張もあったが，これはIAEAがその任務を十分に果たしていなかったからではなく，保障措置制度自体の問題であった。

　イラクでの核開発が明らかになり，IAEA保障措置の限界が示されたことで，IAEAは未申告の活動をも探知できるような保障措置制度の作成のため，1993年に「プログラム93＋2」を開始した。現行法制度の中でも実施できる活動を一層明確かつ詳細にしたパート1と，新たな法的権限を必要とする措置に関するパート2に区分して検討を続け，パート1については1995年に，パート2については1997年に合意に達した。新たな法的権限を必要とする部分については，現行の保障措置協定に追加するモデル議定書を採択した。[7][8]

　これは，これまでの自己申告制に基づく欠陥を是正することを主たる目的として，保障措置の完全性と正確性を確保するため，これまで以上に多くの情報の提出を求め，これまで以上に広い範囲における現地立入りを規定するものである。完全性とは，未申告のものがなくすべてのものがIAEA保障措置の下にあるよう確保することであり，正確性とは締約国の申告とIAEAの査察の結果が完全に一致していることを確保することである。

　これまでの保障措置の特徴は，保有する核物質に焦点を当て，それを定量的に分析するという手法が中心であったが，新しい保障措置制度の下では，原子力活動に関するさまざまな情報を総合的に分析し，そのことによりある

国の活動を定性的に分析する方向に移行しつつある。また査察官が立ち入ることのできる場所も以前に比べて格段に増加しており，さらに環境モニタリングなどで，秘密裏の核開発の探知を目指している。

(ロ)　ザンガー委員会による輸出管理 (NPT第3条2項)[9]

NPT第3条2項は，各締約国は，(a) 原料物質もしくは特殊核分裂性物質または (b) 特殊核分裂性物質の処理，使用もしくは生産のために特に設計されもしくは作成された設備もしくは資材を，保障措置が適用されない限り，平和目的のためいかなる非核兵器国にも提供しないことを約束すると規定している。

第3条2項は，締約国からのあらゆる非核兵器国への提供について保障措置を適用することを規定しており，規定上すべての非核兵器国が対象となる。しかし締約国である非核兵器国は第3条1項ですべての平和的原子力活動に保障措置が適用されるので，ここでは締約国でない非核兵器国への提供が問題となる。

この規定の実際の適用に際して，条約はその具体的内容について十分に規定していないので，そのままでは各国の恣意的な判断に従うことになる。そこで1971年に主要供給国が，(a) 原料物質および特殊核分裂性物質，(b) 特殊核分裂性物質の処理，使用もしくは生産のために特に設計されもしくは作成された設備もしくは資材，が何であるのかについての共通の理解を得るため，すなわち第3条2項の約束の解釈・適用において共通の了解を設定するために，核物質や一定の設備や資材の輸出に関する手続を検討するために非公式の協議を開始した。この委員会は当時の委員長の名前をとってザンガー委員会と呼ばれた。

委員会では1972年9月に合意が達成されていたが，ソ連の参加を確保するのに時間がかかり合意の内容を公表したのは1974年8月であった。まず(a)については，IAEA憲章第20条の定義に従うこととし，(b)については，原子炉とそのための設備，原子炉のための非核物資などが具体的に列挙されている。これらの移転が保障措置の引き金になることから，これらは「トリガー・リスト」と呼ばれている。トリガー・リストの内容は，科学技術の発展や一層の明確化が必要になるに従い，これまで8回にわたり改訂されてい

る。

　現在のリストにおいて規制されているのは，①原子炉，②原子炉のための非核資材，③再処理プラント，④燃料製造プラント，⑤ウラン濃縮プラント，⑥重水製造プラント，⑦ウラン転換プラントである。

　さらに委員会は，輸出の条件および手続として，(1) これらの施設や資材の輸出に際して，ある品目が供給される設備において生産，処理，使用される核物質が核兵器に転用されないという保証を受領国から得ること，(2) 関連する核物質に保障措置が適用されること，(3) 同様の保障措置の受諾など同様の取決めがない限り再移転しないという保証をとりつけること，を条件とした。[10]

　この委員会およびそこで合意された内容はすべて非公式のものであり，法的拘束力をもたない。合意した内容を各国が国内立法や国内実行を通じて実施するものであり，委員会自体がある国の輸出にクレイムをつけたり，制裁を課すようなこともない。ただ各国は自国の実際の輸出または輸出ライセンス発行に関する年間情報を他のメンバーに通知している。

　しかし，ここでの保障措置の適用が，受領国のすべての活動に保障措置がかかるフルスコープ保障措置ではなく，供給された品目に関連する施設にある核物質にのみ保障措置がかかるものと合意された。NPTに加入する非核兵器国の場合にはそのすべての範囲に保障措置がかかるにもかかわらず，非締約国である場合には締約国から受領しているにもかかわらず輸出が関連する部分にしか保障措置は適用されない。ここでは商業的利益が中心に考えられ，条約締約国よりもゆるやかな条件で供給を受けることができるという事態になっている。

　1974年の段階では，オーストラリア，デンマーク，カナダ，フィンランド，ノルウェー，ソ連，英国，米国の8ヵ国がメンバーであり，少し遅れて西ドイツとオランダが合意を表明した。1990年の段階では，さらにオーストリア，ベルギー，チェコスロバキア，ギリシャ，ハンガリー，アイルランド，イタリア，日本，ルクセンブルグ，ポーランド，スイス，スウェーデンが加入し22ヵ国となり，1998年には中国も参加し，現在35ヵ国となっている。

(b) 政治的合意を前提としないもの

(イ) 原子力供給国グループ（NSG）[11]による輸出管理

1974年5月にインドは地下核実験を実施したが，これはカナダから供給された研究用原子炉から得た使用済み燃料を国産の施設で再処理してプルトニウムを回収し，それを用いて核実験を行った。この事件を契機として，主要な原子力供給国が供給の条件につき協議を開始した。1975年4月より，米国，英国，フランス，ソ連，西ドイツ，カナダ，日本の7ヵ国は，核拡散の危険性を増大させないため，原子力関連の資機材の移転を一定の条件に従わせることにつき供給国間で調整を開始した。その後，ベルギー，イタリア，オランダ，スウェーデン，スイス，チェコスロバキア，東ドイツ，ポーランドも参加し，1977年に原子力資機材の移転のためのガイドライン（ロンドン・ガイドライン）[12]に合意した。それはトリガー・リストに合意するとともに，以下の条件にも合意した。

① 移転された品目が核爆発装置のために用いられないという保証を得ること。
② 合意されたトリガー・リストにあるすべての核物質および施設が，効果的な物理的防護の下に置かれること。
③ IAEA保障措置が適用される場合のみ，トリガー・リストの品目を移転すること。
④ 供給国により直接移転された技術を用いているか，または移転された技術あるいはその主要構成物に由来する技術を用いている再処理，濃縮，重水製造の施設に対して上述の3条件が適用されること。
⑤ 機微な施設および技術ならびに兵器に使用しうる物質の移転を制限すること。
⑥ 移転された濃縮施設または濃縮技術に基づく施設は，供給国の同意なしに20％以上の濃縮度のウラン生産のために用いられないこと。
⑦ 核物質，兵器に使用しうる物質を生産する施設の供給に際し，兵器に使用しうる物質の再処理，貯蔵，変形，使用，移転または再移転のための取決めについて，供給国と受領国との間で相互の合意を求める条項を含めることの重要性を認識すること。

⑧ トリガー・リストの品目の再移転，あるいは当初移転された施設や技術から生じた品目の移転に関して，当初の移転と同様の保証を規定していること。

これらの合意は，各国の原子力輸出政策の最小限の基準として用いられるべきガイドラインであり，各国を法的に拘束するものではない。それらの履行は，各国の国内法により規制されることになっている。トリガー・リストとして列挙されているのは，ザンガー委員会のトリガー・リストと実質的には同じであるので，保障措置の適用については同様の規制であると考えられる。ただ，ザンガー委員会の規制は，NPTの締約国でない非核兵器国への輸出が対象となっているのに対し，NSGはNPTの外でなされた合意であって，受領国がNPT締約国であるかどうかにかかわりなく，すべての非核兵器国への輸出に関連して適用されるべきガイドラインである。

したがって，保障措置の適用については，NPT締約国はすでにフルスコープ保障措置を受けているので問題ないが，機微な施設や技術および兵器に使用しうる物質の移転の制限，ならびに兵器に使用しうる物質の再処理，貯蔵などに関する供給国と受領国の相互の合意の重要性の認識などは，受領国がNPT締約国であっても適用されるものである。

1991年の湾岸戦争の終結に伴い，国連イラク特別委員会（UNSCOM）とIAEAが査察を実施したところ，イラクが核兵器の開発を行っていたことが明らかになり，これまでの輸出管理がイラクの核開発プログラムを阻止できなかったことが認識されるようになった。その結果，原子力供給国グループは1991年と1992年に会合を開き，1つはこれまでのガイドラインに関して，輸出の条件として受領国のすべての原子力活動に保障措置が適用されることを確保するというフルスコープ保障措置が，新たな条件として追加された。

もう1つの大きな進展は，イラクの核開発が先進諸国からの汎用品の輸入に依存していることが明かになったことから，これまでの原子力専用品の規制（パート1）のみならず，原子力に関連する汎用品・技術の規制の必要性が認識され，原子力関連汎用品の移転に関するガイドライン・パート2に[13]
1992年に合意したことである。規制品目としては，産業用機械や材料，ウラン同位元素分離装置及び部分品，重水製造プラント関連装置，核爆発開発のための試験・計測装置，核爆発装置用部分品などが列挙されている。メン

バー国は，ガイドライン附属書に列挙された規制品目および関連技術の移転のために輸出許可手続を作成することになっており，許可の際に，①移転の用途および最終使用場所を記した最終使用者の宣言，および②当該移転またはその複製品がいかなる核爆発活動または保障措置の適用のない核燃料サイクル活動にも使用されないことを明示的に述べた保証を取得すべきものとされている。

汎用品の移転の拒否については各国は通報を行い，他国はその国と協議することなしにその品目の移転を許可しないという，いわゆる「ノー・アンダーカット」政策にも合意されている。

また1994年には，いわゆる「不拡散原則」が合意されたが，これによれば，ガイドラインとは関わりなく，供給国はその移転が核兵器の拡散に貢献しないと納得できる場合にのみ移転を許可することができる。たとえその国がNPTや非核兵器地帯設置条約の締約国であっても，拡散の危険があると判断すれば移転は拒否される。

(5) IAEA Doc. INFCIRC/153.
(6) 伝統的なIAEA保障措置については，黒澤満『軍縮国際法の新しい視座──核兵器不拡散体制の研究──』有信堂，1986年の「第3章 保障措置制度の展開」(81-122頁)参照。
(7) IAEA Doc. INFCIRC/540.
(8) IAEA保障措置の強化については，David A. V. Fischer, "New Directions and Tools for Strengthening IAEA Safeguards," *Nonproliferation Review*, Vol. 3, No. 2, Winter 1996, pp. 69-76; Mark H. Killinger, "Improving IAEA Safeguards through Enhanced Information Analysis," *Nonproliferation Review*, Vol. 3, No. 1, Fall 1995, pp. 43-48; Erwin Häckel and Gotthard Stein (eds.), *Tightening the Reins; Toward A Strengthened International Safeguards System*, Springer, Berlin, 2000. 参照。
(9) ザンガー委員会の起源，活動などについては，Fritz W. Schmidt, "The Zangger Committee: Its History and Future Role," *Nonproliferation Review*, Vol. 2, No. 1, Fall 1994, pp. 38-44; Fritz Schmidt, "NPT Export Control and the Zangger Committee," *Nonproliferation Review*, Vol. 7, No. 3, Fall-Winter 2000, pp. 136-145; *Multilateral Nuclear Supply Principles of the Zangger Committee*, Working Paper submitted by Members of the Zangger Committee, NPT/CONF.

2000/17, 18 April 2000. 参照。
(10)　IAEA Doc. INFCIRC/209, 3 September 1974.
(11)　原子力供給国グループ（NSG）の起源，役割，活動については，*The Nuclear Suppliers Group: Its Origin, Role and Activities*, IAEA Doc. INFCIRC/539/Rev. 1 (Corrected), 29 November 2000; Tadeusz Strulak, "The Nuclear Suppliers Group," *Nonproliferation Review*, Vol. 1, No. 1, Fall 1993, pp. 2-10; Roland Timerbaev, *The Nuclear Suppliers Group: Why and How It Was Created (1974-1978)*, PIR Center, Moscow, October 2000. 参照。
(12)　IAEA Doc. INFCIRC/254, February 1978.
(13)　IAEA Doc. INFCIRC/154/Part 2, May 1992.

3　原子力関連輸出管理の課題

　原子力関連の輸出管理に関してはさまざまな問題点が指摘されているが，それらは大きく分けて2つに分類できる。1つは，実効性の課題であって，輸出管理自体は核不拡散の側面から望ましいものであるが，現実の制度は実効性を欠いているため不十分であり，実効性を強化する措置がとられなければならないという議論である。もう1つは，正当性の課題であって，輸出管理は先進工業国が一方的に適用し，開発途上国の原子力平和利用を妨げるものであり，それらの点が是正されないかぎり，輸出管理は望ましいものではないという議論である。両者は，まったく正反対の方向からの議論であり，このようにまったく異なる議論が展開されている点から見ても，輸出管理制度の課題の複雑さおよび深刻さが理解できる。[14]

(a)　実効性の課題

　現在の核関連輸出管理制度は，30数ヵ国による非公式の合意を基礎としている。第1の課題は，その非公式性から生じるものである。ガイドラインへの合意はコンセンサスで行われているが，それに対する合意は非公式のもので，法的約束ではなく，国際法的な拘束力をもつものではない。ガイドラインの実施は，メンバー国の国内法令または国内実行において実施されている。したがって個々の輸出許可について，輸出国グループがグループとして判断を下すことはない。ガイドラインの実施に関して統一的かつ有権的な判

断は存在しない。その点から，実効性が問題にされることがしばしばある。たとえば，ロシアのインドへの低濃縮ウランの供給は，NSGガイドラインに反すると多くの国は主張したが，ロシアは違反しないと反論している。[15]

　合意に対する違反の判断は個別的にはありうるし，各国が違反ではないかと主張することは実際あるが，それを公的にかつ有権的に判断する制度はない。したがって，違反に対する対抗措置がないため，実効性の低下を招くと主張されることがある。

　次にガイドラインの規定が必ずしも明確ではないことから，合意の実効性が危惧されている。具体的なリストの品目はかなり明確であるが，たとえばいわゆる「不拡散原則」は主観的な判断に従わざるを得ない。

　第3に，この問題は，メンバー国の増加によるさまざまな国家の加入により，実効性が妨げられていると考えられている。すなわち，メンバー国間で拡散の脅威に対する認識に大きな差がみられる場合には，ガイドラインの適用についても当然に差が出てくる。たとえば，イランに対する評価は，米国とそれ以外の国家で大きく異なっている。

　第4に，各国間での商業的競争を回避し，核不拡散を優先させることを目的としているが，現実の適用においては，商業的利益が優先されることもあり，緩やかな条件を提示する国が経済的利益を得るという矛盾も発生している。

　以上は，30数ヵ国のメンバーの中においても，統一的な履行を実施するのが困難であるという側面である。したがって，このような考えからは，もっと認識を同じくする国家のみが，もっと厳格な輸出規制，たとえばココム規制のようなものを作るべきだと主張されている。たとえば2001年4月に発表された「米国の国家安全保障のための多国間輸出管理の強化に関する研究報告」[16]は，米国議会の要請により提出されたものであるが，そこでは，さまざまな輸出管理制度の統合とともに，補完的なものとして米国と志を同じくする国によるココムタイプの輸出管理制度の構築を勧告している。

　しかし，逆に30数ヵ国のメンバーに入っていない国家であっても，中国やインド，北朝鮮などが原子力関連品・技術の輸出国として活動している現実がある。ここからはもっと多くの国をグループに加入させるべきであるという主張がなされる。

また輸出管理が実施され，移転が拒否される事態が生じることにより，各国は自国での生産に努力を傾注し，時間的な遅れはあるが当該の品目または技術を取得するので，実効性は担保されないという点も指摘されている。

実効性の確保については，一方で，たとえメンバー国の数は減少しても，規制の内容を厳格にし，その履行の確保を強化する方向に進むべきこと，すなわち規制の深化を主張する人々と，規制の内容の深化よりも，メンバー国の数を拡大すべきこと，すなわち参加の拡大を主張する人々がいる。規制の深化と参加の拡大は，両者を同時に実施することは不可能であり，どちらを優先させるかという課題が残されている。

(b) 正当性の課題

現在の原子力関連輸出管理は，先進工業国を中心とする輸出国が集まって合意したものであり，それが一方的に適用されている点からの批判が，正当性の問題として提起されている。たとえば，2000年NPT再検討会議に提出された非同盟諸国の文書においては以下のような点が指摘されていた。

　　NPTの下で要求される保障措置を超えて，平和的な原子力開発を妨げる一方的に強制された制限的措置は，撤廃されるべきである。

　　平和目的の資材，装置，技術の開発途上国への輸出を不当に制限することが継続していることに懸念をもって注目すべきである。拡散の懸念は，多国間で交渉された普遍的で包括的かつ無差別な協定により最もよく対応できる。

　　不拡散管理取決めは透明で，すべての国家の参加に開放されるべきであり，開発途上国がその継続的開発のために必要となる平和的目的のための資材，装置，技術へのアクセスに制限を課すべきではない。

正当性からの反論の基礎にあるのは，NPT第4条に規定された原子力平和利用の権利であり，原子力平和利用のための設備，資材および情報の交換に参加する権利である。この条項はさらに，締約国は，世界の開発途上にある地域の必要に妥当な考慮を払って，特に締約国である非核兵器国の領域における原子力平和利用の応用の一層の発展に貢献することに努力すると規定している。

NPTの差別性を緩和するための1つの手段が，原子力平和利用における援

助であったことは間違いない。それは条約への参加を動機付ける1つの手段と位置付けられていた。第4条は，締約国である非核兵器国への援助を規定している。

しかし，原子力供給国は，受領国がNPT締約国であるか否かという側面を必ずしも重視せず，主として各国の商業的利益の追求という側面から実施されてきた。またNSGによる輸出管理は，受領国がNPTの締約国であるか否かはまったく考慮に入れずに作成され，実施されてきている。ザンガー委員会は，第3条2項の実施に関するもので，締約国でない非核兵器国への移転に関わるものである。

他方，NSGはNPTの枠組みとはまったく別個に作成され，実施されてきている。当初はNPTに入る意思のないフランスをグループに取り込むため，NPTの枠組みとは別のものとされたが，現在ではNSGのメンバーはすべてNPTのメンバーである。

正当性の第1のかつ最大の問題は，NPTに加入し法的に核不拡散を引き受けている国に対しても，非締約国と同様の取扱いがなされていること，またある場合には非締約国の方により多くの援助が提供されているということであった。特に平和利用を核兵器に転用することを防止するために，条約第3条1項により非核兵器国はフルスコープ保障措置を受諾しているので，さらにそれ以上の措置は公平性に反すると考えられている。

1995年のNPT再検討・延長会議の「核不拡散と核軍縮の原則と目標」の第16項においても，「原子力平和利用を促進するあらゆる活動において，特に開発途上国の必要性を考慮して，条約締約国である非核兵器国に優先的待遇が与えられるべきである」と規定している。

第2の問題は，輸出管理が原子力提供国により一方的に適用されている点である。すなわち非同盟諸国から見れば，先進工業国による輸出管理は，一方的に強制された制限措置であり，平和的原子力活動への不当な規制であると考えられている。これは一定のルールを定立する場への参加の問題であり，NSGのガイドラインの作成に参加していないにもかかわらず，ガイドラインの適用により一定の品目の輸出が拒否されたりする事態に関連している。

第3の問題は，第2の問題とも関わるが，多国間輸出規制が透明性を欠いている点である。NSGで行われる協議はすべて非公開であり，ガイドライ

ンはIAEA文書として公表されるが，輸出管理の実態などは公開されていない。

　1995年のNPT再検討・延長会議で採択された「核不拡散と核軍縮の原則と目標」の第17項は，「原子力関連輸出管理における透明性が，すべての関連する条約締約国間での対話と協力の枠組みの中で促進されるべきである」と規定している。[17]

　NSGのメンバーは，その輸出管理の透明性を促進するために，NSGのメンバー国に個別に説明したり，複数国を集めてセミナーを開催して，輸出管理の目的や内容を説明したりしている。

　第4の問題は，NSGが冷戦後，原子力専用品のみならず原子力汎用品をも輸出管理のリストに含めたことである。汎用品は文字通り平和的にも利用できるものであり，これらの品目に輸出規制が適用されていることが，特に問題となる。

(c) 実効性と正当性の調和

　実効性と正当性の課題は基本的には逆の方向を目指すものであってその調和は容易ではない。しかしこれらの制度が今後ともうまく作用していくためには，実効性と正当性の課題を調整していくことが不可欠であろう。

　ザンガー委員会もNSGも1970年代に設置されたものであり，当時は条約に参加しない多くの国が存在した。たとえばフランスは原子力供給国であったが1991年までNPTの締約国ではなかったし，供給国と受領国の双方にNPT締約国でない国が多く存在した。しかし，現在では，条約に加入していない主要国は，インド，イスラエル，パキスタンの3国であり，条約の普遍性はかなりの範囲で確保されている。この側面は重要な進展である。したがって，今後の輸出管理制度は，この現実を受け入れそれに対応する必要がある。

　ザンガー委員会は，NPT第3条2項の解釈の統一を図る任務を引き受けてきたが，その設立以来一貫して非公式な存在として，非公式な合意としてガイドラインを定めてきた。また当初の商業的競争の観点から，フルスコープ保障措置を移転の条件とはしてこなかった。さらにNPT第3条2項の解釈の統一という目的を持ちながらも，NPTの締約国すべてが参加しているので

はなく，30数ヵ国に限られている。
　すなわちNPT締約国であってもザンガー委員会のメンバーになっていない国は，そのガイドラインに拘束されずに，自由に移転できることになっている。
　したがって，ザンガー委員会に関しては，条約再検討会議で議論を進め，条約締約国がすべて参加して議論し，条約に入ろうとしない若干の非核兵器国に対する厳格な輸出管理制度を作成すべきであろう。それにより，実効性と正当性の双方を満足させるような新たな規則の設定が可能になるだろう。ザンガー委員会の現在の合意は原子力専用品のみであり，規制の対象をその範囲に限定することは1つのオプションであるが，フルスコープ保障措置の導入に合意することが必ず必要である。
　他方，NSGはもともとNPTとは別個に作成されたものであるが，NPTの普遍性がかなりの範囲で確保され，NSGのメンバーはすべてNPTの締約国となっているのであるから，NPTとの連携関係を一層強化すべきであろう。またイラクや北朝鮮のように条約の締約国となりながらも，それを隠れ蓑として核兵器の開発に進んでいる国があることは確かであるが，これらの事例を一般化して，NPTに加入していることは無意味であって，あらゆる国に対する輸出管理，ある場合には輸出拒否を実施すべきだと考えるのも過剰な反応であると思われる。
　特に現在問題となっている汎用品の輸出規制や輸出拒否については，条約の締約国であるか否かを1つの区別の基準とすべきであろう。条約義務の違反の問題は，条約の実効性の問題であって，それは条約義務の検証制度の強化などにより対応すべきであり，IAEAは追加議定書を採択し，保障措置の強化が導入されつつある。条約に加入しない国は，核不拡散の義務を引き受けていないのであるから，厳格な輸出管理あるいは輸出拒否も当然適用されるべきである。
　しかし，条約の締約国となっている国に対しては，輸出制限や輸出拒否ではなく，一般には輸出を許可しつつ，その品目や技術の移転を監視し続ける体制の構築に進むべきであろう。すなわち原則は輸出許可としながらも，それが核兵器の開発や製造に用いられないことを確保するための手続を強化することである。受入国も自国の意図を証明するために大幅な現地立入りなど

を承認すべきであろう。

　またNSGとNPTとの関係を強化し，NSGの透明性の促進とともに，NSGへの参加の普遍性を促進し，そのガイドラインが一方的に課されたものという側面を緩和する方向に進むべきであろう。

(14)　ベックは，原子力関連のみならず多国間輸出管理レジーム全体を分析し，さまざまな重大な課題に直面していることを指摘した後に，以下のように結論している。①米国は企業，政府，学界の指導者の対話に取組み，現実的目的について国内の合意を達成しなければならない。②短期的な努力としては，レジームの加盟国を拡大する方向に動く前に，レジームの規定を正式化し強化することによりレジームを深化すべきである。③諸政府は，受領国の技術移転と利用をモニターするための技術の利用にもっと投資すべきである。④加盟国は，汎用技術について，拒否に基礎を置くレジームから検証レジームに移行する可能性を検討し始めるべきである。(Michael Beck, "Reforming the Multilateral Export Control Regimes," *Nonproliferation Review*, Vol. 7, No. 2, Summer 2000, pp. 91–103.)

(15)　"Russia Ships Nuclear Fuel to India," *Arms Control Today*, Vol. 31, No. 2, March 2001, p. 32.

(16)　Study Group on Enhancing Multilateral Export Control for US National Security, Final Report, April 24, 2001. ［http://www.stimson.org/tech/sgemec/index.html］

(17)　2000年NPT再検討会議において，輸出管理の問題が大きな対立点の1つとなり，NSGが一定の役割を果たしているという記述は最終的に削除され，ザンガー委員会に言及した条項も削除された。これは開発途上国の不満が大きいことを現している。

4　核不拡散と核軍縮

　核関連技術の拡散の問題を含め，核不拡散のあらゆる問題は，基本的には核不拡散と核軍縮の問題に帰着する。すなわち，核不拡散そのものを目的とし，そのためにさまざまな措置をとるべきであると考えるか，核不拡散は核軍縮のための手段であって，それ自体は目的ではないと考えるかという問題である。

国際の平和と安全保障という側面から考えた場合に，かつ長期的視点に立って考えた場合には，核兵器の廃絶という目標が明かになる。短期的に核廃絶は困難であるという主張は，この立場と矛盾するものではない。核兵器の廃絶は現在の国際社会の構造では困難であるという主張も，この立場とは矛盾しない。

　核兵器の廃絶には時間がかかるであろうし，国際社会の大幅な構造改革が必要となるかもしれない。しかし，これらの問題があるからといって，核不拡散が最終目標であり，国際社会は全体として核不拡散のためにのみ努力すべきであるということにはならない。

　核兵器の廃絶を進めるための前提として核不拡散は絶対必要である。核兵器がさらに拡散することは，核兵器廃絶という目標をさらに困難にするからである。

　1968年にNPTが署名され，5核兵器国に特権的地位が与えられたのは，当時の現状からして，事態の悪化をあらかじめ防止するために必要であったからであって，その特権的地位を永久に続けることが，最終目標とされたわけではなかった。条約の前文では，核戦争が全人類に惨害をもたらすものであり，それを回避するためにあらゆる努力を払い，人民の安全を保障するための措置をとることが必要であることを考慮している。さらに，核軍備競争の早期の停止，核軍縮の効果的な措置をとる意図を宣言しており，これは条約本文の第6条においてそのための誠実な交渉が義務付けられている。

　すなわち，核不拡散を目的とみることは，この体制の差別性を強化することになり，輸出管理制度も，その根源的な差別性を具現化したものと見られることがある。ここに輸出管理制度の根本的な問題があるように思える。

　核不拡散体制の一環を担っている輸出管理制度は，核不拡散の達成のためには重要な措置であるが，核関連技術の拡散は，グローバルエコノミーの時代においては防止するのがきわめて困難になっており，その正当性についても疑問が投げかけられている。すなわち技術的な対応には限界があるため，核兵器の拡散防止は最終的には政治的手段によるべきであり，サプライサイド・アプローチよりもデマンドサイド・アプローチに重点を置くべきである。

　それは，各国あるいは各地域の安全保障環境を改善すること，また核兵器の政治的および軍事的価値を低下させることが必要であることを意味している。

第4章　核兵器の実験禁止

第1節　包括的核実験禁止条約

包括的核実験禁止条約（Comprehensive Nuclear Test Ban Treaty = CTBT）は1996年9月10日に国連総会で採択され，同年9月24日に署名のため開放された。日本はその署名開放の日に5核兵器国とともにCTBTに署名し，国会の批准承認を受け，閣議決定し，1997年7月8日に国連事務総長に批准書を寄託し，フィジー，カタール，ウズベキスタンに続く4番目の批准国となった。このことは日本のきわめて積極的な姿勢を示すものである。この条約案はインドの反対のため軍縮会議（CD）では採択できず，CDを迂回して国連総会に直接提出されたという経過もあり，また条約の発効条件が非常に厳しいものであるので，当分の間発効することは期待できない。

本節では，まず条約交渉に至る歴史的背景と交渉の経過を概観し，次に交渉における重要な論点を検討して条約の内容を明らかにする。第3に，条約の基本的義務の意義を考察し，最後に条約の組織化，検証・査察および条約の効力発生に関する諸問題を検討する。

1　条約の交渉過程

(a)　歴史的背景

核実験の禁止は戦後の核軍縮交渉の中で中心的な地位を占めていた。核軍備競争の質的側面を規制する措置として，すなわち新たな核兵器の開発を停止させる措置として重要視されてきた。1954年3月の米国によるビキニ環礁での水爆実験で日本の第5福龍丸乗組員が被害を受けたことを契機に，インドのネルー首相は核実験の停止を主張していた。1950年代末から開始された交渉により，米英ソ3国は，1963年8月に「大気圏内，宇宙空間及び水中における核兵器実験を禁止する条約」に署名した。これは，地下における核実験を禁止していないので，一般に「部分的核実験禁止条約」と呼ばれている。その前文において，米英ソ3国は核兵器のすべての実験的爆発の永久的

停止の達成を求め，その目的のために交渉を継続することを決意している。この決意の表明は1968年の核不拡散条約（NPT）の前文においても想起されている。

　包括的禁止に至る1段階として，米ソは1974年に核実験を150キロトン以下に制限する条約を締結した。しかし，1970年代および80年代には多くの核実験が実施され，より精巧な核兵器の開発が継続されていた。核実験の包括的禁止の気運が生じるのは，冷戦が終了してからである。冷戦の終結とともに，米ソ(ロ)は戦略核兵器の削減に合意し，自国領域外配備の戦術核兵器を撤去し始めた。また冷戦の終結後，ロシア，フランス，米国が核実験のモラトリアムを自主的に開始した。英国は米国のネバダ実験場を使用している関係上，事実上のモラトリアムとなった。

　本格的な交渉は，ジュネーブの軍縮会議において1994年1月から開始された。冷戦終結後も，米国のブッシュ政権（第41代）は包括的核実験禁止を究極目標と設定し，その具体的交渉には賛成していなかった。しかしクリントン政権は，1993年7月2日にモラトリアムの延長を決定するとともに，他国もモラトリアムを継続するならば包括的核実験禁止を交渉する高い可能性があることに言及した。これを契機に軍縮会議は8月10日に核実験禁止アドホック委員会に包括的核実験禁止を交渉する権限を与えることを決定した。1994年1月に軍縮会議が決定したマンデートは，「あらゆる側面における核兵器の拡散の防止に対し，核軍縮のプロセスに対し，したがって国際の平和と安全の促進に対し効果的に貢献するような，普遍的で，多辺的かつ効果的に検証可能な包括的核実験禁止条約（a universal and multilaterally and effectively verifiable comprehensive nuclear test ban treaty）を精力的に交渉すること」である。

　このCTBTの交渉は，核不拡散条約（NPT）の延長問題と密接に関連しており，米国を中心とする核兵器国が交渉の開始に同意した動機の1つは，これによりNPTの無期限延長問題を有利に進めようとしたことである。非核兵器国，特に非同盟諸国はNPT第6条の核軍縮の進展を無期限延長の条件と考え，1995年春のNPT会議以前にCTBTを完成させることを主張していた。逆に英仏は，NPTの無期限延長の決定がCTBTの条件であると主張していた。NPT再検討・延長会議が開催された1995年4月／5月にはCTBTの交渉はま

第1節　包括的核実験禁止条約　239

だ継続中であったため，無期限延長の決定とパッケージで採択された「核不拡散と核軍縮の原則と目標」に関する決定において，CTBTを1966年中に完成させることが規定された。これにより交渉の期限が設定され，さらにその年の国連総会は，条約案を翌年の国連総会に提出するよう要請する決議を採択した。これにより，1966年9月以前に条約案を作成することが必要になった。

(b)　基本的義務の交渉過程

CTBTの交渉に関連して最初に提出された条約案は，1993年6月にスウェーデンが提出したもので，それは，同年12月に若干改訂されている。また交渉が開始された1994年3月にオーストラリアが条約案を提出した。これらの条約草案の規定の仕方は，1963年の部分的核実験禁止条約に基づいており，それときわめて似通った規定になっている。しかし，1994年の交渉においては以上の草案とは異なるさまざまな見解が主張され，その年の交渉の後に議長が提出したローリング・テキストは，それらの見解をほぼ網羅的に取り入れ，ほとんどすべてが括弧入りであり，以下のように規定していた。

　1.　Each [State Party] [of the Parties to this Treaty] undertakes [to prohibit, and to prevent, and] not to carry out, [at any place and] [in any environment,] any nuclear weapon test [explosion] [which releases nuclear energy] [in any form or any type], or any [other] [peaceful] nuclear [test] [explosion], [and undertakes to prohibit and prevent any such nuclear explosion] at any place [under [or beyond] its jurisdiction or control] [,with the exceptions which may be authorized in exceptional circumstances] [.] [:]
　[(a) In the atmosphere ; beyond its limits, including outer space; or under water, including territorial waters or high seas ; or
　(b) Underground.]
　2.　Each [State Party] [of the Parties to this Treaty] undertakes, furthermore, to refrain from causing, encouraging, [assisting,] [preparing,] [permitting] or [in any way] participating in, [the carrying out

anywhere of] any [nuclear [test] [explosion] referred to in paragraph 1 of this Article] [nuclear weapon test [explosion] [as referred to in paragraph 1 of this Article] or any] [other] [peaceful] [nuclear explosion] [,which would take place in any of the environments described in paragraph 1 of this Article].]

このように1994年の交渉では，禁止の範囲に関してさまざまな見解が提案されていた。包括的核実験禁止条約の作成というマンデートの下で作業しているにもかかわらず，核兵器の実験が禁止されるのか核兵器の爆発的実験が禁止されるのか，平和目的核爆発が禁止されるのか許容されるのか，禁止が解除される例外的状況が存在しうるのか，環境の列挙は例外を認めるものなのか，禁止に実験（実験的爆発）の準備も含まれるのか，といったさまざまな見解の相違がこのテキストからは読み取れる。

1995年の交渉においても，前年と同様の見解の相違が見られたが，同年8月に米国およびフランスが実験的爆発の禁止をゼロ・イールド（威力ゼロ）とすることに同意したため，例外的状況を認める部分は削除された。新たに追加されたものもあるが，それ以外は前年のものとほぼ同じであり，議長のローリング・テキストでは以下のように規定されていた。[(5)]

1. Each State Party undertakes [to prohibit, and to prevent, and] not to carry out, [at any place and] [in any environment,] any nuclear weapon test [explosion] [which releases nuclear energy], [or any other nuclear [test] [explosion]], [or any release of nuclear energy caused by the assembly or compression of fissile or fusion material by chemical explosive or other means,] [and to prohibit and prevent any such nuclear explosion] [at any place under [or beyond] its jurisdiction or control] [.] [:]

[(a) In the atmosphere ; beyond its limits, including outer space ; or under water, including territorial waters or high seas ; or

(b) Underground.]

2. Each State Party undertakes, furthermore, to refrain from causing, encouraging, [assisting,] [preparing,] or in any way participating

in, the carrying out [anywhere] of any nuclear weapon test [explosion] [or any other nuclear [test] [explosion]] [or any release] [referred to] [,which would take place in any of the environments described] [in paragraph 1 of this Article].

　1996年に入り交渉は大詰めの段階を迎え，議長は5月28日にまったく括弧のない条約案を初めて提出した。第1条の基本的義務は以下のように規定しており，この部分はその後も変更なく条約規定として採択されている。なお，この議長提案は，1996年2月にオーストラリアが提出したモデル条約テキストに含まれているものと同じであり，2年にわたる交渉の後にコンセンサスが得られたものである。

　Article I　BASIC OBLIGATIONS
　1.　Each State Party undertakes not to carry out any nuclear weapon test explosion or any other nuclear explosion, and to prohibit and prevent any such nuclear explosion at any place under its jurisdiction or control.
　2.　Each State Party undertakes, further, to refrain from causing, encouraging, or in any way participating in the carrying out of any nuclear weapon test explosion or any other nuclear explosion.
　第1条　基本的義務
　1　締約国は，核兵器の実験的爆発又は他の核爆発を実施せず並びに自国の管轄又は管理の下にあるいかなる場所においても核兵器の実験的爆発及び他の核爆発を禁止し及び防止することを約束する。
　2　締約国は，更に，核兵器の実験的爆発又は他の核爆発の実施を実現させ，奨励し又はいかなる態様によるかを問わずこれに参加することを差し控えることを約束する。

　このように，最終的な条約規定によれば，禁止されるのは核兵器の実験ではなく実験的爆発であること，その他の核爆発すなわち平和目的核爆発も禁止されること，これらの禁止に例外はないこと，実験的爆発の準備は禁止に含まれないことが明らかになる。以下においては，これらの個々の問題がどのような国によりどのような意図をもって提案され，またどのような議論の

末に条約規定のように定められたのかを明らかにする。[8]

(1) この点については, Jayantha Dhanapala, "Fulfilling the Promise of the NPT : The CTBT and Beyond," *Arms Control Today*, Vol. 26, No. 4, May/June 1996, pp. 3-6. 参照。
(2) Sweden, Draft Comprehensive Nuclear Test-Ban Treaty, CD/1203, 3 June 1993, and CD/1232, 3 December 1993.
(3) Australia, Working Paper, Comprehensive Test Ban Treaty, CD/NTB/WP. XX, 30 March 1994.
(4) Chairman's Rolling Text of the Treaty, CD/1273/Rev. 1, 5 September 1994.
(5) Chairman's Rolling Text of the Treaty, CD/1364, 26 September 1995.
(6) Chairman of the ad hoc Committee of a Nuclear Test Ban, Working Paper, Draft Comprehensive Nuclear Test-Ban Treaty, CD/NTB/WP. 330, 28 May 1996.
(7) Department of Foreign Affairs and Trade, Comprehensive Nuclear Test Ban Treaty, Australia Model Treaty Text, February 1996.
(8) 交渉の最終段階における動向については, Rebecca Johnson, "The In-Comprehensive Test Ban," *Bulletin of the Atomic Scientists*, Vol. 52, No. 6, November/December 1996, pp. 30-35 ; Rebecca Johnson, "The Comprehensive Test Ban Treaty : Hanging in the Balance," *Arms Control Today*, Vol. 26, No. 5, July 1996, pp. 3-8 ; Rebecca Johnson, "The CTBT and the 1997 NPT PrepCom," *Nonproliferation Review*, Vo. 3, No. 3, Spring-Summer 1996, pp. 55-62. 参照。

2 交渉における論点

(a) 平和目的核爆発

　条約による禁止の範囲に関する最も大きな議論でありながら, 多くの国の支持を得られなかったのは, 平和目的核爆発 (peaceful nuclear explosion = PNE) である。これは, 条約はあらゆる核爆発を禁止すべきか, 核兵器の実験的爆発のみを禁止すべきかという議論で, 中国のみが条約は平和目的核爆発を禁止すべきではないと主張していた。中国は, この条約は原子力平和利

用に関するすべての国の奪い得ない権利に影響するものではないと主張し、「平和目的核爆発」に関して、それを実施しようとする国は執行理事会にその要請を提出し、そこでの3分の2の多数により承認されることを条件として、実施できると主張していた。この条項は、1994年9月および1995年9月のローリング・テキストの両方に含まれていたが、そこには、「多くの代表は、この条約にいわゆる平和目的核爆発に関するいかなる規定を含むことにも反対している」との但し書きが付記されていた。

中国は5核兵器国の中では核実験の回数が最も少なく、技術的に最も遅れている状態であった。また他の4核兵器国が1991/2年から核実験のモラトリアムを実施している間にも、中国は毎年コンスタントに実験を継続しており、当初は1996年には実験を停止すると述べていたが、後には条約が発効すれば実験を停止するというようにその主張を変更していた。当時の情勢では、条約の発効には中国の批准を条件とするため、中国の主張は、中国が批准するまで実験を継続できることになり、中国にフリーハンドをもたせることを意味していた。

部分的核実験禁止条約および核不拡散条約においては、平和目的核爆発は核兵器の爆発と同列に取り扱われ、禁止に含まれてきた。また地下での核兵器の実験的爆発を150キロトンに制限する1974年の米ソ間の地下核実験制限条約は、同様の制限を課す1976年の平和目的核爆発条約により補完され、両者が禁止されている。また1950年代から米国が、また遅れてソ連が、大規模な土木作業などのために核爆発を利用することを研究し、開発したが、結論的には利用価値がそれほど大きくないことや、逆に利用の弊害が大きいことからして、両国は平和目的核爆発の利用という考えをすでに放棄していた。

このような歴史的流れを背景に行われたCTBTの交渉で中国が平和目的核爆発の権利を強く主張したことは、奇異に感じられ、多くの国はそのような主張は全く受け入れられないと反論していた。中国が本当に平和目的核爆発の利用を計画しそのことに大きな魅力を感じていたかは疑問であり、一般には、中国は平和目的核爆発という名目で核兵器の一層の開発を企図しているのではないか、あるいは中国はまだ核実験を必要としているので条約の成立をなるべく遅らせるために主張しているのではないかと考えられていた。さ

らに中国は、なんらかの対価を得るためのバーゲニング・チップとして主張していると考えられ、中国が一層頑なに主張し続けることから、中国は条約作成を破壊するのではないかとおそれられていた。(9) 1996年6月になって、中国はその主張を取り下げた。

(b) 安全性・信頼性の実験

英国とフランスは、将来において保有する核兵器の安全性および信頼性を確認するために核兵器の実験が必要になるので、例外的にそれを承認すべきであると主張していた。その主張は、1994年のローリング・テキストにおいて、「例外的な状況において認められることのある例外を伴い」という文言に示されている。この2国は、米ロに較べて核兵器の数が少なくまた実験回数が少ないことから、核兵器の安全性および信頼性を維持するためには、例外的に核兵器の爆発的実験を実施する必要があり、核兵器国は核兵器を保有することは認められているから、問題とはならないと考えていた。特に、米ロとの比較において、米ロはきわめて多くの核兵器を保有しており、安全性や信頼性の点から保持できない核兵器は除去していく十分な余裕があるし、多くの実験で十分なデータを収集していると主張していた。このような議論は米ロとの関係においては有効であるかも知れないが、大多数の非核兵器国にとっては、核兵器国の身勝手な主張にすぎず、それでは「包括的」という基準が満たされないという反論が鋭く提起された。またその核実験により新たな核兵器の開発の可能性も排除されないため、多くの国に受け入れられるものとはならなかった。英仏は1995年4月にその提案の撤回を表明した。

また核兵器の実験的爆発の環境について、「いかなる場所においても」という提案に対立する形で、ロシアは、「(a) 大気圏内、宇宙空間を含むその限界の外、または領水又は公海を含む水中、又は (b) 地下」という文言を提案していたが、その意図は、人工的に密閉された環境つまり実験室での核爆発を許容する抜け穴を残そうとしたのではないかと考えられていた。米国はまた、条約発効の10年後の再検討会議において、実験が必要と考えられる場合に格別の理由なくして条約から容易に脱退できる規定を当初主張していたが、多くの国の反対に遭い、1995年1月に撤回した。

これらの提案はすべて核兵器実験の実施の高い可能性を条約の下でも維持

しようとする核兵器国の立場の表明であったが，採択された条約ではすべて排除されており，これらの例外を認めさせようとする核兵器国の意図は打破されている。

(c) 流体核実験

米国が例外として強く主張していたのが流体核実験（hydro-nuclear tests）である。流体核実験は，きわめて低威力のもので少量の核分裂性物質を放出するものである。流体核実験は，核装置の活動についての情報を提供しうるので，核兵器の設計や開発にも有益であると考えられていた。米国は，CTBTはあらゆる核爆発を禁止するもので，いかなる例外もないと主張し，「威力ゼロ（zero yield）」流体核実験はそれ自身核爆発とは考えられないと述べていた。当初の核兵器国間での話し合いでは，他国の主張する例外とともに，これを例外として認める方向であったが，流体核実験は実際には低威力の核爆発実験であり，包括的禁止という原則に反するものであった。1994年末において，アーネットらは，流体核実験の禁止は核兵器国の支持を得られないし，検証の困難さを伴うので禁止に含めるべきではないと主張していた。(10)

1995年6月13日にフランスは，その9月から翌年5月にかけて8回の核実験を再開すると発表した。1995年5月のNPT再検討・延長会議において，NPTの無期限延長が決定され，CTBTを1996年中に完成させることが合意されたが，その数日後に中国が核実験を実施し，またフランスが核実験の再開を発表したことで，国際世論はそれらに対し厳しい対応を示した。(11)フランスがモラトリアムを放棄して核実験を再開することは，条約が作成されると核実験ができなくなるので，それ以前に必要なデータを集めておきたいというフランスの考えに一定の合理性があるとしても，多くの非核兵器国にとっては核兵器国のエゴイズムに他ならず，フランスは厳しい国際的批判にさらされることになった。このような状況に譲歩する形で，フランスは8月10日に，真に包括的な禁止に賛成するとして，低威力の核爆発をも禁止することへの支持を表明した。

他方，米国は流体核実験を最も積極的に支持していた国であるが，国際的および国内的な批判に直面し，またジェイソン報告(12)に基づき，クリントン大

統領は8月11日に，米国は「真の威力ゼロ（true zero yield）」にコミットすることを明らかにした。特にジェイソン報告は大統領の声明に決定的な影響を与えたと考えられる。核兵器および安全保障の専門家14名からなるこのパネルは，まず米国は今後引き続き貯蔵することになっている核兵器の安全性，信頼性および作動能力について高い信頼性をもつことができると結論し，この信頼は1000回以上の核実験を実施した50年の経験と分析から得られた理解に基づいていると述べる。また長期的な信頼性のため実験を継続する技術的貢献は，米国の不拡散目標への政治的影響およびそのコストに照らして判断されるべきであると述べ，米国がCTBTに入ることに合意すべきであると結論する。その後，9月14日に英国もこの立場に同意し，さらにロシアは10月23日に暫定的に，翌年4月のモスクワ原子力安全サミットで正式に真の威力ゼロの立場を受け入れ，CTBTにおける核爆発の禁止は真に包括的なものとして合意が達成された。

(d) 核実験の準備

　1993年12月のスウェーデン条約案では，第2項において，核兵器の実験的爆発の実施の実現，奨励，参加とともに「準備」をも禁止の中に含んでいた。スウェーデンを初めとして，ドイツ，オランダおよび多くの非同盟諸国は，CTBTの不拡散および軍縮の機能を強化する手段として，準備をも禁止すべきであり，それは違反を監視するのではなく防止することを可能にすると考えた。スウェーデンのノルバーグ軍縮大使は，「実験前の活動を制限し防止するために一定の措置がとられなければ，CTBTは核兵器能力の拡散に対してほとんどまたは全く効果をもたないであろう」[13]と説明していた。
　他方，米国，ロシア，英国，フランスおよびオーストラリアは，「準備」を定義すること，また合法な活動と区別することは困難であり，また検証についても費用および複雑性を増加することになるので，禁止することはできないという態度を示した。日本の田中軍縮大使は，「核爆発実験の準備に関連する問題の重要性は理解するが，条約テキストの中にその規定を含めることは非現実的であると考える。その禁止を検証するのはきわめて困難であると予測される。核爆発の準備とは何であるかを明確に定義するのが困難であるので，CTBTの下で禁止されるべき活動の具体的リストを作ることはでき

ないであろう。……核実験直前の明白な準備となるような活動は，準備を禁止する明示の規定がなくても，基本的な CTBT の目的の厳格な実施により禁止される」と説明している。
(14)

インドネシアなどは実験室での活動をも禁止すべきであると主張していたが，スウェーデンが考えていたのは，核実験に直接関連する掘削などの野外での準備を禁止しょうとするものであった。しかし，米国などの核兵器国は，将来の不測の事態に備えて，核実験場を維持し必要な時にはいつでも実験を再開できる準備状況を維持したいと考えていたので，「準備」の禁止に強硬に反対した。またオーストラリアなどは，検証がきわめて困難であるとの点から反対したため，条約には取り入れられなかった。

(e) 実験場の閉鎖

実験場の閉鎖という提案はローリング・テキストには含まれていないが，イランなどの非同盟諸国は，現存の核実験場の閉鎖および実験のために特に考案された備品の廃棄を要求していた。核兵器実験の包括的禁止を確保する手段として，実験場の閉鎖はきわめて有効なまた効果的な手段であると彼らは考えた。核兵器国は，核実験場は研究所でもあるとして閉鎖に反対したが，実際には，CTBT で核実験が禁止されても，「この条約に関連する異常な事態が自国の至高の利益を危うくしていると認める場合には」脱退する権利があるので，いつでも迅速に核実験を再開できる状態を維持する意図をもっていたからである。

(f) 爆発を伴わない実験

条約で禁止される範囲に関して，ローリング・テキストでも核兵器の実験的爆発の「爆発」が括弧入りであったように，核兵器の実験であれば，それが爆発であろうとなかろうとすべてを禁止すべきであるという主張が，主としてインドネシアから提案されていた。インドネシア大使は，「CD は CTBT が以下の 2 つの目的をもつという事実を忘れるべきではない。つまり，核実験の実施による環境汚染を防止すること，および世界の弾薬庫から核兵器を完全に撤廃する第一歩として核兵器の垂直的および水平的拡散を停止することである。これらの 2 つの目的を考えると，CTBT の範囲はできるだけ包括

的で，核兵器を開発したり所有しようとする国に利用されるいかなる抜け穴も閉じるものでなければならない。条約の範囲は，条約当事国が『いかなる核兵器実験であれ』『いかなる環境におけるものであれ』それを実施する機会を否定するように定義されなければならない。このように，条約は爆発技術を用いるものも，……爆発技術を用いないものもあらゆる種類の核兵器実験の実施を防止すべきものである」と述べている。
(15)

この主張はエジプトやイランなどの非同盟諸国に支持され，CTBTは未臨界実験であれコンピューター・シミュレーションであれ，核兵器に関連するあらゆる実験を禁止すべきであり，それにより抜け穴を残さずに完全な禁止が達成され，核兵器廃絶への道筋が明らかになると主張されていた。またインドは，核兵器の爆発，その他の実験的爆発のほかに，「化学爆発または他の手段による核分裂性または核融合性物質の急速な集合または圧縮により生じる核エネルギーの解放」をも禁止することを提案していた。インドは，この条約は実験を研究室の中に追いやるだけで，爆発であろうがなかろうが，核兵器の一層の開発と精巧化を目的とする活動の「抜け穴」を残すべきでないと述べていた。

どちらの提案に対しても核兵器国はきわめて強硬に反対し，これらは原子力平和利用の妨げになるし，きわめて複雑な検証手段を必要とするという点から異議を唱えていた。核兵器国の反対はきわめて強固なものであって，爆発を伴わない核実験を禁止の対象に含めることはできなかった。

(9) Rebecca Johnson, "Endgame Issues in Geneva : Can the CD Deliver the CTBT in 1996?" *Arms Control Today*, Vol. 26, No. 3, April 1996, p. 13. さらに中国は，核兵器の先制不使用，消極的安全保障と積極的安全保障に関する規定を提案しており，それに対して他の代表たちは，これらの問題は完全に条約の範囲外のものであり，中国はCTBTの成立を遅らせるためにそのような主張をしているのではないかと考えていた。
(10) Eric Arnett and Annette Schaper, "No Hydronuclear Ban," *Bulletin of the Atomic Scientists*, Vo. 50, No. 6, November/December 1996, pp. 22-23.
(11) フランスと中国の核実験については，Robert S. Norris, "France and Chinese Nuclear Weapon Testing," *Security Dialogue*, Vol. 27, No. 1, March 1996, pp. 39-54. 参照。

(12) "JASON Nuclear Testing Study," *Arms Control Today*, Vol. 25, No. 7, September 1995, pp. 34-35.
(13) Lars Norberg, "Current Efforts to Negotiate a Nuclear Test-Ban," *Disarmament*, Vol. XVI, No. 3, 1993, p. 15.
(14) Yoshitomo Tanaka, "Reviewing the Negotiations-Assessing Prospects for Progress," *Disarmament*, Vol. XVIII, No. 1, 1995, p. 171.
(15) Soemadi D. M. Brotodiningrat, "An Indonesian Perspective," *Disarmament*, Vol. XVIII, No. 1, 1995, pp. 114-115.

3 基本的義務の意義

以上のような個々の論点に関する議論を経た後に採択されたCTBTの基本的義務は，核兵器の実験的爆発を禁止することで，その爆発はいくら小さくても禁止される「真のゼロ威力」であり，平和目的核爆発も禁止される。しかし，爆発に至らない実験は核兵器に関連するものであっても禁止されない。また実験的爆発の準備も禁止されず，核実験場は閉鎖されない。そこで，まず米国の未臨界実験に関する議論を検討し，次に，CTBTの基本的義務の意義は何であるのかを検討する。

(a) 未臨界実験

1997年7月2日に米国は最初の未臨界実験（sub-critical experiment）をネバダ実験場の地下300メートルにあるトンネル内の実験室で実施した。これは75キログラムの高性能化学火薬を起爆剤として用い，その衝撃波により超高圧状態を作り，約1.5キログラムの兵器用プルトニウムが正常な挙動を示すかどうかを実験するもので，プルトニウムが核分裂の連鎖反応を起こす直前，つまり臨界に達する直前まで圧力を加えるものである。したがって，核分裂という爆発は生じない。米国エネルギー省は，未臨界実験は科学実験であり，米国の核兵器貯蔵の安全性と信頼性を地下核実験なしで維持するためのエネルギー省のプログラムを支持する技術的情報を得るためのものであり，爆薬と核物質の配置および量は核爆発が起こらないように考えられており，したがって，この実験はCTBTに違反しないものである，と述べている。

この未臨界実験は，米国の「科学的備蓄管理計画（Science-Based Stockpile Stewardship Program)」の一部であり，この計画は，1993年7月にクリントン大統領がCTBT交渉の開始を示唆した演説において，「核実験が禁止された際にわれわれの核抑止が疑問視されないものに確保するため，われわれ自身の核兵器の安全性，信頼性および実効性に信頼を維持する他の手段を開発する」と述べたことに端を発している。エネルギー省は，この科学的備蓄管理計画として，当初，流体力学実験，高エネルギー密度実験，兵器効果実験，流体核実験の4つの実験を計画していた。この計画は，核兵器の構成要素を研究する実験施設と，一層正確に核兵器を模倣できる大規模なコンピューター計画から成り立っている。米国は，包括的な禁止の下でも，流体核実験は許されると主張し，条約が成立してもこの科学的備蓄管理計画の下で実施する予定であったが，すでに述べたように多くの国の反対に遭遇し，1995年8月にジェイソン報告を契機に，流体核実験は条約上禁止されるという解釈への変更を明らかにした。しかし，そのジェイソン報告においても，科学的備蓄管理計画の重要性が強調され，さらに自国の至高の利益が危うくされた場合には条約から脱退する可能性があること，そのためにいつでも核実験を再開できる状態を維持することが求められている。

　この計画に対しては，「この計画はCTBTが署名される以前においてもCTBTを消滅させる萌芽を含んでいる。……安全性と信頼性の確認は，その後ろで核兵器実験所が新たな核兵器を考案する能力を打ち立てる大規模な計画を隠す煙幕にほかならないであろう。……またこの計画は核不拡散およびNPT第6条の下での米国の約束に対して重大な影響を与えるであろう」[18]という鋭い批判が存在している。

(b) CTBTの基本的義務の意義

　CTBTは上述のような交渉の経緯を得て，核兵器の爆発的実験およびその他の核爆発を禁止する基本的義務を規定している。1994年1月に，CDに与えられたマンデートにおいては，交渉されるべき条約は，① あらゆる側面における核兵器の拡散の防止，② 核軍縮のプロセス，③ したがって国際の平和と安全の促進，という3つの目的に効果的に貢献するものとされていた。ここでは，一般に拡散と言われる水平的拡散と，既存の核兵器国の核軍備の増強を意味する垂直的拡散の両者がまず目的として掲げられ，次にそれが核

軍縮のプロセスに貢献するものとされ，結果として，国際の平和と安全が促進されるものと考えられていた。ここでは拡散が二重の意味に用いられているが，通常，拡散という用語は新たな核兵器国の出現を意味する水平的拡散のみを指す。

　クリントン政権がCTBT交渉の開始を示唆した1993年7月の声明において，「大統領選挙運動の間に，私は包括的核実験禁止条約を達成するための誠意ある取り組みを約束した。核実験禁止は核兵器技術の拡散を停止するわれわれの世界的な努力を強化することができる。……追加的な実験は実験禁止のための準備を助け，安全性と信頼性の追加的な改善をもたらすだろう。しかし今実験を実施することにより払うべき代価は，われわれの不拡散という目標を損ない，他の国が実験を再開するようになるので，これらの利益を上回るものになる」と述べているように，ここでは不拡散という目的が強調されている。また米国のレドガー軍縮大使は，「米国はすでに明らかにしているように，CTBTは包括的で，核兵器の一層の拡散を抑制するという米国の重大な国益を促進するものでなければならない。同時に，CTBTはその備蓄の安全性と信頼性を維持するのに必要な活動を禁止してはならない。これらは他の核兵器国も共通した見解である」と述べ，ここでも不拡散の側面を米国の重大な国益ととらえている。

　ロシアのベルデニコフ常駐代表は，「ロシア連邦の見解では，禁止の範囲は包括的核実験禁止条約を作成するという目的に完全に一致すべきであって，基礎的科学研究を妨げてはならない。CTBTの目的は，現存兵器の質的改善を防止することであって，それらを廃棄することではない。さらに，条約の範囲は検証制度に解決不可能な問題をもたらしてはならない。このことは，ある国が禁止の範囲にいわゆる核実験の準備および核爆発のコンピューター・シミュレーションを含めようとしていることに当てはまる。準備やコンピューター・シミュレーションを禁止する条約は，検証制度を複雑にするであろうし，費用を増加させるであろう。さらに，一般にシミュレーションが行われたどうかを検証することは不可能である」と述べ，現存兵器の質的改善の防止を強調しつつ，科学研究の禁止には強く反対している。同様にフランスも，「交渉の最初から，フランスは，その核実験を終了させなければならないことは受け入れているが，その兵器の安全性と信頼性を確保するこ

とは核兵器国としての責任であるということを明らかにしてきた。その責任を強調しつつ，フランスは，この条約は実験の禁止に関するものであって，核兵器の禁止に関するものではないことを繰り返し想起する」(21)と述べている。

これらの核兵器国の見解によれば，CTBTの主たる目的は，現存核兵器の質的改善の防止を含みながらも，主として核不拡散であることが明白であり，核軍縮プロセスへの貢献という側面はまったく言及されていない。マリンは，「大きく定義すれば，CTBTには，核兵器の拡散を阻止すること，新たな核能力の開発を防止すること，軍縮プロセスを促進することという3つの目的がありうる。米国は第1の目的を全面的に支持し，第2の目的も受け入れるが，第3の目的には決して同意していない」(22)と分析している。

他方，非同盟諸国を中心とする非核兵器国の見解は，それとは大きく異なる。1994年3月に非同盟グループ21が提出した文書は，「核実験禁止の範囲は，核兵器の取得の防止および現存核兵器の改善の防止の両方に向けられなければならない。したがって，CTBTは単に不拡散協定と見られるべきではなく，核軍縮に貢献できる協定と見られなければならない」(23)と規定している。インド代表は，「5核兵器国の立場からすれば，CTBTは，核軍縮目的に関連する措置であるよりも，基本的には不拡散措置であるので，彼らはすべて将来の兵器のデザイン，安全性，信頼性および／または製造能力を確保する方法を見いだそうとしている」(24)と分析しており，ポーランドのデンビンスキー軍縮大使らも，核兵器国が禁止の例外を主張していることに関連して，「その立場は，CTBTはなかんずく不拡散措置であって，究極的に核兵器の全面的廃棄へと導く核軍縮措置ではないという核兵器国の立場を反映している。彼らの関心は現存兵器の安全性と信頼性を確保することにある」(25)と述べ，さらにエジプトのザーラン軍縮大使も，「条約は不拡散を促進する単なる国際文書と見なされるべきではなく，核兵器の完全な禁止と廃絶に導く1段階と考えられなければならない」(26)と主張している。

このように，CTBTの基本的義務の目的に関して，核兵器国と非核兵器国の見解は大きく分かれている。核兵器の実験的爆発およびその他の核爆発は禁止されたが，核兵器国は所有している核兵器の安全性と信頼性の維持をきわめて強く主張しており，さらに未臨界実験など爆発を伴わない実験に積極的に取り組む姿勢を示している。これにより，新たな核兵器の開発が大規模

に実施されることはないが,核兵器の質的開発が完全に排除されるわけではない。また条約の発効条件に関して,ロシア,中国および英国は,特に,インド,パキスタン,イスラエルが入らないCTBTは意味がないと主張していたが,ここにおいても,CTBTは核不拡散のためのものであると考えられていることが明らかになる。

特に重要なのは,非核兵器国がCTBTの核軍縮プロセスの促進の側面を強調しているのに,核兵器国の主張にはこの側面がまったく見られないことである。非核兵器国は全体の核軍縮プロセスという広い視野の中でCTBTを位置づけ,次の核軍縮措置に継続させようとしているが,核兵器国はCTBTを単独の措置ととらえる傾向が見られる。[27]

(16) 米国は当初,1996年6月および9月に未臨界実験を実施すると発表していたが,CTBT交渉の微妙な時期と重なったため,実験を1997年以降に延期した。

(17) Tom Zamora Collina and Ray E. Kidder, "Shopping Spree Softens Test-Ban Sorrows," *Bulletin of the Atomic Scientists*, Vo. 50, No. 4, July/August 1994, pp. 26–29.

(18) Hisham Zerriffi and Arjun Makhijani, "The Stewardship Smokescreen," *Bulletin of the Atomic Scientists*, Vol. 52, No. 5, September/October 1996, pp. 23–24.

(19) Stephen J. Ledogar, "Concluding the Negotiations," *Disarmament*, Vol. XVIII, No. 1, 1995, p. 149.

(20) Grigori Berdennikov, "A Russian Viewpoint," *Disarmament*, Vol. XVIII, No. 1, 1995, pp. 100–101.

(21) Joelle Bourgois, "France's Commitment to a CTBT," *Disarmament*, Vol. XVIII, No. 3, 1995, p. 66.

(22) Maurice A. Mallin, "CTBT and NPT : Options for U. S. Policy," *Non-proliferation Review*, Vol. 2, No. 2, Winter 1995, p. 4.

(23) The Group of 21, Some Key Elements of a Comprehensive Nuclear Test Ban Treaty, CD/1252, 22 March 1994.

(24) Ajit Kumar, "The Still Elusive CTBT," *Disarmament*, Vol. XVIII, No. 1, 1995, p. 122.

(25) Ludwik Dembinski and Henryk Pac, "Legal and Institutional Aspects,"

Disarmament, Vol. XVIII, No. 1, 1995, p. 89.
(26) Mounir Zahran, "Egypt and the CTBT," *Disarmament*, Vol. XVIII, No. 1, 1995, p. 179.
(27) 条約の意義については，Jozef Goldblat, "The Thorny Road to a Nuclear Test Ban," *Security Dialogue*, Vol. 26, No. 4, December 1995, pp. 370-371 ; Spurgeon M. Keeny, Jr. and Craig Cerniello, "The CTB Treaty : A Historic Opportunity to Strengthen the Non-Proliferation Regime," *Arms Control Today*, Vol. 26, No. 6, August 1996, p. 15. 参照。

4 機関・検証・効力発生

(a) 包括的核実験禁止条約機関 (CTBTO)

条約の目的の達成を助け，条約の履行を確保するための国際機構について，スウェーデン案はIAEA（国際原子力機関）を利用するとし，オーストラリア案はあらたな国際機構を設置するとなっていたが，結果的には，包括的核実験禁止条約機関（CTBTO）をウィーンに新たに設置し，IAEAと緊密な協力関係を維持することとなった。この機関の内部機関として，締約国会議，執行理事会，技術事務局が設置される。

締約国会議は最高意思決定機関であり，年1回会合し，執行理事会のメンバーを選出し，技術事務局長を指名する。さらに条約の履行を監督し，遵守を検討する。実質的な活動は執行理事会が行うのであり，技術事務局を監督し，協議と明確化の過程を監督し，現地査察の決定を行い，違反に対する最初の評価を行う。執行理事会のメンバーについては議論が対立し，5核兵器国は常任の地位を要求し，IAEA理事会メンバーや原子力先進国を常に含める提案が出された。最終的には，6つの地域から7-10の国が選ばれ，合計51ヵ国で構成されることになった。理事国は各地域で選定するが，その3分の1は条約に関連する核能力と政治的安全保障の利害を考慮して選ばれることになっており，またすべての国がローテーションで理事国になる機会が規定されている。技術事務局は，国際データセンターを持ち，国際監視システムを運営し，データの収集や移送を行う。条約が発効していないため機関は正式には発効していないが，発効に備えてCTBTO準備委員会が設置され，検

証活動などをすでに実施している。

(b) 検証レジーム

　検証レジームは，国際監視システム，協議と説明，現地査察から構成される。まず国際監視システムは，地震監視，放射性核種監視，水中音響監視，微気圧変動監視からなる。これらのステーションは世界の各地に設置され，地下，大気圏，水中における核実験を探知することになっている。さらに協議と説明のプロセスが規定され，条約の遵守に関してあいまいな状況が生じた時に，すぐに現地査察を実施するのではなく，まず協議を開始しそれにより状況を明確にする手続きが実施される可能性が規定されている。これは対立的な措置ではなく，協力的な措置である。

　現地査察に関しては，その要請の根拠，タイミング，情報の評価，実施の決定プロセスなどさまざまな側面で見解の相違が存在した。基本的には，できるだけ容易に現地査察を発動させ，違反の証拠が残っているうちに迅速に現地査察を実施しようとする米国，英国，フランスなど西側諸国と，現地査察は最後の手段であってきわめて例外的にしか実施されるべきではないとする中国，イスラエル，インド，パキスタンなどの考えが対立していた。具体的には，現地査察の要請の根拠および現地査察実施の決定手続きについての対立である。

　要請の根拠については，自国の検証技術手段（NTM）を重視する米国，ロシアと，その役割を限定し国際監視システムから得られた情報を重視する中国，インドなどの対立があった。議長案により，現地査察の要請は国際監視システムに依存するか，自国の検証技術手段に依存するか，その両者に依存するという規定が入れられた。他方，現地査察の開始のための執行理事会の決定について，米国などは理事会が大多数により拒否しない限り実施できるといった方法を主張し，中国などは理事会の大多数の賛成により実施できるという方法を主張していた。議長案では理事会の過半数（26国）の賛成で実施されるとなっていたが，中国は最後までこの点にこだわり，結局51ヵ国中30ヵ国の賛成により実施されることとなった。

(c) 効力発生

　CTBTの発効要件には，この条約を核軍縮措置と考えるか，核不拡散措置と考えるかという条約の本質に関する問題が含まれている。5核兵器国のうち米ロは交渉の初期から条約の作成に積極的であり，英国も米国との関係上モラトリアムを続けていた。フランスは条約の完成を予期しつつ1995年9月から翌年1月にかけて6回の核実験を実施し，実験の終了を宣言した。中国も，最初のころは1996年には実験を停止すると言い，その後条約が発効すれば実験を停止すると態度を硬化させていたが，1996年6月にあと2回実験をして終了すると明言した。実際には7月29日の実験が最後になっている。

　このように5核兵器国の間では核実験の停止に向けての態勢は整っており，これまで多くの核実験を行ってきた国々が停止することは，核軍備競争の質的な停止として有益なことであった。しかし核兵器国はCTBTが自分達の手を縛るだけの核軍縮措置とは考えず，主としてその他の国々が核実験を行う可能性をなくすための核不拡散措置として考えていた。特に，NPTに加入せず核兵器の開発を進めているイスラエル，インド，パキスタンという事実上の核兵器国を条約に入れることが必要であると考えた。したがって，英仏は拡大CDのすべての国の批准，ロシア，中国は動力炉および研究炉をもつ国の批准を条約発効の条件として主張していた。米国は，基本的にはこの条約を不拡散措置であると考えていたが，当初は条約の発効に関しては5核兵器国および一定数の国の批准でよいと主張していた。しかし，他の核兵器国の主張を受け入れ，最終的には8カ国を含む提案を支持する。しかし，事実上の核兵器国を明示して提示する訳にはいかないので，8カ国を含む客観的な基準が模索され，初めは，地震観測所などを設置する国という基準で66カ国の批准が必要であるとされていたが，インドがその設置を拒否したため，最終的にはCDの構成国でかつ動力炉または研究炉をもつ国として，上述の8カ国を含む44カ国の批准が必要となった。それらの国名は条約の附属2に列挙されている。

　インドはこの点にきわめて強く反発し，これはインドの国家主権を侵害するもので受け入れられないと述べた。インドがCDでの条約案の採択に反対した理由の1つはこの点にある。したがって，当面はインドの署名，批准は

期待できないので、条約が早期に発効する可能性はきわめて低い。そこで、署名開放の3年後にすでに批准している国の会議を開催し、批准促進のため取り得る措置を決定することになっている。

　国際法の側面からこの条約の意義を考える際に最も注目すべきは、効力発生に関する規定であろう。このような多数国間条約で発効要件に特定の44ヵ国もの批准を含めるのは前例のないものである。1963年の部分的核実験禁止条約は、締約国は現在100国を越えているが、発効は米英ソ3国の批准のみを条件としている。1968年の核不拡散条約には現在188国が当事国となっているが、発効のためには米英ソと他の40国の批准を必要としているものの、その40国は特定されておらずいかなる国でもよい。1972年の海底核兵器禁止条約は米英ソを含む22国の批准が要件となっている。ただ地域的な非核兵器地帯条約であるトラテロルコ条約は、発効条件として地域のすべての国の批准等を規定している。しかし、1つはこれは地域的なものであるということ、もう1つはその条件を放棄することにより発効が可能であるということから、先例とはならない。

　CTBTの発効要件としては、5核兵器国および一定数の国の批准とする方が賢明であったであろう。それにより条約は早期に発効し、条約規定のすべてが有効に機能することになったであろう。インドが早期に加入しないのは、いずれの場合も同じであって、政治的なプレッシャーという点からはインドの批准を条件とする方が有効であるかもしれないが、条約の検証規定の詳細な実施など法的な側面から考えると条約の早期発効の方が好ましかったと考えられる。

　条約が当分発効しない状況で、CTBTはいかなる意味をもつのか。条約の採択に関する国連総会決議は、賛成158、反対3、棄権5という圧倒的な支持を得ている。またすでに120ヵ国以上が条約に署名している。これらの点から、条約は国際社会の一般的な支持を得ており、国際規範として重要な地位を占めることは疑いがない。

　さらに、ウィーン条約法条約第18条によると、条約に署名した国は、条約の当事国とならない意図を明らかにする時まで、条約の趣旨および目的を失わせることとなるような行為を行わないようにする義務がある。CTBTの趣旨および目的が核実験の禁止であることは明らかであり、署名国は条約に

署名した段階で，核実験を行わない義務を負うことになる。5核兵器国はすべて署名のため開放された初日に署名しており，またすでにイスラエルを含む120以上の国が署名しており，これらのすべての国には核実験禁止の義務が課されている。もっとも，当該国が条約の発効以前に条約の当事国とならないという意図を明らかにする可能性は残されているが，CTBTの場合にその可能性はきわめて低い。

　CTBTが発効しないまま時間が過ぎた場合に，それが慣習国際法として法的拘束力をもつかという問題がある。ある1国が強硬に反対している場合，慣習国際法の形成にどのような影響をもつかは，具体的状況を検討する必要があるが，CTBTの場合にインドの強硬な反対があるので当分はインドを拘束する形で慣習国際法になったと述べるのは困難であろう。この問題の推移は国際社会の変化やインドの態度の変化などを長期的に見ていく必要があろう。

　CTBTは当面発効しないとしても，CTBT準備委員会が設置され，条約の実施に向けての具体的措置がとられることになる。現地査察の要請の権利の行使などは条約が発効しない限り適用できないであろうが，国際監視システムなどは活動を開始すると思われる。したがって，条約は発効しないがすでに批准している国々の間では，条約の暫定的な適用の可能性もあると考えられる。[29]

　しかし，米国の上院は1999年10月にCTBTの批准を拒否する決定をなし，2001年以降のブッシュ政権は条約に反対しており，条約の死文化を進めている。このことはCTBTの有効性にマイナスの要因となっている。

(28)　中国は，これらの措置以外に，国際偵察衛星および電磁波探知の措置を備えるべきであると主張していたが，費用対効果の点から受け入れられなかった。地震監視については，常に国際データセンターと結びついている主要ネットワークとして世界中に50の観測所が設置され，必要な時にセンターと結びつけられる補助的ネットワークとして120の観測所が設置される。日本では，松代が主要ネットワークに参加し，大分，沖縄，八丈島，北海道の上川朝日が補助ネットワークに加わる。放射性核種の観測所は世界中に80ヵ所設けられ，日本では沖縄と高崎に設置される。また放射性核種研究所として世界に16の研究所が挙げられ，日本では東海の日本原子力研究所が含まれる。

水中音響の観測所は世界に 11 ヵ所設置されるが,日本には設置されない。微気圧変動の観測所は世界に 60 ヵ所設けられ,日本では筑波に置かれる。

(29) この点に関しては,浅田正彦「未発効条約の可能性と限界―CTBTを素材として」山手治之・香西茂編『現代国際法における人権と平和の保障』東信堂,2003年3月,381-421頁参照。

第2節　インド・パキスタンの核実験

　1998年5月11日および13日にインドが核実験を実施し，それに引き続きパキスタンが5月28日および30日に核実験を行った。この一連の出来事は，冷戦後の世界において米ロの核兵器の削減が実施される中，国際社会の基本的な枠組みである「国際核不拡散体制」に真っ向から挑戦するものであり，核兵器をめぐる国際社会の動向に決定的な影響を与えるものである。インド，パキスタンおよびイスラエルの3国は，これまでも事実上の核兵器国として，核兵器の保有またはその能力が潜在的には認識されていた。しかし，今回の核実験はそれを顕在化させるものであり，核兵器国の数を5に限定しようとする核不拡散条約（NPT）を中心とする国際核不拡散体制の基盤そのものに対する挑戦である。

　本節ではまずインドとパキスタンの核実験の事実とその背景を検討し，次に，これらの核実験に対する国際社会の対応を検討する。さらにこれらの実験が国際核不拡散体制にどのような影響を与えるかを考察し，最後にこれらの事態に対して国際社会は今後どう対応すべきであるかを検討する。

1　両国の核実験とその背景

(a)　インドの核実験

　5月11日のインド首相の声明は，「本日15時45分，インドはポカラン地域で3つの地下核実験を実施した。本日実施した実験は，核分裂性装置，低威力装置，熱核装置を用いたものであった。測定された威力は予定された数値に沿ったものであった。測定により，放射能の大気圏への漏れがまったくなかったことが確認された。これらは1974年5月に実施された実験と同じく閉じこめられた爆発であった。これらの実験を成功裏に実施した科学者と技術者に祝福を贈る」と述べた。

　5月13日のインド政府の声明は，「5月11日に始まった計画された核実験

計画の継続として、さらに2つのキロトン以下の核実験が1998年5月13日12時21分にポカラン地域で実施された。兵器デザインのコンピューター・シミュレーションの改善のため、および必要なら未臨界実験を実施する能力を獲得するために、追加的なデータを生み出すため実験は行われた。実験は完全に閉じこめられ、大気圏への放射能の漏れはなかった。これにより予定された一連の実験は終了した」と述べた。

これらの発表から明らかになることは、今回の核実験によりインドは技術的にはほぼ完全な核兵器国となったことである。それは、原爆実験とともに水爆実験と小型化兵器の実験を実施していること、さらに今後は未臨界実験により核兵器の開発と信頼性の確保が可能になったと述べているからである。[1]
1974年5月にインドは最初の核実験を行ったが、その際にはそれは平和目的の核爆発であることを強調していた。それは技術的にも兵器としては十分ではなく、世界に対する核能力のデモンストレーションを意図していたものであった。

2度の実験に際しインドが「大気圏に放射能が漏れることがなかった」ことを強調しているのは、これらの実験がいかなる国際法にも違反していないことを主張しているのである。インドは、1963年の部分的核実験禁止条約の当事国であり、それは地下以外の核実験を禁止し、地下でも放射能が漏れるような実験を禁止しているからである。インドはNPTには加入していないし、包括的核実験禁止条約（CTBT）には署名もしていない。

(b) インド核実験の背景

インド政府が5月27日に議会に提出した「インドの核政策の展開」によると、今回インドが核実験を実施するに至った背景として、まず80年代および90年代に、核兵器およびミサイルの拡散によりインドの安全保障環境が徐々に悪化していったことが挙げられている。すなわち、隣国（中国）では核兵器が増強され、一層最新の運搬手段が導入されており、われわれの地域（パキスタン）では、核物質、ミサイル、関連技術の秘密の取得という様式が出現し、インドはこの時期に、外国に援助・扇動されたテロリズムおよび戦闘の犠牲となったと述べられている。もう1つの背景として、冷戦の終結はインドの安全保障上の懸念になにも応えなかったし、核兵器のない世界へ

の動きはまったくなく，かえってNPTが無期限に無条件で延長され，5ヵ国の手に核兵器が永久に保持されることになったと述べている。

　ニューデリーの政策研究センターのチェラニーは，バジパイ新政権の核政策がこれまでのあいまいなものから一層強硬なものに変わった背景として，第1に，インドの従来の「核オプション」政策は，90年代に入って5大国が核不拡散を国際規範とすることに合意しインドを包囲したため，インドに重荷を科すだけで利益を生み出さなくなったこと，第2に，中国との間で軍事的な不均衡が進展してきたことおよび中国がパキスタンへ秘密裏に核・ミサイル援助をしていることを挙げている。

　さらにチェラニーは，核実験後，「中国は，1964年の最初の核実験以来，インドの核兵器計画の中心であった。……3つの核爆発は中国との関係におけるインドの自信の強化に大いに効果がある。……インドの新たな明白な核兵器国の地位は，中国に対する恐怖を払拭し，自己主張を増加する」と分析している。

　ここにおいては，主として中国，そして副次的にパキスタンによるインドに対する安全保障上の脅威が取り上げられ，さらに国際核不拡散体制の差別性が指摘されている。しかし，これらの情勢は突然生じたものではなく，過去数年にわたり存在していたものであるので，現政権の特殊性が検討される必要がある。1998年3月に成立した政権は，ヒンズー至上主義を唱えるインド人民党（BJP）のバジパイ首相を中心とする18政党の連立政権である。インド人民党は以前から核兵器の取得を党の綱領に含んでいたが，インド人民党およびその協力諸党が3月18日に発表した共通政策綱領（National Agenda for Governance）において，「インドの安全保障，領土保全を確保するため，すべての必要な段階を踏み，可能なあらゆるオプションを選択するものとする。また，その目的に向け，核政策の再評価を行い，核兵器導入のオプションを行使する」と述べられていた。

　インドの核実験の国内的な要因の1つは，政権の中心であるインド人民党が特に核兵器の保有に積極的な態度を示していたことであり，これまでの政権と異なり核兵器の実際の導入を基本的な考えとしていたことである。もう1つの要因は，18政党の連立であり，インド人民党が25％の得票しか得ていないことから，政権の基盤を強化し政権に対する批判を払拭することであ

った。

　マックは,「1974年にインドが最初の核装置を爆発した後24年間核実験が戦略的に必要でなかったとしたら,今なぜ必要になったのか。インドの戦略的状況は近年悪化していない。それはかなり改善されている。変わったのは政府である。国内的な政治的考慮が今回の実験の主要な動機を提供した」と分析している。

　さらに,今回の核実験の背景に,冷戦後,米国を中心に核不拡散体制が強化され,インドが孤立していったということがある。冷戦中には米ソ中心の核不拡散体制に反発していた中国とフランスが1992年にNPTに加入し,NPT上の核兵器国としての特権的地位を正式に承認され,P5を中心とする体制が強化された。これによりインドの潜在的核兵器国としての地位は,NPTに加入していないという点で5大国および他の諸国から非難されることになった。

　冷戦の終結による東西対立の崩壊に伴い,非同盟諸国の力の低下および団結力の弛緩が発生した。その結果,1995年のNPT再検討・延長会議において,非同盟諸国は条約の無期限延長を阻止することができず,米国を中心とする核兵器国にとってきわめて有利な結果となった。インド自身は当事国でないからこの会議には出席していないが,核軍縮促進のためにはその進展状況をしばしば検討する有効な機会を設けるべきで,無期限に延長すべきでないと考えていたため,ここでもインドはその影響力の低下を実感した。

　さらに1996年のCTBT交渉の最終段階において,インドは時間的枠組みをもつ核兵器廃絶条約の交渉をCTBT支持の条件とするが,非同盟諸国を初め各国の支持を得ることができなかった。また逆に,インドの条約参加を強制するような形で,CTBTの発効条件にインドの批准が含まれた。軍縮会議(CD)ではコンセンサスによる決定のため,インドの反対で条約案は採択されなかったが,それは国連総会に回され,賛成158,反対3,棄権5という圧倒的多数で採択され,署名のため開放された。インドは,核兵器の開発を自制し,それにより影響力を行使してきたが,冷戦後の世界においては,その自制が効果を生み出さず,かえって非難されるという事態となり,インドは一層の孤立感を感じるようになった。また,中国が国際社会に大国としてインドよりも重要な地位を与えられるようになった。国際核不拡散体制との関

連において，インドの国際社会における位置づけを考えると，今回の核実験に至った理由の1つがこのように明らかになる。[7]

(c) パキスタンの核実験

パキスタンは5月28日午後3時過ぎ，バロチスタン州チャガイ近郊の核実験場において5回の核実験を，5月30日正午頃，チャガイ近郊であるが1回目とは異なる核実験場において1回の核実験を実施したと発表した。その後，外務次官は，「本日，1回の核実験を行い，これで6回にわたる一連の核実験を完了した。結果は予想通りで，放射能漏れはなかった。ミサイルなどへの搭載を可能にするための実験だった」と述べた。実験の技術的に詳細な内容は不明であり，また回数についても疑問視する専門家もいる。

(d) パキスタンの核実験の背景

シャリフ首相は，1回目の核実験の発表に際し，今回の実験はインドの核実験に対抗するために行ったものであり，インドの核の脅威に対するやむを得ざるものであることを強調した。[8] さらに，インドの核実験に対する世界各国の対応は満足のいくものではなく，国連安全保障理事会もインドに対し十分な措置をとらなかったことを指摘した。パキスタンからは，制裁のみでは不十分であるとの見解がしばしば聞かれた。[9]

インドの1974年の核実験直後に，パキスタンのブット首相が国民に草を食べさせるようになっても，インドに追いつくために核兵器を開発すべきであると述べていたように，パキスタンにとっては，インドが核実験を実施するならば，パキスタンも当然同様のことを行うという堅い決意が存在していたと考えられる。したがって，国際社会がインドに対していかなる措置をとっていたとしても，パキスタンは核実験を行っていたであろうと考えられている。

(1) インドの核実験の技術的側面については，David Albright, "The Shots Heard 'Round the World," *Bulletin of the Atomic Scientists*, Vol. 54, No. 4, July/August 1998, pp. 20-25. 参照。

(2) *Paper Laid on the Table of the House (Parliament) on Evolution of India's*

Nuclear Policy on 27th May 1998, pp. 3-4.
(3) Brahma Chellaney, "India Prepares to Take A More Assertive Nuclear Posture," *International Herald Tribune*, March 24, 1998.
(4) Brahma Chellaney, "India Startles the World and Stands Up to China," *International Herald Tribune*, May 14, 1998.
(5) Kalpana Sharma, "The Hindu Bomb," *Bulletin of the Atomic Scientists*, Vol. 54, No. 4, July/August 1998, p. 30.
(6) Andrew Mack, "Five Nuclear Blasts and A Possible Silver Lining," *International Herald Tribune*, May 18, 1998; Praful Bidwai and Achin Vanaik, "A Very Political Bomb," *Bulletin of the Atomic Scientists*, Vol. 54, No. 4, July/August 1998, pp. 50-52 ; Aaron Karp, "Indian Ambitions and the Limits of American Influence," *Arms Control Today*, Vol. 28, No. 4, May 1998, pp. 14-21.参照。
(7) Arjun Makhijani, "A Legacy Lost," *Bulletin of the Atomic Scientists*, Vol. 54, No. 4, July/August 1998, pp. 53-56 ; A. M. Rosenthal, "The West Drove India Down the Nuclear Road," *International Herald Tribune*, May 15-16, 1998.
(8) Zaffer Abbas, "The Hardest Choice," *Bulletin of the Atomic Scientists*, Vol. 54, No. 4, July/August 1996, pp. 36-37.
(9) Munir Abmad Khan, "It Takes More Than Sanctions to Salvage Nonproliferation," *International Herald Tribune*, May 15, 1998 ; Benanir Bhutto, "A Military Strike Will Teach Rogue India A Lesson," *International Herald Tribune*, May 16-17, 1998.

2　国際社会の対応

(a)　各国の個別的な対応

　各国の個別的対応としては，日本および米国は経済制裁を中心とする積極的な対応策を講じたが，フランスおよびロシアは経済制裁を実施することに明白に反対を表明し，EUもEUとしては経済制裁措置をとらないことを決定した。英国，ドイツ，カナダ，オーストラリアなどの諸国は，人的交流の制限や経済協力の削減などの措置をとった。日本は，無償資金協力の停止，新規円借款の停止，国際開発金融機関による融資につき慎重な対応というこ

とを決定した。米国は，武器輸出管理法（「グレン修正条項」）に基づき，対外援助法に基づく援助の停止，軍需品の輸出禁止など包括的な制裁を実施した。このように，経済制裁については国際社会のコンセンサスが得られず，一部の国によってのみ実施された。

(b) 国連安全保障理事会議長声明（5月14日，5月29日）

インドおよびパキスタンの核実験の直後に出された安全保障理事会議長声明はほぼ同様であり，①核実験を遺憾とし，これ以上の実験を差し控えるよう要請し，②NPTおよびCTBTの重要性を確認し，それらの当事国になるよう訴え，カットオフ条約交渉に参加するよう奨励し，③最大限の自制を求めるものであった。

(c) バーミンガム・サミットG8特別声明（5月15日）

G8特別声明は，①インドの核実験を非難し，②世界的不拡散体制の基本であり，核軍縮推進の基礎となっているNPTとCTBTへの完全なコミットメントを強調し，③インドおよび地域のその他の諸国に対しこれ以上の核実験や，核兵器および弾道ミサイルの配備を行わないよう求め，④インドに対し無条件にNPTとCTBTに従い，カットオフ条約交渉に参加するよう求め，⑤パキスタンに対し，最大限の自制を保ち，国際不拡散規範に従うことを要請した。

(d) ジュネーブ軍縮会議共同声明（6月2日）

ジュネーブ軍縮会議の特別会合で読み上げられたニュージーランドを中心とする47ヵ国の共同声明は，以下の通りである。①あらゆる核実験を非難し，それらは核実験を禁止する国際合意に反すると考える。②インドとパキスタンの核実験は，国際核不拡散体制を損ない，軍縮プロセスと核廃絶という目標を脅かし毀損する。③インドとパキスタンが今後の核兵器実験の即時停止を発表し，核兵器プログラムを放棄し，CTBTを無条件に署名・批准することが今きわめて重要である。④インドとパキスタンに対し，遅滞なくNPTに加入し，核兵器不拡散の確保に参加し，カットオフ条約の交渉に取り組むことを要請する。⑤インドとパキスタンに対し，現在追い求め

第2節　インド・パキスタンの核実験　267

ている行動過程を即時に放棄し、その安全保障上の懸念と相違を政治的手段により解決することを要請する。

(e)　5核兵器国（P5）外相会議共同声明（6月4日）

①　インドとパキスタンの核実験を非難し、地域の平和と安定への危険を懸念する。

②　インドとパキスタンは、今後あらゆる核実験を停止すべきである。両国は、核兵器の兵器化または配備を差し控え、核兵器運搬可能なミサイルの実験または配備を差し控え、兵器用核分裂性物質の一層の生産を差し控えるべきである。

③　インドとパキスタンは即時無条件にCTBTに加入すべきである。またカットオフ条約の交渉に参加するよう要請する。両国は核関連装置、物質、技術を輸出しない政策を確認すべきである。

④　国際不拡散体制は強力で効果的であるべきことに合意する。その目標はインドとパキスタンを含むすべての国が、修正なしにNPTに加入することである。この条約は不拡散体制の要石であり、核軍縮追求の本質的な基盤である。最近の核実験にもかかわらず、インドとパキスタンはNPTに従い核兵器国の地位を保有しない。

⑤　両国が直接対話を通じ、カシミールを含む緊張の根元的原因に対処する相互に受け入れ可能な解決を見出すよう奨励する。

⑥　南アジアの平和と安全を促進するために5大国が何ができるかを検討する。彼らは、NPT第6条の下での核軍縮に関するコミットメントを履行することを引き続き決意する。

(f)　国連安全保障理事会決議1172（6月6日）

この決議は、日本とスウェーデンが中心となり、コスタリカ、スロベニアとの4国で提案され、全会一致で採択された。

①　インドおよびパキスタンにより実施された核実験を非難する。

②　6月4日のP5外相の声明を支持する。

③　インドとパキスタンに対しこれ以上の核実験をしないことを要求し、すべての国に対し核実験を実施しないことを要請する。

④ インドとパキスタンに対し最大限の自制と対立を悪化させないことを要請する。

⑤ インドとパキスタンに対し対話を再開するよう要請する。

⑥ インドとパキスタンに対し,核兵器開発計画を即時に停止すること,兵器化や核兵器の開発を差し控え,弾道ミサイルの開発,兵器用核物質の一層の生産の停止,輸出管理政策の確認を要請する。

⑦ 国際核不拡散体制の要石としてまた核軍縮追求の基礎としてのNPTとCTBTへの完全なコミットメントの重要性を再確認する。

⑧ 国際核不拡散体制は維持・強化されるべきという確信を表明し,NPTによればインドやパキスタンは核兵器国の地位をもち得ないことを想起する。

⑨ インドとパキスタンが実施した核実験は核不拡散と核軍縮に向けての世界的な努力に対する重大な脅威を構成することを承認する。

⑩ インド,パキスタンその他の国に対し,遅滞なく無条件でNPTおよびCTBTの当事国となるよう求める。

⑪ インドとパキスタンに対し,カットオフ条約交渉に参加するよう求める。

(g) G8外相会議共同声明 (6月12日)

① インドとパキスタンの核実験を非難する。

② インド亜大陸における核兵器,ミサイル軍備競争を停止するため,両国は以下の措置をとるべきである。

・一層の核実験を停止し,直ちに無条件でCTBTを支持すること

・核兵器の兵器化または配備,核兵器運搬可能なミサイルの実験または配備を差し控え,核兵器とミサイルの兵器化と配備をしない約束をすること

・兵器用核分裂性物質の一層の生産を差し控え,カットオフ条約交渉に参加すること

・輸出禁止政策を確認し,この点につき適切なコミットメントを行うこと

③ 緊張緩和,信頼醸成,対話による紛争の平和的解決のため,両国は以下の措置をとるべきである。

・軍事行動,越境侵犯,挑発的言動の回避

・テロ活動とその支援の防止
・信頼安全醸成措置の実施と一層の発展
・緊張の根本的原因を除去するための直接対話の再開
・インド・パキスタン経済協力拡大に向けた進展

④ インドとパキスタンによる最近の核実験は，NPTにおける核兵器国の定義を変えるものではない。したがって，これらの実験にもかかわらず，インドとパキスタンはNPTにより核兵器国の地位を有しない。両国に対し，無条件で現在あるNPTに加入するよう引き続き求める。両国への輸出禁止政策を続行する。

⑤ インドとパキスタンの実験は国際核不拡散体制の維持・強化の重要性を強めた。NPT第6条の下における核軍縮に関するコミットメントを履行する決意を改めて表明する。これは1995年の会議で再確認されている。米ロのSTART IIの発効，START IIIの交渉開始の意向を歓迎する。すべての国がCTBTを署名，批准するよう要請し，G8で批准していない国が早期批准するとの決意を歓迎する。

⑥ CDのすべてのメンバーに対し，カットオフ交渉の開始に合意するよう要請する。

⑦ 我々は，基礎生活分野における国際金融機関による融資に反対しない。しかし，インド，パキスタン，核実験を行うその他の国に対して，世界銀行およびその他の国際金融機関による融資の検討延期に向けて取り組むことに合意する。

3　国際核不拡散体制への影響

今回の両国の核実験により国際核不拡散体制は崩壊したのか。インド，パキスタンは核兵器国としての地位を確立し，これまでの5核兵器国から7核兵器国という国際体制に移行するのか。さらにこれを契機に一層の国が核実験を実施して核兵器国となっていくのか。かりにインドとパキスタンに核兵器国の地位が認められないとしたら，その2国の地位は如何なるものであるのか。

今回の核実験により，インドは自らを核兵器国であると明確に宣言してお

り，パキスタンもインドとの対抗上，核武装はやむを得ないものであったと述べている。これに対して，国際社会は，法的に両国を核兵器国とすることには断固として反対している。6月4日の5ヵ国外相会議の声明は，「最近の核実験にもかかわらず，インドとパキスタンはNPTに従い核兵器国の地位を有しない」と述べ，同様のことは6月6日の安保理決議でも想起されている。さらに6月12日のG8外相会議の声明も，「インドとパキスタンによる最近の核実験は，NPTにおける核兵器国の定義を変えるものではない。したがって，これらの実験にもかかわらず，インドとパキスタンはNPTにより核兵器国の地位を有しない」と述べている。

このように，国際社会の意思は明確であり，NPTの定義に従い，NPTの適用上両国は非核兵器国として取り扱われる。NPTはそもそもこのような事態の発生を防止するために作られたものであり，この時期までに187国が当事国となっており，そのうち182国は核兵器を保有しないという約束をしている。イラクや北朝鮮など，当事国でありながら核兵器の開発またはその疑惑をもたれた国はあるが，一般的には防止に成功してきた。

今回問題になっているインドとパキスタンは，イスラエルと共に，NPTに加入していないので，核実験を実施したが条約違反の問題は直接生じない。この問題は，条約に加入していない国に対して，条約義務を守るよう期待してきたが，期待に反して核実験を実施したというもので，NPTの側面から法的問題は生じない。問題となるのは，このNPTを中心とする国際核不拡散体制に対するあからさまな挑戦という側面である。

世界中の大多数の国家が参加している条約があり，若干の国のみが加入していない場合，その条約内容が慣習国際法となって条約当事国でない国家も拘束するケースはありうる。しかし，若干の国が執拗に継続的に反対している場合にはそれは慣習国際法とはならない。特に，規律対象となっている問題に深い利害関係をもっている国が反対している場合はそうである。

通常，国際条約はすべての締約国に同等の権利を与え，義務を課すものであるが，NPTの特殊性として，核兵器国と非核兵器国が分離され，それぞれ異なる権利義務が規定されていることがある。したがって，通常の条約の場合とは異なる考慮が必要になる。インドなどがNPTに反発しているのはまさにこの条約の差別性に帰因するわけであるから，NPTに加入しようと

しないインドなどをNPTの義務から非難する根拠は存在しない。

　しかし，上述の声明や決議に見られるように，国際社会は今回のインドとパキスタンの核実験を強く非難しており，ジュネーブ軍縮会議での声明は，「それらは核実験を禁止する国際合意に反すると考える」と述べ，厳密な法的観点からではないとしても，核実験の禁止が政治的または道義的な国際合意として存在していたことが示されている。

　たとえば，グラアムは，「NPTは国際法の中心的文書であり，核時代における交渉による安全保障への努力の基礎である。NPTは，国際社会の現代の社会契約の中心要素である。インドとパキスタンは核兵器を公然と取得することにより，この国際契約に挑戦し，すべての国の安全保障を危険にさらしたのである」と述べている。国際社会全体の平和および安全という側面から考えた場合，核兵器を保有する国の数が少ない方が好ましいという議論，および既存の核兵器国が核軍縮を実施する場合に新たな核兵器国の出現を防止することが不可欠であるという議論は，それなりの説得力をもっている。NPTにすでに183の国が非核兵器国として参加している事実は，これらの議論の有効性を示している。

　国際社会の対応として上で検討した声明や決議においては，インドおよびパキスタンに対してNPTに加入することを強く要請している。近い将来にインドまたはパキスタンがNPTに加入する可能性はゼロに近い。なぜなら，これまで長年にわたってNPTを批判してきた両国は，今回の核実験によっても，NPT上，核兵器国とは認められない。したがって，NPTに加入することは非核兵器国として加入することを意味するので，加入する際には，保有する核兵器を廃棄し，核兵器開発を断念し，その事実をIAEAの検証により確認される必要がある。このような事態を現在のインドおよびパキスタンが受け入れるとは考えられない。

　核実験の禁止は，核軍備競争の質的側面の規制という主要な目的をもつものであるが，それと同時に核不拡散という目的をもつ。1963年の部分的核実験禁止条約署名の際に，ケネディ大統領はこの側面をも強調していた。米英ソの3国は，当時すでに地下での核実験実施能力をもっていたので，これから核実験を開始しようとする国家に，技術的な側面から核兵器の取得を防止しようとした。もっともインドは，部分的核実験禁止条約の当事国であり

ながら，その条約に違反することなく1974年5月に地下核実験を行っている。

包括的核実験禁止条約（CTBT）は，冷戦後のきわめて重要な普遍的条約である。CTBTの本来の目的は，地下をも含め核実験を包括的に禁止することにより，核軍備競争の質的な側面を規制し，新たな核兵器の開発を阻止し，核軍備の削減を推進することであった。また，この条約はすべての当事国に同様の権利・義務を規定するので，NPTがもつ差別性はまったくないと主張された。たしかに，NPTが2種類の国家の存在を前提とし，異なる権利・義務を規定している点から見れば，大きな進展である。

しかし，交渉の過程において，CTBTの本質が核兵器の質的開発の防止から，核不拡散に移行してきた。条約における禁止の範囲に関して，特に核兵器国の間で見解の相違があり，小規模の核爆発をも容認する提案が初期には出されたが，最終的には爆発の威力ゼロという所まで進み，あらゆる爆発的実験が禁止された。これも交渉の初期から比較すれば大きな進歩であると言えるが，核兵器国はすでに爆発を伴わない未臨界実験やコンピューター・シミュレーションで，新たな核兵器の開発の能力を取得できると考えられている。

1995年のNPT再検討・延長会議において，条約の無期限延長とパッケージで採択された「核不拡散と核軍縮の原則と目標」は，無期限延長の対価として，具体的な核軍縮措置を規定していた。その中で唯一の期限付きの核軍縮措置として，1996年末までにCTBTを完成することが規定されていた。この約束に従い，CTBTの交渉が行われたが，フランスおよび中国は，その期限を考慮して，いわゆるかけこみの一連の核実験を実施した。これにより，多くのデータを取得し，爆発的実験の禁止に備えた。

当初，CTBTはこれまで数多くの核実験を実施してきた5核兵器国の実験をやめさせるという目的をもっていたが，核兵器国，特にロシア，英国，中国は，5核兵器国だけが核実験を停止するだけでは，自国の利益にならないから，インド，パキスタン，イスラエルにも核実験を実施させないようにすべきであると考えるようになった。これは，条約交渉の後半での議論において，条約の効力発生の条件として，それら3国の批准を含める努力がなされたことから明らかである。5大国を条約規定で明示することは可能であるが，インド等3国を明示することはできないので，それら8国を含む客観的な基

準がさまざま追求され，最終的には原子炉または研究炉をもち，かつ軍縮会議のメンバーであるという基準で44ヵ国が明示された。

　このように，CTBTも本来の核兵器の質的開発の停止という目的から，NPTに加入していないインド，パキスタン，イスラエルに核実験をさせないための条約に変化していった。インドはこの点に強硬に反対し，軍縮会議での条約案の採択にも反対した。パキスタンは，常に，インドが条約に入るならばパキスタンも入るという姿勢を示してきた。他方，イスラエルはCTBTに署名はしている。

　国際核不拡散体制の要素として，NPTに続き重要であるのはCTBTであり，NPTに入ろうとしない国々をCTBTに入れることにより，国際核不拡散体制を充実，強化しようとしたのである。インドとパキスタンはCTBTの署名を拒否し，国際不拡散体制に組み込まれることを拒否した。

　国際核不拡散体制のその他の要素としては，非核兵器地帯の設置，IAEA保障措置の適用，核関連物質・機器・技術の輸出管理などがある。インドとパキスタンは南アジア非核兵器地帯の設置をともに主張しているが，国連を中心とした交渉を主張するパキスタンと地域のイニシアティブを強調するインドとの間に大きなアプローチの差があり，現実的な提案とはなっていない。近年IAEA保障措置の強化が実施されているが，これらは基本的にはNPT当事国である非核兵器国に対するもので，NPT当事国でない両国には直接適用されない。ただ，他国の原子力協力に関わるものにはIAEAの保障措置が適用されるが，インドもパキスタンも自国が開発したものにはそれは適用されない。したがって，IAEA保障措置もこの両国については完全な核不拡散措置とはなっていない。また輸出管理により，両国は大きな影響を受けており，技術的には相当の困難を引き起こしているが，これも核不拡散措置としては十分ではない。

　このようにさまざまな核不拡散措置が考えられ，適用されてきたが，その体制が，インドおよびパキスタンの核兵器の実験および核兵器の取得を防止できなかったという事実は，国際社会はこの国際核不拡散体制にインドおよびパキスタンを包み込むのに失敗したことを意味する。したがって，これは国際核不拡散体制自体の崩壊ではなく，体制にインドとパキスタンを包み込むことに失敗したのである。その意味で，イラクや北朝鮮などNPTの当事

国である国が核兵器を取得するケースとは大きく異なる。その際には国際核不拡散体制の一部崩壊と規定できるであろう。

しかし、この国際核不拡散体制は、国際社会の大多数の国家により支持され、厳格な法的義務ではないとしても、国際規範としての重要性を保持している。そのゆえに、国際社会の厳しい批判がインドとパキスタンに向けられたのである。

(10) Thomas Graham, Jr., "South Asia and the Future of Nuclear Nonproliferation," *Arms Control Today*, Vol. 28, No. 4, May 1998, p. 4. 同様の見解として、Spurgeon M. Keeny, Jr., "South Asia's Nuclear Wake-Up Call," *Ibid.*, p. 2 ; George Bunn, "Nuclear Tests Violate International Norm," *Ibid.*, pp. 26-27. 参照。

(11) 南アフリカは、冷戦時に核兵器の開発を行い、実際に5、6発の原爆を保有していたこと、それらを後に廃棄したことを自ら明らかにし、1991年に非核兵器国としてNPTに加入した。そこでは、キューバ軍やソ連のアンゴラからの撤退など、冷戦の終結とともに安全保障上の懸念が一掃されたという、原爆保有の基本的理由が消滅したという事態が発生していた。

4　国際社会の今後の対応

インドとパキスタンの核実験に対する国際社会の反応は、一般的には批判的なものであり、安保理の議長声明は「遺憾とし」ているし、G8バーミンガム・サミットの声明、ジュネーブ軍縮会議の47ヵ国声明、P5外相会議共同声明、安全保障理事会決議、G8外相会議共同声明はすべて、両国の核実験を「非難する」としている。したがってこれらの批判を基礎に国際社会の対応がとられてきた。これまでは、国際核不拡散体制の維持・強化の措置および事態の悪化を防止するための自制措置が主張されてきた。しかし、問題の根本的な解決のためには、南アジアの安全保障環境を改善する措置、および核不拡散体制の差別性を解消し核軍縮に進む措置がとられなければならない。

(a) 国際核不拡散体制の維持・強化の措置

　このためにインドおよびパキスタンに要請されている措置は，①NPTに加入すること，②CTBTに署名・批准すること，③カットオフ条約の交渉に参加すること，④核関連装置・物質・技術を輸出しない政策を確認することである。①のNPTに加入することについては，すでに述べたように，インドとパキスタンに法的に核兵器国の地位を与えないという国際社会の合意があるので，近い将来に両国が加入することはあり得ないと考えられる。南アジアの情勢が大幅に改善されない限り，両国が保有する核兵器を放棄してNPTに加入することはあり得ないだろう。

　CTBTへの署名・批准については，その可能性がまったくないわけではないし，国際社会としてもこの方向を積極的に追求すべきであろう。ほとんどの声明においても，両国に対し，遅滞なく無条件でCTBTに署名・批准することが求められている。インド自体も，若干の条件をつけてはいるが，CTBTへの加入を示唆しているし，パキスタンはインドが署名すれば自国も署名すると常々言ってきたわけであるし，状況によっては，インドより早く署名する可能性もあると考えられている。インドは，当初，CTBTの中に核廃絶のコミットメントを入れること，未臨界実験をも禁止することというCTBTの修正を条件としていたが，その後その提案が現実的でないと考え，核関連機器や技術の輸出禁止を停止すること，経済制裁の解除などを主張している。

　カットオフ条約の交渉についても，両国の参加の可能性がないわけではない。ただ，保有する核分裂性物質がインドに較べて少量であるパキスタンが，この点から反対することはあり得たし，インドが主張する時間的枠組みをもつ核廃絶条約交渉との関連が問題となっていた。さらに将来の生産のみを禁止するのか，現在すでに多く存在するストックパイルの取り扱いをどうするかといった問題が残っていることは事実である。しかし，1998年8月に入って両国は従来の強硬な姿勢を転換し，カットオフ条約の交渉のためのアドホック委員会の設置に合意した。

　核関連輸出政策の確認については，インドもパキスタンもこれまでも厳格にこれを守ってきたと主張している。実際の検証は困難であるが，今後その

実態を検証できる制度を作成しあるいは両国を輸出管理に関する国際体制に加入させることが考えられる。特に，パキスタンについては，「イスラムの核」としてイスラム圏への拡散が危惧されている。

(b) 両国による自制と現状凍結

両国に対する自制として，① 今後の核実験の実施，② 核兵器の兵器化，核兵器の配備，③ 核兵器運搬可能なミサイルの実験または配備，④ 核分裂性物質の生産を差し控えることが声明において求められている。これらの措置は，核実験の後，それを基礎とする核兵器体系の構築および運搬手段の整備に歯止めをかけようとするもので，実戦配備に至る段階を前もって防止しようとするものである。しかし，インドはすでに核兵器国であることを公言しているし，ミサイルの開発も進めており，パキスタンも核兵器をミサイルにすぐに搭載できると発表しているので，この措置は即時に実施に移される必要がある。核実験の今後の実施に関しては，両国ともモラトリアムを宣言しており，状況の大きな変化がない限り，一層の核実験は実施されないだろう。

核兵器の兵器化と配備については，実戦配備をしないことを示唆しつつも，両国とも明確な返答をしておらず，推進される可能性があるので，国際社会が積極的な行動をとる必要がある。ミサイルの実験および配備の停止については，両国とも否定的な態度を示している。核分裂性物質の生産停止については，上述のカットオフ条約の交渉の中で解決すべきであろう。

(c) 南アジアの安全保障環境の改善

6月4日のP5外相会議共同声明では，「両国が直接対話を通じ，カシミールを含む緊張の根元的原因に対処する相互に受け入れ可能な解決を見出すよう奨励する」と述べ，6月12日のG8外相会議共同声明も，緊張緩和，信頼醸成，対話による紛争の平和的解決のために取るべき一連の措置を勧告している。

インドとパキスタンの間の紛争については，パキスタンは国連をはじめ国際社会の積極的な関与を求めているが，インドは2国間問題について外部の関与をまったく認めないため，国際社会の積極的な関与はきわめて困難な状

況である。カシミール問題についても，民族自決の原則の下に国民投票を求めるパキスタンと，国家主権の原則の下に国境の変更を認めないインドの立場が，原則の所で対立しているため，問題の解決は容易ではない。

1998年7月末の南アジア地域協力連合（SAARC）首脳会議の際に，バジパイ首相とシャリフ首相が会談し，次官級協議の再開に合意したが，その後協議の進め方に関して対立し，次官級協議は再開されていない。しかし，両国は，「核先制不使用協定」や「相互不可侵協定」などの締結を呼びかけており，可能な所から一歩一歩信頼醸成を積み上げることが必要であろう。

他方，この問題でこれまでほとんど言及されていないのが，インドと中国との関係である。インドにとって，カシミールなどパキスタンとの紛争が緊急問題であるが，長期的には中国との関係，特に宣言された核兵器国としての中国との安全保障問題の解決がより重要である。

(d) 核兵器国による核軍縮の推進

今回の核実験の背景には，5大国の核兵器の独占を容認する体制があり，核兵器国の核軍縮の進展が不十分であるという側面がある。しかし，安保理の議長声明，バーミンガム・サミットG8特別声明，軍縮会議の47ヵ国声明，安保理決議においては，この側面はまったく取り上げられていない。

6月4日のP5外相会議共同声明においては，「NPT第6条の下での核軍縮に関するコミットメントを履行することを引き続き決意する」という文言が入れられている。6月12日のG8外相会議共同声明は，この文言に加えて，「米ロのSTART IIの発効およびSTART IIIの交渉開始の意向を歓迎する。すべての国がCTBTを署名・批准するよう要請し，G8で批准していない国が早期批准するとの決意を歓迎する」という文言が含まれている。また軍縮会議のすべてのメンバーに対し，カットオフ条約の開始に合意するよう要請している。

6月9日，8非核兵器国により「新アジェンダ」が発表された。これは今回の核実験以前から準備されていたものであり，インドやパキスタンの非難というよりは，核兵器のない世界に向けて今後国際社会がどのような措置を取るべきかという観点から起草されたものである。8国は，ブラジル，エジプト，アイルランド，メキシコ，ニュージーランド，スロベニア（後に抜ける），南アフリカ，スウェーデンであり，内容は以下の通りである。

① 核兵器国および3核兵器能力国に対し，核兵器および核兵器能力の迅速，最終，全面的な廃棄に向けての明確なコミットメントをなすよう求める。
② 多くの国がNPTに加入したのは，核兵器国が核軍縮を追求するという法的拘束力ある約束との関連であり，核兵器国がそうしないことに深い懸念をもつ。
③ この点に関し，ICJの全会一致の結論を想起する。
④ 核兵器国および3核兵器能力国に対し，それぞれの核兵器および核兵器能力の廃棄に明確にコミットし，その達成に必要な具体的措置および交渉を即時に開始することに合意するよう要請する。
⑤ その措置は最大の核兵器保有国から開始され，途切れのないプロセスとしてその他の核兵器国を含むべきである。核兵器国はそのための措置の審議を即時に開始すべきである。
⑥ 核軍縮の実際的措置として，核兵器の警戒態勢解除，不活性化へと進むことにより現在の一触即発の姿勢を放棄することを求める。また非戦略兵器を配備地域から撤去すべきである。
⑦ 3核兵器能力国はその核兵器開発または配備の追求を逆転させなければならない。3国に対しNPTに加入するよう要請し，遅滞なく無条件でCTBTを署名，批准するよう要請する。
⑧ カットオフ条約の交渉が即時に開始されるべきである。
⑨ 核物質の管理の拡大により拡散防止の国際協力を実施すべきである。
⑩ 核兵器国間での先制不使用の共同取り決めにつきまた消極的安全保障につき，法的拘束力ある文書が作成されるべきである。
⑪ 中東，南アジアのような地域を含む，非核兵器地帯の設置は非核世界の目標に貢献する。

　ここでは，核兵器国（5ヵ国）と3核兵器能力国に対する要請になっており，インド，パキスタンのみならず，イスラエルも同格に取り扱われている。まず，核兵器国および3核兵器能力国が核兵器および核兵器能力の全面廃棄に向けての明確なコミットメントをなすことが求められ，その達成のため具体的措置および交渉を開始するよう要請している。その措置は，最大の核兵器保有国から開始し，途切れのない過程として他の核兵器国を含むべきであり，

そのための審議を即時に開始することを求めている。核軍縮の実際的措置として，警戒態勢解除，不活性化，非戦略兵器の撤去を求めている。さらにカットオフ条約の即時開始，核兵器国間の先制不使用の共同取り決めと消極的安全保障の法的拘束力ある文書の作成が求められている。

　この文書はきわめて示唆に富んでおり，インドとパキスタンの核実験によって生じた国際社会への挑戦に対して，問題を根本的に解決するためのガイドとなっている。今回の問題の解決の1つとして，核軍縮が必要であることは多くの識者の主張するところであり、(12)国際核不拡散体制のもつ差別性を解消し，核廃絶に向けたさまざまな核軍縮措置をとることが必要である。

(12) Rebecca Johnson, "International Implications of the Nuclear Tests by India and Pakistan," *Disarmament Diplomacy*, No. 28, July 1998 ; Zia Mian and Frank von Hippel, "The Solution is to Get Serious About Disarmament," *International Herald Tribune*, June 1, 1998 ; Francois Heisbourg, "Use Incentives, Not Sanctions, to Head Off an Arms Race," *International Herald Tribune*, June 4, 1998.

第5章　非核兵器地帯の設置

第1節　フランス核実験と南太平洋非核地帯

　冷戦が終結し，米ロの核軍縮にも一定の進歩がみられ，包括的核実験禁止条約（CTBT）の交渉も大詰めを迎えた1995年の9月からフランスが一連の核実験を南太平洋で実施した。日本においても核実験に対する広範な抗議運動が発生し，世界的にも核実験に対する広範な抗議が見られた。冷戦時と比較すれば明らかに時代は核軍縮の流れになっており，中国を除く4核兵器国が核実験の自主的停止（モラトリアム）を継続していた時に，その内の1国であるフランスが核実験を再開したことは，多くの人々および多くの国々により，核軍縮の流れに反するものと考えられた。

　日本の衆参両院本会議は，1995年8月4日，中国の核実験に厳重に抗議し，フランスが核実験再開決定を撤回するよう強く求める決議を採択し，また国連総会も，12月12日に，中国とフランスを名指しはしていないが，すべての最近の核実験に対し強い遺憾の意を表明し，あらゆる核実験の即時停止を強く要請する決議を採択した。

　中国はモラトリアムを行わず，年間2回程度の核実験を継続しており，中国に対する抗議も行われていたが，全般的に見ると，フランスに対する抗議の方がより強いものであった。その最大の理由は，中国は自国の領土内のロプ・ノルの実験場を使用しているのに対し，フランスの場合は，海外県であってフランス法上はフランス本土と同じであると主張されているが，実際は本土から遠く離れた南太平洋の環礁で実験を行っていることにある。さらにこの環礁を含むフランス領ポリネシアは，南太平洋非核地帯条約の適用範囲に含まれており，周辺諸国および住民が長年にわたりフランス核実験に抗議してきたことが大きな原因となっている。

　このような状況を背景として，本節においては，フランス核実験と南太平洋非核地帯の関係を中心に，非核兵器地帯が核兵器国の核政策に対してどのような意味をもつのかを検討する。まず，非核兵器地帯の概念を明らかにし，次に南太平洋における非核地帯設置の動機および条約交渉の実際を検討し，さらに地帯内諸国の核兵器国に対する要求と核兵器国の対応を歴史的に検証

し，最後に，冷戦後の世界において有力視される非核兵器地帯設置の動きを全般的に検討する。

1 非核兵器地帯の概念

南太平洋の場合は「非核地帯（nuclear-free zone）」と呼ばれているが，これは核兵器以外に放射性廃棄物の投棄の禁止なども含むために名付けられたものであり，一般的には「非核地帯（nuclear-weapon-free zone）」と言われている。非核兵器地帯の概念の基本的性質は，「核兵器が全く存在しない状態を維持すること」である。核不拡散条約（NPT）の場合には，核兵器を保有していない国は核兵器を生産せず取得しない義務を負う。しかし核兵器国が管理している限り，その領域に核兵器を配備させることは禁止されていない。しかし非核兵器地帯の場合には，この核兵器の配備の禁止が含まれる。それにより，一定の地域が核兵器の全く存在しない地域となる。

したがって，地帯内では核兵器の開発，製造，所有はもちろんのこと，配備，実験，使用など核兵器に関するあらゆる活動が禁止される。これらの義務は地帯内の国家の義務であるが，自国がそれらの行為を行なわないだけでなく，他の国にこの地帯内でこれらの行為をさせない義務を負っている。

また一般に，核兵器国は非核兵器地帯の地位を尊重し，条約違反になる行為を慎むとともに，地帯内の国家に対して核兵器の使用または使用の威嚇を行わない義務を引き受ける。特にこの最後の「消極的安全保障（negative security assurances）」は，多くの非核兵器国が要求しているにもかかわらず，NPTなどに関して法的拘束力あるものとしては一般的には与えられていないが，非核兵器地帯に関連して実際に与えられているものである。

このように，非核兵器地帯は地域の非核兵器国がイニシアティブを取ることにより設置され，それを基礎に核兵器国から一定の義務を引き出すという側面をもっている。この側面はきわめて重要であり，非核兵器国が広い意味での核軍縮に貢献できる領域でもある。しかし，核兵器国はあらゆる非核兵器器地帯に対して自動的にこれらの約束を与えるのではなく，国益なりを判断して与えることになる。米国は，非核兵器地帯の支持の条件として以下の7点を挙げている。

① 設置のイニシアティブは地域の国家が取ること，
② 地域の重要な国がすべて参加すること，
③ 十分な検証措置を備えること，
④ 地帯の設置が現存の安全保障取決めを害しないこと，
⑤ 条約が核爆発装置の開発や所有を有効に禁止すること，
⑥ 条約は国際法上認められた航行の自由を害しないこと，
⑦ 条約は寄港や上空飛行の権利を与える当事国の権利に影響しないこと。

(1) 非核兵器地帯の概念については，Comprehensive Study of the Question of Nuclear-Weapon-Free Zones in All it's Aspects, Special Report of the Conference of the Committee on Disarmament: Official Records of the General Assembly, Thirtieth Session, Supplement No. 27 A (A/10027/Rev. 1/Add. 1)（黒沢満「軍縮委員会会議『非核兵器地帯の包括的研究』」『法政理論』第10巻第1号，1979年9月，178-198頁），および国連総会決議3261F（XXIX）参照。非核兵器地帯の概念を詳細に分析し，モデル非核兵器地帯条約を提示するものとして，Arthur M. Rieman, "Creating a Nuclear Free Zone Treaty That Is True to Its Name: The Nuclear Free Zone Concept and a Model Treaty," *Denver Journal of International Law and Diplomacy*, Vol. 18, No. 2, Winter 1990, pp. 209-278. 参照。非核兵器地帯の検討については，Jozef Goldblat, "Nuclear-Weapon-Free Zones: A History and Assessment," *Nonproliferation Review*, Vol. 4, No. 3, Spring-Summer 1997, pp. 18-32. 参照。
(2) 両者の概念の比較検討については，黒沢満「核兵器不拡散および非核兵器地帯の法的概念」『法政理論』第13巻第3号，1981年3月，156-182頁参照。
(3) この点に関しては，黒沢満「軍縮と非核兵器国の安全保障──国連特別総会の議論を中心に──」『国際法外交雑誌』第78巻第4号，1979年9月，26-34頁参照。またラテンアメリカ非核兵器地帯における核兵器使用禁止問題の分析については，黒沢満「非核兵器地帯と安全保障」『法政理論』第12巻第3号，1980年2月，106-188頁参照。

2 南太平洋での核実験反対

(a) 大気圏内核実験への反対

　太平洋地域は核時代の初めから多くの核実験が実施されてきた所であり，米国は1946年からマーシャル諸島およびジョンストン島で，英国は1952年からオーストラリアで，またクリスマス島で実験を行っていたが，1963年に部分的核実験禁止条約が締結され，米英は太平洋地域の実験場から引き上げた。

　フランスは1960年に最初の核実験をアフリカのサハラ砂漠で実施したが，アフリカ非核兵器地帯構想の出現とアルジェリアの独立で不可能となり，1963年より南太平洋のフランス領ポリネシアのムルロア環礁に実験場を建設し，1966年7月以来そこで核実験を実施した。その後9年間に41回の核実験を大気圏内で実施した。

　このフランスの大気圏内核実験の継続に対して，オーストラリアとニュージーランドは，1973年5月に国際司法裁判所に対し，フランスの核実験が国際法に反するとして訴えるとともに，事態の悪化を防ぐための仮保全措置をも求めた。裁判所は1973年6月に，フランスに対して大気圏内核実験を差し控えるよう仮保全措置を命令し，その後フランスが地下核実験に移行すると発表したことを根拠に，1974年12月に原告の訴訟目的が消滅したという判断を下した。裁判所は，フランスの核実験の違法性には触れなかったが，この裁判を契機にフランスは大気圏内での核実験を中止したのであり，その意味ではこれはオーストラリア等の一定の勝利であると言える。

　1995年から1996年にかけての一連の核実験の再開に関連して，ニュージーランド政府は1995年8月21日に，1973/74年の事件の再審として国際司法裁判所に提訴し，国際法上の権利侵害および海洋環境の放射能汚染という点から，実験中止の仮保全措置を求めた。しかし，裁判所は9月22日に，前回の事件は大気圏内の核実験に関わるものであり，今回の実験は地下であるためその提訴は受理できないと決定した。

(b) 非核地帯条約の主たる目的

　1983年にオーストラリアではホーク労働党政権が誕生し，1984年にニュージーランドでもロンギ労働党政権が誕生したことにより，非核地帯設置の動きが本格的なものになっていった。この時期において共通した認識として存在したのは，フランスの核実験に対する反対および日本の放射性廃棄物投棄計画への反対であった(7)。日本の計画は赤道より北であり，最終的な地帯の範囲に含まれる地域ではなかったが，その後日本はこの計画を撤回した。

　条約の交渉過程において，条約の適用範囲を決定する際に北の境界については議論が対立していた。すなわち赤道以北の米国の太平洋諸島信託統治地域を含めるかどうかであったが，作業部会は米国の戦略的に重要な場所が含まれていること，これらの地域の将来の地位に関する交渉が複雑になるという理由で，赤道以北を原則として含めないことを決定した。

　これに反して，東の境界について，フランス領ポリネシアを含めることには議論の対立もなく決定された。このことは，非核地帯設置の最大の目的がフランスの核実験に対する反対の意思表明であることを示していた(8)。

　またこの南太平洋非核地帯条約は，3つの議定書をもち，議定書3はこの地帯内において核実験を行わないことを核兵器国に約束させるものである。この条約のモデルとなっているラテンアメリカ非核兵器地帯条約は，2つの議定書のみであり，核実験禁止に関する個別の議定書を備えていなかった。それらの議定書に核実験の禁止も当然含まれているが，南太平洋の場合は，特に核実験に対する反対を明確にするため，そのための個別の議定書が用意されたのである。また，この議定書3の規定は，南太平洋非核地帯のいかなる場所における核実験をも禁止している。したがって地帯内の国家の領域のみならず，公海での実験をも禁止している。条約および議定書の大部分の規定の適用範囲は地帯内の領域に限定されているが，核実験の禁止は地帯全体に適用される。このことも，フランス核実験の禁止が最重要視されていたことを示している(9)。

　(4)　この事件の分析については，黒沢満「大気圏内核実験の法的問題――核実験事件を中心に――」『阪大法学』第101号，昭和53年1月，77-119頁参照。

(5) International Court of Justice, Nuclear Tests Case, *ICJ Reports*, 1974, pp. 252–272. 黒澤満「核実験の違法性」『別冊ジュリスト国際法判例百選』有斐閣, 2001年4月, 224-225頁参照.
(6) International Court of Justice, *ICJ Reports,* 1995, p. 475 (『国際法外交雑誌』第98巻第3号, 1999年8月, 63-82頁) 参照.
(7) Grey Fry, "Toward a South Pacific Nuclear Free Zone," *Bulletin of the Atomic Scientists*, Vol. 31, No. 6, June/July 1985, p. 18.
(8) この点に関してハメルグリーンは, この条約は選択的であり, ある核兵器国 (フランス) に対して差別しており, 他の核兵器国 (米国) を優遇していると批判している. (Michael Hamel-Green, "South Pacific: A Not-So-Nuclear-Free Zone," *Peace Studies*, October 1985, p. 81.)
(9) この条約全体の分析については, 黒澤満「南太平洋非核地帯の法構造」『法政理論』第18巻 第4号, 1986年3月, 1-51頁. Ramesh Thakur, "Disarmament before the Fact: the South Pacific Nuclear Free Zone," *New Zealand International Review,* Vol. 17, No. 2, March 1992, pp. 18-23. 参照. またこの条約への批判的分析については, Toshiki Mogami, "The South Pacific Nuclear Free Zone: A Fettered Leap Forward," *Journal of Peace Research*, Vol. 25, No. 4, 1998, pp. 411-430. 参照.

3 議定書に対する核兵器国の態度

　核兵器国の義務に関しては, 非核地帯を尊重し締約国に対して核兵器の使用または使用の威嚇を行わないという議定書2, ならびに核実験を禁止する議定書3が存在するが, ロシア (ソ連) が1988年に, 中国が1989年にそれらを署名・批准している. 他方, 米国, 英国およびフランスの3国は1995年段階で署名・批准していなかった.
　米国の場合には, ニュージーランドの非核政策をめぐって, 特に核搭載艦艇の寄港拒否に対する反発として条約の署名を拒否していたが, 米国の核戦略の変更によりそれはその後あまり問題とはなっていない. ちなみに条約自体は外国の核搭載艦艇の領海通航や寄港を禁止しておらず, それらは個々の国家の判断にまかされている. したがって, 米国が反対している領海通航や寄港の禁止は, ニュージーランド1国の政策であって, 条約自体から派生す

る問題ではない。

　フランスが議定書に署名・批准しなかったのは，そこでの核実験を継続する意思があったからであり，国際法の観点からみれば，フランスが議定書に批准しない限りその核実験を法的に批判することはできない。米国および英国がこの時期まで議定書の署名・批准に進まなかった理由は，もっぱらフランスとの友好関係を悪化させないという政治的な配慮であった。すなわち米英が議定書に批准することにより，フランスを孤立させることは好ましくないという判断からである。[11]

　フランスの1995年からの一連の核実験は翌年の1月または2月に終了すると予定されており，これはフランスの最後の核実験となると考えられていた。米国および英国はモラトリアムを継続しており，核実験を実施する予定もなかったので，フランスの核実験の終了により，議定書の署名・批准の障害が取り除かれることになる。このような状況で，1995年9月に米国およびフランスは個別に議定書の署名に前向きな姿勢を表明し，米国，英国，フランスの3国は10月20日に国連において共同声明を発表し，1996年の前半に議定書に署名する意思を明らかにした。実際，米国，英国，フランスの3国は，フランスの核実験が終了した後，1996年3月25日に3つの議定書に署名した。これにより南太平洋非核地帯条約に対するすべての核兵器国の支持が明確になり，その地帯の非核の状態が確立されることになった。[12]

　この動きの背景には，包括的核実験禁止に向けての大きな流れがあった。1994年1月からはジュネーブの軍縮会議において，包括的核実験禁止条約に向けての精力的な交渉が開始され，さまざまな提案を条約にまとめる作業が行われていた。核不拡散条約（NPT）の再検討および延長に関する会議が1995年4月，5月にニューヨークの国連本部で開催され，NPTの無期限延長が決定されるとともに，その決定とパッケージで「核不拡散と核軍縮の原則と目標」という文書も採択された。その文書においては，1996年中に包括的核実験禁止条約の交渉を完成させること，条約の発効にいたるまで核兵器国は実験を最大限自制することが合意されていた。このような状況において，フランスの核実験は条約成立直前のかけ込み的な要素をもっていた。

　このように核実験の全面禁止への道筋が明確になり，世界的な核実験全面禁止の流れの中でフランスも核実験を停止し，その結果として南太平洋の非

核地帯に対する支持を表明できる情勢になったと解釈することも可能であり，この世界的な流れが大きな影響を与えたことは否定できない。

しかし，直接的な理由は1996年内に包括的核実験禁止条約を完成するようにとの世界的な動きであるとしても，米国，ロシア，英国はモラトリアムを継続しており，実験を行っているのはフランスと中国のみであり，フランスに対しては特に南太平洋の諸国が一貫して反対を主張し，さまざまな手段で実験の停止を目指してきたのであり，この地域での活動が世界的な流れの中心部分を占めるものであった。

それは，非核地帯条約交渉の議論からも明らかなように，赤道以北の米国に関連する地域は地帯に含まれなかったが，フランスの核実験場を含めることにはコンセンサスが成立していたこと，また核実験禁止に関する議定書をわざわざ個別に起草したことなどから，非核地帯条約設置の基本目的が明らかになる。すなわち，この地域の核実験反対の最大の意見表明が非核地帯条約の作成であり，その意味でこの条約は核実験禁止に決定的に重要な役割を果たしたと言えよう。

(10) この政策の分析については，Kevin Clements, "New Zealand's Role in Promoting a Nuclear-Free Pacific," *Journal of Peace Research*, Vol. 25, No. 4, 1998, pp. 395–410. 参照。

(11) 英国の立場からこの問題を分析し，英国の署名・批准を主張するものとして，Keith Suter, "The South Pacific Nuclear Free Zone Treaty: The Case for UK Acceptance," *Medicine and War*, Vol. 9, No. 2, April 1993, pp. 125–133. 参照。

(12) その後英国とフランスは議定書を批准したが，米国は2002年になってもまだ批准していない。

4　非核兵器地帯の意義

(a)　その他の非核兵器地帯設置の動き

冷戦の終結とともに，安全保障の問題が以前のグローバルなものから地域的なものにその重点を移行していった。それは東西対立および2極体制が消滅したからであり，地域的安全保障との関連で，非核兵器地帯という考えが

高く評価されている。たとえば、1995年NPT再検討・延長会議で採択された「核不拡散と核軍縮の原則と目標」において、非核兵器地帯の設置が世界的および地域的な平和と安全を促進するという確信が再確認されており、またさまざまな地域における非核兵器地帯の設置が奨励されている。

　アフリカにおいては、南アフリカの民主化と非核化の前進を背景として、条約の作成作業が開始され、1995年6月に「アフリカ非核兵器地帯条約（ペリンダバ条約）」の採択にこぎつけた。条約は1996年4月11日に署名され、批准の手続が開始されている。また東南アジア諸国連合（ASEAN）を中心に東南アジア10ヵ国の間においても、1995年12月15日に「東南アジア非核兵器地帯条約（バンコク条約）」が署名された。この条約は特に、中国およびフランスの核実験に対する反対の意思表明ともなっている。核実験はこの非核兵器地帯内で行われていたわけではないので、南太平洋の場合とは異なるが、大きな政治的な批判の対象となった。

　アフリカおよび東南アジアでの非核兵器地帯が成立すると、すでに存在するラテンアメリカと南太平洋を含む地域が非核兵器地帯となり、南極は1959年の南極条約により非軍事化が定められているので、南半球のほとんどが非核兵器地帯に含まれることになる。これは、核兵器国の核兵器に関する行動が制限されることを意味し、核兵器の軍事的および政治的意義を低下させるのに有効である。

　中央アジアにおいても非核兵器地帯設置の動きが進展している。すなわち、カザフスタン、キルギス、タジキスタン、トルクメニスタン、ウズベキスタンの5ヵ国は、1997年2月28日にアルマティでの首脳会談で、中央アジアを非核兵器地帯と宣言するという考えを支持するよう関係国に要請し、同年9月15日のタシケント会議において非核兵器地帯を宣言する必要性を再確認し、条約作成のため国連専門家グループの設置を要請する声明に署名した。その後交渉が開始され、条約草案の大部分に合意が見られるが、最終的な条約採択には至っていない。

　またモンゴルは1992年に1国非核兵器地帯を宣言していたが、1998年12月の国連総会決議において、総会は、モンゴルによるその非核兵器地位の宣言を歓迎し、5核兵器国を含む加盟国に非核兵器地位の強化に必要な措置をとるよう要請した。

朝鮮半島では，冷戦の終結後，南北間の対話が開始され，1991年末には，「朝鮮半島非核化共同宣言」が署名され，1992年2月には批准された。これにより朝鮮半島を核兵器の存在しない地域とするとともに，ウラン濃縮施設やプルトニウム再処理施設を持たないことも約束している。ただ1993年以降の北朝鮮の核疑惑の発生を契機に，両国間の関係は悪化し，南北核管理委員会も活動していないため，実効性は不確かである。[17]

政府レベルではまだ議論されていないが，非核兵器地帯の構想としては，北東アジアおよび中東欧におけるものが存在する。前者は，主として朝鮮半島および日本を含む地域に非核兵器地帯を設置しようとするものであり[18]，後者はバルト海から黒海にいたる地域に設置しようとするものである。[19]

(b) 非核兵器地帯の意義

冷戦終結後いくつかの非核兵器地帯が新たに設置され，非核兵器地帯の重要性はいっそう増加している。ラテンアメリカ非核兵器地帯は，1962年のキューバ危機において，米ソ間で核戦争の危険が高まったことを教訓にして設置されたものであり，南太平洋非核地帯は，第一義的にはフランスの核実験への反対，二次的には日本の放射性廃棄物投棄計画に対する反対が直接の動機となっていた。アフリカ非核兵器地帯の場合は，当初はフランスの核実験反対，その後は南アフリカの核開発反対という側面があったが，現在では南アフリカの非核の状態を固定すること，ならびにアフリカ大陸全体の安全を維持することが指向されている。東南アジアにおいては，冷戦期においてはその地域への米ソの関与が中心問題であり，冷戦後は中国の核兵器あるいは地域の団結といった側面が重要となり，フランスの核実験反対という意味合いももっていた。

このように，地域の非核兵器地帯の設置の直接の動機は，それぞれの地域に特有のものであるが，それらの全体に共通する要素としては，核兵器からフリーであることにより平和と安全が一層強化されるという認識である。すなわち大国の紛争とくに核戦争に巻き込まれる危険を回避し，軍事的および政治的に自主的であろうとするものである。またその結果として，核不拡散体制を強化するとともに，核兵器の軍事的および政治的有用性をその地域においては大きく低下させるものとなる。

さらに，核兵器の使用禁止の観点から見ると，現在，核兵器の使用を条約により明示的に禁止しているのは，非兵器地帯条約の議定書のみである。5核兵器国はそれらに署名・批准することを求められており，ほとんどの場合に核兵器国はその義務を引き受けている。

核兵器を保有しない国に対して核兵器を使用しないという「消極的安全保障」の要求は，核不拡散条約の交渉時から存在し，いまでも多くの国がそれを求めているが，法的拘束力ある形では与えられていない。5核兵器国は政治的な意図の表明として，一定の条件の下において核兵器を使用しないという宣言を行っているが，条約として約束することは拒否している。しかし，非核兵器地帯の場合には，条約上の約束として与えられているのであり，ここに非核兵器地帯設置の1つの大きなメリットがある。

南北朝鮮の間では1992年に「朝鮮半島非核化共同宣言」が批准され，両国は非核兵器地帯となっているが，相互査察のための合同委員会は機能していない。日本の非核三原則は内容的には非核兵器地帯と似通っているが，法的規制とする場合には日米安保条約との調整が問題になるかも知れない。しかし，東北アジアの地域的安全保障を考える場合に，北東アジア非核兵器地帯の設置は，短期的には困難であろうが，長期的な視野に入れることは有益であろうと思われる。

(13) Sola Ogunbanwo, "The Treaty of Pelindaba: Africa is Nuclear Weapon-Free," *Security Dialogue*, Vol. 27, No. 2, June 1996, pp. 185-200; Olu Adeniji, "The Pelindaba Texts and its Provisions," *Disarmament*, Vol. 19, No. 1, 1996, pp. 1-12; Sola Ogunbanwo, "African Nuclear-Weapon-Free Zone," *Disarmament*, Vol. 19, No. 1, 1996, pp. 13-20. 参照。

(14) Norachit Sinhaseni, "Treaty on Southeast Asia Nuclear Weapon-Free Zone: Prospects For Its Entry Into Force," Paper presented to the Ninth Regional Disarmament Meeting in the Asia-Pacific Region, Katmandu, Nepal, 24-26 February 1997. 参照。

(15) 条約案の説明および残された問題などについては，石栗勉「中央アジア非核兵器地帯札幌会議」『季刊国連』第20号，2000年5月，31-51頁参照。

(16) *Defense White Paper*, Second edition, The Ministry of Defense, Mongolia, March 2001. 参照。

(17) Darryl Howlett, "Nuclearization or Denuclearization on the Korean Peninsula," *Contemporary Security Policy*, Vol. 15, No. 2, August 1994, pp. 174–193. 参照。

(18) Andrew Mack, "A Nuclear Free Zone for Northeast Asia," *Journal of East Asian Affairs*, Vol. 9, No. 2, Summer 1995, pp. 288–322; Kumao Kaneko, "Japan Needs No Umbrella," *Bulletin of the Atomic Scientists*, Vol. 52, No. 2, March/April 1996, pp. 46–50. 参照。

(19) Jan Prawitz, "A Nuclear-Weapon-Free Zone in Central and Eastern Europe," *PPNN Issue Review*, No. 10, February 1997. 参照。

第2節　東アジアの非核化

東アジアは核疑惑が生じている地域でもあり，非核兵器地帯が設置されている地域でもある。また原子力の利用が今後とも増加する傾向にある。本節は，東アジアの核問題に焦点を当て，特に東アジアの非核化の方向を強調するものである。まず北東アジアの核情勢として，北朝鮮の核疑惑，朝鮮半島非核化共同宣言および日本への疑惑を取り上げ，次に東南アジア非核兵器地帯条約を分析し，第3に北東アジア非核兵器地帯の展望を試みる。最後に東アジアにおける非核化のための原子力協力を考察する。

1　北東アジアの核情勢

(a)　北朝鮮の核開発疑惑

北朝鮮は1985年12月にNPTに加入したが，韓国に配備された米国の核兵器からの脅威を主たる理由として，国際原子力機関（IAEA）との保障措置協定を受け入れなかった。冷戦の終結後，米国のブッシュ大統領（第41代）は地上配備の短距離核ミサイルを世界的に撤去することを発表した。韓国に関しては1991年12月18日に廬大統領によりその事実が確認された。これらの事実に基づき，南北朝鮮は12月31日に朝鮮半島非核化共同宣言に合意した。

北朝鮮はIAEAとの保障措置協定を1992年1月30日に署名し，それは4月10日に効力を発生した。それに従い，IAEAは北朝鮮において特定査察を5月に開始した。1993年2月にIAEAは2つの疑わしい施設に対しての特別査察を要求した。その要求は以下の2つの理由に基づいていた。1つは，北朝鮮が申告したものとIAEAが査察を通じて得たサンプルの分析結果とが一致しないことであり，もう1つは米国の偵察衛星が核物質を貯蔵している疑いのある施設を発見したことである。

2月25日の最初の要請が北朝鮮に拒否された後，IAEA理事会は，北朝鮮

に対し3月25日の最終期限までに特別査察を受け入れるよう要請する決議を承認した。この要求に対する北朝鮮の反応は，以下のような声明であった。「朝鮮民主主義人民共和国政府は，我が国の至高の利益を危うくしている異常な状況が発生していることとの関連で，核不拡散条約第10条1項の規定に従い，核不拡散条約（NPT）から脱退することを，1993年3月12日に決定した。」

米国との高官協議の後，6月11日，すなわち脱退声明が効力を発生する1日前に，北朝鮮は，NPTからの脱退の実施を一時停止することを一方的に決定したと発表した。

朝鮮半島における核問題の全面的な解決を目指した困難な交渉の後，米国と北朝鮮は1994年10月21日に「枠組み合意（Agreed Framework）」に合意した。この枠組み合意において，北朝鮮は現存の核プログラムを凍結し，最終的にはその核物質のすべてを計量するための査察をIAEAが実施することを認め，その後にその黒鉛炉と関連施設が解体されることに合意した。米国は，北朝鮮の現存の原子炉を2つの1000メガワット軽水炉に置き換えることに合意した。軽水炉は黒鉛炉より核兵器級のプルトニウム物質を得にくいとされている。

この規定を実施するため，米国は韓国および日本と朝鮮半島エネルギー開発機構（KEDO）の設置に関する協定を1995年3月9日に締結した。その後，欧州連合（EU）および他の諸国がKEDOに参加している。

(b) 朝鮮半島非核化共同宣言

北朝鮮の核疑惑をめぐる問題は1994年10月の米朝間の「枠組み合意」により，一応の道筋が示された。そこでは朝鮮半島の非核化について，以下のことが合意された。

  III．両国は非核朝鮮半島に基づく平和と安全保障のため協力する。
 1) 米国は，米国による核兵器の威嚇または使用を行わないという正式の保障を北朝鮮に与える。
 2) 北朝鮮は，朝鮮半島非核化南北共同宣言の履行のための措置を一貫してとる。
 3) この枠組み合意が南北の対話を促進する雰囲気を作り出すのに役立

つので，北朝鮮は南北対話に取り組む。

　朝鮮半島非核化共同宣言はまだ消滅しておらず，ここでも今後の履行が規定されているので，以下にその背景と内容，問題点と不履行の理由などを検討する。

　冷戦の間においては，朝鮮半島は東西対立の中心にあったが，冷戦の終結とともに若干の変化が見られた。もっともヨーロッパにおける変化と比較すればきわめてわずかな変化である。北朝鮮はソ連からの原子力援助に際して1985年にNPTに加入したが，IAEAとの保障措置協定を締結してこなかった。北朝鮮はIAEA保障措置問題と韓国にある米国の核兵器問題をリンクさせ，米国の核兵器が撤去されるまで保障措置協定を署名しないという態度を示してきた。これに対して，韓国は両者は別の問題であり，リンクさせるべきではないという立場を主張していた。1991年9月27日に，ブッシュ米国大統領(第41代)は世界の各地域からまた海洋戦力から戦術核兵器を撤去するという決定を宣言した。これにより韓国に配備された核兵器もすべて撤去されることになり，北朝鮮の要求が満たされることになった。1991年10月，11月の両国の主張は，朝鮮半島における核兵器の製造，所有，配備，使用などを禁止する点では同じであったが，北朝鮮の提案は，核兵器搭載船舶と航空機の領海および領空の通過ならびに寄港や着陸の禁止も含んでおり，「核の傘」の否定を規定していたが，韓国はそれらは受け入れられないとし，逆にその提案は，核燃料の再処理および濃縮の施設を所有しないという項目を含んでいた。また査察につき，北朝鮮は，北朝鮮の核施設と韓国の米軍基地に対する査察を同時に行うと主張し，韓国は，IAEAの査察とは別に，北と南の軍事・民生両方の施設の査察を行うとしていた。

　1991年12月13日に，「南北間の和解，不可侵，交流・協力に関する議定書」が署名されたが，これは1945年の朝鮮の分裂以来2国間の最も重要な合意となっている。12月18日に，盧泰愚大統領が，韓国には1つの核兵器も存在しないことを宣言し，12月末に両国は非核化に関する交渉に入り，12月31日に「朝鮮半島の非核化に関する共同宣言」に署名した。その内容は以下の通りである。

1. 南と北は，核兵器の試験，製造，生産，接受，保有，貯蔵，配備，使用を行わない。

2. 南と北は，核エネルギーを平和的目的にだけ利用する。
3. 南と北は，核再処理とウラン濃縮施設を保有しない。
4. 南と北は，朝鮮半島の非核化を検証するため，相手側が選定し双方が合意した対象について，南北核管理共同委員会が規定する手続と方法によって査察を実施する。
5. 南と北は，この共同宣言の履行のため，共同宣言の発効後1ヵ月以内に南北核管理共同委員会を構成し，運営する。
6. この共同宣言は，南と北がおのおの発効に必要な手続を経て，その本文を交換した日から効力を発生する。

この共同宣言の主要な内容を分析すると以下のことが明らかになる。
① 両国は，核兵器に関するあらゆる活動を禁止し，朝鮮半島を非核の状態に維持することに合意した。
② 北朝鮮が主張していた，韓国に対する米国の「核の傘」の放棄は含まれていない。
③ 北朝鮮が主張していた，核搭載船舶や航空機の領海や領空の通過，寄港や着陸の禁止は含まれていない。
④ 北朝鮮の主張していた，米国，ソ連，中国による非核の地位の保障も含まれていない。したがって，完全に南北朝鮮2国間の協定となっている。
⑤ 核兵器のみならず，再処理施設およびウラン濃縮施設の保有も禁止される。
⑥ 査察については，「相手側が選定し双方が合意する対象」となり，きわめて限定的に規定された。
⑦ 査察の手続と方法については，後に設置される「南北核管理共同委員会」に委ねられた。

その後1992年1月7日に，韓国は1992年のチームスピリット合同軍事演習の中止を発表し，1月30日には北朝鮮はIAEAとの保障措置協定に署名した。

1992年2月19日に朝鮮半島非核化共同宣言は，「議定書」とともに効力を発生し，1ヵ月後の3月19日に「核管理共同委員会」が設置された。この委員会においては，実施されるべき2国間査察制度について南北の意見が大きく対立した。北朝鮮は，相互の疑惑を同時に解決するという原則に則り，北

は南にあるすべての米軍基地を査察できることとし，南はヨンビョンの核施設にアクセスできることを主張した。他方，韓国は，相互性の原則により，北はさらにその軍事基地をも査察に公開すべきであること，年間に許される査察の回数を同じにすべきことを主張し，さらに特別査察――24時間の事前通告で拒否権なしの査察――をも強調した。北はそのような手続は合意の範囲外であるとして拒否した。

　失敗の原因として，チョンは，①北朝鮮が公開性に対して伝統的に抵抗してきたことが，検証に対する敵対的な態度となっていること，②両国間にほとんど信頼関係が存在していないこと，③両国とも短射程センサー以外に監視能力をもっておらず，現地査察が必要になるが，それは最も侵入的な検証手段であり，長年の信頼醸成の後にやっと可能になること，を挙げている。
(1)

　1992年の後半から，北朝鮮の冒頭報告とIAEAの特定査察の結果に齟齬がみられること，および米国が偵察衛星からの建物の写真を公表したことから，北朝鮮の核疑惑が表面化した。北朝鮮の協力的な態度がみられないため，米国と韓国は合同軍事演習の再開を示唆していたが，1993年1月26日に米韓軍事演習を3月9日に行うことを発表した。その後，2月9日にIAEA事務局長は，北朝鮮に対して特別査察を要求し，3月12日に北朝鮮はNPTからの脱退を通告するというふうに事態が悪化し，非核化宣言に関わる査察は実行されていない。

　したがって，1994年10月の枠組み合意を迅速に履行し，朝鮮半島の緊張を緩和することによって，朝鮮半島非核化共同宣言を実効性あるものに変えていく必要がある。そのためには南北対話が必要であり，KEDOによる原子炉の建設などをてこに半島の情勢の好転を図り，南北対話を復活させ，核管理共同委員会の再開を促進させることが急務である。

(c)　日本の核兵器開発の懸念

　過去数年において，日本が核兵器を開発するかもしれないという懸念または疑惑が生じているが，それは以下の3つの理由に基づいている。1つは，日本がプルトニウムを核燃料として用い，また大量のプルトニウムを保有していることである。第2は，北朝鮮の核疑惑により日本がそれに対抗するか

もしれないという懸念であり，第3は1993年のG7の会議で日本のみがNPTの無期限延長を支持しなかったことである。

　技術的側面から，夏立平は，「日本は今後5年間に5トンから10トンのプルトニウムを貯蔵すると報告されている。このプルトニウムは兵器級ではないが，日本にとってそれを兵器級に変えるのは困難なことではないだろう。日本は，もし必要ならば，1年以内に核兵器をつくることができると日本のマスコミは伝えている。日本はすでに地球を回る軌道に衛星を打ち上げる能力のある強力なロケットをもっており，それは弾道ミサイルに変換できるものである」と述べている。

　日本のプルトニウム利用について，ジェシカ・マシューズは，「原子力の商業利用からの拡散の危険の程度は，使用される核物質の量に大いに依存している。安全に取り扱われ，移送され，貯蔵される核物質の量が増えれば増えるほど，また原子力の大規模な依存がプルトニウム燃料サイクルの利用に移行するほど，大量の核物質が兵器用に転用される可能性は増大する」と述べ，「民生用増殖炉での利用のためにプルトニウムを再処理し蓄積することは絶対に避けられるべきである」と結論する。

　日本のプルトニウム計画は懸念や疑惑の源となっているが，北村は，民生用のプルトニウム利用は潜在的な核兵器開発にまったく無関係であると主張し，「プルトニウム計画があるとないとに拘わらず，日本は政治的意思があれば核兵器を取得できる」と述べる。彼は，政治的動機が技術よりももっと重要であって，「日本の政治的意思が日本での核兵器の拡散を防止する鍵である。しかし米国が提供している核の傘が日本の政策決定に最大の影響をもつだろう」と結論する。

　技術的観点からして，日本は疑惑を避けるために，余剰のプルトニウムを持たないという政策を保持している。1995年12月の高速増殖炉もんじゅの事故，および1997年3月の東海村の再処理工場の事故により，日本はプルトニウム・リサイクリングを計画通り進めるのが難しくなっている。日本の原子力委員会は，プルトニウム・リサイクリングの継続を進めるとしているが，従来のようなペースではなく，研究開発を中心に着実に進めるものと思われる。

　もし北朝鮮が核兵器をもてば，韓国および日本も核兵器を持とうとするで

あろうと一般に考えられている。ある外務大臣は，もし北朝鮮が核兵器をもっていれば日本はNPTから脱退する可能性があることを示唆したことがある。北朝鮮の核問題は，米朝の枠組み合意により現在は凍結されているが，IAEAによる特別査察により平和裡に解決されなければならない。地域的な平和と安全からしても，また日本の将来の行動方針からしても，北朝鮮のケースを解決することがきわめて重要である。

　1993年6月の東京でのG7サミットにおいて日本は他のすべての国が支持しているNPTの無期限延長を支持できず，それが日本の意図についての疑惑を招くことになった。日本がそれを支持できなかった主たる理由は，宮沢首相が自民党内で無期限延長についてコンセンサスを得られなかったことである。この条約が日本で激しく議論された時に外相をしていたので，彼はこの条約の無期限延長の承認がいかに困難であるかをよく知っていた。しかし，2ヵ月後，細川新政権は日本が条約の無期限延長を支持することを明確にし，世界の平和は核兵器を廃絶することによる世界軍縮により達成されるべきことを強調した。

　デビッド・アラセは日本の核オプションは問題外ではないと述べ，「法的観点からして，もし核兵器が防衛抑止力と定義されれば，それは憲法第9条に違反しない。政治的観点からして，日本の国内政治における左派の崩壊と勢力の中心が新たな穏健保守派にあることから，核武装した朝鮮という脅威と結びつき，上の法的解釈を有効なものにするであろう。技術的問題は日本にとってなんの困難もない。日本は1992年後半にフランスから1.7トンの兵器級プルトニウムを輸入しており，この規模の追加的な輸送が予定されている。……運搬システムの関連では，新しい日本のH-2ロケットは，誘導技術を除くすべての点で米国の最新のICBMに並ぶものである」と具体的に説明している。
(5)

　日本はNPTの署名・批准に気が進まず，条約が発効してから6年も経過してから批准し，97番目の批准国であったことは事実である。また国内の議論である政治家たちや安全保障の専門家たちが，核オプションを維持すべきだと主張したのも事実である。日本がNPTをなかなか完全に支持できなかった理由の1つは，その条約の差別的な性質にある。また多くの日本人はNPTを核軍縮のための手段として支持しているが，それは核不拡散それ自

体は目的とはならないということを意味している。広島および長崎で原爆の犠牲となった日本人は，一般的に核アレルギーをもっており，核兵器に反対する世論はきわめて強いものである。

　この感情の1つの表明がいわゆる非核三原則であり，それは日本が核兵器をもたず，作らず，持ち込ませないことを定めている。この政策は1967年に初めて佐藤首相により宣言され，その後の国会決議で繰り返されている。日本政府の解釈によれば持ち込ませずの原則に核搭載艦の寄港および領海通航も含まれているが，冷戦時においてはこれらは遵守されてこなかった。戦術核兵器を撤去するという1991年9月のブッシュ大統領の声明の後は，この状況は大幅に改善されていると思われる。

　さらに，1955年の原子力基本法は，その第2条において，「原子力の研究，開発及び利用は，平和の目的に限り，安全の確保を旨として，民主的な運営の下に，自主的にこれを行うものとし，その成果を公表し，進んで国際協力に資するものとする」と規定する。この法により，核兵器を含む原子力の軍事利用は完全に禁止されている。

　日本が核兵器を保有した場合のメリットは，軍事専門家によれば，軍事的観点からみれば非常に低いかほとんど無であり，政治的観点からみれば，マイナスであると考えられている。このような点から考えて，日本が核兵器を保有する可能性はきわめて低い。しかしながら，日本は，原子力活動をもっと透明にすることによって，また核兵器を持たないという政治的意思をあらゆる手段を用いて明らかにすることにより，疑惑を晴らす努力をもっと積極的に行うべきである。日本の決定は北東アジアまたは東アジアにおける安全保障環境にも依存するものであるから，日本はこの地域の安全保障の改善のため一層の努力をするべきである。

(1) Seong Cheon, "National Security and Stability in East Asia: The Korean Peninsula," Paper submitted to the 12th PPNN Core Group Meeting, November 1992, pp. 13–14.

(2) Xia Liping, "Maintaining Stability in the Presence of Nuclear Proliferation in the Asia-Pacific Region," *Comparative Strategy*, Vol. 14, 1994, pp. 279–280.

(3) Jessica Tuckman Mathews, "Nuclear Power and Non-Proliferation: Where to Draw the Line," William Clark, Jr. and Ryukichi Imai (eds.), *Next Steps in*

Arms Control and Non-Proliferation, 1996, Carnegie Endowment for International Peace, pp. 84-87.
(4) Motoya Kitamura, "Japan's Plutonium Program: A Proliferation Threat?" *Nonproliferation Review*, Vol. 3, No. 2, Winter 1996, pp. 1, 10-11.
(5) David Arase, "New Directions in Japanese Security Policy," *Contemporary Security Policy*, Vol. 15, No. 2, August 1994, pp. 55-56.

2 東南アジア非核兵器地帯条約

　東南アジアの5ヵ国は，1967年8月8日に東南アジア諸国連合（ASEAN）を設立する宣言に合意したが，その前文において「いかなる形態による内政干渉ないし示威からもその安定を確保することを固く決意している」ことを考慮していた。さらに1971年11月27日にクアラルンプールにおけるASEAN特別外相会議において，「平和自由中立地帯（ZOPFAN）」宣言を採択した。これは，「外部の力による干渉から自由である平和自由中立地帯としての東南アジアの承認，およびそれへの尊厳を確保するために必要な努力を開始すべきことを決意する」ものであった。その前文において，東南アジアにおける永続的平和の達成の希望，内政への干渉からの自由の権利の認識，平和，自由および独立の維持の決意などの表明とともに，ラテンアメリカ非核兵器地帯条約およびアフリカ非核兵器地帯宣言に言及しつつ，非核兵器地帯の設置への多大な傾向を認識しており，東南アジア非核兵器地帯の設置はこの「平和自由中立地帯」設置の1つの構成要素と考えられていた。

　1980年代に非核兵器地帯の設置に向けての動きがあったが，冷戦時においては東南アジアも米ソを中心とする世界的な東西対立の枠組みに組み込まれており，それは構想の段階にとどまった。特にフィリピンには米国の核兵器が存在していたし，ベトナムにはソ連の核兵器が配備されていると考えられていた。また冷戦時には東南アジア諸国の間に東西対立が持ち込まれていたことの外に，カンボジアの内戦にも東西対立が持ち込まれていたため，この時期に非核兵器地帯を設置することは不可能であった。

　冷戦の終結とともに，米国およびソ連はその戦力を撤去し始め，カンボジアも4派の和平協定により安定がもたらされた。さらにASEANは内部の結

束を固めるとともに，ARF（ASEAN地域フォーラム）の設立によりアジア・太平洋における平和・安全保障の問題に重要な役割を果たすようになった。また冷戦の終結により東西対立の影響が東南アジアでも消滅し，ASEAN 7ヵ国とラオス，カンボジア，ミャンマーの10ヵ国が東南アジア諸国として協力することが可能になった。また冷戦の終結により米国およびソ連の勢力が撤退したため，この2超大国の影響は薄れたが，それに伴い東南アジアに対する中国の影響力が強大になってきた。特にスプラトリー（南沙）諸島をめぐる領有権争いおよび中国の軍事力の増強などが，東南アジア諸国に対する共通の脅威となっていた。

このような状況において，東南アジアの10ヵ国は1995年12月15日に「東南アジア非核兵器地帯条約」に署名した。この条約は前文，本文22条と附属書，および議定書から成っている。基本的には従来の非核兵器地帯である「トラテロルコ条約」「ラロトンガ条約」「ペリンダバ条約」と同様である。条約作成に際してオーストラリアからさまざまの助言を得たため，特に「ラロトンガ条約」に類似している。まず「東南アジア非核兵器地帯」とは，10ヵ国の領域ならびにそれらの大陸棚および排他的経済水域（EEZ）から構成される地域を意味するとされ，本条約および議定書は，条約が発効している地帯内締約国の領域，大陸棚およびEEZに適用されると一般的に規定されている。しかし個々の規定を見ると，条約のすべての義務がこれらの地域全体に適用されるわけではないので，個別的に検討することが必要である。特に，中国と米国がこの点からこの地帯を非難しているということがあるので，以下に詳細に検討する。[6]

まず各締約国は，地帯の内および外におけるいかなる場所においても，(a) 核兵器の開発，製造，その他の取得，所有または管理，(b) いかなる手段であれ核兵器の配置または輸送，もしくは，(c) 核兵器の実験または使用，をしないことを約束している。

次に，各締約国は，その領域において，他のいかなる国であれ，(a) 核兵器の開発，製造，その他の取得，所有または管理，(b) 核兵器の配置，もしくは，(c) 核兵器の実験または使用，を許さないことを約束している。

第3に，各締約国は，(a) 放射性物質または廃棄物を地帯内の海洋に投棄し，または地帯内のいかなる環境にも放出すること，(b) 放射性物質または

廃棄物を他国の領域または管理下にある陸地で処分すること，もしくは，(c) その領域内で，他国が放射性物質または廃棄物を海洋に投棄しまたはその環境に放出するのを許すこと，をしないことを約束している。

これらの基本的義務を検討するならば，第1の義務は締約国が地帯の内外で行うことが禁止されており，第2の義務は，他の国（特に核兵器国を含む）に許可しないことを求める義務であるが，これは締約国の領域に限られており，第1の義務と比較するならば，基本的には同じであるが，輸送（transport）については，前者には含まれているが後者には含まれていない。第3の義務は，締約国については地帯内であるが，他の国については領域内における活動を禁止している。

したがって，これらの基本的義務に関する限り，核兵器国を初めとする地帯外の諸国が大陸棚およびEEZで禁止されるものはない。

また第7条の「外国の船舶および航空機」に関する規定では，各締約国は，通告された場合に，外国の船舶および航空機によるその港および空港への寄港，外国航空機によるその領空の通過，ならびに無害通航，群島航路帯通航，または通過通航の権利により規律されない方法による外国船舶によるその領海または群島水域の通航，および外国航空機によるそれらの水域の上空飛行を許可するかどうかを自ら決定することができる。

ここでは，従来の非核兵器地帯と同様に，寄港や領海通航については個別的に締約国が判断することになっており，非核兵器地帯の設置そのことによって影響を受けるものではない。ただ締約国が非核への意思表示として自主的にそれを否認する傾向が増大することは有り得るであろう。さらに大陸棚およびEEZに関してはこれらの通航の問題はまったく規制されていない。

5核兵器国が署名し批准することが予定されている条約の議定書は，第1条で，各締約国は，東南アジア非核兵器地帯条約を尊重し，条約またはその議定書の締約国による違反を構成するいかなる行為にも寄与しないことを約束し，第2条で，各締約国は，条約締約国に対して核兵器の使用または使用の威嚇を行わないことを約束し，さらに東南アジア非核兵器地帯内で核兵器の使用または使用の威嚇を行わないことを約束することになっている。したがって，核兵器国が大陸棚およびEEZを含む地帯全体で引き受ける義務は，この核兵器の使用または使用の威嚇の禁止の義務のみである。

中国は，これまで核兵器の使用禁止，特に非核兵器国および非核兵器地帯に対する核兵器の使用禁止にはきわめて積極的であり，多くの機会にその政策を明言し，トラテロルコ条約およびラロトンガ条約の議定書には批准を済ませている。また包括的核実験禁止条約（CTBT）の交渉過程においても，核兵器の使用禁止，核兵器の先制使用の禁止に関する条項をその条約に入れることを強く主張している。したがって，これまで自国の国益がからまない状況で推進してきた主張につき，自国の国益が直接関連するこの条約の場合に中国がどのように振る舞うかは興味のあるところである。

しかし南シナ海のスプラトリー（南沙）諸島をめぐる領有権争いのため，中国がどれほど積極的にこの地帯を支持するかは不明である。特に大陸棚およびEEZにおいて核兵器の使用または使用の威嚇を禁止されることは，中国にとって好ましいことではない。しかし東南アジア諸国にとって，非核兵器地帯設置の最大の目的は，中国の核兵器を中心とする軍事力の影響をできるだけ少なくすることであろう。

他方，米国はこの非核兵器地帯の設置により，核搭載船舶および航空機の自由な行動が妨げられることを懸念している。条約および議定書の文言の検討から明かなように，この条約による非核兵器地帯の設置により以前フィリピンに核兵器を配備していたような活動は禁止されるが，船舶の航行などに関しては海洋法を初め一般国際法の規定が適用されるのであり，この条約の成立により新たに禁止されるのは，大陸棚およびEEZを含む地帯内での核兵器の使用もしくは使用の威嚇の禁止である。これらの諸問題について，条約締約国と核兵器国，主として米国との間で協議が続けられている。

(6) この条約の分析については，Norachit Sinhaseni, "Treaty on Southeast Asia Nuclear Weapon-Free Zone: Prospects For Its Entry Into Force," paper presented to the 9th Regional Disarmament Meeting in the Asia-Pacific Region, Katmandu, Nepal, February 1997. 参照。

3 北東アジア非核兵器地帯構想

日本を含む北東アジアの安全保障の問題を考える際に，この地域に非核兵器地帯を設置するというアイディアが示されてきている。他の地域に較べて

その可能性はかなり低いと考えられるが，冷戦後の安全保障を考える場合に，特に中長期的に考える場合には検討に値する問題である。以下においてさまざまな提案を材料に問題点を指摘する。

北東アジアの非核化を検討する場合には，常に朝鮮半島が中心となる。それはこの地域が冷戦の対立をいまだに引きずっており，一番不安定な地域だからである。したがってこの問題は，1992年の朝鮮半島非核化共同宣言が出発点となる。1つの考えは，この宣言を2国間だけのものから，正式の非核兵器地帯条約とし，心理的，政治的，法的にもっと印象的なものにし，他の諸国から尊重するとの約束を獲得し，さらに消極的または積極的安全保障を核兵器国から確保すべきであると主張する。

その他の提案は，南北朝鮮だけでなく，日本その他の諸国を含めるものである。1つは，南北朝鮮と日本の3国によるもの，次に，さらに台湾，モンゴルを含めるものがあり，第3には非核兵器国だけでなく，核兵器国（中国，ロシア，米国）の一部を含める提案がある。第3の提案には，① 朝鮮半島の非武装地帯の中心から半径1200海里の円形の地帯（中国，台湾，日本，モンゴル，北朝鮮，韓国，ロシア），② 楕円形の地帯で，西端は北東中国，東端は米国アラスカ，（同上＋米国），③ 北太平洋地帯で，北太平洋内の一定の地域とする考えがある。これらは「北東アジアにおける限定的非核兵器地帯」(a Limited Nuclear Weapon Free Zone in Northeast Asia) と呼ばれており，第1の特徴は，核兵器国の一定の領域を含めていること，第2の特徴は，すべての核兵器の配備を禁止するのではなく，最初は，非戦略核兵器および戦術核兵器を対象としていることである。

日本を含む非核兵器国だけから成る非核兵器地帯の設置についての問題点の1つは，朝鮮半島非核化共同宣言を拡大して日本にも適用しようとする考えであるが，朝鮮半島非核化共同宣言は「核再処理および濃縮の施設をもたない」という義務が含まれているため，これを日本に適用することは現段階では不可能である。したがって，朝鮮半島を含みかつ日本が参加する非核兵器地帯の設置については，再処理および濃縮に関して南北朝鮮と日本とは異なるルールが適用されなければならない。ただ非核兵器地帯一般の権利義務を見る限り，朝鮮半島の場合が特殊かつ例外的であり，通常は非核兵器地帯の概念に再処理および濃縮の禁止は含まれない。

日本と非核兵器地帯の問題を考える際の，最大の課題は日米安全保障条約との関連であろう。非核兵器地帯の支持に関する米国の7つの条件の内，①現存の安全保障取り決めを害しないこと，②航行の自由を害しないこと，③寄港や上空飛行に影響しないこと，というのが関連してくる。まず③の寄港や上空飛行については，これまでの4つの非核兵器地帯において，それらは締約国の判断に任されており，条約により規律される問題ではない。②の航行の自由についても，国際法とくに国連海洋法条約に従った航行の自由は影響を受けない。たとえ領海であっても，国際海峡である場合（日本の5つの海峡）は，通過通航が認められ，核兵器搭載船舶および航空機は通過のために自由に航行できる。日本の領海法は領海を3海里から12海里に拡大した時に，5つの海峡については領海を3海里のままにするとした。これは非核三原則との関連で，政府の解釈は領海での核兵器搭載船舶の航行を認めていないので，それとの矛盾を回避するためであったと思われる。非核兵器地帯の設置によって問題が生じるとすれば，核搭載艦船の寄港や領海航行を禁止している非核三原則と必ずしも禁止していない非核兵器地帯の制度という，逆の方向での矛盾が明らかになるかもしれない。

　①の現存の安全保障取り決めを害しないことについては，安保条約の堅持という日本政府の立場からして，非核兵器地帯の設置がどのような影響を持ち得るのかを検討する必要があろう。日本に米軍基地があることとの関連では，たとえばオーストラリアに空軍と海軍の基地や施設が存在し，シンガポールに海軍，空軍が駐留している。またパナマやホンジュラスにも米軍が駐留している。これらの諸国は現存の非核兵器地帯に含まれる国であり，基地の存在または同盟関係は非核兵器地帯の設置の妨げとはなっていないことの証拠を提供している。

　米国の「核の傘」の下にありながら，「非核兵器地帯」となることは可能か。非核兵器地帯の概念は非核三原則の内容よりも緩やかであり，非核三原則を厳格に遵守するという立場であるならば，それほど問題は生じない。しかし，非核三原則は法律ではなく，国是にすぎず，歴代政権により口頭での支持は表明されてきたが，その実施は，特に冷戦時代においては柔軟であり，厳格に実施されてきたとは言い難い。冷戦の終結とともに，米国の政策の変更，すなわち水上艦船および潜水艦には通常核兵器を搭載しないという政策

がとられたことにより，最近では現実には非核三原則が遵守されていると言えるが，この状況を法的に，国際法で規律することが可能かどうかという問題がある。

朝鮮半島非核化共同宣言に先立ち，韓国から米国の核兵器が撤去された。しかしこの事実にもかかわらず，韓国が依然として米国の「核の傘」の下にあることは疑問視されていない。したがって，核兵器の配備と核の傘とは必ずしも同一視できない。

また，将来において南北朝鮮が何らかの形で統一を達成した場合，新たな統一国家が核兵器を保有する可能性は否定できない。両国ともNPTの加盟国でありそれを承継するであろうが，朝鮮半島非核化共同宣言は2国間条約であり統一とともに国際法的な地位を失うであろう。その観点から考えるならば，南北朝鮮と日本などの第三国を含む非核兵器地帯条約を，南北統一以前に発効させ，統一以後もそれを遵守させるのが好ましいと考えられる。

このように，北東アジアの安全保障については，冷戦の終結の後さまざまな提案が出されており，特に非核兵器地帯の設置の可能性についても積極的に議論を進めて行くべきであろう。

(7) Center for International Strategy, Technology & Policy at the Georgia Institute of Technology, *The Bordeaux Protocol on the Limited Nuclear Weapon Free Zone for Northeast Asia*, March 1997, Georgia Tech Research Corporation.

4　原子力の地域的協力

東アジア地域においては，著しい経済発展とともにエネルギー消費が大幅に増加しており，今後も増加し続けるものと考えられる。米国およびヨーロッパにおいては原子力発電所の利用は増加せずかえって減少しているが，東アジアにおいては発電のための原子力の利用は今後増加するものと考えられる。東アジアでは多くの原子力発電所が建設中でありまたは建設が計画されている。日本は現在51基の原子炉を稼働中であり，4基が建設中で，2基が計画されている。韓国は11基の原子炉をもち，7基が建設中で，2基が計画されている。中国は3基の原子炉を有し，1基が建設中で，11基が計画されている。台湾は6基が稼働中で2基が計画されている。北朝鮮は，枠組み

合意の下で2基が建設されつつある。さらに，インドネシアやタイが原子力発電所の建設を計画している。

このような背景があるので，原子力利用における安全と保安のために，また核不拡散のために，地域的な原子力協力を追求することが必要となっている。ユーラトム（ヨーロッパ原子力共同体）がモデルになるかもしれない。そこには核兵器国（英国とフランス）と非核兵器国の両方が含まれ，それ自身の保障措置制度をもちつつ原子力の平和利用を推進している。しかし，東アジアの国々は，文化的に，人種的に，政治的に，宗教的に，また技術的に，ヨーロッパ諸国がもっているような同一性を有していない。したがって，ユーラトムは直接のモデルとはなりえないが，東アジアの地域的協力のためそこから多くの教訓を得ることはできるであろう。

第1段階として，原子力協力は控えめなものとし，原子力の安全と保安に関する協議を国家間で開始するのが適当であろう。たとえば，1996年11月に東京で原子力安全会議が開催された。その会議には，オーストラリア，中国，インドネシア，日本，マレーシア，フィリピン，韓国，タイ，ベトナムからの代表が参加した。彼らは，原子力の安全を高めるための個々の措置につき，およびそのための地域的協力につき意見を交換した。そこには，原子力安全条約への加入の訴えも含まれていた。

この分野での日本の専門家の第一人者である栗原は，「透明性を向上させ，原子力の平和的開発と不拡散を促進するためには，おそらくアジアトム（ASIATOM＝アジア原子力共同体）という形で，アジアの地域的協力が促進されなければならない」と主張している。アジアトムは，原子力平和利用の研究開発における地域的協力および調整を促進する機関として必要である。そこでは，濃縮や再処理をといった機微な技術に関する問題を，地域的燃料サイクル・センターの開発を通じて解決すべきである。それは原子力活動に関する情報を交換するセンターとなりうるし，それにより透明性が向上する。それはまた，原子力の安全，放射性防護，核物質管理，および物理的防護のレベルを向上させるのに役立つであろう。それは，IAEAの任務を軽減させるものとして地域的保障措置システムを創設することもできる。栗原の主要な関心は，東アジアの3国，すなわち日本，韓国，中国の間において，核物質管理，国内保障措置，核物質の物理的防護に関する緊密な協力と情報交換

である。[8]

　1996年6月に，東京の核軍縮・原子力外交研究会は，「アジアトム——アジアと原子力の共生のために」という報告書を提出した。アジアトムの主要な目的は，増加する電力の需要に応えるための原子力平和利用の拡大に貢献し，他方でこの地域におけるすべての原子力活動が国際的に合意された核不拡散の条件に厳格に従って実施されることを確保することである。アジアトムのメンバーとしては，オーストラリア，カナダ，中国，インドネシア，日本，韓国，マーシャル諸島，マレーシア，パプアニューギニア，フィリピン，台湾，タイ，米国，ベトナムなどが考えられている。アジアトムの枠組みの中において，原子力安全・施設運用地域センター，廃棄物貯蔵・管理を含む核燃料サイクル・サービスの地域センター，および地域的保障措置・査察システムが創設されることになっている。[9]

　マニングは，原子力協力レジームとしてパカトム（PACATOM＝太平洋原子力共同体）を提案している。パカトムの目的および機能は以下の通りである。地域的保障措置制度としての役割を果たすこと，核物質の物理的防護と安全の強化，放射性レベル監視の協力，保障措置の基準と実行の改善，研究開発における協力，使用済み燃料の貯蔵と管理における協力，地域的プルトニウム銀行の設置，解体核兵器からの核分裂性物質の処分。[10]

　この協力のための共同体の名称に関して，アジアトムとパカトムが用いられているが，前者はその共同体の中心はアジアであり，時にはメンバーをアジアに限定することもあるが，後者は，他の国々，特に米国が参加すべきであることを強調するものである。この点につき，ダークスは，「中国を引き入れ，加盟国を拡大するための方法としては，オーストラリア，カナダ，米国といった環太平洋の国々を含めることが重要であり，アジアトムではなく太平洋原子力共同体（パカトム）を創設することである」と指摘している。[11]

　これらの提案や考えを背景として，究極的にはユーラトム・タイプの機関を設置するという目標をもちつつ，極東，北東アジア，東アジア，アジア太平洋地域において原子力平和利用に関わる協力を一歩ずつ強化するべきである。

　(8)　Hiroyoshi Kurihara, "Regional Approaches to Increase Nuclear Transpar-

ency," *Disarmament*, Vol. 18, No. 2, 1995, pp. 36–39.
(9) The Council on Nuclear Energy and Disarmament (CNED), *ASIATOM: A New Framework for Nuclear Cooperation in the Asia-Pacific Region*, June 1996, Tokyo, Japan.
(10) Robert A. Manning, "PACATOM: Nuclear Cooperation in Asia," *Washington Quarterly*, Vol. 20, No. 2, Spring 1997, pp. 224–225.
(11) William J. Dirks, "ASIATOM: How Soon, What Role, and Who Should Participate?" William Clark, Jr. and Ryukichi Imai (eds.), *Next Steps in Arms Control and Non-Proliferation*, 1996, Carnegie Endowment for International Peace, p. 98.

第3節　北東アジア限定的非核兵器地帯構想

　冷戦後の北東アジア地域において，協力的安全保障のシステムを導入するための1つの手段として検討されているのが，北東アジア限定的非核兵器地帯構想である。ジョージア工科大学のジョン・エンディコット教授のイニシアティブで1992年にオリジナルの構想が示された。その後，さまざまな協議を続けつつ，1995年1月には，米国，ロシア，中国，日本，韓国からの5人の専門家が4週間にわたり検討を行い，「上級パネル審議：当初合意草案」を同年2月に採択した。
　翌1996年には「拡大上級パネル」が，各国から5名程度の参加を得て形成され，3月にブエノスアイレスで，10月にはボルドーで会合を開いた。その後，モスクワ(1997年)，ヘルシンキ(1998年)，東京・箱根(1999年)，北京(2000年)，ソウル(2001年)，ウランバートル(2002年)とこの構想の進展に向けて協議を継続している。
　これまで一般的に議論されてきた構想が，「北東アジア限定的非核兵器地帯条約草案」という形で2001年ソウル会議に提示され，そこで広く議論され，またその議論を踏まえて改訂された「ソウル条約草案」が2002年のウランバートル会議で示され，議論が続けられている。会議自体は，この非核兵器地帯の問題に関するバスケットⅠ以外に，通常兵器の軍備管理（バスケットⅡ）および経済的インセンティブ（バスケットⅢ）をも議論しているが，本節においては，北東アジア限定的非核兵器地帯条約の問題のみを対象とする。
　まず，これまでの国際社会における「非核兵器地帯」の設置に関する動向を検討し，どの地域でどのような要因により非核兵器地帯が設置され，それらはどのような特徴をもつのかを明らかにする。次に，北東アジア限定的非核兵器地帯条約草案は，どのような議論を経て，どのような内容を含むものであるのかを明らかにする。第3に，北東アジア非核兵器地帯に関するその他のいくつかの提案を紹介し検討する。そして最後に，従来の非核兵器地帯と比較検討しつつ，北東アジア限定的非核兵器地帯構想はどのような意義を

有するのかを考える。

1 既存の非核兵器地帯

(a) 非核兵器地帯の定義

　核不拡散条約（NPT）には現在188ヵ国が参加し，そのうち非核兵器国である183ヵ国は，核兵器を製造せず取得しない義務を負っている。しかし核兵器国がそれを管理している限り，非核兵器国の領域に核兵器を配備させることは禁止されていない。他方，非核兵器地帯の概念の下では，核兵器の製造や取得の禁止の外に核兵器の配備も禁止される。一般的には，「核兵器がまったく存在しない地域」と定義される。
　また一般に，核兵器国は非核兵器地帯の地位を尊重し，条約違反になる行為を慎むとともに，地帯を構成する国家に対して核兵器の使用または使用の威嚇を行わない義務を引き受ける。これは「消極的安全保障（negative security assurances）」と呼ばれ，NPTとの関連で非核兵器国が要求しているものであるが，そこでは法的拘束力ある約束としてはまだ与えられていないが，非核兵器地帯との関連では，議定書への批准という形で法的拘束力ある約束が与えられている。

(b) トラテロルコ条約

　1962年のキューバ危機において，米ソが核戦争の瀬戸際まで進んだことを契機とし，ラテンアメリカ諸国の間で非核兵器地帯の設置が推進され，1967年に条約が採択された。冷戦期にはブラジルとアルゼンチンが覇権を争い，それぞれ核兵器の開発を進めていたため，条約に参加していなかった。しかし，冷戦後は，両国はともに条約に加入し，今ではすべての国が条約に参加している。

(c) ラロトンガ条約

　フランスの南太平洋での核実験に抗議することを主たる目的として，1985年に南太平洋に非核地帯が設置された。核兵器の配備や核実験を禁止するだ

けでなく，放射性廃棄物の海洋投棄なども禁止しているため，「非核地帯」と呼ばれている。包括的核実験禁止条約（CTBT）が採択される直前までフランスは核実験を実施したが，その後，ムルロワの核実験場を閉鎖した。[5]

(d) ペリンダバ条約

冷戦の終結と東西対立の消滅により，米ロが世界の各地域から軍事力を撤退したことが，新たな非核兵器地帯設置の1つの背景となっている。アフリカでは，ソ連がアンゴラから撤退したことを主要な要因として，南アフリカが保有していた核兵器を廃棄した。これにより非核兵器地帯の設置が可能となった。アフリカでは1960年のフランスのサハラ砂漠での核実験の時から非核兵器地帯の設置が主張されていた。その後フランスの核実験が南太平洋に移ったこと，および南アフリカの核疑惑が存在していたことにより，地帯設置の動きは進展しなかったが，1990年代に入って交渉が開始され，1996年に条約が署名された。[6]

(e) バンコク条約

東南アジアでも冷戦の終結とともに米ロの軍事的撤退が見られ，またカンボジア内戦が終結したことなどを背景に，さらに中国とフランスが核実験を続けていることへの抗議として，また中国の軍事大国化や核戦力増強に対する懸念の表明として，1993年から交渉が始まり，1995年に条約が成立した。東南アジア諸国連合（ASEAN）が1971年に発表した東南アジア平和自由中立地帯（ZOPFAN）構想の中にも，すでに非核兵器地帯の設置という考えは含まれていた。[7]

(f) 中央アジア非核兵器地帯条約

中央アジアの5ヵ国，すなわちカザフスタン，キルギス，タジキスタン，トルクメニスタン，ウズベキスタンの間で非核兵器地帯の設置に合意が見られた。冷戦終結後，ソ連が崩壊し，カザフスタンの核兵器がすべてロシアに撤去され，セミパラチンスクの核実験場も閉鎖された。このイニシアティブの背景には，核実験や核物質による環境汚染の問題があり，またロシアと中国という核兵器国に囲まれた地政学的考慮もある。1997年の首脳会議およ

び外相会議で交渉が始まり，1999年と2000には札幌で会議を開催し，2002年9月に，5ヵ国は条約に署名することに合意した。

(g) モンゴル非核兵器地位

モンゴルはロシアと中国にはさまれた位置にあり，冷戦後は非同盟中立の立場をとっており，1991年には自ら非核であるとして，1国非核兵器地帯を宣言した。1998年の国連総会は，モンゴルの非核兵器地位を承認し，各国に協力することを要請した。1国であるため，非核兵器地帯ではなく，非核兵器地位（nuclear-weapon-free status）という呼び名が採用された。

(h) 朝鮮半島非核化共同宣言

冷戦終結後，1991年に韓国に配備されていた米国の核兵器はすべて撤去され，北朝鮮も国際原子力機関（IAEA）と保障措置協定を締結した後，1991年12月に「朝鮮半島非核化共同宣言」に合意した。これは，核兵器の生産，所有，配備を禁止し，非核兵器地帯の義務を含んでおり，さらに核燃料再処理施設とウラン濃縮施設の保有を禁止している。その後，北朝鮮の核開発疑惑が発生し，この宣言に基く相互査察は実施されていない。

これまでの非核兵器地帯の特徴は，主として外部からの核兵器の脅威に対して地帯を構成する非核兵器国が自主的に交渉を開始し，自ら非核の地位を選択することにより，外部の核兵器国に対する抗議の意味と，地帯構成国の安全保障の強化が目指されていた。具体的には，米ソの核戦争，フランスや中国の核実験，中国の核戦力増強などが脅威として認識されていた。

また，外部の核兵器国による脅威が主たる対象であって，地帯構成国の間にはすでに一定の協力的な関係が存在しており，非核兵器地帯設置の動きも地域的協力の一環として実施されてきた。

(1) このプロジェクトの開始から1996年のボルドー会議までの動きについては，Center for International Strategy, Technology & Policy, Georgia Institute of Technology, *The Bordeaux Protocol of the Limited Nuclear Weapons Free Zone for Northeast Asis*, March 1997, Georgia Tech Research Corporation, 参照。

(2) 非核兵器地帯の概念については，*Comprehensive Study of the Question of Nu-*

clear Weapon-Free Zones in All its Aspect, Special Report of the Conference of the Committee on Disarmament: Official Records of the General Assembly, Thirtieth Session, Supplement No. 27A (A/10027/Rev.1/Add.1) および国連総会決議3261F (XXIX) 参照。非核兵器地帯の概念を詳細に分析し、モデル非核兵器地帯条約を提示するものとして、Arthur M. Rieman, "Creating a Nuclear Free Zone Treaty That Is True to Its Name: The Nuclear Free Zone Concept and a Model Treaty," *Denver Journal of International Law and Diplomacy*, Vol. 18, No. 2, Winter 1990, pp. 209–278. 参照。また非核兵器地帯一般の検討については、Jozef Goldblat, "Nuclear-Weapon-Free Zones: A History and Assessment," *Nonproliferation Review*, Vol. 4, No. 3, Spring-Summer 1997, pp. 18–32. 参照。

(3) この点については、黒澤満「軍縮と非核兵器国の安全保障——国連特別総会における議論を中心に——」『国際法外交雑誌』第78巻第4号、1979年9月、26–34頁参照。

(4) この条約については、Julio Carasales, "Latin America's Nuclear-Free Zone," *New Zealand International Review*, Vol. 17, No. 4, July 1992, pp. 17–19. 参照。

(5) この条約については、黒澤満「南太平洋非核地帯の法構造」『法政理論』第18巻第4号、1986年3月、1–51頁、Ramesh Thakur, "Disarmament before the Fact: the South Pacific Nuclear Free Zone," *New Zealand International Review*, Vol. 17, No. 2, March 1992, pp. 18–23; Kevin P. Clements, "New Zealand's Role in Promoting a Nuclear-Free Pacific," *Journal of Peace Research*, Vol. 25, No. 4, 1998, pp. 395–410. 参照。

(6) この条約については、Sola Ogunbanwo, "The Treaty of Pelindaba: Africa is Nuclear Weapon-Free," *Security Dialogue*, Vol. 27, No. 2, June 1996, pp. 185–200; Olu Adeniji, "The Pelindaba Texts and its Provisions," *Disarmament*, Vol. 19, No. 1, 1996, pp. 1–12. 参照。

(7) この条約については、Norachit Sinhaseni, "Treaty on Southeast Asia Nuclear Weapon-Free Zone: Prospects For Its Entry Into Force," Paper presented to the Ninth Regional Disarmament Meeting in the Asia-Pacific Region, Katmandu, Nepal, 24–26 February 1997. 参照。中国との関連については、J. Mohan Malik, "China and South Asia Nuclear-Free Zone," *China Report*, Vol. 25, No. 2, April 1989, pp. 113–119. 参照。

(8) この条約については、石栗勉「中央アジア非核兵器地帯札幌会議」『季刊国

連』第20号，2000年5月，31-51頁，Scott Parrish, "Prospects for a Central Asian Nuclear-Weapon-Free Zone," *Nonproliferation Review*, Vol. 8, No. 1, Spring 2001, pp. 141-148. 参照。
(9) この非核兵器地位については，Institute for Strategic Studies, *Nuclear-Weapon-Free Status of Mongolia*, Ulaanbaatar, 2001. 参照。これに関するさまざまな文書は以下に含まれている。The Ministry of Defense, Mongolia, *Defense White Paper*, Second Edition, March 2001.
(10) この宣言については，Darryl Howlett, "Nuclearization or Denuclearization on the Korean Peninsula," *Contemporary Security Policy*, Vol. 15, No. 2, August 1994, pp. 174-193. 参照。

2 北東アジア限定的非核兵器地帯構想

(a) 構想の基本的特徴

この構想が従来の非核兵器地帯と概念的に大きく異なるのは「限定的」という点である。それは，地帯の範囲内に，非核兵器国のみならず，核兵器国をも含めようとすることに起因している。この「限定的」という言葉は二重の意味で用いられており，核兵器と地域の両者にかかわる。まず，核兵器についてはすべての核兵器ではなく，非戦略的あるいは戦術核兵器に限定するという点であり，地域については，核兵器国（米国，ロシア，中国）のすべての領域ではなく，条約が適用されるのはそれらの領域の一部に限定されるという点である。

(b) 条約の当事国

この構想で条約の当事国になると考えられているのは，核兵器国として，米国，中国，ロシアであり，非核兵器国としては，日本，韓国，北朝鮮，モンゴルである。条約の発効条件として，当初はすべての非核兵器国の批准により発効するとされていたが，今の草案では，すべての核兵器国および非核兵器国の批准により発効するとされている。

従来の非核兵器地帯は，地帯を構成する非核兵器国がイニシアティブをとり，彼らの間で交渉を開始し，非核兵器国のみが署名し批准する条約を作成

するものであった。また非核兵器国は，核兵器国の義務を定める議定書をも自ら作成し，それを核兵器国に示して署名および批准を要請していた。したがって，条約は条約それ自体として独自に発効し，議定書はそれぞれの核兵器国につき独自に発効するもので，両者は法的には別個の文書として存在していた。

しかし，ここでの構想では，核兵器国の領域の一部から一定の核兵器を排除し，一定の範囲で核兵器国が非核兵器国と同じ義務を負うことになる。

(c) 条約の適用範囲

北東アジア限定的非核兵器地帯条約の適用範囲をどのようにするかという問題は，この構想の根幹部分を構成するものであり，また核兵器国をどのようにこの構想に取り込むかという根本問題であり，これまでさまざまな案が議論されてきた。

当初に提案されたのは，円形であり，朝鮮半島非武装地帯の中心を中心とした半径1200海里の円を描いた場合に含まれる地域を条約の適用範囲をするものであった。この円形案によれば，非核兵器国として，日本，韓国，北朝鮮はすべて含まれ，モンゴルは東側3分の1ほどが含まれる。また台湾もすべて含まれる。中国はその東部と東北部が広く含まれることになり，ロシアは南東部が一部含まれることになる。

次に提案されたのは，楕円形の案であり，フットボールの形をしたもので，西端は中国の東部で，東端はアラスカとするものである。この楕円形案では，非核兵器国として含まれるのは円形案とほぼ同じである。円形案の最大の難点は米国が条約当事国になるにもかかわらず，米国の領土がまったく条約適用範囲に含まれていないことであった。これは同じく条約締約国となるロシアおよび中国との関連でバランスを欠くものであり，米国の領土の一部を含んでいることがこの案の特徴である。

第3案は，「北太平洋地帯」であり，円形とか楕円形を用いるのではなく，北太平洋の一定の「地域」を非核兵器地帯とするものである。具体的には，中国の東北部，ロシアの東部，米国の西部，日本，韓国，北朝鮮，モンゴルの東部を当初から含むものである。ただし領域間にある海洋は除外される。それは核兵器国の潜水艦発射弾道ミサイル（SLBM）の検証が極めて困難で

あるからである。

　第4案は，北東アジア非核兵器国連盟の創設および地域の核兵器国を巻き込む計画であり，日本，韓国，北朝鮮，モンゴルが非核兵器国連盟を形成することを提案している。これは非核兵器国4国で非核兵器地帯を設置することで即時に設置することもできるし，3核兵器国がそれぞれ戦術核兵器が存在する軍事基地を1つ定めて含ませるという合意に基いて設置することもできる。これらの措置は，査察制度，機構構成などを作成する基礎を形成する。

　議論の流れとしては，第1案から第4案に進んでいるが，第4案では，核兵器国の具体的なコミットメントがない状況も想定され，それでは当初のアイディアから大きく外れるものとも考えられ，第3案，第4案を中心にこれからさらに議論されるであろう。しかし，条約草案では，北東アジア限定的非核兵器地帯の暫定機構が公式レベルでこれらの提案を審議すべきことを勧告している。

(d) 禁止される核兵器

　禁止される核兵器については，時間的な段階を追って実施していくこと，最初は非戦略核兵器すなわち戦術核兵器を禁止の対象とすることが考えられている。また各国の核兵器のうち，どれが戦術核兵器かを決めるのは各核兵器国によることとなっている。

　条約の草案では，この条約は戦術核兵器および戦略核兵器の双方に適用可能であること，どの核兵器が条約でカバーされるかを締約国は見直し定義すること，時間的段階を基礎にして，各核兵器国がどれが戦略核兵器でどれが戦術核兵器かを決定すること，また条約のコントロールに従う核兵器のカテゴリーの比率を設定することになっている。

　また究極的には，条約適用地域からすべての核兵器を排除することが目標とされている。

(e) 条約規制の組織化と査察・検証

　条約草案では，この条約の目的を支持し促進するために機構を設置することになっており，それは「北東アジア限定的非核兵器地帯創設機構」と呼ばれる。この機構の目的は，最終的にはこの地帯からすべての核兵器を排除す

るという目標をもちつつ，北東アジア限定的非核兵器地帯の創設を支援するためのアイディアと活動の継続的交流を確保するために，当事国が定期的に会合するフォーラムを提供することである。

この機構では，条約の適用範囲，禁止される核兵器のカテゴリー，時間的に段階的に排除される核兵器のカテゴリー，遵守を検証するレジームなどにつき，見直しや新たな決定を行うこととなっている。

査察・検証については，原子力平和利用に関してはIAEA保障措置を適用すること，また条約による義務の遵守を検証するためのシステムを創設すること，それは最新の技術を利用すること，またそれらの技術を共有することとなっている。

（f） 最終条項

条約の期限は無期限である。各締約国は条約から脱退する権利をもつが，12ヵ月の事前通告が必要で，自国の至高の利益を危うくする異常な事態に関する声明を含まなければならない。条約はすべての当事国の言語に翻訳され，それらすべてが正文となる。締約国はその活動につき定期報告をする。条約に関する紛争は調停による。改正は可能であり，すべての締約国が賛成すれば有効となる。署名，批准が必要で，すべての核兵器国と非核兵器国が批准した時点で効力を発生する。

3　その他の提案

（a）　部分的非核兵器地帯構想

金子氏は以前より，北東アジアの部分的または限定的非核兵器地帯を提唱しており，その内容は，上述の構想と似通ったものである[11]。その地帯の範囲は，朝鮮半島の停戦ラインにある板門店を中心に半径2000キロメートルの円を描いた地域であり，韓国，北朝鮮，日本，台湾がすっぽり入り，中国，ロシア，モンゴルが部分的に入る。地理的には域外国だが，朝鮮半島に「国連軍」を常駐させ，日本国内に基地をもつ米国を加えて，8ヵ国（地域）が条約の対象国となる。

この8ヵ国すべてが単一の非核兵器地帯条約の締約国になるのか，あるいは核兵器国である中国，米国，ロシア——あるいはその他の核兵器国（英国，フランス）をも含め——は，条約本体とは別の附属議定書に加盟させるのか，2つの方式があるが，後者の方式が適当である。

地帯を構成する非核兵器国は，一切の核兵器の開発・製造・保持・使用・実験・威嚇などを禁止される。他方，核兵器国は，このような非核兵器国の立場を尊重する義務を負う。当該地帯内で核兵器の配備・使用・威嚇を行ってはならない。特に地帯内の非核兵器国に対して核攻撃や核威嚇を行ってはならない「消極的安全保障」を引き受ける。

この地帯により，中国の核ミサイル発射基地のかなりの部分がカバーされ，ロシアについても，バイカル湖以東のミサイル基地がカバーされる。少なくとも，地上配備の戦術核ミサイル（射程距離約500キロ以下）の全部と戦域核ミサイル（射程距離約5500キロ以下）のかなりの部分は，この円形の非核地帯から除去されることになる。戦略核ミサイル（ICBM, SLBM）は当分の間条約の対象外とする。

(b) 非核3ヵ国による非核兵器地帯構想

梅林氏は，エンディコット氏や金子氏が提唱している，核兵器国をも含めた円形の構想に対して，これらは中国とロシアに重大な戦略的打撃を与える一方，米国に課せられる制約が少ないので，現実には均衡を欠いた提案であって実現は困難であろうと批判し，以下のような提案を提示している。[12]

北東アジア非核地帯の意義は，① 将来憂慮される，日本，韓国，朝鮮民主主義人民共和国（北朝鮮）の3ヵ国の間，あるいは日本と統一朝鮮の間の核開発競争を防止する，② 非核地帯ができると条約国会議が形成され，そこで条約国が恒常的に対話する場が確保され，地域的信頼醸成の第一歩が築かれる，③ 核兵器国に隣接する地帯に非核地帯を形成する先例として，北半球への非核地帯の拡大に貢献することにある。

このような意義を確認するとき，この地域では，各国のすでに宣言された核政策を基礎にして非核地帯を作るアプローチが望ましい。つまり，日本，韓国，北朝鮮の3ヵ国が朝鮮半島と日本列島の非核地帯化条約を締結し，この非核地帯に対して米国，ロシア，中国が，核攻撃をしないという消極的安

全保障（NSA）を与えるという方式である。実際には，6ヵ国がこのような枠組みを前提に話し合いをするのがよい。

さまざまな問題点がありながらも，日本には非核三原則があるし，南北朝鮮は朝鮮半島非核化共同宣言（1992年）に調印している。つまり，3ヵ国が非核地帯条約を締結する基礎ができている。

（c） 非核4ヵ国による非核兵器地帯構想

マック氏は，北東アジアは，核兵器製造の技術的潜在力が根深い歴史的な憎悪と結合している世界で唯一の地域であると定義し，最も明確な北東アジア非核地帯は，北朝鮮，韓国，日本，台湾を含むものであり，核兵器国は一定の議定書に署名するよう要請されるとし，北東アジア非核地帯には以下の禁止が含まれるだろうと述べる。[13]

1. 地帯国家による核兵器の取得，実験，使用などの禁止
2. 地帯国家の領域内への核兵器の配備の禁止
3. 地帯国家に対し核兵器の使用または使用の威嚇を行わないという核兵器国の約束
4. 地帯内での核廃棄物の投棄の禁止
5. 核分裂性物質の生産または輸入の禁止

この禁止のリストには問題が多いものも含まれているので，地帯は最初はNPTの義務の地域的な再確認から出発し，それを土台に2から5に示された措置を一連の選択議定書として含めていくことができる。

非核兵器地帯への賛成は，今日では核拡散に対する世界的なキャンペーンにおいてそれが果たす控えめな役割に関わっている。理想的には，上述の北東アジア非核地帯提案で示されているように，地帯はその禁止の範囲はさまざまな要素を含んだ十分広いものであって，相互作用的に働き，お互いに強化するものであるべきである。

北東アジア非核地帯は，最初は控えめな範囲であるが，拡大のための議題を定めた選択議定書を備えたもので，それを促進することは，この地域における拡散の危険に関する一般の議論を生じさせる手段として，支持されるべきことである。

(11) 金子熊夫『日本の核・アジアの核——ニッポン人の核音痴を衝く』朝日新聞社，1997年，109-116頁．
(12) 梅林宏道「東北アジア非核地帯は現実的に可能」『核兵器・核実験モニター』第28号，1996年9月1日，1-3頁．
(13) Andrew Mack, "A Nuclear Free Zone For Northeast Asia," *Journal of East Asian Affairs*, Vol. 9, No. 2, Summer 1995, pp. 288-322.

4　北東アジア限定的非核兵器地帯構想の意義

(a)　地政学的考察

　北東アジアの地政学的な観点から考えるならば，これまでの既存の非核兵器地帯とは大きく異なることが分かる．すなわち，北東アジアにおいては，いまだに冷戦の遺産が存在しており，朝鮮半島は韓国と北朝鮮が対峙したままであり，日本と北朝鮮も対立構造の中にある．他方，この地域においては，米国，ロシア，中国の3核兵器国の関係は，対話を進めつつも，基本的には対立の構造がまだ残っている．
　さらに日本や韓国のすぐ近くにロシアと中国があり，ロシアと中国の核兵器が容易に日本や韓国に届く位置にある．
　既存の非核兵器地帯と比較すれば，ラテンアメリカ，南太平洋，アフリカ，東南アジアの各地域において，核の脅威は遠くに位置する核兵器国から来るものであり，特に他の地域の核兵器国が，その地域で実施する核実験への抗議という意味合いが，非核兵器地帯設置の大きな動機となっていた．他方，地域の非核兵器国の間では，大きな対立はなく，協調的な関係が維持されており，地域の非核兵器国のイニシアティブによって地帯を設置することが可能であった．
　北東アジアにおいては，非核兵器国（便宜上北朝鮮を含む）の間においても，協調的というよりは対立的な構図が存在しており，まわりの3核兵器国の間においても，協調的というよりは対立的な関係が主流であった．
　したがって，地政学的な検討から明らかなように，北東アジアでは従来型の非核兵器地帯の設置は，きわめて困難である．それは北朝鮮と韓国・日本

第3節　北東アジア限定的非核兵器地帯構想

が対立的であるという点だけでなく，北朝鮮に核疑惑が存在するからである。

(b) 核兵器国を当初から関与させる構想

　伝統的な非核兵器地帯の設置においては，基本的には地域の非核兵器国が交渉を開始し，時折核兵器国との協議を実施することはあっても，非核兵器国間の交渉で彼らに適用される条約を作成し，さらに核兵器国が署名・批准するための議定書も非核兵器国が作成していた。

　核兵器国の義務としては，当該非核兵器地帯を尊重し，それに反するような行動を取らないことを約束するとともに，地帯を構成する非核兵器国に対して核兵器を使用せず，使用の威嚇を行わないことを約束するものである。ラテンアメリカおよび南太平洋の場合には，ソ連と中国はかなり早く批准したが，西側3核兵器国の批准にはかなりの時間がかかったし，米国はラロトンガ条約議定書にはまだ批准していない。また東南アジア非核兵器地帯の場合には，その地帯の定義として，領土・領海のみならず，排他的経済水域および大陸棚をも含んでいるため，その点から核兵器国は異議をとなえ，改めて協議を行う必要が生じた。また2002年9月末に5非核兵器国が署名の方向に合意した中央アジア非核兵器地帯条約の場合にも，条約の内容を検討するための会議が，5非核兵器国と5核兵器国の間で開催されることになっている。

　北東アジアにおいては，日本と韓国は米国の同盟国であり，過去には米国の核兵器が配備されていたという事実もある。北朝鮮は，現在はロシアおよび中国と正式の同盟関係にないとしても，歴史的にはその両国と深い安全保障上の協力関係を維持してきた。

　その意味において，他の既存の非核兵器地帯が存在する地域と異なり，核兵器国がこの地域の安全保障問題に深く関わってきたため，当初から核兵器国を含めた形で交渉を開始するのがより適切であると思われる。

(c) 核兵器国領域内での核兵器の規制

　従来の既存の非核兵器地帯は，地域の非核兵器国の領域内での核兵器の配備を禁止するもので，核兵器国の領域内の問題はまったく視野に入れていない。核兵器国は，当該地域の非核兵器国の領域に自国の核兵器を配備するこ

とを禁止されるのみである。

　他方、ここで議論されている構想は、核兵器国の領域の一部において一定の核兵器の配備を禁止しようとするものであり、これはこれまで例のない方法である。一般的に考えられているのは、地域の非核兵器国を目標とするような射程の短い戦術核兵器を、非核兵器国の領域に近い地域に配備することを禁止しようとするものである。したがって、核兵器国間の戦略的関係に関わるような戦略核兵器には、少なくとも当分の間は規制を課さないものである。

　ただどの核兵器が戦略用でどの核兵器が戦術用であるかは、各核兵器国が判断することになっているが、それも機構が設置されればそこで一定の基準が定められるものと考えられている。

　ここでは、非核兵器国が核兵器国と共同で非核兵器地帯を設置することにより、その地帯内の地域を攻撃目標とするような核兵器を排除しようとするもので、非核兵器国の義務と核兵器国の義務をバランスさせる有益な方法であると考えられる。

　ただし、この核兵器国による措置は時間的な段階を追って実施されていくものであり、非核兵器国による非核兵器地帯の義務の受諾と同時に開始されるのかどうか、同時に開始されてもどのような時間的枠組みの中で進行していくのかは、条約交渉における協議の問題として残されている。

(d) 北東アジアにおける協力的安全保障システムの構築

　この構想は、基本的には核兵器を取扱い、北東アジアに核兵器の存在しない地域を創設することを具体的課題として追求しているが、そのベースにある根本的な目的は、この地域において相互の信頼を高め、透明性を向上させ、現在の対立的な構図から協力的なものに移行させることである。

　このような協力的安全保障システムの構築には、さまざまな手段がありうるし、この会議でも非核兵器兵器地帯の設置以外に、通常兵器の軍備管理や、北朝鮮を協議に引き込むための経済的インセンティブの問題も議論されている。

　このプロジェクトは10年にもわたり積極的かつ継続的に活動しており、基本的にはトラックⅡの会合であり、毎年の会議に数ヵ国から40－50人が

第3節　北東アジア限定的非核兵器地帯構想

参加している。基本的には政府以外の人々が中心であるが，外務省や防衛庁など政府側の人々も参加しており，議論に参加している。その意味ではトラックⅡからトラック1．5あたりに近くなってきている。これらの人々が10年にわたって議論を重ね，相互の理解を促進している点からしても，協力的安全保障を追求するプロジェクトの意義は大きいと思われる。

　現在の北東アジアにおいては，北朝鮮の核疑惑が以前より継続するとともに，新たにウラン濃縮施設の保有を認め，NPTからの脱退を表明するという一層厳しい状況になっている。北東アジアにおける協力的安全保障の構築のためには，3核兵器国の積極的協力が不可欠であるが，最大の現実の課題は，北朝鮮の核疑惑の解決である。いかにして北朝鮮の核疑惑を解決し，北東アジアに平和と安定をもたらすかを考えるときに，地域的な諸国家の協調的な関与が不可欠である。北東アジア限定的非核兵器地帯の創設を追求しつつ，北朝鮮を国際社会に取り込んでいくことが必要であり，核兵器国の核兵器の配備について譲歩を示すことにより，この地域全体の利益を追求し，この地域に平和と安定をもたらすことが望まれる。

第6章　核兵器の使用禁止

第1節　国際司法裁判所の勧告的意見

　核兵器の使用または使用の威嚇が国際法に違反するかどうかについて，1993年9月にまず世界保健機関（WHO）が国際司法裁判所に勧告的意見を求めた。それは特に健康と環境の側面からのものであった。それに引き続き1994年12月に国連総会が，もっと一般的な観点から同様の問題でICJに意見を求めた。オランダのハーグにあるICJは国連の主要機関であり，付託された国家間の紛争を裁判に付し判決を下すとともに，国連総会や安全保障理事会，専門機関からの法的事項に関する質問に答える機能をもっている。判決は法的拘束力を有するが，勧告的意見は法的拘束力をもたない。

　核兵器の使用または威嚇の違法性につきICJの意見を求めようという動きは，核軍縮を求めるNGO（非政府組織）の中から生まれた。いくつかのNGOが集まって世界法廷プロジェクトとして発展させ，それが非同盟諸国に働きかけ，非同盟諸国がWHOや国連総会の場で勧告的意見の要請を行なうことにより実現したものである。

　裁判所の審議の過程において，28ヵ国が書面陳述書を提出し，22ヵ国が口頭陳述に参加した。口頭陳述では15ヵ国が違法性を主張し，6ヵ国は違法でないと述べ，日本は「人道主義の精神に反する」というあいまいな態度をとった。

　1996年7月に，ICJは，核兵器の使用および威嚇が，一般的には国際法に違反するとの勧告的意見を提示した。[1]極端な自衛の場合については判断を控えており，また勧告的意見は法的拘束力をもつものではないが，核兵器の使用が一般的に違法であるとの見解はきわめて重要なものである。

　本節では，まず勧告的意見の論旨をたどってその内容を理解し，次に勧告的意見の結論部分を検討する。さらにこの勧告的意見がいかなる意義をもつものかを考察し，最後に今後の課題を考える。

(1) International Court of Justice, Legality of the Threat or Use of Nuclear Weapons, Advisory Opinion, *ICJ Reports,* 1996, p. 226.

1 勧告的意見の論旨

(a) 管轄権および裁判所の裁量

勧告的意見の要請に対して，国際司法裁判所は管轄権があるか否かを最初に決定するが，その際に3つの基準を用いている。まず当該機関が意見を要請する権限をもつかどうか，第2に問われている問題は「法的問題」であるかどうか，第3にそれが当該機関の権限内のものかどうかという基準である。ICJは，総会からの要請についてはこれら3つの基準が満たされているとして内容の検討に入ったが，世界保健機関（WHO）からの要請については，このような意見の要請はWHOの任務・権限に含まれないとして意見を与えることを拒否している。

この問題は政治的問題であって裁判所は管轄権を有しないという主張や，意見の要請は軍縮NGOによる世界法廷プロジェクトから発したもので政治的動機によるものであるという主張に対し，裁判所は，その質問が政治的側面を有していることはそれが「法的問題」であるという性格を剥奪するものではなく，要請の動機が政治的な性質をもつことは管轄権の確定に影響しないと述べている。

ICJ規程によると，ICJは勧告的意見の要請に応えるかどうかの裁量権を有しているので，さまざまな側面から裁判所は要請に応えるべきではない，すなわち門前払いすべきであると主張された。特に，裁判所の審議は具体的な紛争を前提とするもので，核兵器の使用と威嚇の合法性という抽象的な問題に答えるべきではないとの見解が存在した。これについて，裁判所は，「訴訟事件と勧告的意見は区別すべきであって，勧告的意見の目的は国家間の紛争を直接解決するものではなく，要請した機関に法的助言を提供するものであるから，質問が抽象的であってもなくても，あらゆる法的問題に対して意見を与えることができる。意見を与えるべきでないという決定的理由がない限り，裁判所は原則としてそれを拒否すべきでない」と述べている。

(b) 国連憲章と核兵器の使用

　総会からの質問につき，裁判所はまず適用可能な法はどれであるかという側面を検討し，裁判所は，最も直接に関連するのは，国連憲章に定められた武力の行使に関する法，敵対行為を規律し武力紛争に適用される法，ならびに核兵器に関する特定の条約であると結論し，以下のように述べた。まず，国連憲章については，武力行使の禁止に関する第2条4項と自衛権に関する第51条が関連し，これらはあらゆる兵器に適用され，憲章は核兵器を含むいかなる特定兵器の使用をも明示に禁止も許容もしていない。また第51条の下での自衛権の行使は一定の規制に従わなくてはならず，特に必要性および均衡性の条件に従う必要がある。均衡性の原則は，あらゆる状況で自衛としての核兵器の使用をそれ自身排除するものではない。さらに自衛が合法であるためには，武力行使に適用可能な法の要求にも合致しなければならない。

　第2条4項の武力による威嚇の禁止と抑止政策との関連について，裁判所は，そこで予定されている特定の武力行使がそれ自体違法であるならばその威嚇も違法であるとし，抑止政策で予定されているものが，ある国の領土保全または政治的独立に向けられているか，国連の目的に反するかどうかで判断すべきであり，また防衛の手段であると意図されている場合にはそれが必要性と均衡性の原則に必然的に違反するかどうかで判断すべきであると述べている。

　このように，裁判所は国連憲章の解釈について，核兵器の特異な性質を検討しながらも，そこから直接に使用禁止を導くことなく，法的にはその他の兵器と同レベルで解釈しており，また抑止政策についても，核兵器による威嚇という側面を特別に取り扱うことなく，憲章をきわめて機械的に解釈しているように思える。

(c) 核兵器の使用に関する特定の諸条約

　核兵器の使用を明確に禁止している条約として，非核兵器地帯設置条約がある。トラテロルコ条約附属議定書Ⅱおよびラロトンガ条約議定書2において，核兵器国は地帯の構成国に対して核兵器の使用および使用の威嚇を行わないことを約束している。前者についてはすでに5核兵器国が批准しており，

後者についてはロシア，中国が批准し，米英仏は署名している。しかしこれらの核兵器国は条約への署名・批准に際してさまざまな宣言を付しており，この約束は核兵器国に支持された攻撃の場合，あるいは自衛の場合には例外とするとしている。

裁判所は，これらの非核兵器地帯条約の場合のみならず，核不拡散条約との関連で核兵器国が出した「消極的安全保障」に関する宣言をも取り上げ，同様の議論を展開している。しかし，この消極的安全保障に関する宣言は，各国の政治的意図の宣言であり，かならずしも法的拘束力をもたないので，非核兵器地帯条約と同列に扱うのは適当ではないと考えられる。

裁判所は，トラテロルコ条約，ラロトンガ条約および核不拡散条約関連の宣言について，一定の国が核兵器の使用禁止を約束しているが，一定の状況で核兵器を使用する権利を留保しており，それに対する異議がないことに留意し，これらは核兵器の使用，使用の威嚇に対する包括的かつ普遍的な条約上の禁止には至っていないと結論している。

(d) 核兵器の使用に関する特定の慣習法

まず，一方で，核兵器が1945年以来使用されてこなかったという慣行が，核兵器の使用は違法であるという法的確信を表明しているという主張があり，他方，抑止の理論と慣行が核兵器の使用の合法性の証拠であり，使用されなかったのはその状況が生じなかっただけであるという主張がある。裁判所は，過去50年間核兵器が使用されなかったことが法的確信の表明になるかについて国際社会の見解は分裂しているので，そのような状況で法的確信があるとは言えないと結論している。

また総会決議1654（XVI）に始まる一連の総会決議は，核兵器の違法性を確認しており，核兵器の使用を禁止する国際慣習法の規則の存在を意味するという主張があり，他方で総会決議は法的拘束力をもたず，慣習国際法の宣言でもない，またすべての核兵器国が賛成しているわけではないという反論が存在した。裁判所は，総会決議が規範的価値をもつこともあるが，その内容および採択の状況をみる必要があるとし，一連の総会決議のいくつかは多数の反対と棄権を伴って採択されていること，および最初の決議の内容からして，それらは核兵器の使用の違法性に関する法的確信の存在を確定するに

は至っていないと結論している。

(e) 国際人道法と核兵器の使用

　裁判所の見解によると，人道法に含まれる神聖な諸原則の第1は，文民の保護をめざすもので，戦闘員と非戦闘員の区別を設定することであり，第2は戦闘員に不必要な苦痛を与えることの禁止である。人道法はその最初の段階で，戦闘員と文民に対する無差別の影響を与える兵器，および戦闘員に対して不必要な苦痛を与える兵器を禁止した。これらの基本的原則はすべての国により遵守され，国際慣習法の原則になっている。

　次に，裁判所は，人道法の原則と規則が核兵器の威嚇または使用に適用可能かという点を考察し，大多数の国家および学者の見解では，人道法が核兵器に適用可能であるとしており，裁判所における各国の陳述もそうであり，裁判所もその見解を共有すると述べている。

　さらに核兵器に人道法が適用可能であると結論したとしても，そこから核兵器の使用は人道法の規則および原則と決して両立しえないという絶対違法論と，核兵器の使用それ自体が禁止されていることにならないという部分的合法論が対立している。裁判所は，合法性の主張について，使用を正当化する正確な状況を示していないことなどから十分な妥当性の基礎をもたないとし，絶対違法論についても，核兵器の特異な性質からして核兵器の使用は事実上人道法の要求にほとんど調和できないが，あらゆる場合に必然的に違法であると結論する十分な要素をもっていないと述べる。さらに国家の生存が危機に瀕している場合に自衛に訴える権利を考慮しなければならないと述べる。裁判所の結論は，国家の生存そのものが危機に瀕しているような極端な自衛の状況において，国家による核兵器の使用の合法性または違法性につき決定的な結論に達することはできない，というものである。

(f) 核軍縮交渉の継続と達成の義務

　裁判所は，この問題をもっと広い文脈で検討する必要があるとし，核兵器の法的地位に関する見解の相違は続くであろうから，完全核軍縮によってその状態を終わらせることの重要性を指摘する。そして核不拡散条約第6条の解釈として，この義務の法的意味は，単なる行為の義務を超えるものであっ

て，厳格な成果——あらゆる側面における核軍縮——を達成する義務であるとの見解を示している。この交渉を追求しかつ達成するという二重の義務は，形式的にはNPT締約国に関連するが，実際には核軍縮には国際社会全体が関与しており，すべての国の協力が必要であると述べている。

2　勧告的意見の結論

裁判所の結論部分は以下の通りである。
　　裁判所は，
(1)　13対1で，勧告的意見に対する要請に応えることを決定し，
(2)　国連総会により提起された質問に以下のように答える。
　A　全会一致で，核兵器の威嚇または使用を特に容認するものは慣習国際法にも条約国際法にも存在しない。
　B　11対3で，核兵器の威嚇または使用を包括的にかつ普遍的に禁止するものは慣習国際法にも条約国際法にも存在しない。
　C　全会一致で，国連憲章第2条4項に反し，かつ第51条のすべての要件を満たしていない核兵器による武力の威嚇または行使は，違法である。
　D　全会一致で，核兵器の威嚇または使用は，武力紛争に適用可能な国際法の要件，特に国際人道法の原則と規則の要件，ならびに核兵器を明示的に取り扱っている条約または他の約束の下における特定の義務と両立するものでなければならない。
　E　7対7，裁判長の決定票により，上述の要件から，核兵器の威嚇または使用は，武力紛争に適用可能な国際法の規則，特に人道法の原則と規則に一般的に違反する，ということになる。しかし，国際法の現状および裁判所が入手できる事実要素の観点からして，裁判所は，国家の生存そのものが危機に瀕しているような自衛の極端な状況において，核兵器の威嚇または使用が合法であるかまたは違法であるかを決定的に結論することはできない。
　F　全会一致で，厳格で効果的な国際管理の下におけるあらゆる側面における核軍縮へと導く交渉を誠実に継続し，結論に達する義務が存在

する。

　この結論部分から明かなように，1人の判事を除く全裁判官が勧告的意見を与えるべきであると考えていた。総会からの質問に関わる部分においては，A項からE項までが核兵器の威嚇または使用の合法性に関するものであり，F項は総会から必ずしも尋ねられていない問題であるが，裁判所は尋ねられている問題の根本的な解決方法を示したものである。

　A項からE項において，A，C，Dの3項については全会一致で見解が表明されており，ここでは見解の相違が存在しないことが示されている。B項につき，核兵器の威嚇または使用を包括的かつ普遍的に禁止するものは慣習国際法にも条約国際法にも存在しないという見解につき，11名の裁判官が賛成し，3名の裁判官が反対している。これらの3名は反対意見の表明でも明らかなように，核兵器の威嚇または使用は国際法上，絶対的に禁止されていると考えている。

　他方，結論部分のE項は，賛成7，反対7となり，ベジャウイ裁判長がさらに決定票を投じて，決定したものである。この項に反対している7名の裁判官の意見は大きく2つに分かれたものである。B項に反対した上述の3名の裁判官がE項に反対しているのは，彼らの絶対違法論からして，後半部分の，自衛の極端な場合に結論できないとしている部分に反対しているのである。彼らにとっては，核兵器の威嚇または使用は自衛の極端な場合でも違法であるからである。

　E項に反対している他の4名の裁判官は，E項の前半部分，すなわち核兵器の威嚇または使用は一般的に違法であるという点に反対しているのである。彼らの見解によれば，核兵器の威嚇または使用は一般的に違法ではなく，合法な場合もありうるのである。したがって，E項の反対者7名は，まったく正反対の理由で反対しているのである。

　したがって，E項の前半部分については，10名の裁判官が賛成し，4名の裁判官が反対していることになる。その4名の裁判官については，前半部分に反対しているから，それを前提とした後半部分は検討の対象とはならない。したがって，後半部分の賛成者は7名で，反対者は3名の裁判官であるということになる。

最後に、F項にすべての裁判官が賛成し、全会一致で決定されていることはこの後の核軍縮の進展にとって、きわめて大きな意義を有していると考えられる。

3　勧告的意見の意義[(2)]

まず第1に、裁判所が勧告的意見を提示し、総会からの要請に応えたことが重要である。勧告的意見の要請に対して、これは政治的問題であるという議論、具体的紛争の存在しない抽象的な質問には裁判所は答えるべきでないという議論、要請の起源や動機または政治的な経過からして目的がはっきりしないという議論、裁判所の回答は軍縮交渉に悪影響を与えるという議論、答えることにより裁判所は司法的役割を逸脱し立法活動を行うことになるという議論、などが展開されていた。裁判所はこれらの疑問に答えながら、原則として要請に応えるべきであって、それを拒否すべき決定的な理由は存在しないと述べた。

14名の裁判官の中で、最終的に裁判所は勧告的意見を与えるべきではないと判断したのは、小田裁判官1人であった。小田判事は主として、この要請は政治的なもので司法適切性（judicial propriety）に欠けること、およびこのようなケースに意見を述べていると裁判所の本来の任務に支障をきたすという司法経済性（judicial economy）の側面から反対している[(3)]。このような解釈も論理的には可能であるが、残りの13人の裁判官すべてが、要請に応えるべきであると考えた。このことから、今後の勧告的意見の要請に対しても、裁判所が積極的に対応するであろうという推定が成り立つ。

第2に、核兵器の使用に関する裁判所の意見の内容である。その中心は、「核兵器の威嚇または使用は、武力紛争に適用可能な国際法の規則、特に人道法の原則と規則に一般的に違反する。しかし、国際法の現状および裁判所が入手できる事実要素の観点からして、国家の生存そのものが危機に瀕しているような自衛の極端な状況において、核兵器の威嚇または使用が合法であるか違法であるかを決定的に結論することはできない」というところにある。すなわち、原則として、核兵器の使用および威嚇は国際法に違反する、例外として極端な自衛の状況では合法か違法か結論できない、ということである。

第1節　国際司法裁判所の勧告的意見

　この前半部分については，すでに述べたように，14名の裁判官のうち10名の裁判官が賛成している見解であり，E項全体の7対7という数字ではなく，10対4という数字が念頭に置かれるべきである。
　ここで裁判所が，核兵器の使用と威嚇が一般的に国際法違法であるという見解を示したことは，核兵器の使用禁止に関する国際法の発展に対する大きな貢献となるものである。もっともこれは勧告的意見であって，法的拘束力を有するものではないが，国際司法裁判所の見解として高い権威をもつものである。
　後半の例外について，ベジャウイ裁判長は，その場合に核兵器の使用が合法であることを意味するわけではないという見解を示しているが，ギヨーム裁判官は，それは禁止されていない限り許されているという国際法の原則により，そこでの核兵器の使用は合法であることを意味するという見解を述べている。ここでは多数の意見が結論できないとなっている。
　仮にその場合の核兵器の使用が合法であるとした場合においても，その範囲はきわめて限定されている。まず自衛の場合という限定があり，自衛の一般的な条件をみたす必要がある。すなわち，相手国からの違法な武力攻撃があり，緊急な事態において他にとる手段が残されておらず，その反撃は攻撃を阻止するために均衡のとれたものでなければならない。これらの条件を満たす自衛の場合であって，かつ「国家の生存そのものが危機に瀕している」という極端な状況であることが必要である。これは冷戦中の核兵器国のドクトリンは言うまでもなく，冷戦後のドクトリンよりも限定的である。
　第3に，裁判所が核兵器の使用の問題の根本的な解決方法として，核軍縮の問題に言及し，さらにNPT第6条の解釈として，「誠実に交渉を継続する」という義務の法的意味は，交渉を継続する義務のみならず，成果を達成する義務をも含むという見解を示した点が重要である。NPT第6条の従来の伝統的な解釈は，交渉を継続する義務は必ずしも結果に到達する義務を含むものではないというものであった。裁判所はこの新しい解釈の根拠を示していないため，その根拠は必ずしも明らかではないが，冷戦後の国際社会の変化および1995年5月にNPT再検討・延長会議で採択された諸文書などが考慮されていると考えられる。
　まずこれは勧告的意見であっていずれの国をも拘束するものではないこと，

次に核軍縮交渉で成果を生み出すとしてもその期限が設定されていないことからして，厳格に核軍縮の義務が生じたとは言えない。しかし，14名の裁判官が全会一致でこの新しい解釈を提示したことは，核軍縮に向けての努力をいっそう強化すべきという政治的圧力を生じさせるであろうし，今後，さまざまな場面でこの節が引用され，核軍縮への進展が強く要求されるであろう。
(8)

(2) この勧告的意見の簡潔な紹介と分析については，植木俊哉「核兵器使用に関する国際司法裁判所の勧告的意見」『法学教室』1996年10月，No. 193, 97-105頁。Mike Moore, "World Court Says Mostly No to Nuclear Weapons," *Bulletin of the Atomic Scientists*, Vol. 52, No. 5, September/October 1996, pp. 39-42 参照。

(3) Dissenting Opinion of Judge Oda, para. 43-54. 村瀬教授は，勧告的意見について，「本来は国連総会自らが担うべき核兵器の使用という極めて政治的な争点を，実定法の解釈・適用を任務とする裁判所に持ち出したこと自体にそもそも無理があった。……国家間紛争の直接的解決をめざす訴訟事件とは違った形であっても，あくまで国家間ないし国家と国際組織との間の具体的紛争の存在を前提にし，少なくとも間接的にその解決に資することを目的としているのである。そうした制度の趣旨に照らしてみると，すぐれて政治的な動機に基づく今回の諮問は明らかに妥当性を欠いていると言わなければならない」と分析している。村瀬信也「国際司法裁判所に冷静な評価を——核兵器『勧告的意見』によせて——」『朝日新聞』1996年7月16日夕刊。

(4) Declaration de M. Bedjaoui, President, para. 11.

(5) Opinion individuelle de M. Guillaume, para. 12.

(6) ただここで，「国家（a State）」の生存となっており，「その国家（the State）」となっていないので，核兵器を使用しようとする核兵器国の生存のみならず，同盟関係などにある他の国の生存が危機に瀕している場合も含まれると解釈することも可能である。

(7) 黒澤満『軍縮国際法の新しい視座——核兵器不拡散体制の研究——』有信堂，1986年，181頁。PCIJ, Serie A/B, No. 42, Trafic Ferroviare entre Lithuanie et la Pologne, 1931, p. 116 ; ICJ, North Sea Continental Shelf Case, *ICJ Reports*, 1969, p. 48.

(8) A・マックの分析によれば，「国際司法裁判所の決定は，軍縮に関するものではない。それは核兵器国に対し核兵器を1つでも解体することを要求してい

るわけではない。意見は勧告的であり，拘束力をもたない。核兵器国がそれを無視しようとするのは確かである。この決定の真の重要性は，その効果として核アレルギー――核兵器の使用，使用の威嚇，さらに所有までもが違法であり，不道徳であり，危険であるという信念が広がり成長していくこと――を強化することにある。」Andrew Mack, "Delegitimising Nuclear Weapons : The World Court Decision," *Pacific Research*, Vol. 9, No. 3, August 1996, p. 4.

4 今後の課題

ICJ の勧告的意見は，核兵器の使用が一般的に国際法に違反するとしたが，国家の生存が危機に瀕しているような極端な自衛の場合には違法とも合法とも判断しなかった。核兵器国は，この後者の解釈として，当然のことながら，明確に禁止されていない限り禁止されていないという解釈をとるであろう。また学問的に考察すればここで核兵器の使用が許容される範囲はきわめて狭いものになるが，実際の国際社会において，その武力行使が自衛であるか否かを判断するのは各国家であり，自国の生存が危機に瀕しているかを判断するのも各国家である。ここにおいて，勧告的意見の意義が大きく損なわれる危険性がある。

自衛権の行使については，国連安全保障理事会の事後の統制に服する可能性も存在するが，5核兵器国はそれぞれ拒否権をもつ常任理事国であるということから，現実において自衛権に対する集団的な統制はきわめて例外的にしか行われないであろう。

このように，ICJ の勧告的意見はさまざまな弱点を内包するものであり，この出来事がきわめて重要なものであるとしても，その限界を見きわめる必要がある。したがって，今後の方向は，これらの欠陥を是正しつつ，かつその他の核軍縮措置を早急に実施していくことである。

1996年の国連総会は，この勧告的意見に関連して決議を採択したが，その内容は，ICJ が総会の要請に応えたことに感謝を表明し，その勧告的意見に留意し，核軍縮交渉義務に関する裁判所の全会一致による結論を強調し，「核兵器の開発，生産，実験，配備，貯蔵，移転，威嚇または使用を禁止し，

それらの廃棄を規定する核兵器条約の早期の締結に導く多国間交渉を1997年に開始することにより，その義務を即時に履行するようすべての国に要請する」というものである。
(9)

ICJの勧告的意見のF項よりこのような決議へと発展したことは，国際社会の意思の表明として大きな意義を有している。しかし，このような包括的かつ全面的な核兵器禁止の条約の作成は最終目標ではあるが，すぐに交渉が可能とは考えられない。中国以外の4核兵器国が反対していることもある。核兵器国がいかに反対しようとも理想的な内容の総会決議を採択することに一定の意義は認められるが，それと並行してその最終目標に至る具体的な核軍縮措置を提案していくことが不可欠である。そのためには，兵器用核物質生産禁止（カットオフ）条約の作成，米ロの戦略兵器の一層の削減および5核兵器国による核兵器削減交渉の開始，世界のあらゆる地域に非核兵器地帯を設置する可能性の探求，さらに核兵器の使用の禁止を段階的に進めるための措置などを取るべきであろう。

この勧告的意見は，核兵器の使用または威嚇の問題を現行国際法の側面からきわめて詳細に論じたものであった。勧告的意見の大部分は核兵器の使用または威嚇の問題の国際法的分析に当てられている。この勧告的意見のフォローアップとしての国連総会決議は，意見のF項に関するもので，核軍縮の側面からはきわめて重要であるとしても，裁判所の勧告的意見の中ではほんの一部分に過ぎない。

この勧告的意見のフォローアップとして，核兵器の使用または威嚇の国際法的側面における議論を一層堅固なものにする措置，あるいは一層発展させる措置がとられるべきであった。すなわち，ICJが示した見解は，現行の核兵器国の核ドクトリンとは異なり，核兵器の使用または威嚇の可能性の範囲を極端に狭めるものであったので，この見解を基礎に，核兵器国に核ドクトリンの修正を強く求めるような措置がとられるべきであった。

裁判所は，合法とも違法とも結論できなかったが，極端な自衛の場合で国家の生存が危機に瀕している場合に特定しているのであるから，これが核兵器の使用または威嚇が許容される可能性のあるベースラインであり，それを超える場合はすべて違法である。この論理に従って，各核兵器国に対して，自国の核ドクトリンを再考するよう求めるべきであった。

このことは核兵器使用の禁止に関する議論一般にあてはまることであるから，今後ともこのICJの勧告的意見をあらゆる場合に引用し，参考にしつつ，核兵器使用の一般的な禁止に向けて，各国は努力すべきであろう。

(9)　A/C.1/L.37, 20 October 1996.

第2節　核兵器の先制不使用

核兵器の使用禁止に関連して，核軍縮へ向けての第一歩と考えられるのが，核兵器の先制不使用である。この措置は核兵器の軍事的および政治的価値を低下させるのに有益であるが，国際社会で十分に受け入れられている訳ではない。

本節では，まずこの問題の性質と各国の態度を検討し，次に先制不使用を積極的に主張している見解を分析し，第3に先制不使用に関わる諸問題を考察し，最後に先制不使用に向けた今後の課題を検討する。

1　先制不使用と各国の態度

(a)　先制不使用問題の性質

核兵器の先制不使用の問題がしばしば議論されているが，まず，この問題を巡るさまざまな問題を整理しつつ議論し，将来の可能性に向けて現状がどうであるかを検討する。

まず現在の国際社会の大前提として，国連憲章第2条4項は，武力の行使を一般に禁止していること，例外的に武力の行使が許されるのは，国連が集団的に武力を行使する場合と，個々の国家が個別的または集団的自衛権を行使する場合のみであることを確認する必要がある。

したがって，ここで言う「核兵器の先制不使用（no-first-use of nuclear weapons）」という用語は，核兵器による先制攻撃（first attack）を禁止することを意味するのではない。先制攻撃はいかなる兵器によるものも禁止されている。相手国からの武力攻撃が発生した場合に，自衛権の行使として武力を行使することができる。

その場合において，「核兵器の先制不使用」とは核兵器の使用を核兵器による攻撃の場合に限定すること，反撃（自衛権の行使）の場合にも先に核兵器を使用しないことを意味する。具体的には，相手国が通常兵器や生物・化

学兵器で攻撃してきた場合に，核兵器で反撃しないことを意味する。また，これらは核抑止の問題として議論されることがしばしばであり，核兵器の使用に対しては核兵器によって抑止するという政策をとることを意味する。

核兵器の使用を制限しようとする議論は，3つの段階で行われているので，その区別を明確にしておく必要がある。第1は，核兵器の使用全般について，それが国際法上どのように規制されまたは禁止されているかという問題である。これについては，国際司法裁判所（ICJ）が，国連総会からの要請に応えた1996年7月の勧告的意見において，「核兵器の威嚇または使用は，武力紛争に適用可能な国際法の規則，特に人道法の原則と規則に一般的に違反する。しかし，国際法の現状および裁判所が入手できる事実要素の観点からして，国家の生存そのものが危機に瀕しているような自衛の極端な状況において，核兵器の威嚇または使用が合法であるか違法であるかを決定的に結論できない」と述べた。ここでも，自衛権との関連で議論されている。

第2は，ここで議論の中心となっている「核兵器の先制不使用」の文脈における議論であり，特にNATOや米国の核政策の関連において議論されている。

第3は，核不拡散条約（NPT）の文脈で議論されているもので，核兵器の取得を放棄したNPT締約国である非核兵器国に対して核兵器を使用しないという「消極的安全保障（negative security assurances ＝ NSA）の問題である。特に最近の議論が錯綜しているのは，先制不使用の問題と消極的安全保障の問題が必ずしも整理されないで議論されているからである。

(b) 先制不使用に関する各国の態度

NATOおよび米国の冷戦時における理論は，NATOがワルシャワ条約機構と鋭く対立しており，またワルシャワ条約軍が通常兵器において圧倒的に優勢であったという情勢に立脚していた。すなわち，東西の武力衝突は通常兵器のレベルで開始されるであろうが，通常兵力において優越するワルシャワ条約軍の侵攻をNATOが通常兵力で防ぎきれない場合には，NATO軍は核兵器を先に使用する（first-use）することも辞さないというものであり，先制不使用政策は採用しないというものであった。

冷戦が終結し，ワルシャワ条約機構が解体し，ソ連も崩壊し，また欧州通

常戦力（CFE）条約により東側の通常戦力が大幅に削減されたため，冷静時の状況は根本的に変化した。1990年7月に採択されたロンドン宣言では，「変容した欧州において，NATOは核戦力を真に最後の手段としての兵器（truly weapons of last resort）とする新しいNATO戦略を採用することが出来るだろう」と述べられたが，先制不使用政策を採用するには至らなかった。

NATO創設50周年を記念する1999年4月のサミットで採択された新しい戦略概念においては，大量破壊兵器の拡散やテロリズムが新たな脅威であると規定し，「核戦力の基本目的は政治的なものであり，平和を維持し戦争を防止するものである。核兵器の使用が考えられなければならないような状況は極めて遠のいている。NATOの核戦力は如何なる国も標的としていない。しかし，NATOは欧州に最低限の戦術核戦力を維持する」と述べられ，先制不使用政策は依然として採用されていない。

2002年の米国の核態勢見直しの報告書によれば，地下深くにある堅固な目標を破壊するための攻撃兵器の必要性が強調され，そこでは新たな小型核兵器の開発も示唆されている。またイラクなどならず者国家に対する核兵器の使用も言及されている。

ソ連は，冷戦時においては，先制不使用政策を宣言していた。これは，ワルシャワ条約機構軍が通常兵器で優勢であったこともその背景にある。冷戦が終結し，ソ連が解体し，ロシアの通常戦力も大幅に削減され，また経済的理由により高いレベルの通常戦力の維持も不可能になったため，1993年にロシアはそれまでの先制不使用政策を放棄した。

2000年4月21日に，新たな軍事ドクトリンがロシア国家安全保障会議で採択され，プーチン大統領がそれに署名した。これは核兵器の役割をこれまで以上に重視したものであり，安全保障の根幹は核兵器にあり，核抑止が安全保障の土台であるとの認識に立ち，核兵器の先制使用も辞さないし，さらに通常兵器による大規模な侵略にも核兵器を使用する権利をもつと述べている。

中国は，1964年の最初の核実験以来，継続して核兵器の先制不使用を宣言しており，さらに先制不使用に関する条約を締結することを主張している。その意味では中国の政策は歓迎すべきものであり，評価すべきものである。しかし，中国の先制不使用政策に関しては，その信憑性に疑問が呈されることがある。中国の政策が一層信頼されるためには，核政策をいっそう明確に

確立すべきであるし，また核兵器の配備なども先制不使用政策に合致したものでなければならないだろう。全体的に透明性の拡大が必要である。

(1) International Court of Justice, Legality of the Threat or Use of Nuclear Weapons, Advisory Opinion, 8 July 1996, *ICJ Reports*, 1996, p. 226.
(2) 狭義の「先制不使用」は核兵器国相互間において，お互いに核兵器を先に使用しないことを意味しているが，広義の「先制不使用」は，相手が核兵器をもっているか否かにかかわらずすべての国に対して核兵器を先に使用しないことを意味する。広義の場合，特に核兵器を保有していない国からの攻撃に対しても，核兵器による反撃がありうるという文脈で議論されている。

2　先制不使用の主張

(a)　核軍縮提案における主張

1995年に出されたスティムソンセンターの報告書「進展する米国の核態勢」においては，「4半世紀以上にわたって，核兵器は米国の外交・防衛政策で中心的な役割を果たしてきたが，新しい戦略環境においては，現在および計画中の戦力レベルは軍事的に正当化できるものではない。米国の通常戦力はすべての通常戦力による脅威に対抗できるし，そうすべきであり，生物・化学兵器による攻撃の脅威には防衛手段と通常戦力による対応がより適切である。核兵器の唯一の任務は米国および同盟国に対する核の威嚇を抑止することである」と述べ，米国は先制不使用政策を採択すべきことを提言している。

1996年のキャンベラ委員会の報告書は，二極対立の終結は核による大惨事の危険を除去するものではなく，核兵器は相手国による核兵器の使用または威嚇を抑止する以外に有用性がないので，即時にとるべき措置の1つとして，「核兵器国の間において相互に核兵器を先制使用しないという合意をすべきであること，および非核兵器国との関連で不使用の約束に合意すること」を勧告している。ここでは狭義の先制不使用および消極的安全保障の合意が提言されている。

1997年の全米科学アカデミーの報告書は，冷戦期においては核抑止は核

戦争および大規模通常戦争を防止する米国の戦略の基盤であったが，それはジレンマと危険を備えたものであったとし，それを除去するために，委員会の結論として，「冷戦後の戦略環境においては，その抑止を米国またはその同盟国に対する核攻撃あるいは核攻撃の威嚇による強制を抑止するという中核的任務に限定すべきである」と述べ，ここでは核兵器の中核的任務という概念を用いて，先制不使用政策への移行を提言している。[5]

1999年の東京フォーラム報告書は，「核兵器使用能力のあるすべての国による先制不使用の誓約は，それが核兵器の重要性を低下させ，化学・生物兵器使用の敷居を低下させないならば有益でありうる」としながらも，さまざまな否定的要因を列挙し，「効果的な先制不使用のコミットメントを実現させるためには，徹底的な議論と一層の努力が必要である」と結論しており，先制不使用を提言することにはきわめて慎重な態度をとっている。[6]

(b) 非核兵器国による主張

1998年6月にアイルランド，スウェーデン，南アフリカなど8ヵ国が，「核兵器のない世界に向けて：新しいアジェンダの必要性」と題する共同宣言を発表したが，その中で，核兵器国の間における共同の不使用約束につき，また非核兵器国に対する核兵器の不使用，すなわち消極的安全保障につき法的拘束力ある文書が作成されるべきであると提言されていた。[7]ここでは狭義の先制不使用につき，また消極的安全保障について，法的拘束力ある文書すなわち条約を作成すべきことが提言されていた。

この新アジェンダ連合の宣言は，同年の国連総会に提出されたが，先制不使用の箇所は核兵器国の鋭い反対に遭遇し，この部分は，「核兵器国に対し，戦略的安定性を促進する措置を含むいっそうの暫定措置を検討し，したがって戦略理論を再検討することを要請する」に変えられている。[8]

ドイツにおいては，1988年11月頃より，フィッシャー外相が，冷戦が終結したにも拘わらず冷戦時代の理論を持ち続けるのはおかしいとして，NATOが先制不使用の政策を採択するよう主張している。これは，社会民主党と緑の党の連立協定に盛り込まれていたものである。

またカナダの下院外務・貿易委員会は約2年にわたる検討の後に，1998年12月に「カナダと核の挑戦：21世紀において核兵器の政治的価値を低下さ

せる」と題する報告書を提出し，15の勧告の1つとして，「カナダ政府は，同盟の戦略概念の現在の再検討および更新がその核の構成要素も含むべきであると強く主張すべきである」と述べた。この勧告に対するカナダ政府の回答が1999年4月に提出されたが，この部分には政府も合意すると答えており，カナダも核の先制不使用をも含むNATOの政策の変更を求めている。

これらのNATO諸国の動きに対して，NATO内部においても検討されたが，2000年12月に提出された報告書においては，この点に関する新たな進展はみられない。

(3) The Henry L. Stimson Center, *An Evolving US Nuclear Posture*, Second Report of the Steering Committee, Project on Eliminating Weapons of Mass Destruction, December 1995.
(4) Canberra Commission on the Elimination of Nuclear Weapons, *Report of the Canberra Commission on the Elimination of Nuclear Weapons*, Department of Foreign Affairs and Trade, Australia, August 1996.
(5) Committee on International Security and Arms Control, National Academy of Science, *The Future of U. S. Nuclear Weapons Policy*, National Academy Press, Washington, D. C., 1997.
(6) *Report of the Tokyo Forum for Nuclear Non-Proliferation and Disarmament*, 25 July 1999.
(7) Joint Declaration of the New Agenda Coalition, *Towards A Nuclear-Weapon-Free World : The Need for A New Agenda*, 9 June 1998.
(8) United Nations General Assembly Resolution 53/77Y, 4 December 1999.
(9) *Canada and the Nuclear Challenge : Reducing the Political Value of Nuclear Weapons for the Twenty-First Century*, Report of the Standing Committee on Foreign Affairs and International Trade, December 1998.
(10) *Government Response to the Recommendations of the Standing Committee on Foreign Affairs and International Trade on Canada's Nuclear Disarmament and Non Proliferation Policy*, April 1999.

3 先制不使用をめぐる諸問題

(a) 核抑止と先制不使用

　核抑止とは，相手国が攻撃してきた場合には，核兵器により反撃し，相手方に耐え難い打撃を与える意思と能力があることを示すことにより，相手方からの攻撃を防止しようとする政策である。厳格な意味での核抑止は，核兵器による自国に対する攻撃の場合に限られる。それは基本抑止と呼ばれることもある。それに対して，抑止を2つの方向に拡大する概念がある。1つは相手の攻撃手段を核兵器に限らず通常兵器，生物・化学兵器にまで拡大することであり，もう1つは自国に対する攻撃のみならず同盟国に対する攻撃まで拡大することである。後者は「核の傘」と呼ばれるもので，NATOの非核兵器国，日本，韓国などが米国の核の傘の下にある。この意味での拡大抑止は，今のところ問題とはなっていない。

　先制不使用との関連で問題になるのは前者の問題で，核抑止として想定する状況を，核兵器による攻撃に限定するのか，あるいは通常兵器や生物・化学兵器の場合にも対象とするのかという問題である。核兵器による攻撃に限定することが，先制不使用の採用という結果になる。

(b) 先制不使用と消極的安全保障

　消極的安全保障とは，核兵器を保有しないことを約束した非核兵器国に対し，核兵器を使用しないという核兵器国の約束を意味する。現在の核兵器国の政治的約束は，中国を除いて条件付きのものである。4核兵器国の消極的安全保障の除外となるのは，たとえば，核兵器国またはその同盟国に対する侵略その他の攻撃が，他の核兵器国と連携しまたは同盟して，当該非核兵器国により実施されまたは継続される場合である。それ以外には核兵器の使用または使用の威嚇は行わないと約束している。

　消極的安全保障は非核兵器国との関連で与えられているものであって，当該非核兵器国が単独で核兵器国を攻撃した場合には，核兵器の使用による反撃は想定されていない。ここでは核兵器の不使用が想定されている。ただ当該非核兵器国が他の核兵器国と連携しまたは同盟して攻撃した場合には，核

兵器の不使用は保障されない。

　従来，先制不使用と消極的安全保障は異なる文脈で議論されていたため，両者が矛盾したり衝突したりすることはなかった。消極的安全保障は非核兵器国との関連で，先制不使用は他の核兵器国との関連で議論されていたからである。消極的安全保障の除外規定においても，他の核兵器国がからんでくるが，基本的には当該非核兵器国に対して核兵器を使用するかしないかという問題であって，消極的安全保障は非核兵器国のみに関わるものであった。

　しかし最近では，非核兵器国に対する場合も含めて，あるいは非核兵器国に対する場合を念頭において先制不使用が広義に議論されることが多い。

(c) 先制不使用と生物・化学兵器による攻撃

　最近，これらの概念の混乱がみられるのは，米国が生物・化学兵器の使用を抑止するために，生物・化学兵器による攻撃があった場合に核による先制使用を排除しないと述べるケースが出てきたからである。[11] ここで米国が念頭に置いている国家は，イラン，イラク，北朝鮮，リビアなど米国がならず者国家と呼ぶものであり，核兵器国を念頭においているわけではない。

　NATOの理論はもともとソ連など核兵器国を念頭に作成されたものであり，相手国も核兵器を保有しているという前提でずっと議論されてきた。NATOのドクトリンは核兵器の先制不使用を採用していないから，通常兵器や生物・化学兵器による攻撃に対しても核兵器で反撃する可能性は開かれている。これを非核兵器国のケースにも拡大するということであれば，理論的には整合性が保たれる。

　しかし，消極的安全保障との関連で検討するならば，当該非核兵器国が他の核兵器国と連携または同盟して攻撃してこない限り，核兵器は使用しないと約束している一方で，当該非核兵器国が単独で生物・化学兵器で攻撃してきた場合に核兵器の使用の可能性を示唆するのは，論理的に矛盾すると考えられる。

　1990年代に入り，大量破壊兵器の拡散が進み，生物兵器禁止条約や化学兵器禁止条約が成立しているにもかかわらず，それらの条約に加入せず，生物・化学兵器を開発し保有している国家があることは事実であり，米国の安全保障がそれらの国々により脅かされる危険があるのも事実である。これら

の国々による生物・化学兵器による攻撃を抑止するために，米国がそのような声明を出すことは理解できるとしても，それが米国の一般的な消極的安全保障の約束を大きく変えたことを意味するのか，すなわち米国の核政策の大幅な変更を意味するのかどうかは明確ではない。

一方では，米国の政策はあいまいな方が抑止力の点からして好ましいという見解があり，他方において，それは逆に核兵器の拡散を奨励することになるので好ましくないという見解がある。

(d) 核兵器の先制不使用と大量破壊兵器の先制不使用

大量破壊兵器の先制不使用というのは，上述のジレンマから逃れながら現状よりも一歩前進する側面ももつ提案である。(12) すなわち，相手側からの攻撃に対して，先に大量破壊兵器を使用することはないというものである。この考えによれば，通常兵器による攻撃に対しては通常兵器による反撃しか認められないから，この点では現在のNATOのドクトリンよりは進展している。他方，生物・化学兵器による攻撃に対しては，核兵器による反撃が許される。なぜなら，生物兵器，化学兵器，核兵器はすべて大量破壊兵器として同じカテゴリーで理解されるからである。

このような理論が出される背景として，米国は，生物兵器禁止条約および化学兵器禁止条約の締約国として，条約上の義務としてそれらの兵器を保有できないという現実がある。すなわち，生物・化学兵器の攻撃に対して米国が反撃できる兵器は，通常兵器か核兵器かということになっているからである。

(11) たとえば，1996年4月11日に，アフリカ非核兵器地帯条約がカイロで署名された後，米国はその議定書に署名したが，その日の会見で，ロバート・ベル（Robert Bell, special assistant to the President and senior director for defense policy and arms control at the Nations Security Council）は，「そのことは，大量破壊兵器を用いた条約締約国による攻撃への反撃として，米国が利用できる選択肢を制限するものではない」と述べた。in George Bunn, "Expanding Nuclear Options : Is the U. S. Negating Its Non-Use Pledges?" *Arms Control Today*, Vol. 26, No. 4, May/June 1996, p. 7.

(12) David Gompert, Kenneth Watman and Dean Wilkening, "Nuclear First Use Revisited," *Survival*, Vol. 37, No. 3, Autumn 1995, pp. 27-44.

4 今後の課題

　核兵器の先制不使用をめぐる戦略状況は，冷戦期と大きく異なっている。冷戦期においてはNATOとワルシャワ条約機構による東西対立の文脈においてこの問題は議論されてきたが，今日では主としてならず者国家の文脈で行われている。もっとも，ロシアの場合には，NATOの東方拡大や西側の通常兵器における優位なども関連している。
　まず，5核兵器国間の関係で考えるならば，NATOおよび中国にとっては大きな問題はなさそうである。ロシアにとっては多少困難を伴うかも知れないが，最初に5核兵器国の間で核兵器の先制不使用の約束を追求すべきであろう。特にNATOが先制不使用を採用できなかった冷戦時の正当化理由，すなわちワルシャワ条約機構側の通常戦力の圧倒的優位も消滅しているので，積極的にロシアの安全保障を損なわない形で進めるべきであろう。5核兵器国はすべて，生物兵器禁止条約と化学兵器禁止条約の締約国であり，事実上まだ保有しているとしても，法的には廃棄の方向に進んでおり，それらの兵器による威嚇はそれほど重視しなくてよいだろう。
　核兵器国と同盟している非核兵器国については，消極的安全保障の除外条項にあてはまる可能性があったが，5核兵器国同士が核兵器の先制不使用を約束することは，それらの同盟国との関連においても先制不使用を約束したことになる。これらの同盟国もほぼすべて，生物兵器禁止条約および化学兵器禁止条約に加入している。
　次に，非核兵器国に対する核兵器の先制不使用の約束であるが，ここでは，生物・化学兵器による攻撃にいかに対応するかという問題が中心となる。1つのオプションは，生物・化学兵器による攻撃への対応，あるいはそれらの兵器による攻撃の抑止として，通常兵器に依存すべきだという意見がある。生物・化学兵器に対してはその防護手段を十分発展させることにより，通常兵器による反撃と組み合わせることで十分対応できるという考えが示されている。[13]

生物・化学兵器と核兵器を同じカテゴリーの兵器としてとらえ，大量破壊兵器の先制不使用という考えも提起されているが，これは結果的には生物・化学兵器は核兵器と同じであるということになり，それらの価値を高めることになり，生物兵器禁止条約および化学兵器禁止条約の有効性を低下させることになる。すなわち，国際社会は生物兵器および化学兵器を全廃するための国際条約をすでに作成しており，全廃の方向に向かっているのであるから，それらの国々をも条約に参加させる方向で議論すべきである。

また，核兵器と生物・化学兵器との間にはその戦略的意味や破壊力，政治的有用性について大きな違いが存在するので，それらの兵器を同列に取り扱うのは必ずしも正当でないと考えられている。また生物兵器・化学兵器の抑止力として核兵器は必ずしも適切ではなく，通常兵器の方が迅速に対応できると考えられている。[14]

かりに，生物・化学兵器による攻撃の抑止として核兵器を考えるとしても，それは一般的なドクトリンとしてではなく，例外的な，主としてならず者国家に対して暫定的に考えられているという方向で検討すべきであろう。なぜなら，生物兵器禁止条約および化学兵器禁止条約にはすでに多くの国が参加しており，例外的にこれらの特殊な国家に対応するという側面を強調することが，核兵器の軍事的および政治的価値を低下させるからである。

1972年に署名された生物兵器禁止条約にはすでに140国以上が参加しており，5核兵器国，インド，パキスタン，北朝鮮，イラン，イラク，リビアも締約国となっている。ただイスラエルはまだ参加していない。1993年に署名された化学兵器禁止条約にもすでに140国以上が参加しており，5核兵器国，インド，パキスタン，イランが締約国となっており，イスラエルは署名している。しかし，北朝鮮，イラク，リビアは署名していない。

このような現状を基礎にこの問題を考えるべきであって，ほとんどの関連国家が参加しているので，原則は核兵器の先制不使用としつつ，これらの条約に参加していない国，または参加しても遵守していない国をその保障から例外的に除外する方法が望ましい。なぜなら，生物兵器禁止条約および化学兵器禁止条約に参加することにより，核兵器による攻撃を受けないという保障が与えられることになり，まだ参加していない国に対し，条約に参加させる動機となるメリットが生じることになるからである。

最後に日本との関連においては，米国の核の傘の下にありながら核軍縮を進めようとする場合，この2つは異なる方向に向かうベクトルであり，これらの2つのベクトルを交差させる最初のものは「核兵器の先制不使用」である。冷戦が終結し，新たな国際秩序の模索の中で，より平和で安定した国際社会を形成し，日本の平和と安全に貢献するものとして，日本においてもこの問題が真剣に議論されるべきである。

(13) Victor A. Utgoff, *Nuclear Weapons and the Deterrence of Biological and Chemical Warfare*, Occasional Paper No. 36, The Henry L. Stimson Center, October 1997.
(14) Committee on International Security and Arms Control, *op. cit.*, pp. 74–75.

第7章　大量破壊兵器の禁止と規制

第1節　化学兵器の全面禁止

　大量破壊兵器の1つとしての化学兵器は，一般に「毒ガス」と呼ばれ，第1次世界大戦で大量に使用され，また最近においても使用されている。しかし1993年には「化学兵器禁止条約」が署名され，化学兵器を全面的に禁止する条約が成立し，実施に移されている。

　本節では，まず化学兵器の全面禁止にいたる過程および条約の内容を詳細に検討し，大量破壊兵器の1種類を全面禁止する条約の意義を考察する。次に，この条約により，日本は旧日本軍が中国に遺棄した大量の化学兵器を処理する義務を負っており，それを実施しつつあるが，その現状と諸問題を検討する。最後に，化学兵器禁止条約の履行に関わる諸問題として，条約の普遍性確保の問題，条約の実効的実施の問題などを，今後の課題として検討する。

1　化学兵器禁止条約の内容

(a)　条約の交渉

　化学兵器の使用禁止については，1925年の「ジュネーブ議定書（窒息性ガス，毒性ガス又はこれらに類するガス及び細菌学的手段の戦争における使用の禁止に関する議定書）」などがあるが，化学兵器の軍縮に関する交渉が始まるのは1960年代の末である。1968年にスウェーデンが生物・化学兵器をジュネーブ軍縮委員会で議題とすべきことを提案し，英国は，1969年7月に生物兵器の禁止を化学兵器より先に交渉すべきことを提案した。

　米国のニクソン大統領は1969年11月に声明を発表し，化学兵器については，致死性化学兵器の先制使用の放棄を再確認し，1925年のジュネーブ議定書の批准の方針を明らかにし，生物兵器については，生物剤や生物兵器，生物学的戦争手段の使用を放棄すること，英国条約案を支持することを明かにした。[1]そこでは，生物・化学兵器を同時に交渉すべきだと考えるソ連や開

発途上国と，生物兵器を先行させるべきだと主張する米英の対立がみられたが，生物兵器の軍事的有用性が不確かであるとの観点から，生物兵器禁止条約の交渉が先に進められ，その条約は1972年に署名された。

その後米ソの間で協議が続き，1984年にジュネーブ軍縮会議に化学兵器禁止交渉のためのアドホック委員会が設置されたが，進展は見られなかった。ただソ連は1987年に軍事化学プログラムのグラスノスチ（情報公開）を発表し，強制的チャレンジ査察の受け入れを表明した。1989年には米国は化学兵器禁止の検証に柔軟に対応するようになった。⁽²⁾

1990年6月に，米国とソ連は「化学兵器廃棄及び不生産並びに化学兵器禁止多国間条約を促進する措置に関する協定」を締結した。この協定は，化学兵器を化学剤の量に換算して5000トンの水準まで削減すること，発効に伴って化学兵器の生産を停止することを義務づけている。⁽³⁾

1991年5月に至り，米国のブッシュ大統領（第41代）は，条約が発効したならば，化学兵器による攻撃に対する同種の報復のオプションを放棄する意思があることを宣言した。これは米国の大きな政策変換である。またブッシュ大統領は1年以内に条約交渉を終了させることを要請した。これにより条約交渉の進展に拍車がかかり，1992年3月にはオーストラリアが条約草案を提出し，5月にはアドホック委員会委員長が自らの条約草案を提出した。その後の交渉により，9月3日に軍縮会議で条約草案が採択され，国連総会に送られた。国連総会は1992年11月30日に条約を推奨する決議47/39を投票なしで採択し，条約は1993年1月13日に署名のために開放された。

化学兵器の交渉が四半世紀もの期間を要したのは，「大量破壊兵器の中で化学兵器が最も使用可能性が高く，最も製造が容易であることから，禁止への合意に抵抗があったこと，また民生用途との区別が困難であることから，検証措置への合意にも困難を伴ったことなどによる。」⁽⁴⁾

また条約が完成に至った背景として，イラン・イラク戦争における化学兵器の使用および輸出管理に関するオーストラリア・グループの結成などに示される化学兵器の拡散の危険が広く認識されたこと，ソ連が義務的現地査察の受入れを表明したこと，冷戦が終結し，諸国家間の相互信頼が増加したこと，米国が全面禁止の方向に交渉姿勢を変更したこと，湾岸戦争で化学兵器の使用が危惧され，その禁止が主張されたこと，化学兵器全面禁止を支持す

る多数国家の政治的意思が存在したことが挙げられる。

　正式名を「化学兵器の開発，生産，貯蔵及び使用の禁止並びに廃棄に関する条約」というこの条約は，1997年4月29日に発効し，同時に条約の履行を司る「化学兵器禁止機関（OPCW）」がオランダのハーグに設置された。条約は本文24ヵ条からなる本体と，化学物質附属書，検証附属書，秘密扱い附属書から構成されている。

(b)　一般的義務

　条約は，一般的義務として以下の5項目を列挙している。
① いかなる場合にも，(a)化学兵器を開発，生産，取得，貯蔵，保有，移譲せず，(b)化学兵器を使用せず，(c)使用の軍事的準備を行わず，(d)禁止活動を援助，奨励，勧誘しないこと。
② 所有する化学兵器を廃棄すること。
③ 遺棄化学兵器を廃棄すること。
④ 所有する化学兵器生産施設を廃棄すること。
⑤ 暴動鎮圧剤を戦争の方法として使用しないこと。

　ここでは2種類の法的義務が規定されており，1つは軍縮の措置であり，もう1つは使用禁止の措置である。前者は，現存する化学兵器，遺棄化学兵器および化学兵器生産施設の廃棄を定めるものと，化学兵器の将来の生産や保有の禁止を定めるものにより構成されている。後者は，いかなる場合にも化学兵器の使用を禁止し，さらに使用の軍事的準備をも禁止し，化学兵器ではない暴動鎮圧剤を戦争の方法として使用することを禁止している。

　これらの規定から明かになるように，条約は化学兵器につき，既存のものをすべて廃棄させ，新たな生産や保有を禁止することにより，化学兵器の全面的な禁止を定めており，軍縮の側面からは，あるカテゴリーの大量破壊兵器の全面禁止を定めたきわめて画期的なものとなっている。さらに条約は，実際に使用されてきた化学兵器につき，いかなる場合にもその使用を禁止する全面的な使用禁止を定めており，武力紛争法の分野における顕著な進展となっている。

(c) 化学兵器の定義

　条約の定義によると，化学兵器とは，①毒性化学物質およびその前駆物質，②毒性化学物質を放出する弾薬類及び装置 (devices), ③その弾薬類や装置の使用のための装置 (equipment) である。毒性化学物質とは，生命活動に対する化学作用により，人又は動物に対し，死，一時的に機能を著しく害する状態又は恒久的な害を引き起こし得る化学物質と定義され，前駆物質とは，毒性化学物質の生産のいずれかの段階で関与する化学反応体と定義されている。その結果，植物に影響を与える除草剤は除かれており，バイナリー兵器は発射前の前駆物質の段階から禁止の対象となっている。

　化学剤附属書は，検証措置の実施のために特定された毒性化学物質を，表1，表2，表3に区別して示している。表1剤は，化学兵器として生産されてきたもの，条約の趣旨・目的を高い危険にさらすもので，禁止されていない目的にほとんどあるいはまったく使用できないものとされ，例として，サリン，ソマン，タブン，VX，マスタード・ガスなどが挙げられている。表2剤は，条約の趣旨・目的を重大な危険にさらすもので，通常商業用に大量に生産されないもので，例として，アミトン，PFIB，BZなどが挙げられている。表3剤は，条約の趣旨・目的を危険にさらすもので，商業用に大量に生産されているもので，例として，ホスゲン，塩化シアン，シアン化水素などが挙げられている。

　条約に反しない活動を保護するため，「この条約によって禁止されていない目的」も定義されている。そこでは，平和目的，防御目的，化学物質の毒性を利用しない軍事目的，法執行の場合が禁止されないものと定められている。

(d) 化学兵器の廃棄

　化学兵器の軍縮にとって最も重要なものがこの廃棄の義務であり，詳細に規定されている。まず締約国は条約発効後30日以内に化学兵器を所有しているかどうか，所有している場合にはその所在地，総量，詳細な目録を明示し，廃棄の全般的計画を提出する。締約国は，申告後直ちに，検証のため，化学兵器へのアクセスを認める。また化学兵器の貯蔵施設および廃棄施設へ

のアクセスをも認める。

　化学兵器の廃棄のスケジュールは，条約が自国について発効した後2年以内に開始し，条約が発効した後10年以内に完了することになっている。廃棄過程の完了後，締約国はそのことを証明し，そのことを確認する検証が行われる。

　廃棄の費用について，締約国は自国の化学兵器の廃棄の費用を負担するとともに，化学兵器の貯蔵および廃棄の検証の費用をも負担することになっている。

　化学兵器生産施設についても同様の廃棄義務が定められているが，条約発効後90日以内に施設を閉鎖すること，施設の廃棄は条約が自国について発効した後1年以内に開始し，条約発効の後10年以内に完了することとなっている。費用についても化学兵器と同様である。

(e) 化学兵器禁止機関(OPCW)

　条約は，その趣旨および目的を達成し，条約の規定の実施を確保し，締約国間の協議・協力の場を提供するため，「化学兵器の禁止のための機関」を設置している。機関の本部はオランダのハーグに置かれている。機関の内部機関として，締約国会議，執行理事会および技術事務局が設置されている。

　締約国会議は，すべての加盟国により構成され，機関の主要な内部機関として，条約の範囲内のいかなる問題または事項も検討し，締約国が提起しまたは執行理事会が注意を喚起する問題・事項につき勧告または決定を行うことができる。会議は条約の遵守状況を検討し，条約の遵守を確保し条約に違反する事態を是正・改善するため，必要な措置をとる。

　執行理事会は，機関の執行機関であり，41の理事国により構成される。理事国は地理的配分および化学産業先進国を基準に選ばれる。理事国はアフリカ9（うち化学産業先進国3），アジア9（4），東欧5（1），ラテンアメリカ・カリブ地域7（3），西欧・その他10（5），およびアジアとラテンアメリカ・カリブから交互に選出される1となっている。

　理事会は，条約の効果的な実施および遵守を促進し，技術事務局の活動を監督し，締約国の国内当局と協力し，締約国間の協議・協力を促進する。理事会は，条約の遵守についての懸念または違反を検討するに当たり，締約国

に事態を是正する措置を要請する。特に重大かつ緊急な場合には，問題または事態につき，直接に，国連総会および安全保障理事会の注意を喚起する。

技術事務局は，事務局長，査察員および科学要員，技術要員その他で構成され，条約に規定する検証制度を実施する。査察部は，技術事務局の1つの組織であり，事務局長の監督の下で行動する。

（f）検　証

条約義務の検証については，条約本文とともに100頁以上の検証議定書に詳細に規定されている。検証は以下の5種類に分かれている。すなわち化学兵器の廃棄の検証，化学兵器製造施設の廃棄の検証，禁止されていない活動の検証，申立て（チャレンジ）査察，化学兵器使用疑惑の調査である。

化学兵器の廃棄については，申告の現地査察による検証，貯蔵施設の体系的検証，廃棄の体系的検証など継続的かつ厳格な検証制度が設けられている。体系的検証とは，現地査察と現地に設置する機器による監視によるものである。化学兵器生産施設の廃棄についても，ほぼ同様の現地査察と現地に設置する機器による監視を通じた体系的検証が実施される。

条約により禁止されていない活動は，条約への危険度により表1剤，表2剤，表3剤，その他の化学物質に分けて規制されている。表1剤の化学物質および関連施設は，現地査察および現地に設置する機器による監視を通じた体系的な検証の対象となる。すなわちそれらは継続的監視による検証の対象となる。他方，表2剤以下の化学物質および関連施設は，資料による監視および現地検証の対象となり，すべての施設が検証の対象となるのではなく，施設の種類ごと，締約国ごとに年間査察回数に制限が設けられている。

以上の検証活動はすべて締約国の申告に基いて実施される。したがって申告が正しくない場合や，申告がない場合には条約の違反活動が検証できないことになる。このような事態に対処するために，条約で定められたのが，原則的にはあらゆる場所にあらゆる時にアクセスできる「申立て（チャレンジ）査察」である。締約国は，条約の違反の可能性についての問題を明かにし解決するため，申立て査察を執行理事会および技術事務局に対して要請する権利をもつ。

執行理事会は，査察の要請に根拠がなく，権利の濫用であると認める場合

には，すべての理事国の4分の3以上の多数の議決により，査察を実施しないことを決定することができる。そうでない限り，査察は実施に移される。

事務局長は，被査察締約国に対し，入国地点への到着予定時刻の少なくとも12時間前までに，査察の要請を伝達する。査察の実施に関しては，査察対象区域の設定など，査察団と被査察締約国との間の協議が実施されるが，最終的には査察団の入国地点到着後108時間（4日半）以内に，査察要請国が要請した査察対象区域へのアクセスを提供するよう義務づけられている。その区域内のアクセスも完全に自由ではなく，化学兵器とは無関係の設備や情報の保護のため，「管理されたアクセス」を実施することが認められている。

査察団の最終報告書が提出された後，執行理事会は，違反があったか否かを検討し，さらに措置が必要と結論した場合には締約国会議に対して具体的勧告を行うことができる。締約国会議は，当該締約国の条約上の権利・特権の制限や停止を含む措置を決定できる。特に問題が重大な場合には，執行理事会も締約国会議も国連総会および安全保障理事会の注意を喚起することができる。

この申立て査察の制度は，多国間軍縮関連条約では最初のものであり，軍縮に不可欠な検証・査察での画期的な進歩を現している。

化学兵器の使用疑惑の場合には，事務局長は要請の受諾の後24時間以内に調査を開始し，原則として72時間以内に調査を完了し，執行理事会に対し報告を提出する。執行理事会は調査報告受領後24時間以内に事態を検討するため会合することになっている。

(g) 条約の意義

条約全体に関して，アドホック委員会の議長であったフォン・ワグナーは，「化学兵器禁止条約は化学戦争という恐ろしいものを全面的に廃絶する協力的かつ無差別の法的文書である。その内容のユニークな性格は，全体的なバランスおよび将来の必要への適応性という2つの原則の一貫した適用により強化される」と述べ，その全体的なバランスの中心的構成要素とみなされる条約の6つの特徴として，① 完全に無差別に禁止される一般的義務の包括的な範囲，② 基本的義務が尊重されない状況を取り扱う保護措置の設定，③ 化学兵器と化学兵器生産施設の廃棄に関するきわめて明確な規定，④ 執行

理事会の構成，手続，決定，権限，任務に関するバランス，⑤申立て査察と化学兵器への通常査察に関する検証パッケージ，⑥経済的・技術的発展という進化的概念による国際協力，を挙げている。(5)

フラワリーは，「化学兵器禁止条約の完成は，大量破壊兵器の堆積と拡散を管理する努力の分水嶺を示している。……世界の安全保障はこの条約が発効することにより大きく強化されるだろう。その手続および組織は，化学戦争の危険の排除，大量破壊兵器の拡散の禁止，緊張の高い地域における信頼醸成措置の手段の提供において進展するための多くの機会を提供するだろう(6)」と積極的に評価している。

このように，大量破壊兵器の1つである化学兵器を全面的に禁止し，保有化学兵器を10年間で廃棄することを義務づける条約が，締約国間での差別なしに実施されることは，一般に高く評価されている。

また条約が規定する厳格な検証措置は，多数国間軍縮条約で初めての申立て査察をも含んでおり，高く評価されている。たとえばクレポンは，「この条約は，査察を実施し，条約内であろうと外であろうと問題国家を取り扱うための強力な枠組みを提供している。それは，世界的基盤で軍事施設および産業施設への先例のないアクセスを規定している。この条約は国際社会をまったく新しい申立て査察という領域に移動させ，他の問題領域でも広く適用可能な手続を設置した(7)」と述べ，またロビンソンらも，「申立て査察という概念は，多国間軍縮条約のための新しいアプローチであり，それはありうるかもしれない条約違反に対する抑止の要素となる(8)」と述べている。

条約自体はこのように一般に高く評価されているが，条約の実施の側面においては，たとえば，廃棄が計画通りに実施されるかどうか(9)，化学兵器を保有または保有疑惑のある諸国家が条約に加入するかどうか(10)，検証規定がうまく実施されるかどうか，化学兵器禁止機関がうまく活動できるかどうかといった将来の問題が残されていた。(11)

(1) U. S. Arms Control and Disarmament Agency, *Documents on Disarmament 1969*, pp. 592-593.
(2) 1980年代の条約交渉に関しては，新井勉『化学軍縮と日本の産業』並木書房，1989年，および宮本雄二「軍縮会議における化学兵器禁止条約交渉の現状」『国際法外交雑誌』第86巻第5号，1987年12月，77-87頁参照。

(3) この条約の詳細な分析については，杉島正秋「化学兵器削減に関する米ソ協定」『朝日法学論集』第5号，1990年，191-217頁参照。
(4) 浅田正彦「化学兵器禁止条約の基本構造（下）」『法律時報』第68巻2号，1996年，63頁。
(5) Adolf Ritter von Wagner, "The Scope and Balance of the Chemical Weapons Convention," *Disarmament*, Vol. XVI, No. 1, 1993, pp. 15-16.
(6) Charles C. Flowerree, "The Chemical Weapons Convention: A Milestone in International Security," *Arms Control Today*, Vol. 22, No. 8, October 1992, pp. 3, 7.
(7) Michael Krepon, "Verifying the Chemical Weapons Convention," *Arms Control Today*, Vol. 22, No. 8, October 1992, p. 24. ただしベイリーは，化学兵器は本質的に検証不可能であり，化学兵器のための検証はきわめて高価なものになるので，化学兵器禁止条約を交渉するよりも，1925年のジュネーブ議定書を強化して，化学兵器の保有を違法化し，化学兵器使用禁止に違反する国家には効果的な制裁を準備すべきだと主張していた。(Kathleen C. Bailey, "Problems with a Chemical Weapons Ban," *Orbis*, Spring 1992, pp. 239-251.)
(8) J. P. Perry Robinson, Thomas Stock and Ronald G. Sutherland, "The Chemical Weapons Convention: The Success of Chemical Disarmament Negotiations," *SIPRI Yearbook 1993: World Armaments and Disarmament*, Oxford University Press, 1993, p. 733.
(9) この問題については，Paul Doty, "The Challenge of Destroying Chemical Weapons," *Arms Control Today*, Vol. 22, No. 8, October 1992, pp. 25-29. 参照。
(10) この問題については，James F. Leonard, "Rolling Back Chemical Proliferation," *Arms Control Today*, Vol. 22, No. 8, October 1992, pp.13-18. 参照。
(11) スミスソンは，条約を発効させるための重要課題として，米ロ2国間協議への影響，検証の心配，化学兵器禁止機関の懸念，普遍性をあげて検討している。(Amy E. Simthson, "Implementing the Chemical Weapons Convention," *Survival*, Vol. 36, No. 1, Spring 1994, pp. 80-94.)

2　日本の中国遺棄化学兵器

(a)　遺棄化学兵器の定義と廃棄

　日本にとって化学兵器禁止条約が最も大きな影響をもつのは，条約の国内実施とともに，旧日本軍が中国に遺棄した化学兵器の廃棄の問題である。これは日中間の戦後処理の問題でもあり，国際社会における日本の立場にも大きく影響するものである。
　条約の定義によると，遺棄化学兵器とは1925年1月1日以降にいずれかの国が他の国の領域内に当該他の国の同意を得ることなく遺棄した化学兵器（老朽化した化学兵器を含む。）をいう。
　条約第1条の一般的義務において，締約国は，自国の領域内のすべての化学兵器を廃棄する義務を負うとともに，他の締約国の領域内に遺棄したすべての化学兵器を廃棄することを約束している。また条約第3条の申告に関して，条約が自国について発効した後30日以内に，自国の領域内に遺棄化学兵器が存在するか否かを申告し，検証議定書に従ってすべての入手可能な情報を提供すること，他の国の領域内に化学兵器を遺棄したか否かを申告し，検証議定書に従ってすべての入手可能な情報を提供することが規定されている。
　その後の手続については，検証議定書第4部(B)に詳細に規定されている。まず技術事務局は，提出されたすべての入手可能な関連情報を検証するため冒頭査察を実施し，必要ならばその後の査察を実施し，体系的検証が必要かどうかを決定する。
　遺棄化学兵器がその領域にある締約国（領域締約国）は，他の締約国の領域に化学兵器を遺棄した締約国（遺棄締約国）に対して，領域締約国と協力して遺棄化学兵器を廃棄する目的で協議に入るよう要請する権利をもつ。その要請の後30日以内に，廃棄の相互に合意される計画を作るため，領域締約国と遺棄締約国との間の協議が開始されなければならず，要請の後180日以内に，技術事務局に相互の合意された計画を送付しなければならない。
　遺棄化学兵器を実際に廃棄する作業に関しては，議定書は，「遺棄化学兵

器の廃棄のため，遺棄締約国はあらゆる必要な資金，技術，専門家，施設，その他の資源を提供しなければならない。領域締約国は，適切な協力を提供しなければならない」と規定し，資源に関してはすべて遺棄締約国が提供することになっている。

(b) 日中間の協議および覚書

　旧日本軍が中国に遺棄した化学兵器の問題に関して，中国は，1987年6月にジュネーブ軍縮会議において，遺棄化学兵器に関する遺棄国の責任について初めて発言した。また中国は1990年4月に，日本に対してこの問題の処理を非公式に要請してきた。日中政府間の正式の協議（局長級）は1991年1月に開始された。日本政府は「中国遺棄化学兵器調査団」を派遣し，1995年3月に正式に遺棄化学兵器の存在を認め，日本政府は中国の条約批准にかかわらず，条約の趣旨に従って誠実に対応することを中国側に伝えており，中国の条約批准とは独立して進める方針をとっていた。[14]

　日中間の調整が本格化するのは，条約の発効を控えた1996年12月の第4回日中政府間協議を受けて，日中共同作業グループ（課長級）が設置され，1997年1月から協議を開始してからである。協議においては，処理の対象となる化学兵器の量について日中間の見解は大きく異なっており，処理の場所についても，日本への移送を主張する中国と，中国での処理を主張する日本との間には大きな相違があった。

　日本では，1997年8月に内閣に，遺棄化学兵器処理対策連絡調整会議が設置され，同年10月に内閣官房に，遺棄化学兵器処理対策室が発足した。さらに1999年3月には閣議決定「遺棄化学兵器問題に対する取組について」において，化学兵器禁止条約に基づき我が国が有する義務を適正に履行し，日中関係の増進にも資するため，体制を強化して取り組むこととし，本問題に対し政府全体として一体的かつ効果的に取り組むこと，本事業の実施については，相当の組織体制と経費を必要とするので，関係機関の緊密な連携，協力の下，政府が一体となって適切に対応することとされている。その結果，4月1日に，総理府（現内閣府）に遺棄化学兵器処理担当室が発足した。

　他方，1997年4月以降の中国との協議により，日中両国は，1999年7月30日に北京において，「遺棄化学兵器の廃棄に関する覚書」に署名した。当日

発効した覚書の基本的内容は以下の通りである。[15]
　①両国政府は、中国内に大量の旧日本軍の遺棄化学兵器が存在することを確認した。旧日本軍のものと確認される遺棄化学兵器の廃棄問題につき、日本政府は条約に従って遺棄締約国として負う義務を誠実に履行する。
　②日本政府は、遺棄化学兵器の廃棄のため、すべての必要な資金、技術、専門家、施設およびその他の資源を提供する。中国は廃棄に対し適切な協力を行う。
　③日本政府は、廃棄作業にあたり、中国の法律を遵守し、領土の生態環境に汚染をもたらさず、人員の安全確保を最優先させることを確認する。この基礎の上に、中国は国内での廃棄に同意する。
　④両国政府は、成熟した廃棄技術を選定するものとし、具体的な廃棄処理技術は日中共同作業グループによる検討、論証の後に確定される。
　⑤廃棄過程における事故については、日本側が必要な補償を与える。
　⑥今後の廃棄作業の計画、実施、運営は日中共同作業グループの協議で解決される。
　⑦廃棄作業で意見が異なる問題については、引き続き協議する。
　⑧中国における日本の遺棄化学兵器廃棄事業は、本覚書の署名の日より実施される。
　ここに規定された覚書の基本的な内容は、化学兵器禁止条約が定めるところに厳格に従ったものであり、中国の協力を得ながら、日本が全面的に廃棄義務を負うものである。ただ、日中の対立点であった廃棄場所については、それは中国国内と定められ、そのために中国の法律遵守、環境汚染の防止、人員の安全確保などが条件として規定された。環境基準は中国の国家基準を採用することとし、環境影響評価と環境監視測定を行うことも定められた。
　しかし、廃棄の具体的な場所、廃棄施設の建設、廃棄の技術については未定であり、両国の協議によるものとされている。また廃棄の対象、廃棄の規則および廃棄の期限についても未定であり、化学兵器禁止条約に基き、協議して確定されることになっている。

(c) 遺棄化学兵器の廃棄の実態

中国に遺棄された化学兵器についてはこれまで20回以上の調査が行われ，日中共同作業グループも数度開催され，本問題の全容および処理に向けた具体的枠組みが協議されてきている。

中国に遺棄された化学兵器の特徴として，以下の点が指摘されている。[16]
① 各種の遺棄化学兵器が埋設されており，総数は約70万発と推定されている。中国側は200万発と主張している。
② そのほとんど（推定67万発，中国は180万発と主張）は吉林省敦化市ハルバ嶺地区にあり，他は広く分布している。
③ これまで発掘された大部分は，腐食および損壊が見られる。
④ 砲爆弾にピクリン酸が使用されているので，爆発が起こりやすい可能性がある。
⑤ 砒素を含む化学剤が多い。

中国遺棄化学兵器の廃棄過程は，探査，発掘・回収，実処理の3過程に大別される。

処理事業の全体像としては，① 処理事業終了は，化学兵器禁止条約に基く2007年4月を目標とする。② 遺棄化学兵器の大多数が埋設されているハルバ嶺の発掘回収を廃棄処理に先だって開始する必要がある。③ あか弾（くしゃみ剤）・きい弾（びらん剤）を対象としたパイロット施設を建設し，その後すべての化学兵器を対象とした本格的な処理施設へと発展させる。それと並行して，小規模な施設にて発煙筒の処理を進める。

(d) 中国遺棄化学兵器廃棄計画の意義

遺棄化学兵器処理担当室の須田室長が，欧米諸国での廃棄問題を検討した後に，「翻って中国における遺棄化学兵器を見ると，それはすべて半世紀以上前の旧化学兵器である。しかも，その量が現在の日本側推定でも約70万発と，欧米で廃棄処理を行っている非貯蔵の旧化学兵器の量に比して桁外れに多い。そして，中国の遺棄化学兵器は，廃棄処理を複雑にする種々の特徴に事欠かない。まず，その90％以上がいまだ地中に，しかも密集した状態で埋まっている。第二に，長い年月を経て多くが腐食し，変形し，一部は化

学剤が漏出した状態で埋まっている。第三に，その多くは爆薬を内包しており，また爆発感度の高いピクリン酸塩が形成されている可能性がある。第四に，化学剤の多くは砒素を含んでいる。これらの複合的特徴は，本件を技術的にも運用上も世界でもっとも複雑な未曾有の事業といえるものとしている。加えてこの廃棄事業は，日本が自国内ではなく隣国において実施することからくる複雑さがあり，また，化学兵器禁止条約上一定の期間内（原則として2007年）に完了しなければならないという制約もある」[17]と述べているように，この事業はきわめて困難な，複雑な，かつ時間のかかる性質のものである。

しかし，日本がこの問題に積極的に取り組むことは，国際条約の下での義務の誠実な履行という側面を超える大きな意味を包含している。日本は，当初よりこの問題を単なる条約上の義務の履行というよりは，中国に対する戦後処理問題の一環として対応してきた。そのことは，中国が仮に条約に批准しなくても，その場合には日本の廃棄義務は発生しないが，条約とは別個に遺棄化学兵器の廃棄を誠実に実施する意思を表明していたことから明かである。

第2次世界大戦中に，旧日本軍は中国において大量の毒ガス（化学兵器）を使用し，多数の犠牲者を発生させたという事実を踏まえて，旧日本軍が中国に未使用のまま残してきた化学兵器の廃棄に誠実に対応することは，日本が戦争の負の遺産を前向きに処理するというきわめて有意義な行動である。

(12) 条約の国内実施に関して，日本では1995年4月5日に「化学兵器の禁止及び特定物質の規制等に関する法律」が公布された。これに関しては，福島洋一「化学兵器の禁止及び特定物質の規制等に関する法律（化学兵器禁止法）について」『ジュリスト』No. 1976, 1995年10月1日号，43-46頁，樋口晴彦・丸山彰久「化学兵器の禁止及び特定物質の規制等に関する法律の制定について」『警察学論集』第48巻第6号，1995年6月，34-46頁，藤野琢巳・龍崎孝嗣「化学兵器禁止法の制定」『時の法令』1505号，1995年9月15日号，6-34頁，龍崎孝嗣「化学兵器の禁止及び特定物質の規制等に関する法律」『法令解説資料総覧』179号，1996年12月，33-51頁，Masahiko Asada, "National Implementation of the Chemical Weapons Convention in Japan," *The Japanese Journal of International Law*, No. 39, 1996, pp. 19-49. 参照

(13) 老朽化した化学兵器とは，(a) 1925年より前に生産された化学兵器，(b)

1925年から1946年までの間に生産された化学兵器であって，化学兵器として使用することができなくなるまで劣化したものと定義されている。
(14) 化学兵器禁止条約の規定によれば，遺棄化学兵器の廃棄義務が発生するのは，遺棄国（日本）および領域国（中国）の双方が条約の締約国である場合である。中国は，1997年4月の条約発効直前に批准したため，結果的には条約に従って廃棄することになったが，当時の交渉は必ずしも中国の条約批准を前提としていなかった。
(15) 日本国政府及び中華人民共和国政府による中国における日本の遺棄化学兵器の廃棄に関する覚書　[http://www.mofa.go.jp/mofaj/area/china/cw/oboegaki.html]
(16) 内閣府大臣官房遺棄化学兵器処理担当室「中国における旧日本軍遺棄化学兵器処理事業の概要」平成14年10月　[http://www8.cao.go.jp/ikikagaku/gaiyou2.pdf]
(17) 須田明夫「未曾有のプロジェクト『遺棄化学兵器事業』に取り組む」『外交フォーラム』2000年9月号，No. 145, 75頁。

3　化学兵器禁止条約の課題

(a)　条約の批准状況と普遍性

　化学兵器禁止条約の草案は，ジュネーブの軍縮会議のアドホック委員会で交渉されてきたが，1992年8月27日のアドホック委員会における条約草案の採択の際には，39ヵ国のうち，ロシア，中国，キューバ，パキスタン，ミャンマー，イラン，エジプトの7国は，条約草案への賛成を表明しなかった。ロシアは廃棄の費用など財政的な理由が主であり，中国とパキスタンは申立て査察による国家機密への影響への危惧が主であり，イランは執行理事会の選出方法が不公平であるとの理由であった。もっとも厳しい態度をとったのはエジプトであり，イスラエルの核保有との関連で，条約署名には否定的であった。
　ザーラン・エジプト軍縮会議大使は，「地域的な観点からすると，われわれは，化学兵器禁止条約をＮＰＴおよび生物兵器禁止条約と分離して考えることはできない。地域のすべての国家は，大量破壊兵器を規律する上述の3つの国際文書のすべてから生じる平等で相互的でバランスのとれた義務を引き

受けるべきであると強く確信している」と述べ、イスラエルの核保有を理由に化学兵器禁止条約には署名できない意図を表明している。

条約は当初2年位で発効すると予測されていたが、実際に条約が発効したのは、1997年7月29日であり、署名から4年少し経過した。フランスは1995年に、英国は1996年に批准していたが、65ヵ国の批准がそろい、その180日後に発効することが決まった段階において、米国とロシアはまだ批准しておらず、中国もまだ批准していなかった。

米国では、クリントン政権は批准に積極的であったが、議会では共和党を中心とした反対が強く、条約発効までに批准は困難であるとの予測も広くなされたが、米国は、条約発効の5日前の4月24日に批准し、原締約国となった。

中国は1996年12月30日に条約を承認していたが、米国の批准を見極めて、翌4月25日に批准し原締約国となった。ロシアは条約発効までに条約を批准できなかった。このように、大国の批准が最後まで得られない状況が続いていた。

インドは、1996年9月3日に批准を済ませていたが、1997年3月の時点で、地域のライバルである中国とパキスタンが批准していないこと、化学兵器の最大の保有国である米国とロシアが批准していないことを理由に、化学兵器禁止条約からの引き上げを示唆していた。

ロシアは、批准の意思を示していたものの、国内の政治的展開の影響、経済の弱体化に伴い条約の履行ために高い費用が必要になることに対する懸念、ロシアの大量の化学兵器の廃棄がその地域の環境に与える影響などの理由で、条約発効までに批准を済ませることができず、1997年11月5日になってやっと批准書を寄託した。

他方、地域的な緊張が続く3つの地域、すなわち、朝鮮半島、南アジア、中東の状況はそれぞれ異なっている。まず、朝鮮半島では、北朝鮮は化学兵器を開発し保有していると考えられており、条約に署名もしていない。しかしながら韓国は条約の原締約国となり、保有する化学兵器の廃棄を実施している。

南アジアでは、インドは1996年に批准を済ませていたが、パキスタンは1997年10月に批准書を寄託し、締約国となった。

第1節　化学兵器の全面禁止　*375*

　中東においては，イスラエルの核保有を理由として，エジプト，エリトリア，イラク，ヨルダン，レバノン，リビア，スーダン，シリアが条約発効時において条約に未署名であった。これらの諸国は化学兵器を開発または保有していると疑惑がかけられていた。またアラブ諸国連盟の連盟委員会は，1996年に加盟国に対し，イスラエルが核不拡散条約に加入するまで，化学兵器禁止条約に署名しないよう要請していた。アラブ諸国の中でもイスラエルと地理的に離れた諸国は条約に批准していたし，イスラエルの隣国であるヨルダンは，1997年10月29日に批准した。他方イスラエルは，条約に署名はしているが，近隣諸国の化学兵器の脅威が増加しつつあるので，条約に批准するつもりはないと述べ，その後も批准していない。またイランは，1997年11月3日に批准し，その後の申告において，1980年代のイラン・イラク戦争の末期に抑止目的で攻撃的化学兵器生産プログラムをもっていたことを認め，戦争終了後，化学兵器取得決定は取り消され，計画は中止されたと主張した。スーダンは1999年に条約に加入した。[20]

　2003年1月現在で，条約締約国は148となっており，署名はしているが批准していない国は26，署名も批准もしていない国が20ヵ国あり，その中で化学兵器を保有していると考えられているのは，エジプト，イスラエル，イラク，北朝鮮，リビア，シリアなどの国である。[21]

(b)　条約の実施と実効性

(イ)　申告および支払いの遅延

　条約が発効してから30日以内に，締約国は化学兵器や化学兵器生産施設の保有の有無や保有の場合の詳細などに関して申告する義務を負っている。1997年10月31日現在の締約国100のうち必要な冒頭報告を提出したのは68ヵ国であり，65ヵ国が第3条の下での申告を行い，5ヵ国が化学兵器生産施設に関して第5条の下での申告を行い，56ヵ国が禁止されない活動について第6条の下での申告を行った。1998年5月現在で締約国107のうち冒頭報告を提出したのは78ヵ国であった。しかもその78の報告の多くは不完全なものであった。1998年1月1日現在で，申告に加えて必要なすべての通告を行なっていない国および通告が不完全な国を合わせると90ヵ国になる。このように，条約発効に引き続くさまざまな申告や通告が必ずしも条約規定通

りには実施されなかった。

　ただしこの申告や通告の遅延は，意図的なものというよりはテクニカルなものであり，その原因は① 条約の複雑性，② 多くの規定の比較的短期の時間枠，③ 規定に締約国が不慣れであること，④ 企業その他の情報の取得が困難なこと，などであり，将来的には是正されるとも考えられていた。[22]

　これまでの申告の遅延の最大のものは，米国の産業申告の遅延であり，期日から3年も遅れた2000年5月に関連する化学産業施設の申告を提出した。これは米国での実施のための国内立法が迅速に成立しなかったこと，および行政府内においてどの部局が条約の履行をリードするかについての争いがあったことが原因であるが，その結果，米国の化学産業において3年間通常査察が実施できなかった。その結果，ヨーロッパの化学産業に査察が集中するようになり，1999年にはヨーロッパ諸国は米国が遵守しない限り，追加的な査察を受け入れるのを拒否するようになった。

　OPCWは締約国の分担金により運営されているが，約3分の1の締約国は分担金を支払わなかった。また条約はOPCWが締約国で実施した検証活動のすべての費用を，当該締約国が払い戻すよう義務付けているが，米国を含む多くの国がその支払いを実施していない。このことはOPCWの財政基盤を直撃することとなり，OPCWはその検証活動を縮小せざるを得なくなっている。

(ロ)　米国の批准の条件

　米国は条約発効直前に批准したが，その批准承認には28もの条件が付帯されており，特に以下の3つの条件が問題となる。第1に，それが国家安全保障上の脅威になりうるという理由で，OPCWによる申立て査察を拒否する権限を大統領に与えている。第2に，米国領土内の米国の施設で採取されたサンプルを，分析のため国外に移動することを拒否する権限が大統領に与えられている。第3に，申告および通常査察に従う米国の化学施設の数を大幅に制限している。これらの一方的措置は，条約の無差別適用という原則に反するものであり，条約自体の存立を弱体化するものである。特に，化学兵器禁止条約の査察の最も重要な申立て査察を否認することは，条約体制の存立を脅かすものとなるだろうし，申立て査察は有名無実となりうる。この申

立て査察は条約の実効性を確保するために不可欠のものであり，米国の条件は条約の実効性を大きく損なうものとなっている。

またこの米国の態度は他の締約国にも大きく影響し，多くの国が米国にならって条約の実施にきわめて非協力的な態度をとるようになっている。スミスソンは，「意図的かどうか別にして，米国は化学兵器禁止条約の査察における非協力的態度というドミノ効果の引き金を引いた。……米国が化学兵器禁止条約の検証レジームの完全性を維持するため迅速に行動しなければ，米国は，化学兵器の脅威を削減するための国際社会の基本的メカニズムが破壊されていることに大きな責任がある」と分析している。

(ハ) 化学兵器の廃棄

条約の規定に従って提出された冒頭申告から化学兵器の実態につき以下のことが明らかになった。米国，ロシア，インド，韓国の4ヵ国が化学兵器貯蔵の保有を申告し，さらに英国，中国，フランス，イラン，日本，ボスニア，ユーゴスラビアの7ヵ国が，現在のあるいは過去の化学兵器生産施設を申告した。またベルギー，中国，フランス，ドイツ，イタリア，日本，英国の7ヵ国が，老朽化および／または遺棄化学兵器に関する申告を行った。

これらの申告に基づき，化学兵器を一定の期間内に廃棄する義務が生じているが，その実態は以下のようになっている。

米国は1996年1月22日に，化学兵器に関する包括的な情報を公表したが，そこでは米国が全体で約3万トンの化学兵器を保有していること，通常型化学弾頭などが330万発で，バイナリー型が31万6000発であることが示されていた。また2004年までにそれらをすべて廃棄する計画であると記述されていた。

米国は1996年8月に化学兵器の大規模な廃棄作業を，ユタ州のトーイル化学剤処理施設（TOCDF）で開始した。その後太平洋のジョンストン化学兵器処理組織（JACADS）においても廃棄作業が開始され，これら2ヵ所で廃棄が継続されていった。米国は全米9ヵ所に化学兵器を貯蔵しており，他の7ヵ所では新たに廃棄施設を建設して廃棄を実施することになっている。

ロシアは，約4万トンの化学兵器を保有していると申告しており，1996年12月には包括的化学兵器廃棄法を，1997年4月には連邦法を通過させ，1998

年中には廃棄を開始する予定であったが，主として財政難を理由として，また国内の政治的対立も影響し，国内で必ずしも高い優先度が与えられなかったこともあり，計画は遅延した。

1999年にはインドと韓国も廃棄を開始したが，ロシアはまだ廃棄を開始できなかった。

2000年になってロシアはカテゴリー3の化学兵器の廃棄を開始した。米国はJACADSのすべての化学兵器の廃棄を終了し，施設の閉鎖を行ったが，新たな廃棄施設はまだ建設されていなかった。インドと韓国も廃棄を継続した。

条約規定によると，条約発効後3年間で，カテゴリー1の化学兵器を1％以上廃棄することが義務づけられており，2000年4月29日がその期日であった。米国，インド，韓国はこの条件を満たすペースで廃棄を実施してきたが，ロシアはこの条件を満たすことができなかった。

2001年に廃棄は継続され，米国は約3万トンのうち25％を廃棄し，インドはカテゴリー1の29％，カテゴリー2の39％以上が廃棄されたが，ロシアではカテゴリー1の化学兵器の廃棄はまだ開始されていない。

このように，特にロシアの廃棄作業は非常に遅れており，2007年の期限までに廃棄不可能であることはロシア自身も認めており，5年間の延長を申請すると予想されるが，今では2012年においてもすべての廃棄は困難であろうと考えられている。資金不足が最大の理由であり，米国をはじめ，欧州諸国が資金援助を実施しているが，それがさらに増えたとしても廃棄作業の早期実行は困難に思える。[24] 2001年にロシアは新たな廃棄計画を発表し，廃棄を3つの地域に集中して実施する方向を明かにしている。[25]

条約発効から5年目の2002年4月29日までに，カテゴリー1の化学兵器貯蔵の20％廃棄が条約により義務づけられており，米国とインドはこの条件を満たしたが，ロシアと韓国は達成できず，延長が認められた。[26]

さらに，米国においても，2つの廃棄施設では順調に廃棄が進行したが，他の新しい廃棄施設については，これまでの焼却という方法が受け入れられなかったり，それに代わる新たな技術の開発が遅れていることがあり，2007年の期限までにはすべて廃棄できないと予測されており，2001年9月の国防総省の新たなスケジュールでは，全面的な廃棄は2009年から2011年になるとされている。[27]

また日本が中国に遺棄した化学兵器の廃棄についても，日本政府は2007年までの廃棄を目標としているが，まだ廃棄技術も確定しておらず，廃棄も開始されていないことからして，その期限までにすべてを廃棄するのは不可能に近いと思われる。

(18) Mounir Zahran, "The Impact of the Chemical Weapon Convention on Disarmament from a Middle-East Perspective," *Disarmament*, Vol. XVI, No. 1, 1993, p. 75.
(19) 米国とロシアは他国と比較して格段多い化学兵器を保有していたため，これらの2大化学兵器保有国の批准は，化学兵器禁止条約が信頼できるものとなるためにきわめて重要であると，一般に考えられていた。Peter Herby, "Building the Chemical Disarmament Regime," *Arms Control Today*, Vol. 23, No. 7, September 1993, pp. 14–19.
(19) OPCW事務次長のジーは，条約発効後2年間でこれだけ多くの批准国と署名国がいることは，NPTが20年以上にわたって達成したことであり，きわめて印象的であると述べている。"The CWC at the Two-Year Mark: An Interview With Dr. John Gee," *Arms Control Today*, Vol. 29, No. 3, April/May 1999, p. 6.)
(20) これらの諸国の状況については，Dany Shoham, "Chemical and Biological Weapons in Egypt," *Nonproliferation Review*, Vol. 5, No. 3, Spring-Summer1998, pp. 48–58; Aluf Benn, "Israel's Decision Time," *Bulletin of the Atomic Scientists*, Vol. 57, No. 2, March/April 2001, pp. 22–24; M. Zuhair Diab, "Syria's Chemical and Biological Weapons: Assessing Capabilities and Motivations," *Nonproliferation Review*, Vol. 5, No. 1, Fall 1997, pp. 104–111; Michael Barletta, "Chemical Weapons in the Sudan: Allegations and Evidence," *Nonproliferation Review*, Vol. 6, No. 1, Fall 1998, pp. 115–136. 参照。
(21) Alexander Kelle, "Assessing the First Year of the Chemical Weapons Convention," *Nonproliferation Review*, Vol. 5, No. 3, Spring-Summer 1998, pp. 30–31.
(22) Jean Pascal Zanders, Elisabeth M. French and Natalie Pauwels, "Chemical and Biological Weapon Developments and Arms Control," *SIPRI Yearbook 1999: Armaments, Disarmament and International Security*, Oxford University Press, 1999, p. 566. その後，申告の義務は大きく是正され，2001年末には，145締約国のうち2国を除きすべての国が申告の義務を果たした。
(23) Amy E. Smithson, "U.S. Implementation of the CWC," Jonathan B.

Tucker (ed.), *The Chemical Weapons Convention, Implementation Challenges and Solution*, Monterey Institute of International Studies, April 2001, p. 27.

(24) ロシアの化学兵器廃棄に関しては，S. Kortunov and S. Vikulov, "Eliminating Chemical Weapons," *International Affairs* (Moscow), Vol. 44, No. 1, 1998, pp. 45-52; Alexander A. Pikayev, "Russian Implementation of the CWC," Jonathan B. Tucker (ed.), *op. cit.*, pp. 33-38. 参照。

(25) ロシアの新たな計画については，Jonathan B. Tucker, "Russia's New Plan For Chemical Weapons Destruction," *Arms Control Today*, Vol. 31, No. 6, July/August 2001, pp. 9-13. 参照。

(26) Kerry Boyd, "OPCW Annual Report Cites Progress, Problems," *Arms Control Today*, Vol.33, No.1, January/February 2003, p. 28.

(27) Seth Brugger, "U.S. to Miss Chemical Weapons Convention Deadline," *Arms Control Today*, Vol. 31, No. 9, November 2001, p. 24.

第2節　生物兵器の全面禁止

　生物兵器は，伝統的には細菌学兵器とも呼ばれ，大量破壊兵器の1つとして議論されてきた。歴史的に生物兵器が研究開発されてきたことは事実であるが，化学兵器のように戦闘で大規模に使用されるということはなく，伝統的には，生物兵器は軍事的有用性の側面から疑問視されることもあった。しかし，最近になって生物学およびバイオテクノロジーの発展に伴い，またならず者国家やテロリストによる生物兵器の拡散および使用の可能性が増大していることにより，国際社会の注目を集めるものとなってきた。

　本節では，まず1972年に成立した生物兵器禁止条約の成立の過程および内容を検討し，この条約の意義を考察する。次に，1980年代後半からの生物兵器禁止条約の強化の動きを詳細に検討し，特に1990年代から始められた検証措置の導入の動き，それに関する議論，米国の反対による議定書作成の挫折を検討する。最後に，生物兵器禁止条約の履行に関わる問題として，条約の普遍性の問題，条約の実効的実施，特に検証の問題を，今後の課題として検討する。

1　生物兵器禁止条約の内容

(a)　条約の交渉

　生物兵器は，伝統的には化学兵器と共に取り扱われてきたのであって，1925年の「ジュネーブ議定書（窒息性ガス，毒性ガス又はこれらに類するガス及び細菌学的手段の戦争における使用の禁止に関する議定書）」においては，それらの兵器の使用が禁止された。また戦後の軍縮交渉においても，核兵器とともに生物・化学兵器として一括して議論されることが多かった。

　この問題が具体的に検討されるようになったのは，1960年代後半のジュネーブ議定書の遵守に関する問題を契機としており，1968年に英国が「微生物兵器に関する作業文書」をジュネーブ18ヵ国軍縮委員会に提出した。

それは，ジュネーブ議定書は不十分であるとして，微生物学兵器と化学兵器を区別して議論すること，微生物学的戦争方法の禁止に関する新条約を締結すること，その条約は微生物剤の生産の禁止および貯蔵の廃棄をも含むことなどを提案していた。

その後，軍縮委員会の要請に応じた国連総会決議の勧告に従って，1969年に国連事務総長が「化学・細菌（生物）兵器およびその使用の影響」[1]と題する報告書を提出し，それによってこの問題が活発に議論されるようになった。なおこの報告書の序文において，事務総長は第3の勧告として，戦争目的のすべての化学および細菌（生物）剤の開発，生産，貯蔵を禁止し，それらの兵器を兵器庫から効果的に除去するための協定に達するよう要請していた。

1969年7月に，まず英国が「生物学的戦争に関する条約案」[2]を提出した。その内容は，生物学的戦争方法を行わないこと，微生物剤その他の生物剤ならびに補助器材および媒介物を生産・取得しないこと，それらを廃棄するか平和利用に転用することであり，生物兵器に関して使用の禁止と生産・取得の禁止の両面に言及するものであった。

他方，ソ連等9ヵ国は9月に「化学・細菌（生物）兵器の開発，生産および貯蔵の禁止並びにそれらの兵器の廃棄に関する条約案」[3]を提出した。この提案は，生物・化学両兵器を一括して取り扱い，使用の禁止を含めないで，開発，生産，貯蔵の禁止および廃棄に重点を置いていた。

この時期に生物兵器の禁止に向けて大きな影響を与えたのは，1969年11月のニクソン米大統領の生物・化学兵器に関する声明である[4]。生物兵器は，大規模で，予測しえずかつ潜在的にコントロールできない結果をもたらすとして，①米国は，致死性生物剤および生物兵器の使用ならびに他のすべての生物学的戦争手段を放棄する。②米国は，生物学研究を免疫および安全措置のような防護的措置に限定する。③国防総省に対し，細菌兵器の現存貯蔵の処分につき勧告するよう求めた。

1970年には，英国は米国の示唆により禁止の対象に毒素兵器を追加した条約案を提出し，ソ連等は生物・化学兵器使用のための器材および媒介物を追加した条約案を提出した。この時期の議論の対立は，両兵器を一括して交渉するか，分離して生物兵器のみを交渉するかについてであった。

分離を主張する英国や米国はその根拠として以下のように主張した。化学兵器はこれまで大規模に実戦使用され，効果の予測とコントロールが可能であり，その保有を国家安全保障上重視している国があるので，化学兵器禁止については信頼できる検証措置が必要であるが，この点に関する見解の一致はない。他方，生物兵器は，無差別的効果をもち，効果の予測やコントロールが不可能で，報復用兵器としての価値は疑わしいので，国家安全保障上からの保有の根拠も希薄である。そのため生物兵器禁止について合意実現の可能性は高く，その際厳格な検証は必要とされない。

他方，両兵器を一括して条約で禁止しようと主張する国々の根拠は以下のようである。生物・化学兵器を一括して禁止する案の主要な目標は化学兵器の禁止であって，生物兵器が分離されて交渉されると，化学兵器の禁止が大幅に先送りされる危険がある。また分離して生物兵器のみを禁止することは，化学兵器の軍事的価値を認めることになる。これまで両者を一括して禁止してきたジュネーブ議定書などによる体制を損ねることになる。

1971年3月には，ソ連等が以前のアプローチを変更し，生物および毒素兵器のみに関する条約案を提出するに至り，東西の歩み寄りが見られ，8月5日にはソ連等9ヵ国と米国は同一の条約案を提出した。その後若干の修正を受けて，東西12ヵ国が9月28日に条約案を軍縮委員会に提出し，それは国連総会に送られ，その条約を推奨するという国連総会決議2826(XXVI)が，賛成110，反対0，棄権1（フランス）で採択された。この条約は1972年4月10日に署名のため開放され，1975年3月26日に効力を発生した。

(b) 基本的義務

この条約の基本的目的は，たとえその軍事的効果が不明確であるとしても，生物兵器を全面的に禁止し，新たな開発や生産，貯蔵を禁止するとともに，現に保有する生物兵器をすべて廃棄させることである。それは，条約前文に規定されているように，全人類のため，兵器としての細菌剤（生物剤）および毒素の使用の可能性を完全になくすことを目的としている。

この条約で禁止や廃棄の対象となるのは，① 防疫の目的，身体防護その他の平和的目的による正当化ができない種類および量の微生物剤その他の生物剤，またはこのような種類および量の毒素（原料または製法のいかんを問わ

ない。），ならびに，②微生物剤その他の生物剤または毒素を敵対的目的のためにまたは武力紛争において使用するために設計された兵器，装置または運搬手段である。

本条約によれば，防護マスクや防護服の開発，検知・除染手段の考案，軍人に接種するためのワクチンの生産などは条約の規律の対象から除外されている。しかし条約は詳細な用語の定義を含んでいないため，個々の問題になると，平和目的として正当化できるかどうか，またその種類や量は具体的にどう判断するかという課題に直面することになる。その後の再検討会議において，そのうちのいくつかにつき具体的な解釈が合意されている。

締約国は，まず第1条で，いかなる場合にもこれらの物を開発せず，生産せず，貯蔵せずもしくはその他の方法によって取得せずまたは保有しないことを約束している。これらの行為はいかなる場合にも禁止されているので，平時のみならず戦時あるいは武力紛争時においても当然に適用されることとなる。

次に第2条で，締約国は，条約発効の後できる限り速やかに，遅くとも9箇月以内に，自国の保有しまたは自国の管轄もしくは管理の下にある生物剤や毒素，それらに関する兵器などを廃棄し，または平和的目的のために転用することを約束している。

さらに第3条で，締約国は，これらの生物剤や毒素，それらに関する兵器などをいかなる者に対しても直接または間接に移譲しないこと，これらの物の製造や取得につき，いかなる国，国の集団または国際機関に対しても，何ら援助，奨励または勧誘を行わないことを約束している。

なお本条約は，生物兵器の使用の禁止を明記していない。条約は前文において，ジュネーブ議定書の有する重要な意義を認識し，その目的および原則の堅持を再確認し，それらの厳守を要請している。本文第8条は，ジュネーブ議定書との関係を規定し，本条約がジュネーブ議定書の義務を限定しまたは軽減するものと解してはならないと規定する。[8]

（c） 条約の履行および履行確保

本条約は一定の行為の禁止といった不作為の義務のみならず，生物兵器の廃棄という作為の義務をも締約国に求めているので，軍縮条約という性質か

らして，その諸規定を履行し，その履行を確保するためには複雑かつ詳細な規定が必要と考えられる。しかし条約は，第1条の開発，生産，貯蔵などの禁止および防止について，締約国が自国の憲法上の手続に従い必要な措置をとることを規定しているだけであり，第2条の生物兵器の廃棄または平和利用への転換については，それらの手続や管理についてまったく規定していない。

すなわち条約義務の履行は基本的には国内的に実施されるのであり，国際的な要素はまったく含まれていない。その結果，他の軍縮関連条約にみられるように，条約の目的や規定を促進するための国際機関や国際委員会というものも，この条約では設置されていない。また軍縮条約には不可欠であると一般に考えられている，義務の履行を検証する制度も規定されていない。現地査察など検証の具体的内容もまったく含まれていない。

条約の目的に関して，または条約の適用に関して生じる問題の解決のために，条約が規定しているのは，相互に協議し協力することである。また他の締約国が条約義務に違反していると認めるときは，国連安全保障理事会に苦情を申し立てることができる。締約国は安全保障理事会の調査に協力しなければならず，安全保障理事会は調査の結果を締約国に通知する。その調査には現地査察も含まれると理解されている。

このような内容の規定になったのは，核兵器や化学兵器と異なり，生物兵器は軍事的意義や軍事的有用性がそれほどないため，生物兵器を開発したり保有したりする動機はきわめて薄いという一般的な認識が，条約交渉時に存在したからである。化学兵器の禁止とは分離して生物兵器を別個かつ優先的に交渉したのも，そのような認識が一般的であったからである。

(d) 条約の意義

生物兵器禁止条約は，大量破壊兵器の1つである生物兵器を全面的に禁止し，保有する生物兵器の廃棄を義務付けるもので，軍縮の側面から見て画期的なものである。特に大量破壊兵器のうち，核兵器については，その当時では部分的核実験禁止条約と核不拡散条約が成立していただけであり，その後においても核兵器の全面禁止への動きはほとんど見られない。化学兵器については，その後20年もたってやっと全面禁止条約が作成されたのである。

条約交渉当時，その軍事的効果が不確実だと考えられていたとしても，その時期に全面禁止条約を採択したことは，先見の明があったと言えるだろう。

条約が交渉された当時においては，生物兵器はその軍事的効果が不確実であり，兵器としてのコントロールが不可能であると一般に考えられていたことから，安全保障の側面から生物兵器が必ずしも有益な手段だとは考えられていなかった。

そのことは，一方では全面禁止条約という画期的な条約の成立を可能にした。このことは長期的観点に立てば，きわめて有益なことであったと考えられる。他方，条約義務の履行および履行確保に関する規定がほとんど皆無であるため，その後の進展の中で，生物兵器の軍事的有用性が再評価されるような新たな事態に対しては，十分に対応することができない条約となっていた。

当初一括して議論されていた化学兵器については，条約交渉が時期尚早であるとして後回しにされたが，条約第9条で，締約国は化学兵器の効果的な禁止が目標であることを確認し，化学兵器禁止条約の早期の合意のため，誠実に交渉を継続することを約束していた。(11)

(1) *Chemical and Bacteriological (Biological) Weapons and the Effects of Their Use: Report of Secretary-General*, A/7575/Rev. 1; S/9292/Rev. 1, 1 July 1969.
(2) ENDC/225, 10 July 1969.
(3) A/7655, 19 September 1969.
(4) U. S. Arms Control and Disarmament Agency, *Documents on Disarmament 1969*, pp. 592-593. 化学兵器については，廃棄への言及はなく，先制使用の放棄とジュネーブ議定書の批准に言及されていた。
(5) 杉島正秋「生物兵器の禁止」黒澤満編著『軍縮問題入門（第2版）』東信堂，1999年，135-136頁。
(6) CCD/353, 28 September 1969.
(7) この条約の内容の分析については，山中誠「生物兵器禁止条約―その禁止規定の構造―」『ジュリスト』No. 776, 1982年10月15日号，84-88頁参照。
(8) この点について，藤田教授は，「生物兵器禁止条約は，生物兵器・毒素兵器の使用禁止に関するいかなる直接的規定もおかないが，これは当然に前提にされているはずである」と解釈し，その禁止の性質も，「総会決議や米国の生

物兵器不使用宣言さらに生物兵器禁止条約から判断して，その使用禁止が絶対的性質を有せざるをえないことが明らかになったといえよう」と結論する。（藤田久一「細菌（生物）・毒素兵器禁止条約」『金沢法学』第17巻第2号，昭和47年1月，16-24頁。）
(9)　日本は，この条約の批准に際して「細菌兵器（生物兵器）及び毒素兵器の開発，生産及び貯蔵の禁止並びに廃棄に関する条約の実施に関する法律」を制定している。これについては，中井憲治「生物兵器禁止条約の国内実施措置」『時の法令』No. 1169, 1983年2月13日号，5-18頁参照。
(10)　*SIPRI Yearbook 1972: World Armaments and Disarmament*, Oxford University Press, p. 506.
(11)　この問題の分析については，杉島正秋「化学兵器軍縮交渉義務の研究」『国際法外交雑誌』第86巻第6号，1988年2月，56-87頁参照。

2　生物兵器禁止条約の強化

(a)　条約強化措置の検討

　生物兵器禁止条約は，その内容がきわめて簡潔であり，基本的な用語の定義も存在せず，履行確保に関する十分な規定も備えていなかった。条約発効後，条約違反の疑惑が発生したり，生物兵器の拡散の危険が高まったことなどを背景とし，またバイオテクノロジーの発展に伴い生物兵器の軍事的有用性が再評価されるようになってきたことから，条約の強化の必要性が一般に認識されるようになった。
　このような状況で条約強化の作業が開始され，1986年の第2回生物兵器禁止条約再検討会議において，平和的な生物学的活動についての4つの情報提供を中心とする信頼醸成措置が導入され，1991年の第3回再検討会議において，さらに追加的な情報の交換，情報の提供，申告などが合意された。これらは条約で禁止される活動と許容される活動との区別が条約の規定では必ずしも明確でないことから，情報公開などの透明性の拡大により対処していこうとするものである。また会議は，第1条に関して一定の解釈をも宣言している。
　検証措置については，1991年の第3回再検討会議において，締約国は，

「潜在的検証措置を科学的および技術的観点から識別し検討するための政府専門家アドホック・グループ（VEREX）」の設置に合意した。これは生物兵器の検証制度の可能性を評価するものである。

　VEREX は，1992 年から1993 年にかけて 4 回会合し，生物兵器禁止条約の潜在的な検証措置として，21 の措置を識別した。それらは大きく 2 種類に分けられ，1 つはオフサイトの措置であり，もう 1 つはオンサイトの措置である。前者には情報監視として 5 措置，データ交換として 1 措置，リモートセンシングとして 3 措置，査察として 3 措置が含まれ，後者には交換訪問として 1 措置，査察として 6 措置，継続的監視として 2 措置が含まれていた。またこれらの措置は単独ではなく，さまざまな組み合わせにより効果的になるとして，組み合わせの例も示されていた。[14]

　コンセンサスで採択されたその最終報告書では，専門家たちは，識別され評価された潜在的検証措置は，締約国が生物兵器禁止条約の下での義務を履行しているという信頼を，さまざまな程度に促進するのに有益でありうると述べ，また潜在的検証措置のいくつかは条約の有効性を強化し履行を改善するのに貢献するだろうと述べていた。

　VEREX のコンセンサスの報告書が締約国に送付された後，それを検討する締約国特別会議が 1994 年 9 月に開催され，会議はさらにアドホック・グループを設置し，検証措置を含む適切な措置を検討し，適当な場合には，法的拘束力ある文書として含まれるべき，条約を強化するための提案を起草することを決定した。特に，①用語および客観的基準の定義，②信頼醸成および透明性措置，③条約遵守の促進措置のシステム，④第 10 条履行の特別措置につき検討するよう求めた。

　条約遵守の促進措置のシステムには，VEREX 報告書で識別され，検討され，評価された措置を含むこととされ，そのような措置は，すべての関連する施設と活動に適用されるべきであり，信頼できるもので，費用対効果があり，無差別で，できる限り非侵入的であり，そのシステムの効果的な実施に合致したもので，濫用されないものでなければならないと規定されていた。

　1996 年 12 月の第 4 回再検討会議は，生物兵器禁止条約の法的拘束力ある議定書に関する議論をアドホック・グループでさらに強化することを指示した。グループの議長は，1997 年 6 月にローリング・テキストの最初の版を作成し

提出した。ローリング・テキストを基礎として議論が継続され，合意部分を増加しつつ，ローリング・テキストの改訂の作業が行われたが，さまざまな意見の対立のため，議定書案作成の作業はあまり進展しなかった。

　この時期の議論の主要な対立点は，タッカーによれば，以下の8つの領域にわたるものであった。第1に，条約で禁止される事柄は一般目的基準で定められているが，これをさらに具体的に規定し，詳細な定義を追加するかどうかの問題があり，第2に，条約に関連する施設や活動につき毎年申告を行うことには合意があるが，そこに含まれる施設の範囲について見解の相違が存在する。第3に，チャレンジ査察について，その必要性は合意されているが，その開始のための手続について見解が対立しており，第4に，フィールド調査について使用の疑惑のみならず，疾病の発生疑惑にも適用するかどうかで議論が対立している。

　第5に，申告された生物防衛および産業施設へのノン・チャレンジ訪問について，その必要性で見解が分かれており，第6に，企業秘密および国家安全保障上の情報を保護することの重要性には合意があるが，これをどのように達成するかにつき合意が見られない。第7に，開発途上国は技術的協力を重要視するが，先進国は遵守の議定書であって技術的協力は重要視せず，第8に，移転禁止につき，先進国間のオーストラリア・グループの取り扱いにつき，意見が対立している。(15)

　2000年4月の時点で，ピアソンは，「議定書案は最終案に近づいており，鍵となる規定の多くは合意されたが，いくつかの重要な対立点が残っている。しかし，さまざまな国家の懸念を考慮し，かつ生物兵器禁止条約を強化するというグループの任務に合致しながら，これらの問題に妥協を見出すことは可能である(16)」と述べていた。

(b)　議長草案の提出

　2001年11月に第5回再検討会議が予定されていたこともあり，アドホック・グループのトット議長は，2001年3月30日に212頁におよぶ議長の「構成テキスト」と呼ばれる議定書草案(17)を提出した。この草案の特徴は，これまでに合意された部分を取り込むとともに，これまでの議論の対立点について非公式な協議を続け，できるだけ双方が納得いくような妥協を求めたところ

にある。

　議長草案の主要な内容は以下の通りである。

　①目的——第1条では，議定書の目的は，生物兵器禁止条約の有効性を強化し，履行を改善することであるとし，議定書の履行において，締約国は商業的所有権および国家安全保障情報を保護する権利を有するとされる。

　②組織——生物兵器禁止機関（OPBW）が設置され，それは締約国会議，執行理事会，技術事務局で構成される。締約国会議は主要な機関であって議定書の履行を監督する。執行理事会は，技術事務局を監督し，訪問や調査に関する責任を負う。理事会のメンバーは51ヵ国で地理的配分により2年の任期で選ばれる。技術事務局は議定書の定める実際の活動を行う。

　③申告——まず冒頭報告として，1946年から条約発効までの期間に行った生物兵器攻撃計画または活動，および議定書が発効する前10年間に生物兵器防護計画または活動を実施したか否かを申告する。年次報告として，生物兵器防護計画，活動および施設，最高度封じ込め施設などの一定の施設につき申告する。

　④訪問——訪問としては，自発的支援のための訪問，ランダムに選択された透明性のための訪問，明確化のための訪問がある。自発的支援のための訪問は，議定書の履行に関して技術事務局の支援を得るために締約国が招請する訪問である。ランダムに選択された透明性のための訪問は，申告内容の確認および透明性の向上のために実施されるもので，申告施設からランダムに抽出される。国別訪問実施回数の年間上限は7回，下限は5年間で2回，施設別上限は5年間で3回である。明確化のための訪問は，申告に対し疑義がある場合に，疑義の明確化を求めるためで，執行理事会が決定することもできる。

　⑤調査——調査には，区域を対象とするフィールド調査と施設を対象とする施設調査がある。調査は，締約国が事務局長に要請し，執行理事会が決定する。施設調査は，理事会の過半数が賛成しなければ実施されない。フィールド調査は，使用疑惑または疾病発生が他の締約国における場合は，過半数が停止に賛成しない限り実施される。使用疑惑が要請国における場合は4分の3が，疾病発生が要請国の場合は3分の2が停止に賛成しない限り実施される。調査におけるアクセスの性質と範囲は調査団と締約国の協議によ

るが，最終的には締約国が決定する。フィールド調査は，到着12時間以上前に受入れ国に通報し，48時間以内に現地に移送し，30日以内で実施される。施設調査は，到着12時間以上前に受入れ国に通報し，108時間以内に施設に移送し，84時間以内で実施される。調査はインタビュー，目視による監視，医療記録の検査，サンプル分析，書類検査などにより実施する。

　この議長草案に対する当初の各国の反応はさまざまであった。EUおよび他の西側諸国，ブラジル，チリ，南アフリカのようなNAM（非同盟諸国）の穏健派は，議長草案は今後の作業の基礎として重要であると歓迎の意を表明した。他方，中国，イラン，ロシア，キューバ，パキスタンはあくまでローリング・テキストが交渉の基礎であり，議長草案は参考文献あるいは背景文書であるとその価値をあまり評価しなかった。[19]

　2001年7月から8月のアドホック委員会においては，当初消極的であった非同盟諸国を含め大多数の国が，議長草案を最終的な交渉の基礎とすることを支持するようになった。他方，米国は，この問題に関してあまり発言することなく，新しい政権の下で政策の見直しの検討中であるとしていたが，徐々にきわめて消極的であることが明かになり，7月25日のグループの会合において，米国代表は以下のように述べた。[20]

　　広範な討議の後，米国は，生物兵器禁止条約議定書への現在のアプローチ，それは「構成テキスト」として知られておりCRP. 8に最も具体的に示されたアプローチは，われわれの見解では，アドホック・グループに与えられた任務，すなわち生物兵器禁止条約への遵守への信頼を強化することはできないと結論した。最も重大な懸念は，生物兵器のユニークな脅威に対応するのに適したメカニズムを作成することが本質的に困難なことにある。他の多くの兵器にうまく働いた伝統的なアプローチは，生物兵器のためには有益構造とはならない。任務の目的は国際安全保障にとって重要であったし，今も重要であると考えており，したがって，現在のテキストは，たとえ変更がなされても，アドホック・グループの努力の適切な成果として支持することはできない。

　この米国の発言により，これまで数年にわたって多国間で努力が続けられてきた議定書の作成という作業は暗礁に乗り上げることとなった。

　米国の反対の中心的な理由は以下の7点に整理される。[21]

① 議定書（その他の検証制度）は，生物兵器禁止条約の遵守を検証する能力を改善することはできないし，条約を強制力あるものとすることはできない。
② 議定書は，費用を増加させるものであり，機密の商業上または財産権上の情報の喪失という危険をもつものであり，一定の種類の研究を妨げるものであるので，バイオテクノロジーの分野における正当な活動を害することになる。
③ バイオテクノロジー産業の性質からして，関連施設の数や場所はしばしば変更するので，生物兵器禁止条約当事国における活動の目録を国家の申告の基礎とすることはほとんど不可能である。
④ 議定書の下において生物兵器防護計画に関する申告が十分包括的であるとするならば，それは正当で機微な国家安全保障上の情報を危うくするという危険を伴っており，米国には受け入れられないものとなるだろう。
⑤ 米国は，生物兵器の拡散を取り扱うために用いている他の手段（たとえば輸出管理，不拡散政策，対抗拡散政策）が，議定書により弱体化されるのを受け入れることはできない。
⑥ 議定書の中には，生物兵器禁止条約の禁止の範囲を制限したり，その用語の意味を確定したりするところがある。
⑦ 米国の上院はこの議定書を批准することはないだろう。

しかし，ローゼンバーグは，米国の反対は軍備管理条約への嫌悪に基づくものであると分析し，「ブッシュ政権の議定書拒否の理由は説得力がなく一貫性がない。政府の真の動機はイデオロギー的なものである。すなわち軍備管理条約は完全な安全保障を提供できないので，それらは米国にとって逆効果である。それらは十分な攻撃および防衛能力を行使する米国の能力を制限し，したがって自国の利益追求における柔軟性を制限する。この一方的イデオロギーは生物兵器禁止条約議定書を拒否するための内部での理由づけであり，それは多くの他の外交政策問題に対する政府の対応をも駆り立てている」と述べている。[22]

(c) 第5回再検討会議

　2001年7月，8月のアドホック委員会で，6年半にわたり検討されてきた議定書の作成を阻止した米国は，9月11日にはテロリストによる攻撃に襲われ，その後米国内で炭疽菌事件が発生した。このような状況で，再検討会議に向けてブッシュ大統領は，11月1日に生物兵器に関する大統領声明を出し，生物兵器による災難は撲滅されておらず，ならず者国家やテロリストがこれらの兵器を保有し使用しようとしていると述べ，生物兵器禁止条約の強化のため以下の7項目の提案を行った。[23]

① 禁止された生物兵器活動に対する厳格な刑法の制定
② 生物兵器の使用疑惑を調査する国連の手続の設定
③ 生物兵器禁止条約の遵守の懸念に対処する手続の設定
④ 国際的な感染症対策の改善への取組
⑤ 病原体の保管と遺伝子操作に関する信頼できる国内監視体制の設置
⑥ 生物科学者のための倫理的行動規範の枠組みの設定
⑦ 病原体の研究，使用などにおける責任ある行動の促進

　第5回生物兵器禁止条約再検討会議は，11月19日に開始されたが，議長提案の議定書草案は議題とはされなかった。米国はイラク，北朝鮮，イラン，リビア，シリア，スーダンが生物兵器の保有あるいは開発を行っていると名指しで非難し，生物兵器の脅威に対する新たなアプローチとして大統領声明に沿った新たな提案を行った。[24]さらに米国は，会議の最終日に，議定書を交渉してきたワーキング・グループとその任務の停止を要求したため，会議は混乱した。そのため会議の議長は，2002年11月まで会議を一時停止することとした。[25]

　2002年11月11日に再開された再検討会議では，米国が検証議定書に反対し，多国間の協議に反対する中で，議長は会議の決裂を避けるために妥協を探り，会議は，2006年に第6回再検討会議を開催すること，次回再検討会議までに毎年会合を開き，以下の5つの議題につき議論し，共通の理解と有効な行動を促進することに合意した。

① 条約の禁止事項を実施するための必要な国内措置（刑罰法規の策定を含む）の採択

② 病原菌と毒素の安全管理および監視体制を確立し維持するための国内的メカニズム

③ 生物毒素兵器の使用疑惑または疑義のある疾病発生に対処し，調査し，被害を緩和するための国際的能力の強化

④ 感染症の監視，探知，診断，対処のための国内的および国際的努力の強化と現存メカニズムの拡張

⑤ 科学者のための行動規範の内容，広報，採択

議題①②は2003年に，議題③④は2004年に，議題⑤は2005年に検討される。(26)

このように，第5回再検討会議は，これまでの再検討会議のように最終宣言を採択することなく，最終報告として次回再検討会議の開催とそれまでの毎年の会議とその議題を決定して終了した。(27)

このような結果について，メイヤーは「締約国は確かに次回再検討会議までに3回会合することに合意した。しかし，不遵守，透明性，いわゆる非致死性生物剤の開発，質的に新たな生物兵器へとつながる科学的開発といった最も緊急の課題は，会合の議題から排除されている。締約国は条約を強化するための新たな国際文書についても話し合わない。……生物兵器禁止条約の当事国のほとんどは，生物兵器の禁止が多国間で強化される必要があると考えている。しかし会議はコンセンサスで運営される。米国は透明性，検証，遵守といった課題を多国間で話し合うことにすべて反対している」(28)と述べ，米国の姿勢を厳しく批判している。

(12)　この時期の条約強化の主張に関しては，Erhard Geissler, "Strengthening the Biological Weapons Convention," *Disarmament*, Vol. XIV, No. 2, 1991, pp. 104–118; Barbara Hatch Rosenberg, "The Next Step: A Biological Verification Regime," *Disarmament*, Vol. XIV, No. 2, 1991, pp. 119–146. 参照。

(13)　第3回再検討会議の内容については，杉島正秋「第三回生物兵器禁止条約再検討会議最終宣言」『国際法外交雑誌』第91巻第3号，1992年8月，94–121頁参照。

(14)　Erhard Geissler, "Biological Weapons and Arms Control Developments," *SIPRI Yearbook 1994*, Oxford University Press, pp. 730–731.

(15)　Jonathan Tucker, "Strengthening the BWC: Moving Toward a Compliance

Protocol," *Arms Control Today*, Vol. 28, No. 1, January/February 1998, pp. 22–26.
(16)　Graham S. Pearson, "The Protocol to the Biological Weapons Convention Is Within Reach," *Arms Control Today*, Vol. 30, No. 5, June 2000, p. 15.
(17)　Protocol to the Convention on the Prohibition of the Development, Production and Stockpiling of Bacteriological (Biological) and Toxin Weapons and Their Destruction, BWC/AD HOC GROUP/CRP. 3, 3 April 2001.
(18)　議長の議定書案に対するさまざまな評価については, "Special Section: The Chairman's Text of the BWC Protocol," *Arms Control Today*, Vol. 31, No. 4, May 2001, pp. 14–27. に含まれる6本の分析を参照。
(19)　Jenni Rissanen, "Chair's 'Composite Test' Receives Mixed Reaction," BWC Protocol Bulletin, April 23, 2001, [http://www.acronym.org.uk/bwc/bwc 03. htm]; Seth Brugger, "Toth Issues Draft BWC Protocol, Reactions in Geneva Mixed," *Arms Control Today*, Vol. 31, No. 4, May 2001, pp. 28–29.
(20)　Statement by the United States to the Ad Hoc Group of Biological Convention State Parties, July 25, 2001. [http://www.state.gov/t/ac/rls/rm/2001/5497.htm]　このような考え方はすでに1995年にベイリーにより示されていた。彼女は, 検証議定書の作成作業が開始されようとしている時期に, 「そのような検証の努力は, 生物兵器のユニークな性質からして, 効果がないものと運命づけられている。これらの措置はバイオテクノロジーおよび製薬産業にとって高いコストを伴うものとなる。効果のない軍備管理措置に努力を払うよりは, 生物兵器の使用または使用の威嚇の機先を制するために抑止がもっと強調されるべきである」と一般的に述べた後, 結論として, 「生物兵器の現行の禁止を強化するために, 国際社会は軍備管理の申告と査察を実施しようとしているが, それは間違いなく失敗する。なぜなら, 生物兵器の生産および貯蔵はきわめて簡単であり, 安価であり, 秘匿することが可能だからである。提案されている信頼醸成措置は違反を抑止するのに効果がなさそうであるので, それらは役に立たない。それらは, バイオテクノロジーおよび製薬会社に対し, 所有権に関する情報の喪失という潜在的な損害という深刻なマイナス面をもっている。……生物兵器に対する抑止として, 生物兵器, 通常兵器, 核兵器があるが, 核兵器が最も好ましい。米国にとって, 生物兵器の抑止のために核兵器を使用するためには, 均衡のとれた対応をするために兵器を改造する必要がある。特に低威力の核兵器で対応するオプションが開発されるべきである」と述べており, 現在のブッシュ政権の考えにきわめて類似した考

えが示されていた。(Kathleen C. Bailey, "Responding to the Threat of Biological Weapons," *Security Dialogue*, Vol. 26, No. 4, December1995, pp. 383-397.)

(21)　Jean Pascal Zanders, John Hart and Frida Kuhlau, "Chemical and Biological Developments and Arms Control," *SIPRI Yearbook 2002: Armaments, Disarmament and International Security*, Oxford University Press, pp. 672-673. ムーディーも，この議定書は誤った前提に立っているとして，以下の4点を指摘している。① この議定書の場合に，抑止の論理が働くとは考えられない。② 最も関連する施設に焦点が当てられているが，知らないものに継続的に注意を払うべきである。③ 安全保障の問題と支援提供の問題のバランスがとれていない。④ 調査の手続が遵守確保のため十分ではない。(Michael Moodie, "Building on Faulty Assumptions," *Arms Control Today*, Vol. 31, No. 4, May 2001, pp. 20-22.

(22)　Barbara Hatch Rosenberg, "Allergic Reaction: Washington's Response to the BWC Protocol," *Arms Control Today*, Vol. 31, No. 6, July/August 2001, p. 8.

(23)　President's Statement on Biological Weapons: Strengthening the International Regime against Biological Weapons, November 1,2001. [http://www.whitehouse.gov/news/releases/2001/11/20011101.html]

(24)　John R. Bolton, Remarks to the 5th Biological Weapons Convention RevCon Meeting, November 19,2001.[http://www.state.gov/t/us/rm/janjuly/6231.htm] 米国の提案に対する評価として，タッカーらは，「米国が提案しているように，もっぱら国内立法および既存の多国間取決めにのみ依存することは，生物兵器の取得および使用の国際的禁止を強制するのに不十分であろうし，生物兵器禁止条約遵守問題に対応するのに不十分であろう。危険な病原菌へのアクセスの制限および強化された国連フィールド調査手続きのような米国の主張する措置が真に実効性をもつためには，これらは法的拘束力あるものとされ，範囲が拡大され，それらを賄う財政的手段が設置されなければならない」と述べている。(Jonathan B. Tucker and Raymond A. Zilinskas, "Assessing U. S. Proposals to Strengthen The Biological Weapons Convention," *Arms Control Today*, Vol. 32, No. 3, April 2002, p. 14.)

(25)　この会議の推移および各国の主張については，Jenni Rissanen, "Left in Limbo: Review Conference Suspended On Edge of Collapse," *Disarmament Diplomacy*, No. 62, January-February 2002.[http://www.acronym.org.uk/dd/dd62/62bwc.htm]

(26)　Fifth Review Conference of the States Parties to the Convention on the Pro-

hibition of the Development, Production and Stockpiling of Bacteriological (Biological) and Toxin Weapons and on Their Destruction. (Geneva, 19 November - 7 December 2001 and 11-22 November 2002), Final Document, BWC/ CONF.V /17.
(27) この会議の推移および各国の主張については，Jenni Rissanen, "Waiting for Godot or Saving The Show? The BWC Review Conference Reaches Modest Agreement," *Disarmament Diplomacy*, No. 68, December 2002-January 2003, [http://www.acronym.org.uk/dd/dd68/68bwc.htm]
(28) Oliver Meier, "Bare-Bones Multilateralism at the BWC Review Conference," *Arms Control Today*, Vol. 32, No. 10, December 2002, p. 19.

3 生物兵器禁止条約の課題

(a) 普遍性の確保

　2003年1月現在で，条約の締約国数は147となっており，署名しているが批准していない国が17，署名もしていない国が31となっている。署名していない国の中で，生物兵器の保有または開発の疑惑があるのは，イスラエルおよびスーダンであり，署名しているが批准していない国の中では，エジプトおよびシリアがある。[29] 条約の普遍性の問題としては，これらの諸国の条約加入が必要であるが，これは化学兵器禁止条約の状況と同じように，中東におけるイスラエル対アラブ諸国の対立ならびにイスラエルによる核兵器の保有という問題が背景に存在する。アラブ諸国は，中東地域を大量破壊兵器の存在しない地帯とすることをも主張している。したがって，この問題は中東地域の和平プロセスの進展と緊密に関連しており，その文脈の中で解決が探求されるべきである。
　他方，生物兵器の保有や開発の疑惑が示唆されている多くの場合，具体的には，イラン，イラク，北朝鮮，リビアなどの場合はすべて生物兵器禁止条約の締約国となっており，これは普遍性の問題ではなく，条約の不遵守の問題であり，条約の実効性の問題である。その意味で，生物兵器の実効性の確保は他の大量破壊兵器の場合よりも深刻な問題である。
　また以前に生物兵器の所有や開発の疑惑が出されたことのあるロシア，中

国，インド，韓国，ブルガリア，ベトナム，ラオス，キューバなどもすでに締約国となっている。

(b) 条約の実施と実効性

(イ) 検証議定書作成の失敗

　生物兵器禁止条約は，条約の履行に関する組織的手段を何も規定しておらず，また条約義務の履行を検証するための規定も条約には含まれていない。そのために，再検討会議のプロセスを通じて，一定の信頼醸成措置が導入され，検証に関する議定書も6年半にわたって交渉され，議長草案が提出されるまで作業は進展していた。この議長草案にはさまざまな意見が存在したが，多くの国はそれを基礎にして実質的な妥協を図ろうとしていた。

　しかし，2001年に発足した米国のブッシュ政権は，これまでの米国の政策と大きく異なる路線を採択し，生物兵器禁止条約議定書の交渉においても，新たな政策を打ち出し，議定書を拒否するとともに，その交渉自体に反対し，交渉の即時の停止を求めた。生物兵器が他の大量破壊兵器，特に核兵器とは異なり，製造が容易であり，安価であり，また隠匿するのも簡単であることは米国の主張する通りであろう。しかしそのことは，検証議定書が不要であることを意味するのではなく，生物兵器の特殊性に考慮した検証方法などが準備されるべきことを意味している。

　またいくつかの締約国は条約に加入しながらも，生物兵器の製造や開発を行っているのに，条約はそれらを止めることができないという米国の非難は，まさに条約の実効性の確保が必要であり，実効性の強化が必要であるという問題であり，議定書により透明性を向上させながら，各国の履行を検証することが必要であることを示している。特に締約国になりながらも，違反の疑惑が生じているケースが多くあるので，検証措置は不可欠である。

　さらに米国は，検証議定書が実施されれば，生物防衛プログラムに関わる米国の安全保障に悪影響を与えること，および米国の製薬会社のもつ企業機密の情報が漏洩したり，盗まれたりする可能性があることを，議定書への反対の理由の1つに挙げていた。米国の議定書への反対の中心を占めているのは，これらの危惧であると考えられる。

ブッシュ政権における安全保障・外交政策の特徴は，多国間の枠組みは米国の行動の自由を制限するだけであるから，多国間の枠組みよりも米国による一方的な手段を優先させることであり，伝統的な軍備管理・軍縮条約をできる限り排除し，米国が一方的に単独で自由に行動すべきであるというところにある。

生物兵器禁止条約議定書への米国の対応も，この政策に従って実施されたため，議定書の拒否という結論になった。このことは，6年半にわたる交渉の後に，国際社会の平和と安全にとってきわめて有益な国際法文書をまさに生み出そうとしていた「絶好の機会」を破壊するものであった。国際社会における法の支配を確立し，いっそう公平な社会を構築するための機会が喪失されたのである。

生物兵器禁止条約の履行に関わる問題に対処するのに再検討会議しか存在しなかったところに，生物兵器禁止機関（OPBW）の設置が予定されていた。条約の履行および履行確保に関わる国際機構の成立は，国際社会の組織化に向けても重要なものであった。

(ロ) 今後の課題

今後の課題として，米国の態度は当分変わらないと考えられるが，国際社会は米国の単独主義に対抗して，国際協調主義を基本軸とし，国際的に法的拘束力ある措置を徐々に追求していくべきである。まず議論されるのは，再検討会議で決定されたように，生物兵器の禁止事項を実施するための刑罰法規を含めた国内措置の採択や，病原菌と毒素の安全管理と監視体制の確立などの国内的メカニズムの構築であり，国内的措置に重点が置かれている。これは条約第4条にも規定されていることであり，まだ十分な国内法を制定していない締約国での法律の制定を促進するとともに，国際的な基準を設定し，できれば法的拘束力ある基準を作成すべきであろう。これらの措置はテロリストによる生物兵器の開発や保有を防止するのに有益であろう。

次に生物兵器の使用疑惑や感染症発生に対処し，調査し，被害を緩和するための国際的能力の強化，ならびに感染症の監視，探知，診断，対処のための国内的および国際的努力強化と現存メカニズムの拡張が挙げられており，兵器使用疑惑や感染症への対応が謳われている。これらの措置は，生物兵器

が使用されたり感染症が発生した場合に，国内的および国際的にどう対応するかという側面を強化するものである。それらの発生に備えて十分な準備態勢をとることの必要性が認識されており，それなりに重要な要素となっている。

　第3に，科学者のための行動規範を作成し，それを広めることが予定されており，それにより科学者による生物剤の悪用を減少させることが目論まれているが，その効果は必ずしも明らかではない。

　これらの措置を生物兵器禁止の実効性を高めるために採用することは必要ではあろう。これらの措置は特にテロリストによる生物兵器の保有を防止し，使用に対応することにおいて効果を有するだろう。しかしこれだけでは十分ではない。特に条約の締約国となりながらも，生物兵器の開発や生産の疑惑が生じている国，たとえば現在問題になっているイラク，イラン，北朝鮮，リビアなどに対して，条約の遵守を確保し，違反があるかどうかを明かにするにはまったく不十分である。そのためには，各国による申告と，それに基づく査察が必要であろう。生物兵器の場合には，核兵器などと較べて，査察により違反が発見される確率が低く，十分な抑止力にならないという見解もあるが，検証が実施されることによる透明性の拡大の効果は否定できない。またこの措置だけで十全であるとは言えず，その他のさまざまな措置との組み合わせにより，国家間の信頼を醸成しつつ，遵守を確保するメカニズムを構築していくべきである。

(29) エジプトおよびシリアの状況については，Danny Shoham, "Chemical and Biological Weapons in Egypt," *Nonproliferation Review*, Vol. 5, No. 3, Spring-Summer 1998, pp. 48–58; M. Zuhair Diab, "Syria's Chemical and Biological Weapons: Assessing Capabilities and Motivations," *Nonproliferation Review*, Vol. 5, No. 1, Fall 1997, pp. 104–111. 参照。

第3節　大量破壊兵器とミサイルの不拡散

　冷戦後の国際社会において，大量破壊兵器およびミサイルの拡散問題が緊急の課題として大きく前面に浮上してきた。またこれらの拡散を防止または元に戻すためにさまざまな措置がとられてきている。このような状況において，拡散を防止し元に戻すための不拡散体制がどのように発展してきたか，またそれがどのような意義をもっているのかを分析するのが，本節の目的である。
　そのため，第1に大量破壊兵器とミサイルの拡散と不拡散の歴史的展開を検討し，第2に，核兵器，生物兵器，化学兵器，ミサイルに関してどのような不拡散措置がとられてきたかを明らかにする。第3に，それらの拡散に対応する方法・手段として，条約，輸出管理，協力的措置，非協力的措置・制裁の4つの措置のそれぞれの特徴を考察する。最後に，不拡散体制の今後の課題として，条約体制と輸出管理体制の関係，核兵器と他の大量破壊兵器との関係，ミサイルの一層の規制を検討し，さらに国際社会における不拡散体制の意義を考える。

1　歴史的展開

(a)　大量破壊兵器（WMD）とは何か

　第2次世界大戦の最後の時期に，核兵器が初めて使用された。その後国連が設立され，第1回国連総会が1946年1月に開催されたが，その最初の総会決議（決議1 (I)）は，原子力委員会（Atomic Energy Commission）の設置に関するものであった。委員会の主たる任務は，原子力の平和利用を確保するために必要な範囲で管理するため，および原子兵器および大量破壊に適用できるその他の主要兵器の国家軍備からの廃棄のための提案をなすことであった。
　1947年2月に安全保障理事会により通常軍備委員会（Commission for Conventional Armaments）が設置され，軍備および兵力の一般的規制および削減

の提案を提出するよう要請された。そこで，上述の委員会との任務の管轄範囲を明確にするため，この委員会は1948年8月に大量破壊兵器の定義を含む決議を採択した。その決議によると，「大量破壊兵器は，原子爆発兵器，放射性物質兵器，致死的化学・生物兵器，および破壊効果において原子爆弾や上述のその他の兵器に匹敵する性質をもつ将来開発される兵器を含むと定義される」となっている。(1)

この定義は現在でも有効であり，国際社会においてはこの定義に基づいて実際の交渉や条約締結が行われている。現実に存在するのは，核兵器，化学兵器，生物兵器であるので，実際上はこの3種の兵器が大量破壊兵器として議論されてきた。最近の米国の発言もNBC（核・生物・化学）兵器となっている。

(b) 核兵器の優先的取扱い

原子力委員会への付託事項は，原子兵器およびその他の大量破壊兵器であり，化学兵器や生物兵器も含まれていたが，実際に議論されたのは原子兵器であった。このように，大量破壊兵器として，核兵器，化学兵器，生物兵器が同列で議論されたのではなく，主として核兵器が議論され，他のものは付随的な存在であった。この傾向は一般的に見られるものであった。

たとえば，1967年に署名された宇宙条約は，「核兵器及び他の種類の大量破壊兵器を運ぶ物体を地球を回る軌道に乗せないこと」などを規定している。また1971年に署名された「海底核兵器禁止条約」の正式名は，「核兵器及び他の大量破壊兵器の海底における設置の禁止に関する条約」である。交渉の場においては，主として核兵器を念頭において議論が進められていた。

1978年6月の第1回国連軍縮特別総会で採択された最終文書は，軍縮全体を包括的に取り扱った有益な文書であり，現在でもしばしば言及されるものであるが，そこにおいて，軍縮の究極目標は全面完全軍縮であること，その中で，最も優先度の高いのは核軍縮と核戦争の防止であり，次にその他の大量破壊兵器，特に化学兵器の撤廃，そして兵力と通常軍備という優先順位になっている。(2)

実際に交渉が始まり条約が作成されたのも核兵器が先であり，1963年に部分的核実験禁止条約が署名され，1968年に核不拡散条約（NPT）が署名さ

第3節　大量破壊兵器とミサイルの不拡散　　403

れている。さらに上述の1967年の宇宙条約と1972年の海底核兵器禁止条約があり，生物兵器禁止条約が署名されたのは1972年であり，化学兵器禁止条約は1993年にいたって署名された。

輸出管理に関しても，核兵器に関連するザンガー委員会および原子力供給国グループ（NSG）は1970年代に設置されているが，化学兵器に関するオーストラリア・グループの設置は1980年代半ばである。さらにオーストラリア・グループが生物兵器の輸出管理を実施するのは1990年代に入ってからである。1987年に成立したMTCR（ミサイル輸出管理レジーム）も当初は，核兵器搭載可能なミサイルを規制するものであったが，1990年代に入って生物兵器・化学兵器搭載可能なミサイルも規制に含められるようになった。

このように，歴史的な発展としては，冷戦終結の頃までは核兵器の不拡散が中心問題であり，当初はその他の大量破壊兵器として黙示的に化学兵器と生物兵器を含んでいたが，中心はあくまで核兵器であった。1980年代半ばから化学兵器の拡散問題が取り上げられ，生物兵器の拡散問題は1990年代に入ってから問題となる。それらの運搬手段としてのミサイルについては1980年代後半にその不拡散が考慮されるようになるが，最初は核兵器搭載可能なミサイルが対象であり，1990年代に入って大量破壊兵器搭載可能なミサイルが対象となる。

(c)　冷戦後の大量破壊兵器とミサイルの拡散

冷戦後の国際社会において，不拡散問題の性質がなぜ，どのように変化したのか。また特に，核兵器のみならず，化学兵器，生物兵器，さらになぜミサイルまで含んだ包括的な不拡散問題としてとらえられるようになったのか。

まず核兵器の不拡散については，1968年にNPTが成立し，それが1970年に発効した後の最大の課題は，1974年のインドによる核実験であった。これにより原子力供給国グループ（NSG）の形成が開始された。しかし，NPTの当初の目的である先進工業国（西ドイツや日本など）への核兵器の拡散防止は，それらの国が条約に加入することにより，1970年代に一応成功している。1980年代の課題は，インド，パキスタン，イスラエルの他に，南アフリカ，アルゼンチン，ブラジルなどであったが，後の3国は冷戦終結前後に核兵器の開発を断念している。

冷戦終結前後になって生じた新たな課題の1つは，ソ連邦の崩壊による核兵器や核物質の管理の問題であり，それは新たに生まれたウクライナ，ベラルーシ，カザフスタンが核兵器国になるかどうかという側面と，残された核兵器や核物質の管理が十分かどうかという側面をもっていた。前者の側面は，3国が後に非核兵器国としてNPTに加入することにより解決された。

第2の問題は，湾岸戦争の結果さまざまなことが明かになり，戦争中は化学兵器と生物兵器のイラクによる保有が懸念の中心であったが，その後のUNSCOM（国連イラク特別委員会）とIAEAの活動によりイラクの核兵器開発が明らかになったことである。

第3の問題は，1993年になってNPT締約国である北朝鮮に核兵器開発の疑惑が発生したことである。北朝鮮はNPTからの脱退を表明するなど，核不拡散体制への反発を示しており，さらにミサイルの開発についても懸念を引き起こすこととなった。

第4の問題は，NPTに加入しないで核兵器の開発を続けていると考えられたインド，パキスタン，イスラエルの存在であり，特に1998年5月のインドとパキスタンによる核実験は，核不拡散体制への大きな挑戦と受け取られた。

化学兵器については，1980年代のイラン・イラク戦争で化学兵器が使用されたことを契機として，オーストラリア・グループが作られ，輸出管理が開始された。また湾岸戦争においてイラクがイスラエルやサウジアラビアに対して化学兵器を使用するかもしれないと考えられ，現実の脅威として認識されるようになった。その後，化学兵器禁止条約の作成に向かい，1993年に条約が署名され，1997年に発効したが，条約に参加しないで化学兵器を保有または開発しているいくつかの国が存在する。

生物兵器については，1972年に条約が署名され，それは1975年に発効した。条約は生物兵器の全廃を規定しているが，条約に入りながらも義務を遵守していない国があり，また条約に参加せずに生物兵器の保有や開発をしている国がある。条約が作成された時期においては，生物兵器は軍事的有用性がそれほど高くないという考えが一般的であり，その考えが条約の作成を容易にしたと考えられている。しかし，その後の科学技術の発展，特にバイオテクノロジーの発展により，軍事的に効果的な生物兵器の生産が可能になったと考えられるようになった。

これらの化学兵器と生物兵器に共通するのは、軍事利用しうる物質や技術が民生用にも利用可能であり、両者の区別が困難な点である。これは平和目的の化学剤や生物剤の研究およびそれらの技術が軍事に容易に転用できることを意味しており、多くの開発途上国にとっても入手可能になったことである。

ミサイルについては、1980年代に入り開発途上国においてミサイルの開発や移転が多く見られるようになり、1980年代後半に核兵器を運搬できるミサイルの関連技術の輸出管理に関するMTCR（ミサイル輸出管理レジーム）が作られた。冷戦後はさらに、核兵器運搬能力のみならず、化学兵器や生物兵器の運搬能力をもつものも規制の対象となる。ここでも、湾岸戦争におけるイラクのミサイルの脅威などが大きな影響を与えている。[3]

冷戦後の新たな国際秩序を検討するため1992年1月に安保理サミットが初めて開催され、5大国および10の非常任理事国の大統領あるいは首相が集まった。ここで発表された安保理議長声明において、15ヵ国の首脳は、すべての加盟国がすべての大量破壊兵器のあるゆる側面における拡散を防止することの必要を強調し、あるゆる大量破壊兵器の拡散は国際の平和と安全保障に対する脅威を構成することを声明した。

この最後の「国際の平和と安全保障に対する脅威を構成する」という文言は、国連憲章第7章の下における国連の強制行動を発動するための第1段階の措置であり、国連憲章第39条に規定されている文言である。したがって、ここでは、大量破壊兵器の拡散は国連の強制行動の発動へと導く可能性が高いことが意味されている。先進工業7ヵ国からなるG7の会合においても、不拡散の問題は常に重要な議題となっており、さまざまな議論が展開されている。[4]

(d) 米国の積極的イニシアティブ

冷戦の終結により唯一の超大国となった米国が、この大量破壊兵器およびミサイルの拡散防止の推進に大きな役割を果たしてきている。さらに言えば、この国際的な動きは米国が主導し、米国が中心的に働くことにより実施されてきたものである。国際的な情勢は上述したところであるが、これと呼応する形で、また米国の冷戦後の安全保障態勢もしくは国防態勢の再編成の過程

で，大量破壊兵器とミサイルの脅威およびイラクや北朝鮮といったいわゆる「ならず者国家」の脅威が強調されるようになった。これは，冷戦の終結によりソ連が消滅し，これまでの国防の基礎となっていた脅威の源泉が消滅したことによる国防態勢の再構築という側面から進められてきた。

大量破壊兵器およびミサイルの拡散防止という政策は，国際社会一般の平和と安全に有益であるという意味で国際公益の側面をもつとともに，米国の国益に一致するものであった。米国が冷戦後唯一の超大国となった状況を維持し強化するためには，大量破壊兵器およびミサイルの拡散を防止することが必要であったからである。また通常兵器において圧倒的な優位を誇る米国にとって，米国と対立する国が大量破壊兵器やミサイルを保持することは，非対称的に米国の脅威となるものであった。

2001年1月にコーエン国防長官が提出した「拡散：脅威と対応」報告書では，以下のように述べている。

　　21世紀の始まりにおいて，米国は超大国ジレンマと呼ばれるものに直面している。通常軍備領域における米国の無敵の優越性のために，敵はわれわれのアキレス腱と考えられるものを攻撃するための非通常兵器の，非対照的な手段を求めるようになっている。

　　現在少なくとも25カ国が，大量の死傷者と破壊をもたらす能力，すなわち核・生物・化学（NBC）兵器またはそれらの運搬手段を所有しているか，または取得・開発の過程にある。[5]

冷戦後の国際社会において，大量破壊兵器とミサイルの拡散を防止するための措置が最優先課題として浮上してきた背景には，米国の国防政策において最優先度が与えられたことがある。[6]

(1) United Nations, *The United Nations and Disarmament 1945–1970*, United Nations, New York, 1970, p. 28.
(2) U. N. Doc. A/RES/S-10/2, 30 June 1978.
(3) 湾岸戦争が不拡散問題に大きな影響を与えたことにつき，ダンは拡散はそれまでは，軍備管理，対外政策，輸出管理，外交課題と考えられていたが，その後，困難な防衛計画課題とみなされ，対抗拡散が強調され，抑止能力の強化，抑止が破れた場合の対応が考えられるようになったと分析している（Lewis A. Dunn, "On Proliferation Watch: Some Reflections on the Past Quar-

ter Century," *Nonproliferation Review*, Vol. 5, No. 3, Spring-Summer 1998, p. 60.)
(4) 冷戦後の大量破壊兵器の不拡散全般については，納家政嗣「大量破壊兵器不拡散の思想と展開」納家政嗣・梅本哲也編『大量破壊兵器不拡散の国際政治学』有信堂，2000年4月，1-33頁，納家政嗣「大量破壊兵器不拡散問題と国際体系の変化」『一橋論叢』第123巻第1号，2000年1月，17-32頁参照。
(5) Office of the Secretary of Defense, *Proliferation: Threat and Response*, January 2001, p. i.
(6) 2001年5月1日に，ブッシュ大統領が国防大学で行った演説は，ブッシュ政権の安全保障政策の基本を示したものであるが，大統領はロシアはもはや敵ではないが，世界はまだ危険であり，不確かで，予測できないものであると分析した後，以下のように述べている。「より多くの国が核兵器を保有し，さらに多くの国が核兵器を持とうとしている。多くの国が化学兵器と生物兵器を保有している。いくつかの国はすでに弾道ミサイル技術を開発しており，それにより大量破壊兵器を遠くに迅速に運搬することが可能になっている。多くのこれらの国はこれらの技術を世界中に拡散している。もっともやっかいなのは，これらの国のリストに世界の無責任な国家が含まれていることである。冷戦と異なり，今日の最も緊急の脅威は，ソ連の何千という弾道ミサイルからではなく，これらの国家がもつ少数のミサイルから生じている。彼らにとって，恐怖を与え威嚇することは日常的なものである。」(http://www.whitehouse.gov/news/release/2001/05/20010501-10.html)

2 大量破壊兵器とミサイルの不拡散措置

(a) 核 兵 器

(イ) 条 約
〈核不拡散条約（NPT）〉
これは核兵器の拡散を防止することを直接の目的として1968年に署名された条約であり，今でも国際核不拡散体制の中核に位置している。冷戦終結時には約140ヵ国が締約国となっていたが，その後大幅に増加し1995年のNPT再検討・延長会議では締約国は178ヵ国となり，2000年のNPT再検討会議では187ヵ国となっている。現在条約に加入していないのは，インド，イ

スラエル，パキスタンである。これにより条約への参加の普遍性はかなり達成されているとも言えるが，事実上の核兵器国である3国の存在が懸念される。

　この条約は交渉過程においてその有効期限について議論の対立があり，条約ではとりあえず25年間有効とし，その時点で会議を開催しその後どれだけ延長するかを決定することとなっていた。1995年の会議において，条約の無期限延長が決定された。これは核不拡散の側面からみれば，その規範が強化されたことになる。

〈非核兵器地帯条約〉

　非核兵器地帯の概念は核不拡散の概念にさらに配備の禁止を含むもので，非核兵器地帯条約は核不拡散を補強する地域的な措置である。これまでにラテンアメリカ（1967年），南太平洋（1985年），東南アジア（1995年），アフリカ（1996年）に設置されている。これらは地域諸国のイニシアティブによるもので，地域の安全保障を強化するとともに，核兵器国から核兵器を使用または使用の威嚇をしないという約束を取り付けている。

〈核実験の禁止〉

　核実験を禁止する条約は直接に核不拡散を目指すものではなく，あくまでも核実験の禁止が主目的であるが，間接的に不拡散の効果をもっている。1963年の部分的核実験禁止条約は，米英ソが地下核実験に移行しつつあった時期に，地下以外の核実験を禁止するもので，新たな核兵器国はまず技術的に容易である大気圏内で核実験を実施するであろうから，これが不拡散の効果をもつと考えられた。また1996年の包括的核実験禁止条約は，5核兵器国の核実験を禁止することとともに，インド，イスラエル，パキスタンなどに核実験をさせないことを大きな目的として交渉されており，そこでは不拡散が主要な目的となっていた。

〈IAEA保障措置〉

　原子力の平和利用の推進とそれが軍事利用に転用されることを防止するために作られたIAEAは，後者の任務として保障措置を実施してきており，核不拡散に大きな役割を果たしてきた。NPTが成立する以前においても，核分裂性物質や核関連設備や資材の移転に伴い，IAEA保障措置が一定の施設に適用されてきた。[7]

NPTの成立により，締約国である非核兵器国は，そのすべての平和的な原子力活動に関わるすべての原料物質および特殊核分裂性物質に適用されるIAEAの保障措置を受諾することが義務づけられている。これにより締約国である非核兵器国はIAEAの包括的（フルスコープ）保障措置を受けてきた。[8]

　しかし，湾岸戦争後のイラクへの査察で，イラクが秘密裏に核兵器の開発を進めていたことが明らかになった。イラクはNPTの当事国であり，IAEAの査察を受けており，IAEAはイラクにつき問題はないと毎年報告していた。IAEAの制度は，当事国の申告を基礎に保障措置が適用されるものであり，イラクは申告外の施設において核兵器の開発を行っていたのである。

　このことが明かになった後，IAEAは未申告の活動をも探知できるような保障措置制度の作成のため「プログラム93＋2」を開始し，1997年に現行の保障措置協定に追加するモデル議定書を採択した。[9] これまでの自己申告制に基づく欠陥を是正することを主たる目的とし，保障措置の完全性と正確性を確保するために，これまで以上に多くの情報の提出を求め，これまで以上に広い範囲における現地立入りを規定するものである。

　またこれまでは，保有する核物質に焦点を当て，それを定量的に分析するという手法がとられてきたが，新しい制度の下では，多くの情報を総合的に分析することにより，ある国家の活動を定性的に分析する方向に移行しつつある。また査察官が立ち入ることのできる場所も以前に較べてかなり多くなっており，さらに環境モニタリングなどのシステムも導入されている。[10]

　この追加議定書の署名と批准はNPT第3条の義務であって，締約国である非核兵器国はすべて迅速にこれを締結する義務があると主張する考えもあるが，一般にはこれは新たな議定書であって，署名・批准は各国の裁量であるとの解釈がとられている。そのためこれまでに追加議定書が発効している国は20数ヵ国に限られており，イラクなどの国がすぐに批准する保証がないのが大きな課題である。

(ロ)　条約以外の措置
〈ザンガー委員会〉
　NPT第3条2項の下において各締約国は，(a)原料物質もしくは特殊核分裂性物質または(b)特殊核分裂性物質の処理，使用もしくは生産のために

特に設計されもしくは作成された設備もしくは資材を，保障措置が適用されない限りいかなる非核兵器国にも供給しないことを約束している。第3条1項の下において，締約国である非核兵器国は，すべての原子力活動に関わる原料物質および特殊核分裂性物質にIAEAの保障措置が適用されるので，第2項の規定は，締約国でない非核兵器国への供給に関連するものである。

　第3条2項は，その具体的内容についてそれ以上のことを規定していないので，そのままでは各国の恣意的な判断に従うことになる。そこで1971年に主要供給国が，(a)原料物質，特殊核分裂性物質，(b)特殊核分裂性物質の処理，使用もしくは生産のために特に設計されもしくは作成された設備もしくは資材，が何であるのかについての共通の理解を得るため，すなわち第3条2項の約束の解釈・適用において共通の了解を設定するために，核物質や一定の設備や資材の輸出に関する手続を検討するために非公式の協議を開始した。この委員会は当事の委員長の名前をとってザンガー委員会と呼ばれた。[11]

　委員会では1972年9月に合意が達成されていたが，ソ連の参加を確保するのに時間がかかり合意の内容を公表したのは1974年8月であった。まず(a)については，IAEA憲章第20条の定義に従うこととし，(b)については，原子炉とそのための設備，原子炉のための非核物資などが具体的に列挙されている。これらの移転が保障措置の引き金になることから，これらは「トリガー・リスト」と呼ばれている。トリガー・リストの内容は，科学技術の発展や一層の明確化が必要になるに従い，これまで数回にわたり改訂されている。

　さらに委員会は，(1)これらの施設や資材の輸出に際して，ある品目が供給される設備において生産，処理，使用される核物質が核兵器に転用されないという保証を受領国から得ること，(2)関連する核物質に保障措置が適用されること，(3)同様の保障措置の受諾など同様の取決めがない限り再移転しないという保証をとりつけること，を条件とした。[12]

　この委員会およびそこで合意された内容はすべて非公式のものであり，法的拘束力をもたない。合意した内容を各国が国内立法を通じて実施するものであり，委員会自体がある国の輸出にクレイムをつけたり，制裁を課すようなこともない。ただ各国は自国の実際の輸出または輸出ライセンス発行に関

する年間情報を他のメンバーに通知している。

　ただここでの保障措置の適用が，受領国のすべての活動に保障措置がかかるフルスコープ保障措置ではなく，供給された品目に関連する施設にある核物質にのみ保障措置がかかるものと合意された。NPTに加入する非核兵器国の場合にはそのすべての範囲に保障措置がかかるにもかかわらず，非締約国である場合には締約国から受領しているにもかかわらず輸出が関連する部分にしか保障措置は適用されない。ここでは商業的利益を中心に考えられ，条約締約国よりもゆるやかな条件で供給を受けることができるという事態になっている。

　1974年の段階では，オーストラリア，デンマーク，カナダ，フィンランド，ノルウェー，ソ連，英国，米国の8ヵ国がメンバーであり，少し遅れて西ドイツとオランダが合意を表明した。1990年の段階では，さらにオーストリア，ベルギー，チェコ，ギリシャ，ハンガリー，アイルランド，イタリア，日本，ルクセンブルグ，ポーランド，スイスが加入し22ヵ国となり，1998年には中国も参加し，現在35ヵ国となっている。

〈原子力供給国グループ（NSG）〉

　1974年5月にインドは地下核実験を実施したが，これはカナダから供給された研究用原子炉から得た使用済み燃料を再処理してプルトニウムを回収し，それを用いて核実験を行った。この事件を契機として，主要な原子力供給国が供給の条件につき協議を開始した。1975年4月より，米国，英国，フランス，ソ連，西ドイツ，カナダ，日本の7ヵ国は，核拡散の危険性を増大させないため，原子力関連の資機材の移転を一定の条件に従わせることにつき供給国間で調整を開始した。その後，ベルギー，イタリア，オランダ，スウェーデン，スイス，チェコ，東ドイツ，ポーランドも参加し，1977年に原子力資機材の移転のためのガイドライン（ロンドン・ガイドライン）に合意した。そこではトリガー・リストに合意するとともに，以下の条件にも合意した。

①　移転された品目が核爆発装置のために用いられないという保証を得ること。

②　合意されたトリガー・リストにあるすべての核物質および施設が，効果的な物理的防護の下に置かれること。

③ IAEA保障措置が適用される場合のみ，トリガー・リストの品目を移転すること。
④ 供給国により直接移転された技術を用いているか，または移転された技術あるいはその主要構成物に由来する技術を用いている再処理，濃縮，重水製造の施設に対して上述の3条件が適用されること。
⑤ 機微な施設および技術ならびに兵器に使用しうる物質の移転を制限すること。
⑥ 移転された濃縮施設または濃縮技術に基づく施設は，供給国の同意なしに20％以上の濃縮度のウラン生産のために用いられないこと。
⑦ 核物質，兵器に使用しうる物質を生産する施設の供給に際し，兵器に使用しうる物質の再処理，貯蔵，変形，使用，移転または再移転のための取決めについて，供給国と受領国との間で相互の合意を求める条項を含めることの重要性を認識すること。
⑧ トリガー・リストの品目の再移転，あるいは当初移転された施設や技術から生じた品目の移転に関して，当初の移転と同様の保証を規定していること。

これらの合意は，各国の原子力輸出政策の最小限の基準として用いられるべきガイドラインであり，各国を法的に拘束するものではない。それらの履行は，各国の国内法により規制されることになっている。トリガー・リストとして列挙されているのは，ザンガー委員会のトリガー・リストと実質的には同じであるので，保障措置の適用については同様の規制であると考えられる。ただ，ザンガー委員会の規制は，NPTの締約国でない非核兵器国への輸出が対象となっているのに対し，NSGはNPTの外でなされた合意であって，受領国がNPT締約国であるかどうかにかかわりなく，すべての非核兵器国への輸出に関連して適用されるべきガイドラインである。

したがって，保障措置の適用については，NPT締約国はすでにフルスコープ保障措置を受けているので問題ないが，機微な施設や技術および兵器に使用しうる物質の移転の制限，ならびに兵器に使用しうる物質の再処理，貯蔵などに関する供給国と受領国の相互の合意の重要性の認識などは，受領国がNPT締約国であっても適用されるものである。

1991年の湾岸戦争の終結に伴い，国連イラク特別委員会（UNSCOM）と

IAEAが査察を実施したところ，イラクが核兵器の開発を行っていたことが明らかになり，これまでの輸出管理がイラクの核開発プログラムを阻止できなかったことが認識されるようになった。その結果，原子力供給国グループは1991年と1992年に会合を開き，1つはこれまでのガイドラインに関して，輸出の条件として受領国のすべての原子力活動に保障措置が適用されることを確保するというフルスコープ保障措置が，新たな条件として追加された。

もう1つの大きな進展は，イラクの核開発が先進諸国からの汎用品の輸入に依存していることが明かになったことから，これまでの原子力専用品の規制（パート1）のみならず，原子力に関連する汎用品・技術の規制の必要性が認識され，原子力関連汎用品の移転に関するガイドライン・パート2に1992年に合意したことである。[14] 規制品目としては，産業用機械や材料，ウラン同位元素分離装置及び部分品，重水製造プラント関連装置，核爆発開発のための試験・計測装置，核爆発装置用部分品などが列挙されている。メンバー国は，ガイドライン附属書に列挙された規制品目および関連技術の移転のために輸出許可手続を作成することになっており，許可の際に，①移転の用途および最終使用場所を記した最終使用者の宣言，および②当該移転またはその複製品がいかなる核爆発活動または保障措置の適用のない核燃料サイクル活動にも使用されないことを明示的に述べた保証を取得すべきものとされている。[15]

〈協力的措置〉

核不拡散のための第3の措置と考えられるのは「協力的措置」であり，これは核拡散の危険がある状況において，それを防止するため経済的・技術的協力を行う措置であり，冷戦後の国際環境の中でさまざまな措置がとられている。

ソ連の崩壊に伴う国内的混乱や経済危機のため，核兵器および核物質の管理がずさんになっており，それに起因した核拡散の危険が危惧されるようになった。これに対して米国防総省は，1992年に「協力的脅威削減（CTR）プログラム」を開始している。毎年約4億ドルが投入され，1998年までに約27億ドルが支出され，1999年1月にはさらに今後5年間で28億ドルを拠出することが発表された。このプログラムは，ロシアの核兵器および運搬手段の解体やロシアの核兵器と核物質の安全確保などを実施しており，ウクライナ，

ベラルーシ，カザフスタンの非核化のための措置がとられている。また日本も旧ソ連の非核化支援として，1993年に1億ドル拠出し，1999年にはさらに2億ドルの拠出を決定した。[16]

また旧ソ連の核兵器関連科学者・技術者が他国に移住して核兵器の開発を援助するのを防止するため，モスクワに「国際科学技術センター（ISTC）」が設置され，[17] キエフにも「ウクライナ科学技術センター（STCU）」が設置されている。

北朝鮮の核疑惑に関連して1994年10月に米朝間で「枠組み合意」が署名されたが，その一環として，北朝鮮の運転中および建設中の黒鉛減速型原子炉を停止する代わりに，2基の軽水炉を建設することが決定され，そのために1995年3月に「朝鮮半島エネルギー開発機構（KEDO）」という国際共同事業体が設立された。日米韓が原加盟国でEUとともに理事会を構成している。1998年7月の理事会で総事業費と各国負担が決められ，総額46億ドルで，韓国は70％，日本は21.7％となっている。米国は原子炉建設まで毎年50万トンの重油を供給することになっている。

〈非協力的措置・制裁〉

核不拡散のための第4の措置と考えられるのは「非協力的措置」であり，核拡散の危険のある国に対して，強制的にそれを防止または排除しようとするものである。まず湾岸戦争の終結を定めた国連安保理決議687（1991）は，イラクに対して，化学兵器・生物兵器とミサイルをすべて破壊し撤去することを決定した。またイラクは核兵器もしくは核兵器に利用可能な物質，核兵器の補助装置や構成部分，これらの研究，開発，支援，製造のための施設の取得や開発を行わないことを決定し，前記の品目の所在地，数量，種類に関する申告書を事務総長に提出すること，核兵器に利用可能な物質を保管し撤去するためIAEAの管理下に置くこと，それらを破壊，撤去，無害化することを受諾することを決定した。[18]

実際には，UNSCOMとIAEAの要員が現地査察し，後に明らかになった核兵器開発計画に関連するものも含め，すべての関連物質・施設を破壊または撤去した。

1998年のインドとパキスタンの核実験に対し，国際社会全体として制裁を課すことには失敗した。すなわち国連総会決議1172をはじめ，G7外相声

明やP5外相声明も，核実験を非難し，両国に自制を求め，CTBTやNPTに加入することを要請したが，これらは強制的な行動ではなかった。ただ米国と日本は経済制裁を実施し，両国への無償資金協力の停止や新規円借款の停止を決定した。

米国が政策として掲げている「対抗拡散（counterproliferation）」の考えも，相手国の意思に反して，米国が一方的かつ強制的に核拡散を防止または元に戻す措置であり，非協力的措置の1つに含めて考えられる。[19]

(b) 生物兵器

(イ) 条約

生物兵器禁止条約（細菌兵器（生物兵器）及び毒素兵器の開発，生産及び貯蔵の禁止並びに廃棄に関する条約）が1972年4月に署名され，1975年3月に発効している。1960年代後半に生物・化学兵器の規制が国際社会で議論されるようになり，生物兵器のみを規制する考えと生物・化学両兵器を規制する考えが対立したが，生物兵器はその軍事的有用性が不確かで兵器として実用性が低いため，その規制がより容易であるという理由から生物兵器のみに関する条約が採択された。

この条約の作成に関連して，米国のニクソン大統領は1969年11月に生物兵器の一方的廃棄を，1970年2月には毒素兵器の一方的廃棄を決定した。この決定は道義的・倫理的理由から歓迎されたが，米国にとって，生物兵器は国家安全保障上不可欠のものとは考えられておらず，通常兵器，化学兵器，核兵器で圧倒的な優位を維持しており，全面的に禁止する条約を作成することにより，比較的安価な生物兵器が拡散することを防止することが米国の利益になるとの判断があった。

この条約は一定の兵器を禁止し全廃することを規定する画期的なものである。それは，前文にあるように，全人類のため，兵器としての細菌剤（生物剤）および毒素の使用の可能性を完全に排除しようとするものである。禁止の対象となるのは，(1) 防疫の目的，身体防護その他の平和目的による正当化ができない種類および量の微生物剤その他の生物剤および毒素，ならびに(2) それらを敵対目的のためまたは武力紛争において使用するために設計された兵器，装置または運搬手段である。

条約第1条は，これらの物を開発・生産・貯蔵しないこと，その他の方法で取得・保有しないことを規定し，第2条で，それらを保有している場合には9ヵ月以内に廃棄するか平和利用に転用することを規定している。さらにそれらを移譲しないこと，製造・取得につき援助・奨励・勧誘しないことも規定している。この条約は生物剤等の以上の禁止を定めているが，不拡散につき特別の規定を設けているわけではない。

条約はこれらの措置の履行については，締約国が自国の憲法上の手続に従い必要な措置をとることを規定しているだけであり，履行確保の手段としても，相互の協議や協力を規定し，国連安保理への苦情申立てを定めているだけであり，きわめて間接的なものである。軍備管理軍縮条約で最も重要な検証・査察については何も規定していない。[20]

1980年代前半には，生物兵器禁止条約の違反疑惑が発生した。1つは旧ソ連のスベルドロフスクにおける炭疽の集団発生であり，もう1つは東南アジアやアフガニスタンにおける毒素兵器使用疑惑である。また1980年代後半から1990年代前半にかけて，生物兵器の拡散問題が取り上げられるようになり，[21]後に述べるように輸出規制が合意された。またこの頃には，バイオテクノロジーや遺伝子工学の発展に伴い，生物兵器の軍事的有用性が増大したと考えられ，条約署名当時の状況とは大きく異なる状況となっている。それにより，生物兵器の規制の重要性が再確認されるとともに，生物兵器の規制の強化および検証措置の新設などが国家間の議題となってきた。[22]

生物兵器禁止条約の強化のために，締約国は1986年の第2回再検討会議で信頼醸成措置の導入に合意し，信頼醸成措置はその後さらに拡充されている。1991年の第3回再検討会議で，検証措置の検討を開始することに合意され，アドホック・グループが作業を開始したが，1996年の第4回再検討会議に条約修正案を提出することはできず，2001年11月/12月の第5回再検討会議までに作業を終了することとなっていた。しかし，米国がこの作業に反対したため検証に関する議定書は作成されなかった。[23]

(ロ) 条約以外の措置

〈オーストラリア・グループ〉

1985年6月に発足したオーストラリア・グループは，当初は化学兵器前駆

物質および汎用化学製造施設・装置および関連技術に関する輸出規制を実施していたが、1990年代に入り、生物兵器関連の物質や装置についても輸出管理のリストに合意し、各国がそれに従って国内法的に輸出管理を実施している。それは1991年の湾岸戦争において、結局は使用されなかったが、イラクによる化学兵器および生物兵器の使用が懸念されていたからである。実際、湾岸戦争後にUNSCOMが現地査察を実施した結果、イラクが生物兵器および毒素兵器のプログラムを精力的に追求しているのが明らかになった。これにより生物兵器の拡散が現実の問題となった。また米国政府は10から20の国が化学兵器・生物兵器を保有しているか、開発中かまたはその意図があるとの報告書を提出していた。

生物兵器禁止条約は、軍事用の生物剤は開発段階から禁止しているが、防疫あるいは平和目的の生物剤の研究は禁止しておらず、その研究が続けられていた。それは検証規定がなかったこととも関連しており、平和目的の研究が隠れ蓑になっていた可能性もある。またバイオテクノロジーの発展とそれが世界中に広がっていったこと、またその技術は汎用であり、軍事的にも平和的にも利用できるものであることにより、各国の生物剤生産の能力は高められていた。

このような状況において、オーストラリア・グループは1992年6月の会合において、輸出管理に従うべき65の生物剤に合意し、また汎用装置のリストにも合意した。さらに1992年12月の会合において、有機物および有機物が生産する毒素の輸出を管理することに合意し、また生物兵器生産に使用しうる装置を管理することにも合意した。

すなわち、「輸出管理のための生物剤のリスト」には、コア・リストとしてウイルス、リケッチア、バクテリアなど50の生物剤が、警告リストとして22の生物剤が列挙されている。次に「輸出管理のための汎用生物装置のリスト」には、P3、P4封じ込めレベルの完全な封じ込め装置、発酵器など7品目が列挙されている。さらに「輸出管理のための植物病原菌のリスト」には15種、「輸出管理のための動物病原菌のリスト」には17種が列挙されている。

〈非協力的措置・制裁〉

湾岸戦争終結のための国連安保理決議687（1991）において、安保理は、

イラクが国際的監視のもとで、すべての生物兵器と生物剤の在庫、関連補助装置と構成要素、すべての研究、開発、支援、製造のための施設の破壊、撤去または無害化を無条件に受諾すべきことを決定した。イラクはそれらの所在地、数量、種類について申告書を事務総長に提出し、国連イラク特別委員会（UNSCOM）が現地査察を実施すること、それらを破壊、撤去または無害化するためすべてのものを特別委員会に譲渡することが定められた。しかし、現在にいたっても、生物兵器に関してはイラクのすべての関連剤や関連施設が破壊されたわけではない。[24]

(c) 化 学 兵 器

(1) 条　約

化学兵器禁止条約（化学兵器の開発、生産、貯蔵及び使用の禁止並びに廃棄に関する条約）は、1980年代のイラン・イラク戦争における化学兵器の使用や、それを契機としたオーストラリア・グループの結成、冷戦の終結、湾岸戦争における使用の可能性などを背景として、1992年に採択され、1993年1月に署名され、1997年4月に発効した。それに先立ち、米国のブッシュ大統領（第41代）は、化学兵器の拡散を防止するのに化学兵器禁止条約を作成するのが好ましいと考えており、そのために米国の化学兵器の全廃を約束した。

この条約は、化学兵器の開発、生産、貯蔵を禁止し、保有する化学兵器の廃棄を求めるもので、化学兵器の全面禁止を目的とするものである。さらに、この条約は1925年のジュネーブ議定書を強化する意味で、化学兵器の使用をも明確に禁止している。化学兵器を保有している国は、条約の発効から10年以内に廃棄を完了することを義務づけられている。[25]

さらに、この条約は、生物兵器禁止条約と大きく異なる点として、条約の遵守を確認する検証措置を詳細に定めている。産業施設の申告に対しては産業検証が、化学兵器や化学兵器生産施設の廃棄に関しては廃棄検証が設けられている。さらに申告されなかった場合や条約違反の疑惑が存在する場合には、基本的に査察対象に制限のない「申立て（チャレンジ）査察」の制度が設置された。チャレンジ査察の要請に対して、執行理事会が4分の3の多数決で査察の中止を決定しない限り査察は実施され、被査察国はこれを拒否できない体制となっている。

この条約は不拡散に関する規定を含んでおり，化学物質の移譲が化学兵器の生産などに利用されないための規制が定められている。附属書に掲げられた表1剤については，非締約国への移譲は禁止され，締約国に対するものであっても，研究，医療，製薬，防護など許容された目的のためである場合に限って移転が認められる。表2剤に関しては，条約発効後3年間を除き，非締約国への移譲および非締約国からの受領が禁止される。3年間の猶予期間においても，輸出管理が義務付けられ，非締約国に対する表2剤の輸出には最終用途証明書を求めることが義務づけられている。表3剤については，非締約国に対する場合には輸出管理が義務付けられ，最終用途証明書を求めなければならない。その最終用途証明書には，① 条約で禁止されていない目的にのみ使用すること，② 再移譲しないこと，③ 種類および量，④ 最終用途，⑤ 最終使用者の名称と住所，が含まれていなくてはならない。

これらの規定は，条約の非締約国への輸出に関して，締約国からの規制を厳しくし，非締約国において条約に反する活動が行われるのを防止するという不拡散の主要な目的を達成するためにきわめて重要である。同時に，この規定は条約に加入することにより化学物質の移譲につき有利な地位が与えられることで，条約加入の動機づけともなりうるものである。

(ロ) 条約以外の措置
〈オーストラリア・グループ〉

1980年代のイラン・イラク戦争において化学兵器が使用されたことが確認され，またイラクの化学兵器の生産能力の進展に関して西側諸国の企業が多大な貢献をなしていたことが明かになったことから，各国は化学関連物質の輸出管理を始めるようになった。このように化学兵器関連物質等の輸出が化学兵器の拡散に寄与していることが認識され，各国が個別に輸出管理を実施していたのを調整するため，1985年6月にオーストラリアの呼びかけにより化学兵器関連物質の国際的輸出管理が開始された。[26]

当初15ヵ国で構成されていたオーストラリア・グループは，輸出管理すべき40の化学剤のリストに合意した。このリストは2つの部から構成され，第1部の「コア・リスト」には化学兵器生産の基本的前駆物質と考えられる5つの化学剤が含まれ，その輸出についてはすべてのメンバー国で輸出管理の下

に置かれることになっている。第2部の「警告リスト」には35の化学剤が含まれ、それらは危険であると考えられるが基本的前駆物質ではないもので、必ずしも輸出管理の下に置かれなくてもよいが、それらが化学兵器に利用される可能性があることを知らせるため化学産業に配布される。

その後1991年に上述の2つのリストは一本化され、すべての化学剤を「化学兵器前駆物質」として輸出管理に従わせるリストを作成し、現在では54の化学剤が列挙されている。さらに化学剤のみならず製造装置を規制する必要が認識され、1991年には「汎用化学製造設備、装置および関連技術の管理リスト」にも合意されている。そこには、反応器、貯蔵タンク、熱交換器、凝縮器などが含まれている。

またこのグループは1993年に「ノー・アンダーカット政策」を採択し、すでにあるメンバーが輸出を拒否した同じ品目を他国が輸出しようとする場合には、前者と協議する必要があることが合意された。これにより輸出管理の厳格性を維持し、商業的競争による輸出管理制度の弱体化を防ぐことが可能になる。

オーストラリア・グループは非公式の国家の集まりであり、法的拘束力をもつ国際的約束に基づく国際的な体制ではない。そこで合意される輸出管理のリストもメンバー国に義務づけるものではなく、各国はそれぞれの国内法令などにより実施するものである。

〈非協力的措置・制裁〉

湾岸戦争終結のための国連安保理決議687 (1991) において、安保理は、イラクが国際的監視のもとで、すべての化学兵器と化学剤の在庫、関連補助装置と構成要素、すべての研究、開発、支援、製造のための施設の破壊、撤去または無害化を無条件に受諾すべきことを決定した。イラクはそれらの所在地、数量、種類について申告書を事務総長に提出し、国連イラク特別委員会 (UNSCOM) が現地査察を実施すること、それらを破壊、撤去または無害化するためすべてのものを特別委員会に譲渡することが定められた。しかし、現在にいたっても、化学兵器に関してはイラクのすべての関連剤や関連施設が破壊されたわけではない。[27]

第3節　大量破壊兵器とミサイルの不拡散

(d)　ミ サ イ ル

(イ)　条約以外の措置

〈ミサイル輸出管理レジーム（MTCR）〉

　1980年代に入り，開発途上国でのミサイルの開発・生産や開発途上国への移転などが顕著になったため，米国のイニシアティブによりミサイル関連品目や技術の輸出管理の制度が協議され，1987年にミサイル輸出管理レジーム（MTCR）が設置された。[28]当初からの参加国は，米国の他に西ドイツ，フランス，イタリア，英国，カナダ，日本である。

　1987年のガイドラインでは，その目的は，有人航空機以外の核兵器運搬システムに貢献しうるような移転を管理することにより，核拡散の危険を制限することであると述べられており，核兵器の不拡散が中心目的となっていた。[29]しかし，湾岸戦争の教訓もあり，1992年7月に採択された新たなガイドラインにおいては，核兵器のみならず，生物・化学兵器を含む大量破壊兵器を運搬できるミサイルおよび関連汎用品・技術も規制対象となり，その範囲が大幅に拡大された。

　附属書は2つのカテゴリーの品目を列挙しており，カテゴリー1の品目は最大の機微な品目であり，その移転を考える際には特別の規制が行使され，そのような移転を拒否するという強力な前提が存在する。すなわち原則禁輸となっている。カテゴリー1の品目1とは，「少なくとも500キログラムの搭載能力と少なくとも300キロメートルの射程能力のある完全なロケットシステム（弾道ミサイルシステム，宇宙発射手段，観測ロケットを含む）および無人空中輸送システム（巡航ミサイルシステム，標的無電操縦無人機，偵察無電操縦無人機を含む）ならびにそれらのシステムのため特に設計された生産設備」である。カテゴリー1の品目2は，ロケットの各段，再突入体，固形または液体燃料ロケットエンジン，誘導装置など，品目1で利用できる完全なサブシステムおよびそのために特に設計された生産装置や生産施設である。

　カテゴリー2の品目としては，推進薬，構造材料，ジェットエンジン，ジャイロスコープ，発射支援装置，誘導関連機器などが含まれており，さらに搭載能力500キログラム未満で射程300キロメートル以上の大量破壊兵器運搬システムおよびそのシステムを構成するロケットの各段，ロケットエン

ジンが含まれている。これらは主として汎用品，汎用技術である。カテゴリー2の品目はケース・バイ・ケースで慎重に判断されるが，その際に，大量破壊兵器拡散の懸念，受領国のミサイル・宇宙プログラムの能力と目的，大量破壊兵器運搬手段開発への重要性，最終使用者の評価，多国間協定の適用可能性などを考慮することになっている。さらに附属書に含まれるいかなる品目であれ，大量破壊兵器の運搬に利用されると考えられるときは特別の規制が必要で，移転を拒否する強力な推定がなされる[30]。

MTCRは法的拘束力をもつ国際約束に基づく国際的な体制ではない。MTCRの下で，メンバー国はミサイルおよび関連汎用品・技術に関して合意されたリストの品目を，国内法令に基づき輸出管理を実施するものである。

〈ハーグ国際行動規範〉

2002年11月25日にハーグにおいて，93ヵ国が「弾道ミサイルの拡散に対する国際行動規範（ハーグ国際行動規範）」に署名した。弾道ミサイルの不拡散に関して広く一般的に受け入れられた規範が存在しない中で，2000年よりMTCR参加国の中で行動規範の草案が審議され，2001年9月に草案の作成を完了した。その後，MTCR参加国でない多くの国家を含めて議論が続けられ，2002年11月に93ヵ国の合意により行動規範が採択された。

その内容は，大量破壊兵器を運搬可能な弾道ミサイルの拡散を防止し抑止すること，および国際行動規範を含む国際的努力を追求することが必要であるとの原則に基づき，大量破壊兵器を運搬可能な弾道ミサイルの開発，実験および配備につき最大限可能な限りの自制をすること，また可能な場合には弾道ミサイル保有を削減すること，軍縮および不拡散関連条約により確立された規範およびこれらにおける締約国の義務に反して，大量破壊兵器の開発，取得を行っている可能性のある国の弾道ミサイル計画に貢献，支持，支援しないこと等が定められている。

これは行動規範であって，法的拘束力ある文書ではない。100ヵ国近くの国が署名しているが，拡散の危険があると考えられている北朝鮮，シリア，イラン，インド，パキスタンなどは署名しておらず，また中国も透明性の側面から反対している。

〈非協力的措置・制裁〉

湾岸戦争終結のための国連安保理決議687（1991）において，安保理は，

イラクが国際的監視のもとで，射程距離150キロメートルを超えるすべての弾道ミサイルおよび主要関連部品ならびに修理および生産施設の破壊，撤去または無害化を無条件に受諾すべきことを決定した。イラクはそれらの所在地，数量，種類について申告書を事務総長に提出し，国連イラク特別委員会（UNSCOM）が現地査察を実施すること，それらを破壊，撤去または無害化するため発射装置を含むミサイルのすべての能力を特別委員会の監視のもとにイラクが破壊することが定められた。弾道ミサイルは UNSCOM の監視の下ですべて廃棄されたわけではない。
(31)

(7) IAEA Doc. INFCIRC/66.
(8) IAEA Doc. INFCIRC/153.
(9) IAEA Doc. INFCIRC/540.
(10) この強化された保障措置制度の全般的な分析については，Erwin Häckel and Gotthard Stein (eds.), *Tightening the Reins: Toward a Strengthened International Safeguards System*, Springer, Berlin, 2000. 参照
(11) ザンガー委員会の起源，活動などについては，Fritz W. Schmidt, "The Zangger Committee: Its History and Future Role," *Nonproliferation Review*, Vol. 2, No. 1, Fall 1994, pp. 38–44; Fritz Schmidt, "NPT Export Control and the Zangger Committee," *Nonproliferation Review*, Vol. 7, No. 3, Fall-Winter 2000, pp. 136–145; Multilateral Nuclear Supply Principles of the Zangger Committee, Working Paper submitted by members of the Zangger Committee, NPT/CONF. 2000/17, 18 April 2000. 参照。
(12) IAEA Doc. INFCIRC/209, 3 September 1974.
(13) IAEA Doc. INFCIRC/254, February 1978.
(14) IAEA Doc. INFCIRC/254/Part 2, May 1992.
(15) 原子力供給国グループ（NSG）の起源，役割，活動については，*The Nuclear Suppliers Group: Its Origins, Role and Activities*, IAEA Doc. INFCIRC/539/Rev. 1 (Corrected), 29 November 2000; Tadeusz Strulak, "The Nuclear Suppliers Group," *Nonproliferation Review*, Vol. 1, No. 1, Fall 1993, pp. 2–10. 参照。
(16) 米ロの協力的脅威削減計画の最近の動きについては，Kenneth N. Luongo, "The Uncertain Future of U.S.-Russian Cooperative Nuclear Security," *Arms Control Today*, Vol. 31, No. 1, January/February 2001, pp. 3–10; Joseph R. Biden,

Jr., "Maintaining the Proliferation Fight in the Former Soviet Union," *Arms Control Today*, Vol. 29, No. 2, March 1999, pp. 20–25. 参照。
(17) 国際科学技術センターについては，Victor Alessi and Ronald F. Lehman II, "Science in the Pursuit of Peace: The Success and Future of the ISTC," *Arms Control Today*, Vol. 28, No. 5, June/July 1998, pp. 16–22. 参照。
(18) UNSCOM の活動については，Edward J. Lacey, "The UNSCOM Experience: Implications for U.S. Arms Control Policy," *Arms Control Today*, Vol. 26, No. 6, August 1996, pp. 9–14; Rolf Ekeus, "Leaving Behind the UNSCOM Legacy in Iraq," *Arms Control Today*, Vol. 27, No. 4, June/July 1997, pp. 3–6; Richard Butler, "Keeping Iraq's Disarmament in Track," *Arms Control Today*, Vol. 28, No. 6, August/September 1998, pp. 3–7; Richard Butler, "The Lessons and Legacy of UNSCOM," *Arms Control Today*, Vol. 29, No. 4, June 1999, pp. 3–9; David Malone, "Goodbye UNSCOM: A Story Tale in US-UN Relations," *Security Dialogue*, Vol. 30, No. 4, December 1999, pp. 393–411. 参照。
(19) 冷戦後の核不拡散体制全般については，納家政嗣「冷戦後の核不拡散問題」『国際政治』第108号，1995年3月，116–130頁，浅田正彦「ポスト冷戦期の核不拡散体制」納家政嗣・梅本哲也編『前掲書』83–112頁参照。
(20) 生物兵器禁止条約については，藤田久一「細菌（生物）・毒素禁止条約」『金沢法学』第17巻2号，1972年1月，1–33頁，山中誠「生物兵器禁止条約――その禁止規定の構造――」『ジュリスト』776号，1982年10月15日，84–88頁参照。
(21) 杉島正秋「生物兵器の禁止」黒澤満編『軍縮問題入門』（第2版），東信堂，1999年，140–142頁。
(22) Brad Roberts, "Controlling the Proliferation of Biological Weapons," *Nonproliferation Review*, Vol. 2, No. 1, Fall, 1994, pp. 55–59.
(23) 生物兵器禁止条約の検証議定書については，Graham S. Pearson, "The Protocol to the Biological Weapons Convention is Within Reach," *Arms Control Today*, Vol. 30, No. 5, June 2000, pp. 15–20; Tibor Toth, "Prospects for Progress: Drafting the Protocol to the BWC," *Arms Control Today*, Vol. 30, No. 4, May 2000, pp. 10–15; Jonathan B. Tucker, "Strengthening the BWC: Moving toward a Compliance Protocol," *Arms Control Today*, Vol. 28, No. 1, pp. 20–27. 参照。
(24) 生物兵器不拡散問題全般については，杉島正秋「生物・毒素兵器拡散問題」納家政嗣・梅本哲也編『前掲書』142–167頁参照。
(25) 化学兵器禁止条約については，浅田正彦「化学兵器禁止条約の基本構造」

『法律時報』第68巻1号，1996年，38-45頁，第68巻2号，57-64頁，浅田正彦「化学兵器の禁止」黒澤満編『前掲書』112-126頁参照。
(26) J. P. Perry Robinson, "Chemical and Biological Warfare: Development in 1986," *SIPRI Yearbook 1987: World Armaments and Disarmament*, 1987, p. 104. 化学兵器拡散現象の特徴と原因を検討し，国際的に構想ないし実施されている拡散防止措置の実効性と妥当性を考察し，化学兵器軍縮の望ましい方向を探求したものとして，杉島正秋『化学兵器拡散と輸出管理措置』朝日大学国際取引法研究所問題研究1，1990年3月参照。
(27) 化学兵器不拡散問題全般については，浅田正彦・杉島正秋「化学兵器の拡散と拡散防止」納家政嗣・梅本哲也編『前掲書』113-141頁参照。
(28) Aaron Karp, "Ballistic Missile Proliferation in the Third World," *SIPRI Yearbook 1989: World Armaments and Disarmament*, SIPRI, 1989, pp. 287-311.
(29) Aaron Karp, "Ballistic Missile Proliferation," *SIPRI Yearbook 1990: World Armaments and Disarmament*, SIPRI, 1990, pp. 369-381.
(30) MTCRの起源，活動などについては，Deborah A. Ozga, "A Chronology of the Missile Technology Control Regime," *Nonproliferation Review*, Vol. 1, No. 2, Winter 1994, pp. 66-73; Wyn Q. Bowen, "U.S. Policy on Ballistic Missile Proliferation: The MTCR's First Decade (1987-1997)," *Nonproliferation Review*, Vol. 5, No. 1, Fall 1997, pp. 21-39. 参照。
(31) ミサイル不拡散問題全般については，岩田修一郎「弾道ミサイルの拡散と規制」納家政嗣・梅本哲也編『前掲書』168-190頁参照。

3 拡散への対応方法・手段

(a) 条約

　大量破壊兵器の不拡散に関連する条約としては，核不拡散条約（NPT），生物兵器禁止条約（BWC）および化学兵器禁止条約（CWC）が存在する。また核不拡散との関連では，非核兵器地帯条約や核実験禁止に関する条約も重要である。
　条約は，基本的には，当事国がその自主的な判断により自由な意思で参加するものである。したがって，そこには強制の要素はなく，各国の合意によるものであるから，条約義務の内容の遵守も予定され，義務内容の履行の安

定性も一応担保されている。その意味で条約化することにより，規範内容の明確化と規範履行の安定性が確保される。したがって規範を条約として確立することには多くのメリットがある。しかし，条約の場合には以下のような問題点が残されている。

(イ) 差 別 性

条約は個々の国家が自由意思に基づき参加するものであるから，条約に差別的内容性が含まれていることは問題にならないという見解があるが，NPTについては条約交渉時から差別性の問題が大きく取り上げられてきた。NPTでは締約国を核兵器国と非核兵器国に区別した定義を設け，非核兵器国のみに不拡散義務が課されている。それは条約締結時における現状を固定したものに過ぎないことは事実であるが，その差別性を緩和するために，核軍縮交渉の義務や原子力平和利用の協力の義務が挿入されている。

部分的核実験禁止条約は，技術的先進国は地下で実験を継続し，後進国は大気圏内での実験を禁止されるという意味で，法的ではなく事実上の差別があったが，包括的核実験禁止条約は，あらゆる環境におけるあらゆる爆発的実験を禁止したので，そこでは差別性は解消されている。

非核兵器地帯条約においては，ある地域の諸国が同様の不拡散の義務を引き受けるので，差別性はみられない。また核兵器国との関係においては，議定書により消極的安全保障の提供を求めているのは，義務のバランスを確保するものである。

他方，生物兵器禁止条約および化学兵器禁止条約は，すべての締約国に対して当該兵器の完全な禁止と保有兵器の廃棄を義務づけるもので，差別性はまったく見られない。ただこれらの条約は，不拡散を主要目的として作成されたわけではない。化学兵器禁止条約には，不拡散に関する規定が一部含まれているが，それは兵器それ自体ではなく，汎用品としての化学剤に関するものである。

(ロ) 普 遍 性

条約はその義務内容が明確であり，法的義務として法的安定性の面からも優れており，自主的に加入することで義務の履行も一般的には良好であるの

で好ましい手段・方法である。しかし，条約に加入するかどうかは各国の意思にまかされているため，条約に加入しない国が当然に存在し，それらの国はその義務に拘束されないことになる。

　軍備管理軍縮条約の中で圧倒的な当事国数を誇るNPTには，現在188の国が参加しており，数の上ではほぼ普遍性が確保されている。しかし，未加入のインド，イスラエル，パキスタンはすでに事実上の核兵器国として存在している。条約の定義によれば核兵器国は5国に限定されているため，これら3国に核兵器国の地位を与えることはできないし，またこれら3国が近い将来に非核兵器国として条約に加入することも考えられない。

　包括的核実験禁止条約も，核不拡散という目的を有していたため，条約発効要件として，5核兵器国の他にインド，イスラエル，パキスタンの批准を必要とするよう規定された。条約発効のためその批准が必要な44ヵ国のうち31ヵ国が批准を済ませているが，まだ13ヵ国の批准が必要である。インド，パキスタン，北朝鮮は署名もしておらず，イスラエル，米国，中国などはまだ批准していない。

　生物兵器禁止条約には，現在147ヵ国が批准しているが，ミャンマー，イスラエル，シリア，アラブ首長国連邦，エジプトなどは条約に加入していない。

　化学兵器禁止条約には，現在148ヵ国が批准しているが，北朝鮮，アフガニスタン，ミャンマー，カンボジア，イラク，イスラエル，レバノン，シリア，アラブ首長国連邦，エジプト，リビアなどがまだ条約に加入していない。

　これらの未締約国の中には，生物兵器や化学兵器を保有あるいは開発しているという疑惑をもたれている国が多く含まれており，これらの諸国を条約に加入させるための一層の努力が必要である。

(ハ) 実効性

　条約に加入するのは強制的ではなく，自主的な行為であるので，一般的には条約に入ることはその義務を遵守する意思があることを意味している。しかし実際には条約に違反する事態が発生しており，また解釈の相違などで違反かどうかはっきりしない事態も生じている。軍備管理軍縮に関する条約は，国家の安全保障に深くかかわるものであるので，他国による条約の遵守がき

わめて重要になり，そのために条約義務の遵守を確認する検証措置が一般には厳格に定められている。

核兵器の拡散問題が冷戦後の世界でこれだけ大きな問題になった最も重要な原因は，条約締約国であるイラクが核兵器を開発していたのが明らかになり，同じく条約締約国である北朝鮮に核兵器開発疑惑が発生したからである。NPT第3条1項に基づくIAEA保障措置は，締約国である非核兵器国のすべての原子力平和利用に関わる核物質に適用されるもので，NPTの検証措置はさまざまな拡散方法のうち，原子力平和利用が核兵器の開発に転用されるのを探知することに限定されたものであった。これらは締約国の申告に基づくものであり，IAEAはその申告が事実と一致しているかを確認しているだけであった。したがってイラクのように，申告していない施設において核兵器の開発を進めてもまったく保障措置がかからないため，検証措置が機能しないことになる。

そこでIAEAは1993年より「プログラム93＋2」を実施し，保障措置の強化として，現行法体系で可能なパート1と，新たな法的権限が必要なパート2を検討し，1997年には保障措置協定の「モデル追加議定書」を採択した。これは，以前に比較して，提供すべき情報を拡大し，アクセスできる場所を拡大したものであり，申告の正確性のみならず，申告の完全性をも確認することを目的としており，未申告施設での核兵器開発をも探知しようとするものである。以前の保障措置と新たな保障措置は，統合保障措置として一体のものとして機能する。ただ，追加議定書の締結状況は芳しくなく，その普遍的適用には時間がかかりそうである。

生物兵器禁止条約は，1970年代初期の条約締結時に生物兵器の軍事的有用性や軍事的実効性に疑問が呈されていたため，検証規定を設けていない。したがって，各国の申告制度も，現地査察の制度も何も規定されていない。しかし，1980年代後半から生物兵器の拡散が懸念され，湾岸戦争において生物兵器の使用の可能性が危惧され，またバイオテクノロジーや遺伝子工学の発展により，生物兵器の軍事的有用性や軍事的実効性が再評価されることになった。その結果，1986年の第2回再検討会議で信頼醸成措置の導入に合意され，1991年の第3回再検討会議では信頼醸成措置が拡充されている。またその後検証措置の導入についても議論が開始され，2001年11月/12月の再

検討会議で議定書の採択が予定されていたが，米国の反対により議定書は採択されなかった。

化学兵器は，すでに何度も使用されたこともあり，その軍事的有用性も認められていたため，検証の必要性は条約交渉の最初から認識されており，結果としてはきわめて厳格な検証措置が採択された。産業施設の申告に対しては産業検証が，化学兵器や化学兵器生産施設の廃棄に対しては廃棄検証が実施される。さらに未申告の場合を含む違反疑惑が発生した場合には，締約国の要請により申立て（チャレンジ）査察が実施される。

(b) 輸 出 管 理[32]

大量破壊兵器およびミサイルの拡散を防止しあるいは遅延させるために，輸出管理の制度が作られている。これらは大量破壊兵器およびミサイルの不拡散に一定の重要な役割を果たしているが，いくつかの問題点を抱えている。歴史的には少数国からスタートしたものが，徐々にメンバーを増やしていき，規制対象も徐々に拡大される傾向にある。これらは上述の条約の場合とは異なり，法的拘束力のないガイドラインへの合意であり，それに従ってどのような措置を実施するかは各国に任されており，一般には国内法規による規制を実施している。これらの輸出規制はメンバー国により一方的に課されるものであるので，開発途上国から批判されることもある。

(イ) 非公式性，非拘束性

輸出管理に関するガイドラインは，原子力供給国グループによるロンドン・ガイドライン，生物・化学兵器に関連するオーストラリア・グループのガイドライン，ミサイル輸出管理レジーム（MTCR）のガイドラインによるものも，すべて非公式のかつ法的拘束力をもたない合意である。これらのガイドラインは非公式であるから，それらに公式に合意しているのではなく，そのガイドラインに従って各国が独自に措置をとることになっている。すなわち各国の輸出管理制度において実施されるものである。

したがって，国際法的な合意は何も存在しないのであって，国内法的に一定の規制が存在することになる。たとえば，日本では，外国為替及び外国貿易法，輸出貿易管理令，外国為替管理令などにより国内法上実施されている。

毎年1回または2回の協議の場が設定されているが，そこでの協議はすべて非公開であり，公式の文書としては出てこない。ガイドラインのみが公表されている。

実際の適用において，各国の恣意的な判断に従うこともあり，ガイドラインの厳格な実現は必ずしも期待できない。(33)またガイドラインに違反した場合にも，対応措置が何も規定されていないため，実効性の側面からみて必ずしも十分ではない。

(ロ) 一方的適用

これらの輸出管理制度は，供給国と受領国がともに集まり協議して作成されるものではなく，供給国のみが協議に参加し，そこで合意されたガイドラインに従って一方的に適用し，実施するものである。大量破壊兵器およびミサイルの不拡散という側面から作成されたリストに従って，メンバー国が輸出管理を一方的に実施するので，受領国の側からクレイムが出ることがある。兵器やミサイルそのものに容易に転用できる機微な品目については輸出規制も合理性が認められるが，リストの多くのものは軍事利用にも平和利用にも利用できる，いわゆる汎用品であるので，受領国からすれば平和利用のための輸入も拒否されることがある。

このような事態に対して，これまでの技術的拒否という戦略から，技術移転と技術最終使用者の監視の戦略に移行すべきことも提案されている。(34)

(ハ) 参加国の偏り

原子力供給国グループ（NSG）は当初7ヵ国でスタートし，現在では39ヵ国が参加している。オーストラリア・グループは当初15ヵ国でスタートし，現在33ヵ国が参加している。MTCRは当初7ヵ国でスタートし，現在では33ヵ国が参加している。

この3つの輸出管理レジームのすべてに原加盟国として参加しているのは，米国，英国，フランス，ドイツ，日本，カナダの6ヵ国である。これら以外のNSGの原加盟国はソ連（ロシア）であり，MTCRの原加盟国はイタリアである。オーストラリア・グループにはイタリアなどその他のEU諸国とオーストラリアおよびニュージーランドが原加盟国であった。このように見てく

ると，中心は先進工業国，すなわちG7の諸国が中心であり，原子力に関してはソ連が入っているという形になっている。

その後のメンバー拡大のパターンも共通しており，西ヨーロッパ諸国を中心に拡大し，さらに東ヨーロッパ諸国に拡大している。それ以外ではアルゼンチンとブラジル，南アフリカなどが一部参加している。ロシアはNSGとMTCRには入っているが，オーストラリア・グループには入っていない。さらに中国はこれらのいずれにも参加していない。

また参加国の拡大とともに，当初のG7を中心とするものから離れることになり，その結果実効性が必ずしも確保されないという状況も生じてきている。[35]

その他まったく参加していない重要な国としては，インド，イスラエル，パキスタン，北朝鮮，エジプト，イラン，イラクなどがある。したがって，輸出国グループに参加していないこれらの国からの輸入はガイドラインに影響を受けずに自由に行われる可能性が高く，国際輸出管理制度としての限界が示されている。

(二) 規制対象の漸増

それぞれのガイドラインはしばしば改正されており，それは新たな規制品目を追加するため，およびこれまでの規制の内容を明確化するために行われている。特に重要なのは，NSGについては，1992年にパート2が新たに作成され，汎用品の規制が開始されたことである。またオーストラリア・グループについては，当初化学兵器関連の品目が規制の対象であったが，1992年に生物兵器関連の品目が新たに追加された。MTCRも当初は核兵器の不拡散という目的で，核兵器運搬可能な品目が規制の対象であったが，1992年にすべての大量破壊兵器の不拡散という目的に拡大され，核兵器のみならず大量破壊兵器を運搬しうるミサイル関連品目が規制の対象とされた。これらの3つの大きな変化はすべて1992年に行われているが，これは湾岸戦争の結果イラクの実態を教訓として取り入れたものである。

これ以外のそれほど大きくない変更はしばしば行われている。また科学技術の発展に伴いリストの内容や規定様式の変更が必要になるのは当然である。

(ホ) 輸出管理と平和利用の協力

このように原子力および生物・化学兵器関連の品目についての輸出規制が実施されているが，NPT，生物兵器禁止条約，化学兵器禁止条約にはそれぞれ，平和利用における協力義務が規定されており，輸出規制と平和利用の協力義務の関係が問題となっている。

NPT第4条第1項は，原子力平和利用の奪い得ない権利を再確認し，第2項で原子力平和利用のための設備，資材ならびに科学的および技術的情報の交換を容易にすること，開発途上地域の必要に妥当な考慮を払って，特に締約国である非核兵器国における原子力平和利用の応用に貢献することに協力することが規定されている。

この規定との関係においてNSGは開発途上国から厳しく批判されている。すなわち一定の先進工業国による原子力輸出管理は，原子力平和利用における設備や技術，情報などの輸出禁止であり，一種のカルテルを構成しており，第4条の規定に反するものである，と主張されている。

1995年のNPT再検討・延長会議において採択された「核不拡散と核軍縮の原則と目標」において，原子力平和利用に関する締約国の奪い得ない権利の行使を確保する重要性が指摘され，設備や技術，情報の交換への参加を容易にする約束が完全に履行されるべきこと，さらに開発途上国の必要を考慮して，締約国に優先的待遇を与えることなどが合意された。輸出管理については，「原子力関連輸出管理における透明性が促進されるべきであり，それはすべての関連条約締約国間の対話と協力の枠組み内で行われるべきである」ことが合意されている。

2000年NPT再検討会議においてもこの問題は議論され，最終宣言の作成過程ではザンガー委員会および原子力供給国グループ（NSG）への言及がなされていたが，最終的にはこれらへの言及に合意が達成されず，それらの条項は削除された。

生物兵器禁止条約は，第10条において，細菌剤（生物剤）および毒素の平和利用の装置，資材および情報の交換を容易にすることを約束し，その交換に参加する権利を有することを規定し，さらに条約は平和利用の国際協力を妨げないように実施し，その国際協力には，平和利用のため細菌剤や毒素およびその加工，使用，生産のための装置の交換が含まれると規定している。

第3節　大量破壊兵器とミサイルの不拡散

核兵器および生物兵器に関しては，条約が先に存在しており，輸出管理は後に実施されるようになったが，化学兵器の場合は逆である。1985年からオーストラリア・グループによる輸出管理が実施されていたが，条約が署名されたのは1993年である。オーストラリア・グループ設立の大きな理由の1つが条約の不存在であり，条約ができるまでの暫定的なものとの考えが有力であった。

　条約交渉過程においても，条約に参加することによりその国は化学兵器の全面禁止を受け入れ，条約の検証制度にも従うわけだから，オーストラリア・グループによる輸出管理は廃止されるべきであると主張する開発途上国が存在した。また条約自体もその第11条において，生物兵器禁止条約と同様に，平和利用の化学剤の利用を妨げないこと，関連物質，装置，技術の交換を容易にし，それに参加する権利を認めている。さらに，この条約は，オーストラリア・グループの存在をも考慮して，平和目的の貿易を妨げる制限であって，この条約に基づく義務に反するものを締約国間で維持してはならないという規定も設けている。

　最終的には，オーストラリア・グループの代表が，「オーストラリア・グループの参加国は，条約の実施状況に照らして，条約に基づく義務を完全に遵守している条約締約国の利益のために，条約目的に反する目的のための化学剤および装置の拡散を防止するためとっている措置の撤廃を目的として，それらの措置を再検討することを約束する」と述べた。これにより，条約との関係は一応の決着をみているが，オーストラリア・グループを解体する方向には進んでいない。

(c)　協力的措置

　大量破壊兵器とミサイルの不拡散に関連して，困難な状況にある国に対して国際社会が協力的な措置をとることは有益なことである。旧ソ連諸国に対する経済的および技術的援助は，米国を中心に，日本やEU諸国が実施している。この措置により拡散の危険が完全に除去されるわけではないが，不拡散に重要な役割を果たしている。また北朝鮮に対する軽水炉の建設も，韓国，日本，米国の経済的および技術的援助によるものであり，これは北朝鮮の核開発疑惑を不拡散の方向で解決する手段として評価すべきであろう。

この協力的措置は，拡散の危険の原因は被援助国にあるにもかかわらず，拡散の危険のある国に有利に作用するので，また援助が確かに不拡散の目的に厳密に利用されているかどうか不確定なところもあるため，このような協力的措置に批判的な見解も存在する。しかし，国際社会全体の利益および長期的な平和と安全の観点から考えるならば，短期的には不公平であると考えられるとしても，積極的に実施する価値があると考えられる。

(d) 非協力的措置[36]

この措置は拡散の事実や疑惑のある国に対して，上述の協力的措置ではなく，非協力的な措置をとるものである。湾岸戦争終結に際して採択された国連安保理決議687（1991）で，国連は国連憲章第7章の下における措置として，イラクの大量破壊兵器およびミサイルの武装解除を決定した。その後UNSCOMとIAEAにより査察および破壊が実施されたが，生物兵器，化学兵器，ミサイルについては完全には破壊されていない。

このように国連の安全保障理事会の決定による措置は，拡散の防止あるいは拡散を元に戻すための措置としてきわめて有益でありかつ正当なものである。

1998年5月のインドの核実験に際して，国連はインドに対して経済制裁などの措置を決定しようとすれば決定できた状況であったし，インドに対する国際社会の反応がきわめて厳しいものであったならば，パキスタンは核実験を実施しなかったかもしれない。しかし，ロシア，フランスなどが経済制裁に反対したため，安保理決議は，一定の行動の自制を要請する勧告以上にはならなかった。その際に，米国と日本は一定の経済制裁を一方的に実施した。ここでは制裁という言葉を使用しているが，国連安保理が決定により行う制裁とは，概念的にまったく異なるものである。これらの措置も一応の有益性と正当性は備えていると考えられる。

他方，不拡散のためにある国が独自に軍事的手段を用いること，たとえば米国によるリビアの化学工場の爆撃のようなものは，不拡散の側面から望ましいとしても，正当性の側面からは疑問が生じると考えられる。米国の政策に取り入れられている「対抗拡散（counterproliferation）」も，拡散に対抗するという意味で重要な政策であるが，その具体的実施にあたっては，正当性

の側面からの慎重な吟味が必要であろう。⁽³⁷⁾

(32) 国際的輸出管理制度の発達およびその内容に関しては，Ian Anthony, Anna De Geer, Richard Kokoski and Thomas Stock, "Multilateral Weapon-Related Export Control Measures," *SIPRI Yearbook 1995: Armaments, Disarmament and International Security*, 1995, pp. 597-633; Ian Anthony and Thomas Stock, "Multilateral Military-Related Export Control Measures," *SIPRI Yearbook 1996: Armaments, Disarmament and International Security*, 1996, pp. 537-551; Ian Anthony, Susanna Eckstein and Jean Pascal Zanders, "Multilateral Military-Related Export Control Measures," *SIPRI Yearbook 1997: Armaments, Disarmament and International Security*, 1997, pp. 345-363; Ian Anthony and Jean Pascal Zanders, "Multilateral Securiy-Related Export Control," *SIPRI Yearbook 1998: Armaments, Disarmament and International Security*, 1998, pp. 373-402; Ian Anthony and Jean Pascal Zanders, "Multilateral Weapon and Technology Export Controls," *SIPRI Yearbook 1999: Armaments, Disarmament and International Security*, 1999, pp. 692-700; Ian Anthony, "Multilateral Weapon and Technology Export Controls," *SIPRI Yearbook 2000: Armaments, Disarmament and International Security*, 2000, pp. 667-687; Ian Anthony, "Multilateral Weapon and Technology Export Controls," *SIPRI Yearbook 2001: Armaments, Disarmament and International Security*, 2001, pp. 615-643; Ian Anthony, "Multilateral Export Controls," *SIPRI Yearbook 2002; Armaments. Disarmament and International Security*, 2002, pp. 743-758. 参照。

(33) たとえば，2001年2月にロシアはインドに対し低濃縮ウランを輸出したが，これは輸入国によるフルスコープ保障措置の受諾を条件とするという原子力供給国グループ（NSG）のガイドラインに違反すると多くのメンバー国は考えている（*Arms Control Today*, Vol. 31, No. 2, March 2001, p. 32.）。

(34) Michael Beck, "Reforming the Multilateral Export Control Regimes," *Nonproliferation Review*, Vol. 7, No. 2, Summer 2000, p. 99.

(35) このような傾向に対して，米国では再びCOCOMのような輸出管理制度への転換が模索されている。たとえば，米国議会により1999年10月に設置された議会輸出管理研究グループが2001年4月24日に提出した最終報告書（Study Group on Enhancing Multilateral Export Control For US National Security, Final Report, [http://www.stimson.org/tech/sgemec/index.html]）は，多国間輸出管理の新たなもっと効果的な枠組みを打ちたてるために，特に以

下の3点を勧告している。
1) 短期的には，ワッセナー・アレンジメントおよび他の多国間アレンジメントを改善することに努力し，長期的に，それらを単一の効果的な組織に統合するという目的をもつこと。
2) 新たな補完的な枠組みが多国間輸出管理を調整するために作成されるべきこと。それは，参加国の輸出管理政策を調整し，同盟国および友好国との防衛協力を改善することを基礎とする。
3) 米国の輸出管理システムを改善すること。
(36) 非協力的措置に関しては，Ian Anthony and Elisabeth M. French, "Non-Cooperative Responses to Proliferation: Multilateral Dimensions," *SIPRI Yearbook 1999: Armaments, Disarmament and International Security*, SIPRI, 1999, pp. 667-691. 参照。
(37) ロバーツは，不拡散システムのための措置として輸出管理，軍備管理，対抗拡散をそれぞれ分析し，過去10年間に生じた重大な教訓として，これらの政策道具は互いに補完的であるばかりでなく，それらの統合された追求が全体的な成功に不可欠であると結論している (Brad Roberts, "Proliferation and Nonproliferation in the 1990s: Looking for the Right Lessons," *Nonproliferation Review*, Vol. 6, No. 4, Fall 1999, p. 74.)。またミッチェルは，核不拡散のための戦略として，抑止戦略，報酬戦略，予防戦略，発生戦略，認識戦略，規範戦略の6つに整理して分析している (Ronald B. Mitchell, "International Control of Nuclear Proliferation: Beyond Carrots and Sticks," *Nonproliferation Review*, Vol. 5, No. 1, Fall 1997, pp. 40-52.)。

4　今後の課題

(a)　条約体制と輸出管理体制の関係

核不拡散条約には188ヵ国，生物兵器禁止条約には147ヵ国，化学兵器禁止条約には148ヵ国が締約国となっており，条約の普遍性はかなりの程度で確保されている。もっとも条約に加入していない国の中に，それらの兵器の保有あるいは開発の疑惑がある国が存在するので，それらの国の早期の加入に国際社会は努力すべきである。

他方，原子力供給国グループには39ヵ国，オーストラリア・グループには

33ヵ国，MTCRには33ヵ国が参加している。また原子力供給国グループの参加国はすべてNPTの締約国であるし，オーストラリア・グループの参加国はすべて，生物兵器禁止条約および化学兵器禁止条約の双方の締約国となっている。[38]

　条約の場合には，基本的には国家の主権の行使として自主的に条約に参加するのであって，そこに定められた義務には自らの意思により従うのである。他方，輸出管理制度は，30数ヵ国のグループによる非公式の合意として，各国の国内法などを通じて実施されるものである。このグループの参加国は全般的には先進国であり，高度の科学技術や産業基盤をもっており，拡散の危険のある品目については輸出を禁止したり制限したりしている。特に冷戦後においては，軍事利用にも平和利用にも可能な汎用品がリストに多く含まれるようになっている。

　拡散の危険が存在する現状において輸出管理制度が必要であるのは当然であるが，条約との関連をもっと明確にする必要がある。イラクや北朝鮮のように条約の締約国であることを隠れ蓑のように利用して，条約違反を画策するという国家が存在することは事実であるが，すべての国をイラクや北朝鮮のように扱うのも不適切である。条約違反への対応は，条約の実効性を高めることにより対応すべき問題であって，そのためには検証制度の強化などの措置が必要である。

　逆に条約に入ろうとしない国に対する輸出管理は，条約の目的を促進するためにも有益である。原子力関連の物質や資機材の受領に関して，NPT締約国よりも非締約国の方が有利な立場にあったことは非難されるべきである。NPTが成立し，1990年代の初めまでは，締約国にはフルスコープ保障措置が適用されているときに，締約国から非締約国への輸出については関連部分にのみ保障措置が適用されていた。また，多くの非核兵器国が主張していたように，締約国よりも非締約国が多くの原子力関連の供給を受けていたことがある。

　また条約の場合には条約の条項および交渉の経過などから条約の内容はきわめて明瞭であり透明性が十分確保されているが，輸出管理の場合は，非公式の非公開の会合で合意され，情報の交換も非公式なため，全体の透明性が確保されていない。このことが，開発途上国からの疑惑を招く1つの原因に

なっている。輸出管理グループも最近は，多くの情報を公開し，メンバー国でない国にもセミナーなどの開催を通じて透明性を拡大し，メンバー国でない国々の理解を促進しようとしている。しかし開発途上国は，自らが参加していない会合で決定される規則に大きな影響を受けることに反論している。

このように，条約に参加し，条約の義務に従うことを引き受けている国に対して，一方的に実施される輸出の禁止や規制が適用されている現状に対して，輸出管理を実施している国はその必要性と妥当性を明確に説明する責任があるし，納得させる責任があると考えられる。

(b) 核兵器と他の大量破壊兵器の関係

冷戦後の不拡散問題は，主として米国を中心に大量破壊兵器およびミサイルとして一括して議論されている。核兵器の不拡散は1960年代から広く議論されていたが，冷戦後の新たな動きとして生物兵器および化学兵器も核兵器と同じレベルで議論されるようになった。通常兵器とは異なるという意味では，同じカテゴリーに含めることは可能だとしても，それぞれの法的状況，兵器の破壊力，軍事的有用性，防御の方法などが異なることから，3者を区別すること，少なくとも核兵器と生物・化学兵器を区別して議論するのが，問題の理解を高めるのに必要である。[39]

まず条約による法的状況としては，核兵器の不拡散は条約上規定されているが，5核兵器国の核兵器保有は条約上許容されている。他方，生物兵器と化学兵器の場合は，あらゆる国家にとってその保有が禁止されている。このことから不拡散の問題も異なる側面を有することになる。すなわち，生物兵器と化学兵器の場合は，それらの全面禁止という法規範が存在する状況で，不拡散が追求されているのに対し，核兵器の場合は，5核兵器国に保有を認めながら他のすべての国への不拡散が追求されているわけである。

したがって，生物兵器と化学兵器の場合は，締約国間に不平等はなく，条約の普遍性を確保することで全面禁止が法的に確立されるが，それに至る暫定的なものとして不拡散の要請が出てくる。オーストラリア・グループの設置も，当初は化学兵器禁止条約が成立するまでの暫定的なものと考えられることもあった。条約成立後も輸出管理が続いているのは，違反する国があるかもしれないことと，条約に参加しない国が存在することである。生物兵器

の輸出管理も，条約の普遍性が確保されていないことと，条約の検証措置が不完全なことである。

　他方，核兵器の場合には条約は核兵器の全面禁止を規定しているわけではないので，直接全面禁止は出てこない。しかし，不拡散を追求する場合には，少なくとも全面禁止に向けての方向性を示すことが必要であり，それは第6条に規定された義務である。そのためには，核兵器国が第6条の義務を誠実に履行することが必要である。

　もう1つの側面は，核兵器の使用に関する政策の問題であり，核兵器と生物・化学兵器を一括して考えるか，別個に考えるかで異なる解答が生まれてくる。それは，生物・化学兵器の使用を抑止するために核兵器の使用を可能とするかどうかの議論である。米国は生物兵器および化学兵器を保有していないので，同種の兵器で対応することができないため，それらの脅威に対してどのように対応するかが議論されている。核不拡散条約との関連で米国は消極的安全保障を宣言しながらも，生物兵器や化学兵器の脅威に対してあらゆる手段を用いるとも述べており，米国の政策はあいまいなものとなっている。

　大量破壊兵器としてそれらを一括して考えれば，大量破壊兵器の先制不使用という文脈で核兵器の使用政策を考えることが容易になり，他方，核兵器と生物・化学兵器は別のものだと考えれば，核兵器の先制不使用政策へと導くものとなる。

　ただ，現在のあいまいな政策においても，対象国として考えられているのは，イラン，イラク，北朝鮮など若干のいわゆる「ならず者国家」であり，それらへの対応が原則となっている。そこで現状を変更することなく，原則と例外を入れ替えることが可能であろう。すなわち，生物兵器禁止条約および化学兵器禁止条約の双方に加入している国であって厳格に義務を守っている国に対する核兵器の先制不使用（消極的安全保障）政策の採用である。この基準によれば，いわゆる「ならず者国家」はこの原則的な政策に当てはまらず，例外として核兵器による報復を受ける可能性が残される。さらに，この政策は現在生物兵器禁止条約および化学兵器禁止条約に加入していない国に対して，加入の動機を与えるものとなりうるであろう。

(c) ミサイルの一層の規制

　核兵器，生物兵器，化学兵器の場合には，条約と輸出管理が対になっているのに対して，ミサイルの場合には輸出管理のみであって条約はまだ存在しない。ミサイルはそれ自体兵器ではなく運搬手段であって，技術的には平和利用のロケットと大差がないこともあり，伝統的には非人道的であるとか，忌むべきものとは考えられてこなかった。しかし，冷戦後，特に開発途上国がミサイルの開発や輸入に進み，またミサイルは大量破壊兵器の運搬手段として，開発途上国の場合には特に安価で生産が容易な生物兵器や化学兵器の運搬手段として危険視されるようになった。開発途上国では，また逆にミサイル開発は自国の技術的レベルの進展を示すものとして，国際社会におけるプレスティージとも意識されている。

　このような現状にあって，ミサイルの規制を強化しようとする動きが見られる。まずMTCRはミサイルの輸出管理を中核としながらも，懸念国の参加も得られるような国際的枠組み作りの必要性を認識し始め，2000年10月に開催されたヘルシンキでのMTCR総会において，「弾道ミサイルの拡散に対する国際行動規範」を作成するための草案に合意した。2002年11月には93ヵ国がそのハーグ国際行動規範に署名している。

　その内容は，弾道ミサイルの拡散の防止および弾道ミサイルの削減の必要性についての原則，および平和目的のロケット計画が弾道ミサイル計画を隠蔽するために利用されてはならないという原則に合意し，そのため弾道ミサイルの開発，実験，配備の最大限可能な抑制および可能な場合には弾道ミサイル保有の削減，ミサイル保有を放棄する国に対する支援の提供などが考えられており，弾道ミサイル政策に関する年次報告，平和目的ロケットに関する政策や発射・実験施設に関する年次報告，発射場へのオブザーバーの招待，発射の事前通告などの信頼醸成措置が含まれている。

　他方，ロシアのイニシアティブとして，1999年6月のケルン・サミットでミサイル・ロケットの発射のグローバル監視，ミサイル非保有国に対する安全の保障などからなるミサイル規制のための「グローバル監視システム」が提唱され，2000年3月にイラン，パキスタンなども招待してモスクワで会合を開いた。2001年2月にも第2回会合が開かれ72ヵ国が参加した。

また米ロは，2000年6月の首脳会談において，「ミサイル早期警戒通報のための米ロ共同センターの設置に関する合意覚書」に署名した。モスクワに設置されるセンターにより，米ロの弾道ミサイルおよび平和目的ロケットの発射情報はリアルタイムで交換されることになり，将来的には多数国間システムの中核として他の関係国に開放されることになっている。

国連総会は，2000年12月にイランの提出したミサイルに関する決議を採択した。この決議は，国際の平和と安全に貢献するものとして，バランスのとれた無差別の方法で，ミサイルに向けた包括的アプローチの必要性を確信して，事務総長に対し，あらゆる側面におけるミサイル問題につき加盟国の見解を求め，総会第56会期に報告書を提出するよう要請し，また事務総長に対し，公平な地理的配分を基礎に2001年に設置される政府専門家パネルの援助を得て，あらゆる側面におけるミサイル問題を総会第57会期で審議するため報告書を作成するよう要請するものである。

このように，ミサイルの国際的な規制についても若干の進展がみられるが，将来的にはミサイルを規制する国際条約の締結をも視野に入れて検討することが必要である。[40]

(d) 国際社会における不拡散体制の意義

大量破壊兵器およびミサイルの不拡散のため，条約，輸出管理，協力的措置，非協力的措置・制裁などさまざまな措置がとられており，全体として不拡散のための国際レジームを形成しており，現代の国際社会の平和と安全あるいは安定のために重要な役割を果たしている。したがって，これらの措置は今後とも必要であるし，強化されることが必要である。ただすでに述べたように，それぞれの措置の正当性や公平性といった観点からの検討が必要である。

現在の国際社会の構造の特徴は，米国を頂点とし米国を中心とする国際秩序の形成および強化が進められていることである。まず米国のまわりに核兵器を保有することを法的に認められた4ヵ国が存在し，これらが国連安保理の常任理事国となっている。また米国を中心にG7諸国を中核とする先進工業国が存在し，大量破壊兵器やミサイルに関連する先端技術を保有しているという構造が見られる。

このような状況で，開発途上国，特に地域的な覇権を求める国家が大量破壊兵器やミサイルを製造または取得しようとしている一般的状況に対応するため，国際的な不拡散レジームが作成され，強化されつつある。

国際状況の一般的な悪化の防止という側面から，これらの不拡散措置を取ることは必要であり，短期的には一定の効果を挙げ，国際の平和と安全保障に寄与するものと考えられる。

しかし，長期的に考えた場合，デマンドサイド・アプローチは正当性や公平性の点から考えても持続性を維持すると思われるが，サプライサイド・アプローチあるいは一方的アプローチは短期的に効果があるとしても，長期的には効果を失う可能性が高い。したがって，不拡散へのアプローチとしては，サプライサイド・アプローチよりもデマンドサイド・アプローチを強化する方向で推進するべきであろう。

他方，不拡散措置を長期的に考えた場合，それは生物兵器禁止条約や化学兵器禁止条約が規定している全面禁止のための手段としての意義を有している点が重要であろう。核兵器の場合に，短・中期的には全面禁止の達成はきわめて困難であろうから，その点から考えて事態の悪化を防止するという意味で，核兵器不拡散は重要な役割を果たしている。しかし，長期的であれ，全面禁止という目的を考慮しつつ不拡散問題を考えることが必要であろう。

また，開発途上国が大量破壊兵器やミサイルを入手しようとする動機や必要を一層厳密に検討し，それに対応する方法を検討する必要がある。一般的には，それぞれの国家安全保障が問題の根源にあると考えられるので，国際的なレベルで，さらに特に地域的なレベルで各国の安全保障をいかに維持し強化するかという問題を考える必要がある。しかし，一般論とともに，それぞれの国家の特別の状況を考慮した検討とそれへの対応が必要であると考えられる。[41]

(38) 軍備管理と輸出管理の連携については，山本武彦「冷戦後の軍備管理レジームと国際輸出管理レジームの連携構造」『国際政治』第108号，1995年3月，12-26頁参照。

(39) 同様の見解として，National Academy of Sciences, *The Future of U.S. Nuclear Weapon Policy*, National Academy Press, 1997; Wolfgang K.H. Panofsky, "Dismantling the Concept of 'Weapons of Mass Destruction'," *Arms Control*

Today, Vol. 28, No. 3, April 1998, pp. 3-8. 参照。

(40)　Mark Smith, "The MTCR and the Future of Ballistic Missile Non-Proliferation," *Disarmament Diplomacy*, Issue No. 54, February 2001, [http://www.acronym.org.uk/54smith.htm] 阿部大使は今後のオプションとして, ミサイル不拡散条約, MTCRの強化と拡大, 輸出管理レジームの連携, ミサイル発射実験事前通報制度を検討している (阿部信泰「ミサイル不拡散努力の今後の方向性」『国際問題』461号, 1998年8月, 31-44頁)。

(41)　ミュラーは, 拡散問題は世界的な一般的な問題ではなく, 地域的な個別的な問題であり, 北アフリカとペルシャ湾を含む中東, 南アジア, 東アジアの3つの地域に集中していると分析している (Harald Müller, "Neither Hype Nor Complacency: WMD Proliferation after the Cold War" *Nonproliferation Review*, Vol. 4, No. 2, Winter 1997, pp. 63-65.)。

第8章　人間の安全保障と軍縮

第8章 人間の安全保障と軍縮

冷戦後の国際社会においては，米ソの世界的な対立が消滅し，逆に地域におけるあるいは国内における紛争が大幅に増加した。これらは核兵器の威嚇による対立という構図とはまったく異なり，使用される武器は小型であり軍事的対立は小規模であるとしても，実際に多くの武器が使用され，多くの犠牲者を生み出している。それらの犠牲者は兵士よりも，一般住民，特に女性や子供に広がっている。さらに地雷などの場合は特に顕著であるが，武力紛争終結後も長期にわたり多くの犠牲者が発生している。

冷戦後のこれらの新たな状況に対応するために，国際社会はさまざまな努力を行ってきた。本章では，人間の安全保障という新たな概念と軍縮の問題を検討する。まずこの新たな概念の創設とその内容を考察し，その概念と軍縮との関連を検討する。次にその具体的成果として対人地雷禁止問題を取り上げ，さらに小型武器の規制の問題を取り上げる。最後に，今後の進むべき方向として，対人地雷と小型武器への今後の対応とともに，人間の安全保障とNGOの関係，および人間の安全保障と軍縮全般の関係を考察する。

1 人間の安全保障概念と軍縮

(a) 人間の安全保障の概念

人間の安全保障という用語は，1990年代半ばからさまざまな文脈で用いられており，その内容もさまざまである。1994年の国連開発計画（UNDP）の「人間開発報告書」では，社会開発の発展過程での概念として，環境の劣悪化，飢餓，人口増加などが脅威と認識されている[1]。また日本政府の考えでは，環境問題，人権侵害，国際組織犯罪，薬物，難民，貧困，対人地雷，エイズ感染症といった人間の生存，生活，尊厳を脅かすあらゆる脅威を包括的に捉えている[2]。さらにカナダなどは国際紛争や人権面に着目し，対人地雷，平和維持活動，紛争時の子供の問題などが取り上げられている。

このようにこの概念は多義的であるが，そこに共通するのは，これまでの軍事力を中心とする国家安全保障という概念によって個々の人間の安全を守るのは不可能であり，個々の人間の安全を基礎とし，それを中心とする新たな概念が必要であること，さらにそれらは国家単位ではなく，国際社会全体

の問題として，国際的に対応していく必要があるという点であると考えられる。

伝統的な安全保障としては，国家の安全保障（national security）という概念が基礎にあり，それを基礎として国家間の安全保障（国際安全保障）（international security）という概念が構築されてきた。そこでは，軍事力による安全保障が中心であった。人間の安全保障（human security）という概念は，ある意味では伝統的な安全保障概念とは対置され，その不十分さを指摘し，個々の人間の安全保障の重要性を強調するものであり，また軍事力ではなく開発，環境，人権といった社会正義の側面を重視するものである。

(b) 軍縮と人間の安全保障の関連

軍縮問題は，国家軍備の撤廃，削減，規制などを取り扱うものであり，まさに国家安全保障の中心問題である。これまでの多くの軍縮問題は基本的には国家安全保障および国際安全保障の問題であり，人間の安全保障とは直接関連がなかったと言ってよい。米国とソ連／ロシアの間の戦略核兵器の削減は，両国家間の安全保障の問題であり，核不拡散条約や包括的核実験禁止条約，あるいは非核兵器地帯設置条約なども，基本的には国家安全保障の問題であり，また国際安全保障の問題であった。

軍縮の問題が人間の安全保障の問題として考えられるようになるのは，冷戦後の世界において，地域紛争や国内紛争が多く発生するようになってからである。それが最も顕著な形で表れたのが，対人地雷と小型武器である。これらに共通するのは，核兵器と異なりこれらの兵器が実際に大量に使用されていることであり，それにより多くの犠牲者が生じているが，その多くは戦闘員ではなく，女性や子供であるという点である。またこれらの状況では，国家が必ずしも有効に機能していないか，あるいは破綻国家となっている場合が多く，国際社会による対応が必要とされている。結論として，これらの兵器の使用により，環境が悪化され，開発が不可能になり，個々の人間の社会的発展が阻害されているという点で，まさに人間の安全保障の問題となるのである。

(c) 平和への課題追補

冷戦後の国際安全保障に関して，ブトロス＝ガーリ国連事務総長は，1992年6月に，主として予防外交，平和構築，平和維持に関する報告書「平和への課題」を提出した。その追補としての報告書が1995年1月に提出されたが，事務総長はそこで「ミクロ軍縮」の重要性を強調し，以下のように述べた。[3]

　大量破壊兵器の軍縮が進展していることは，人類の安全保障にとって，また平和と人類のための経済的，科学的，技術的資源の解放にとってきわめて重要なことである。しかしここでは「ミクロ軍縮」に焦点を当てる。それは，国連が現実に対処している紛争の関連において，また数十万という人々が実際に殺されている兵器の関連においての実際的な軍縮を意味している。

　ミクロ軍縮は，……国連の平和維持活動での兵器の収集，管理，処分など重要な部分を占めている。ミクロ軍縮は紛争後の平和構築においても同じく重要である。

　特に注意を払うべき軽兵器の2つのカテゴリーがある。第1は小型武器であり，これは現在の紛争における最も大きな死亡原因となっている。世界には小型武器が溢れておりその移転を監視するのはきわめて困難である。……有効な解決策を見出すのに時間がかかるだろうが，今すぐその探求を始めるべきである。

　第2に，対人地雷の拡散の問題がある。最近の前向きな発展として，この問題が注目を集めている。……これは優先的な注目が払われ続けるべき問題である。

(d) ハーグ・アジェンダ

1999年5月に，オランダのハーグで，ハーグ平和アピール市民会議が開催され，「21世紀の平和と正義のためのハーグ・アジェンダ」[4]が採択された。これは1899年の第1回ハーグ平和会議の100周年を記念して，世界100ヵ国以上から約1万人が集まり開催されたNGOの会議である。ハーグ・アジェンダは4つの側面に分けて50の個別課題を掲げているが，その1つの側面は「軍縮と人間の安全保障」[5]となっている。

ハーグ・アジェンダの内容を動機づけたテーマの1つとして「人間の安全保障」が含まれており，そこでは，「安全保障を，国家主権と国境ではなく人間の必要および生態的必要の観点から再定義する時期である。資金を軍備から人間の安全保障と持続可能な発展に切り替えることにより，新たな社会秩序の構築へと導く新たな優先順位が設定される。それは，女性や先住民を含む周辺的集団の平等な参加を確保し，軍事力の使用を制限し，集団的世界安全保障へと進むだろう」と述べられている。

軍縮と人間の安全保障に掲げられた9の個別課題は，地球経済の非軍事化，核兵器撤廃条約の交渉，小型武器を含む通常兵器の拡散と使用の防止，地雷禁止条約の批准と履行，新たな兵器や技術の開発と使用の防止，生物兵器禁止条約と化学兵器禁止条約の普遍性確保と履行など軍縮問題全般にわたっている。ここでは，小型武器と対人地雷に限定されておらず，国際社会全体の非軍事化が謳われており，それも国家安全保障ではなく，人間の安全保障という側面から全体が構成されている。

(1) 人間の安全保障という概念の分析については，栗栖薫子「人間の安全保障」『国際政治』第117号，1998年3月，85-102頁，栗栖薫子「人間の安全保障－主権国家システムの変容とガバナンス」赤根谷達雄・落合浩太郎編『新しい安全保障論の視座』亜紀書房，2001年，113-149頁。浦野起央『安全保障の新秩序』南窓社，2003年，312-376頁参照。
(2) 外務省『外交青書1999』第1部，99頁。
(3) *Supplement to An Agenda for Peace*: Position Paper of the Secretary-General on the Occasion on the Fiftieth Anniversary of the United Nations, A/50/60-S/1995/1, 3 January 1995. ブトロス＝ガーリ事務総長は，Foreign Affairs誌の1994年9・10月号において，対人地雷について，化学兵器や生物兵器と同じ法的および道義的カテゴリーに置き，一般人が地雷を悪いものとしてイメージする方向を追求すべきだと述べ，地雷とその構成要素の生産，貯蔵，移転，使用の全面禁止に関する国際条約を作成する必要を強調していた。(Boutros Boutros-Ghali, "The Land Mine Crisis: A Humanitarian Disaster," *Foreign Affairs*, Vol. 75, No. 5, September/October 1994, pp. 8-13.)
(4) The Hague Agenda for Peace and Justice, [http://www.haguepeace.org/index.php? name = agenda]
(5) 他の3つの側面は，「戦争の根本原因／平和の文化」「国際人道と人権の法と

制度」「暴力的紛争の予防，解決，転換」である。

2　対人地雷禁止条約

(a)　条約締結の背景

　国連人道問題局によると，世界の68ヵ国に1億1千万個以上の地雷が散布され，毎月2000人以上が地雷爆発で死傷し，その大半は敵対行為終結後に死傷する文民である。また地雷は，文民に物理的・心理的被害を与えると共に，社会的サービスを崩壊させ，農地の生産を妨げて食料確保を脅かし，難民や避難民に帰還・再定住を拒んでいる。(6)このように地雷の問題は，今日では人間の安全保障の問題となっている。

　地雷の規制に関しては，1980年の「特定通常兵器使用禁止制限条約」があり，その議定書Ⅱは地雷の使用を規制していた。しかしこの条約は，1990年代の地雷問題にほとんど対処できなかった。それは議定書への締約国が少なかったこと，議定書は国家間紛争にのみ適用され，内戦には適用されないこと，議定書の実質規定が非常に弱かったことなどによる。その結果，条約再検討会議を通じて，1996年5月に「改正地雷議定書」が採択された。これにより，議定書が内戦にも適用されるようになり，使用禁止の規定が厳格になり，さらに地雷の移譲も禁止されることになった。(7)

　しかし，これらの禁止は基本的には使用の禁止であり，武力紛争法／国際人道法の分野における規制であって，対人地雷の生産や保有を禁止し，保有しているものを廃棄するという軍縮措置ではない。その後，国際社会は人道法による規制では不十分であり，全面廃棄を視野に入れた軍縮措置の方向に向かうことになった。

(b)　オタワ・プロセス

　対人地雷の一層の規制に関して，1996年あたりから2つの流れが現われた。1つは対人地雷の全面禁止を求めるという同じ考えを持つ国家のみで条約交渉を開始しようとする流れであり，もう1つはジュネーブ軍縮会議において，地雷の全面禁止を目標としつつも，その第1段階として地雷の輸出入と貿易

の禁止から始めようとする流れであった。

　軍縮会議には地雷を生産している諸国家や，ロシア，中国などのように地雷の規制に消極的な諸国も参加しており，規制の実効性の点からは好ましいと考えられ，米国も当初は軍縮会議での交渉を優先すべきだと主張していた。しかし，軍縮会議は条約案の採択のみならず，交渉開始のための議題の採択もコンセンサスで決定されるため，地雷の交渉を望まない国がいることと，地雷よりも核軍縮を優先すべきだとする諸国がいることにより，結局，軍縮会議では対人地雷に関する交渉に合意は達成されなかった。

　対人地雷の全面禁止の流れは，対人地雷の全面禁止に賛同する当初は少数であった国々と国際NGOとの連携により，徐々に大きな流れとなっていった。その公式の出発点は，カナダの主導の下にオタワで1996年10月3日－5日に開催された「対人地雷の世界的禁止に向けた国際戦略会議」(オタワ会議)であった。この会議は対人地雷全面禁止に向けての戦略を議論する会議であったが，アクスワージー・カナダ外相は，オーストリアに条約草案の起草を委託するとともに，1997年12月末までに対人地雷全面禁止条約署名のための会議を開催することを宣言した。

　これが「オタワ・プロセス」の開始であり，その後1997年2月のウィーンでの会議で条約草案が審議され，4月のドイツでの会議で検証問題が審議され，6月のブリュッセルでの会合で，条約の基本的内容に合意が達成された。オタワ宣言に参加した国は50であったが，ブリュッセル宣言には97国が参加した。このようにオタワ・プロセス支持国は確実に増加していった。

　条約の採択のために1997年9月1日－18日にオスロ会議が開催された。それまで不参加であった米国もオタワ・プロセスを無視するわけにいかず，参加を表明しいくつかの点で条約案の修正を求めた。オスロ会議の議論において，全面禁止条約推進派はいかなる例外も認めないという原則的立場を貫いたため，米国の修正案は受け入れられず，例外のない禁止を規定する条約案が採択された。

　その後1997年12月3日に条約は署名のため開放され，1999年3月1日に発効した。

(c) 条約の内容

　まず一般的義務として，いかなる場合にも，対人地雷の使用，開発，生産，取得，貯蔵，保有，移譲を禁止し，さらにすべての対人地雷の廃棄を義務づけている。その廃棄に関して，自国が保有する地雷は4年以内に廃棄すること，地雷敷設地域における地雷は10年以内に廃棄することが定められた。地雷の定義においては，改正議定書の定義にある「第一義的な目的として」という用語が削除され，米国の修正案を拒否する形になったため，定義が明確になり，抜け穴を残さない規定振りとなった。

　次に条約義務の履行確保について，条約は検証や査察といった軍縮条約に一般的な規定を置かず，遵守の促進のための手続と紛争解決制度が規定された。締約国は透明性措置として，国内措置の実施状況，地雷の保有や廃棄の状況につき毎年事務総長に報告する義務を負う。締約国は他国の条約遵守の問題につき「説明の要請」を行うことができ，締約国会議で検討され，事実調査委員会の設置と派遣，委員会による報告書の提出などの手続が規定されている。[10]

　さらに組織化としては，締約国会議，締約国特別会議，検討会議が規定されており，条約効力発生5年後に予定される検討会議までは，締約国会議が毎年招集される。

　条約は40番目の批准書の寄託から6ヵ月後の月の初日に発効することになっており，条約に対する留保は許されない。条約の有効期間は無期限であり，6ヵ月の事前通告により脱退する権利が認められているが，武力紛争に巻き込まれている場合には，それが終了するまで脱退は効力をもたない。

(d) 条約の意義

　この条約の第1の意義は，対人地雷の全面的禁止という困難な課題に対し，志を同じくする諸国により，短時間の交渉において条約を成立させたことである。それもほとんど抜け穴を残さないきわめて厳格な内容をもち，使用の禁止のみならず，開発，生産，貯蔵などを全面的に禁止し，さらに一定の期限つきで廃棄を義務づけるものである。これまでの軍縮会議での軍縮交渉とは大きく異なり，規制のレベルがきわめて高く，ある意味では理想的な条約

が成立した。

　このことは反面において，米国，ロシア，中国，インド，パキスタン，南北朝鮮，中東諸国などが参加していないという負の現実に直面する。これらは地雷の生産国であり，また多量の地雷の保有国であり，実際に地雷が軍事上不可欠であると考えている諸国である。地雷禁止を国際規範として強化していく必要があり，将来これらの諸国をいかにして取り込んでいくかが今後の課題である。

　条約の第2の意義は，この条約が国家安全保障という側面からではなく，人間の安全保障という側面を強調しつつ作成されたことである。条約前文は，「毎週数百人の人々，主として罪のないかつ無防備な文民，特に児童を殺し又はその身体に障害を与え，経済の発展及び再建を妨げ，難民及び国内の避難民の帰還を阻止しその他の深刻な結果をその敷設後数年にわたってもたらす対人地雷によって引き起こされる苦痛及び犠牲を終止させることを決意し」と述べており，軍事的安全保障ではなく，文民，特に児童の保護，開発，難民保護など人間の安全保障にかかわる側面が強調されている。

　第3に，条約は義務の履行に関して他の締約国の援助を求め，援助を受ける権利を認めている。すなわち，地雷除去のための装置および関連技術情報の交換を容易にすること，地雷による被害者の治療，リハビリ，社会的経済的復帰の援助を提供すること，さらに地雷除去や地雷廃棄に関連した援助を提供することを約束している。

　これらの規定は，地雷禁止条約から生じる地雷除去や地雷廃棄が関連国だけの問題ではなく，国際社会全体が積極的に取り組むべき「地球的問題群」の1つであることを明確に示しており，国際社会の協力と支援により，条約義務を実施していくことが確認されている。

　これらのことは，この条約が地雷廃絶国際キャンペーンなどNGOとの協働によって作成されたことから大きく影響されている。NGOは対人地雷禁止問題を，これまでの軍縮問題としてよりも，人道問題として追求してきた。これは条約前文において，「対人地雷の全面的禁止の要請に示された人道の諸原則の推進における公共の良心の役割を強調し，また，このために国際赤十字・赤新月運動，『地雷廃絶国際キャンペーン』その他の世界各地にある多数の非政府機関が行っている努力を認識し」と規定されている。ワーストは，

「条約の署名は，軍事的便宜に対する人道主義の勝利であり，軍備管理分野における政府と非政府団体との先例のない協力の例である。……これは政府にとっても非政府軍備管理推進者にとっても驚くべき瞬間である。1991年に一握りのNGOの草の根キャンペーンとして始まったものが，今や明確な世界的な運動となった。問題を，軍縮課題とともに人道的災害とすることにより，対人地雷反対者は学際的な，誰でも入れる運動としたが，これはこれまでの軍備管理キャンペーンには見られなかったことである」[12]と，NGOの役割を高く評価している。

(6) 国際連合広報センター『国際連合と地雷』1997年3月，36-37頁。
(7) 地雷議定書，改正地雷議定書の内容の分析およびオタワ条約との関連については，岩本誠吾「地雷規制の複合的構造」『国際法外交雑誌』第97巻第5号，1998年12月，29-58頁，堤功一「対人地雷の法規制について」『立命館法学』第250号，1997年3月，207-226頁参照。
(8) 対人地雷禁止条約の作成にいたる過程を，地雷廃絶国際キャンペーン（ICBL）の活動と諸国家の協働体制として詳細に記述し，分析したものとして，目加田説子『地雷なき地球へ－夢を現実にした人びと』岩波書店，1998年参照。
(9) 米国の修正案は，①朝鮮半島の例外化，②対人地雷の再定義，③条約発効の猶予，④条約からの脱退権に関するものであった。
(10) これらの手続に対する批判的な見解として，浅田教授は，「このように時間枠が過度にルースな手続では，少なくとも生産，貯蔵，保有などの禁止に関する規定の遵守を効果的に検証することはほぼ不可能であろう。要するに，このような事実調査の制度の下では，使用の禁止を検証することしかできないように思われる。……もう1つの問題点は，事実調査団の調査結果を受けたその後の措置がきわめて曖昧かつ微温的である点である」と述べている（浅田正彦「対人地雷の国際的規制」『国際問題』No. 461, 1998年8月，59頁。）これに対してラコウスキーは，「オタワ・プロセスは遵守へのさまざまなアプローチ間の妥協を追求し，検証や強制という要素は弱いものとなり，協力的側面に重点が多く置かれた。……要するに，焦点は，個々の些細な違反よりも，参加国の善意と協力および広範な使用の防止に置かれた」と分析している（Zdzislaw Lachowski, "The Ban on Anti-Personnel Mines," *SIPRI Yearbook 1998: Armaments, Disarmament and International Security*, pp. 551, 556.）なお，

対人地雷全面禁止条約の分析については，杉江栄一「対人地雷全面禁止への道」『中京法学』第34巻第1・2合併号，1999年10月，1-53頁参照。
(11) この点から，マテソンは，「改正地雷議定書は，近い将来オタワ条約を受諾しそうにない主要な地雷使用国による対人地雷の無差別使用をコントロールする主要な手段として，引き続き重要である」と主張する（Michael J. Matheson, "Filling the Gaps in the Conventional Weapons Convention," *Arms Control Today*, Vol. 31, No. 9, November 2001, p. 14.)。
(12) Jim Wurst, "Closing In On a Landmine Ban: The Ottawa Process and U.S. Interests," *Arms Control Today*, Vol. 27, No. 4, June/July 1997, pp. 14, 18.

3 小型武器の規制

(a) 小型武器規制の背景

冷戦の終結後，内戦を中心とする地域紛争が各地で頻発するようになり，そこでは正規軍による通常兵器の闘いというよりも，正規軍や不正規軍，反乱団体，一般住民など多様な人々を含み，主として小型武器や軽兵器（以下では両者を含めて小型武器と呼ぶ）が使用されるようになった。そのため，戦闘では兵士のみならず，一般住民，特に女性や子供が犠牲者となり，また少年兵（児童兵）も多く見られるようになった。またこれらの小型武器は，紛争が終了した後においても，地域の再開発や社会開発の大きな妨げとなってきた。

国連によれば，世界中には6億以上の小型武器が出まわっており，1990年代の49の主要な紛争のうち47の紛争は小型武器で闘われたものであった。小型武器により毎年30万人以上が死亡しており，その多くは女性や子供である。さらに小型武器により生じている諸問題として，それは地域を不安定化させ，紛争をあおり，誘発し，長引かせ，救援プログラムを不安定化させ，平和イニシアティブを損ない，人権侵害を悪化させ，社会的経済的発展を妨げ，「暴力の文化」を育むことが指摘されている。[13]

(b) 小型武器規制の動き

1990年代の半ばからこの問題は国際社会で大きな注目を受けるように

なってきたが，それは1990年代前半のアフリカなどの地域紛争での事態の深刻さが引き金となっている。まず1995年のブトロス＝ガーリ国連事務総長が，その「平和への課題追補」において，小型武器問題の解決に乗り出すよう訴えた。その年の国連総会は，日本提出の決議案を採択し，小型武器に関する政府専門家パネルの設置を決定した。このパネルの報告書は，1997年に総会に提出されたが，それは小型武器の過剰な不安定化させる蓄積および移転を防止し削減するための24措置を勧告した。[14]

パネルの報告を支持する国連総会決議において，パネルの勧告を実施するためになされた進展を報告するため，政府専門家グループが設置された。その後1998年の国連総会は，パネル報告で勧告されていたことであるが，「国連小型武器会議（小型武器の非合法取引のあらゆる側面に関する国連会議）」を2001年までに開催することを決定した。

2年後に提出された政府専門家グループの報告書は，パネルの勧告の実施状況を検討するとともに，新たに27の行動を勧告しており，さらに国連小型武器会議の目的，範囲，議題，日時，場所，準備委員会について勧告を行っている。[15]

またこの時期には，小型武器の規制に関してさまざまな地域的な措置が積極的にとられた。特に重要なものとして，欧州連合（EU）において，1998年6月に「武器輸出の行動綱領」が採択され，同年12月に法的拘束力ある「小型武器の共同行動」が採択された。欧州安保協力機構（OSCE）は2000年11月に「小型武器に関するOSCE文書」を採択した。またラテンアメリカ諸国は2000年11月に「ブラジリア宣言」を採択し，アフリカ統一機構（OAU）は2000年12月に「バマコ宣言」を採択した。

(c) 国連小型武器会議

3回にわたる準備委員会の後に，国連小型武器会議は2001年7月9日－20日に開催され，「小型武器の非合法取引を防止し，闘い，根絶するための行動計画」をコンセンサスで採択した。[16]行動計画は，前文，非合法取引に関する具体的措置，国際協力と支援，フォローアップの4章から構成されており，具体的措置については，国家レベル，地域レベル，世界レベルに分けて記述されている。[17]

行動計画の内容は多岐にわたるものであるが，国家レベルにおける具体的措置としては，違法な小型武器活動に対する国内法の整備，輸出入ライセンスの効果的システムの構築と強制，違法グループへの対応促進，小型武器取引の正確な記録システムの設置と維持，生産過程における小型武器のマーキング（刻印）などが規定されている。地域レベルにおける措置としては，行動計画履行を調整する事務局の設置，非合法取引のモラトリアムの設置と強化，国境通関協力の改善などが規定され，世界レベルの措置としては，国連の武器禁輸や武装解除などで国連システムへの関与の維持，国際的協力の促進，テロや国際犯罪に対する国際法文書の批准などが規定されている。

国際的な協力と支援については，行動計画実施のための小型武器基金の拡充を含む資金および技術支援，武装解除と元兵士の動員解除および社会復帰の支援，被害国における法整備など問題処理能力向上への支援，小型武器の破壊の支援などが含まれている。

フォローアップについては，2006年までに行動計画の実施状況を検討する会議の開催，トレーシング（追跡），ブローカー（仲介）規制に関する協力が定められた。

この会議における最大の問題は，準備委員会草案に対する米国の反対にどう対応するかであった。米国は会議の初日の演説において，行動計画案の以下の5点に同意できないと述べた。すなわち ①小型武器の合法な取引および合法な生産を規制する措置，②国際機関または非政府機関による国際唱導活動の促進，③小型武器の一般市民による保有を禁止する措置，④小型武器の取引を政府のみに限定する措置，⑤義務的な再検討会議[18]。

会議で特に問題となったのは，③と④であり，米国は，一般市民の小型武器の保有につき，それは個々の国家が決めるべき問題であり，その禁止は武器の保有という憲法上の権利を排除するものであると批判し，政府のみに取引を限定することは概念的も実際的にも間違っており，この提案では集団殺害を行う政府から自らを守ろうとする圧迫された非政府グループへの援助を排除することになると述べた。

これに対してアフリカ諸国は，これらの側面を禁止することにより，小型武器による悲惨な状況が大幅に改善されると考え，米国と対立する形で議論が進められたが，最終的には，米国はこれらが含まれるならば行動計画には

賛成できないとし、会議の決裂による失敗が予想されたため、アフリカ諸国はこれらの削除に不本意ながら同意し、コンセンサスで行動計画を採択することが可能となった。[19]

(d) 小型武器会議の意義

　この小型武器会議は、コンセンサスで行動計画を採択することに成功した。このことは冷戦後の世界の各地において、国内紛争を中心に小型武器が広範に使用され、多くの犠牲者がでている現状からして、この問題についての国際的な行動計画が合意されたことは大きな進展であり、賞賛されるべき事柄である。そこでは、小型武器が単に軍縮の問題ではなく、開発や保健さらに人道的な問題であり、女性や子供に関わるものであることが一般に認識された。また各国は小型武器に関する国内法を整備し、小型兵器の非合法取引を防止し、削減し、排除することに合意し、また余剰で違法な兵器を廃棄し、現存のストックの保安体制を強化し、紛争後のDDR（武装解除、動員解除、社会復帰）を効果的に実施することに合意した。

　堂之脇参与は、「この会議は、『小型武器の非合法取引のあらゆる側面に関する国際会議』となっており、非合法取引のみならず、過剰蓄積で被害を被っている紛争終了地での武器の回収、廃棄などの『削減』問題も取り扱うべきであり、『あらゆる側面に関する』という表現が好ましいと考えられた。要するに、非合法取引だけでなく、『地域紛争と小型武器』という問題意識が念頭にあったのである」と分析している。[20]

　この行動計画は法的拘束力あるものでなはなく、政治的な文書であり、その価値は今後どのように実行されていくかに依存している。そのために2年ごとの実施状況検討会議および2006年の再検討会議の開催がすでに国連決議で決定されている。

　この行動計画は、小型武器の非合法取引を規制するという軍縮の側面を一方でもちながら、小型武器の使用による人道的な側面や開発の側面への否定的影響に対処するという人間の安全保障の側面を他方で有している。行動計画の前文第2項においても、小型武器の非合法な生産、取引、普及およびその過剰な蓄積と世界の多くの地域への管理されていない拡散が、広い範囲にわたる人道的および社会経済的影響をもつこと、そして個人、地方、国家、

地域，国際レベルにおいて，平和，和解，安全，安全保障，安定，持続的開発への重大な脅威となっていることに重大な懸念が表明されている。

またボートウェルなども，「国際社会が認識し始めているように，小型武器の入手可能性と国内紛争の間のリンクを切断することにより，人道主義的な利益および開発の利益が非常に大きなものになる」と分析している。[21]

第3の特徴は，行動計画は，各国に対して一定の措置をとるよう勧告するだけでなく，そのための国際的な協力と支援を含んでいることである。行動計画の第3章は，「実施，国際的協力と支援」として18項目を含んでおり，その大部分は国際的協力と支援であり，小型武器の追跡や刻印，貯蔵の管理，過剰ストックの廃棄，武装解除，動員解除，社会復帰などの問題について，国際的に協力すること，情報を共有すること，および財政的・技術的支援を提供することが定められている。

第4に，この問題についても，市民社会やNGOが積極的に関わり，会議の成果に一定の影響を与えた。バチェラーは，会議の成果として，会議が小型武器に対する意識を高めたという点を高く評価するとともに，この会議は市民社会グループの間，およびNGOと政府の間の新たなパートナーシップを構築するのを助けたが，これは小型武器問題の多くの次元に対処する将来の努力にとって決定的に重要であると述べている。[22]

この会議に関して軍縮の側面から積極的に活動していたのは，300以上のNGOのネットワークである「小型武器国際行動ネットワーク（IANSA）」であり，1999年5月以来活動しているものである。IANSAは，小型武器の合法および非合法の取引を管理する具体的提案（たとえば仲介に関する国際条約など）を生み出すことに焦点を当て，小型武器が拡散し，広く入手され，誤用された場合の人道的影響を強調していた。[23]

(13) United Nations Department for Disarmament, Small Arms and Light Weapons, [http://www.disarmament.un.org/cab/salw.html]

(14) Report of the Panel of Governmental Experts on Small Arms, A/52/298, August 1997.

(15) Report of the Group of Governmental Experts on Small Arms, A/54/258, December 1999.

(16) Report of the United Nations Conference on the Illicit Trade in Small Arms

and Light Weapons in All It's Aspect, New York, 9-20 July 2001, A/CONF. 192/15.
(17) この会議の成果の評価として，政府専門家パネルおよび政府専門家グループの議長を努め，国連会議の副議長を務めた堂之脇外務省参与は，以下の5点を指摘している。① 会議がコンセンサスにより行動計画を採択したこと。② 行動計画の中で小型武器問題との闘いにおける国際的な協力と援助の重要性が強調されたこと。③ 会議がそれ自身のフォローアップと再検討のメカニズムを設置したこと。④ 会議自体が国際社会の政治的意思を動員する機会となったこと。⑤ 会議が，政府，地域機関，国際機関と非国家機関を含む市民社会との間の協調と協力を促進する良い機会となったこと。(Mitsuro Donowaki, "UN Conference on Illicit Trade in Small Arms and Light Weapons in All It's Aspects: Evaluation of the Result of the Conference," paper presented at United Nations Conference on Disarmament Issues in Ishikawa-Kanazawa, 28-31 August 2001.)
(18) United States of America Statement by John R. Bolton, UN Conference on the Illicit Trade in Small Arms and Light Weapons in All it's Aspect, July 9, 2001. [http://www.un.org/Depts/dda/CAB/smallarms/statements/usE.html] 米国のこの会議での立場の分析については，Rachel Stohl, "United States Weakens Outcome of UN Small Arms and Light Weapons Conference," *Arms Control Today*, Vol. 31, No. 7, September 2001, pp. 34-35. 参照。
(19) 会議の議長は行動計画採択後に声明を発表し，この点について，ある1国の協力が得られなかったため，上の2点に合意できなかったことに失望を表明し，最も影響を受けるアフリカ諸国がコンセンサスを得るために，提案の削除にまったく不本意ながら同意したと述べた。Annex in A/CONF. 192/15（注16）
(20) 堂之脇光朗「グローバリゼーションと安全保障」国際問題，No. 511, 2002年10月，33-46頁。
(21) Jeffrey Boutwell and Michael Klare, "Small Arms and Light Weapons: Controlling the Real Instruments of War," *Arms Control Today*, Vol. 28, No. 6, August/September 1998, p. 23.
(22) Peter Batchelor, "The 2001 UN Conference on Small Arms: A First Step?" *Disarmament Diplomacy*, No. 60, September 2001. [http://www.acronym.org.uk/dd/dd60/60op1.htm]
(23) この会議に影響力を及ぼしたもう1種類のNGOは，小型武器を擁護するコミュニティであり，米国ライフル協会（NRA）などを含む「スポーツ射撃

活動の将来の世界フォーラム（WFSA）」であった。彼らは一般市民による小型武器の保有の権利を主張し，政府以外への小型武器の移転を擁護し，米国政府に大きな影響力を行使した。小型武器会議へのNGOの影響については，Peter Batchelor, "NGO Perspectives: NGOs and the Small Arms Issue," *Disarmament Forum*, One, 2002, pp. 37-40. 参照。

4　今後の課題

(a)　対人地雷と小型武器への今後の対応

　まず対人地雷禁止条約に関しては，禁止対象の包括性や廃棄の義務づけなど規制に関してはきわめて進んだものであるが，志を同じくする諸国を中心に作成されたため，米国を初め，ロシア，中国などの地雷大国，さらにインドやパキスタン，中東諸国が参加していない。この条約の普遍性の欠如が最大の問題であり，特に地雷に依存している大国への規制を強化する必要がある。

　短期的には改正地雷議定書の内容強化あるいは普遍化も1つの方法であろうが，長期的には人道的側面を強調しつつ全面的禁止の普遍化を図るべきであろう。

　小型武器の行動計画については，法的文書ではなく，政治的な宣言にすぎない。それ自体国際社会の明確な政治的意思の表現として，国際的行動の第1歩として重要であることには間違いないが，国際的モメンタムが消滅する危険もあるため，2006年の再検討会議へ向けて積極的な行動が取られることが必要である。[24]

　今回の行動計画を基礎にして，国際条約を作成することに努力すべきであろう。すなわち小型武器の刻印および追跡に関する国際条約の交渉を開始すべきである。このことは会議においてフランスやスイスにより強く主張されていたが，中国，米国，その他の国が反対していた。また小型武器の仲介に関する国際条約の交渉をも開始すべきである。このように，行動計画にあいまいな形で含まれている勧告を，法的拘束力ある文書に発展させる努力が必要であろう。

(b) 人間の安全保障とNGO

　冷戦後の軍縮問題において，特に対人地雷条約の作成に地雷廃絶国際キャンペーン（ICBL）を中心とするNGOがきわめて大きな役割を果たした。この傾向は，環境や人権の側面では以前から広く見られたものであったが，伝統的に国家の安全保障に直接関わる領域への影響力は限定されたものであった。その後国際刑事裁判所（ICC）規程の交渉過程にもNGOが大きな役割を果たした。また小型武器会議においても多くのNGOが参加し，さまざまな影響力を行使した。

　軍縮の問題が，国家の安全保障の問題であるだけでなく，人間の安全保障の問題であるという側面は，特にNGOの働きにより促進させられてきている。NGOは本来的に政府以外のものであり，国家という立場からではなく，個々の人間の立場からさまざまな問題を検討し，主張し，行動する傾向がある。その場合に，人道や人権の側面からのアプローチは，国家の立場からはなかなか出てこないが，NGOの立場では自然に出てくる発想であると考えられる。

　また最近のNGOの活動は，1国内部に止まらず，国際的なネットワークを形成し，さまざまな議論を国際的に行い，国際NGOとして各国政府や国際会議に影響力を行使している。また国際NGOでは，アドボカシーとともに，個々の具体的提案についても，政府レベルの研究に引けを取らないレベルでの研究が実施されており，政府レベルの決定に影響を与えることも多くなっている。[25]

　このように，軍縮の問題が人間の安全保障の問題として議論されるようになり，対人地雷や小型武器で一定の国際的合意が可能になったのは，NGOによる人間の安全保障という側面からのアプローチが一定の影響を与えていると考えられる。NGOが今後とも軍縮問題のあらゆる側面において，人間の安全保障の側面を中心に，国家間の交渉を促進させ，国際的合意の作成を促進する役割を積極的に果たすべきである。

(c) 人間の安全保障と軍縮

　対人地雷と小型武器の問題は，冷戦後の軍縮問題として国際社会が積極的

に取り組み，一定の成果を挙げた問題であるが，それまでの軍縮問題とは性質を大きく異にしている。それは，一定の兵器体系を規制するという軍縮の側面を持ちながらも，多くの犠牲者，特に一般住民，女性，子供の犠牲者が多く発生していることから，人道的な側面からそれらの規制が主張されている点である。

　軍縮の側面からの議論では多くの国を説得するのは困難であったと思われるが，人道の側面からの議論が，それらの兵器の規制の原動力となったことは否定できない。すなわち，それらの兵器が現実に使用されている現状を基礎として，それらが環境を破壊し，人権を侵害し，社会的経済的発展を妨げ，個々の人間の安全保障を損なっている点が強調されている。そこでは，「人間の安全保障」という側面から，軍縮措置が推し進められているのである。

　国連事務次長のダナパラと国連軍縮研究所長のルイスは，軍縮の人道的側面があまりにも長い間認められてこなかったが，「人道的行動としての軍縮」が重要であること，軍縮は，大量破壊兵器であれ小型武器であれ，第1に人間の安全保障の問題であり，したがって人道的活動の一部であると述べている。

　さらに彼らは，「われわれが軍縮に関心を持つのは，われわれが人々の安全保障に関心をもつからである。それを軍縮の議題に戻したいと思っている。人道的関心および人権は，真に，軍縮，平和，安全保障の中心にある。人道のセクター，人権のセクター，開発のセクター，軍縮のセクターがすべて協働することが必要である。われわれは軍縮をその正しい地位，すなわち人間中心の安全保障に関する考えの中核に組み入れることが必要である。軍縮は人道的活動である」と述べている。[26]

　対人地雷および小型武器の規制が今回可能になったのは，それらが実際に広範に使用され，多くの犠牲者が出ていることが大きな理由となっている。化学兵器は歴史的にしばしば使用されてきたし，生物兵器は戦場では使用されていないが生物テロが発生している。また核兵器も広島と長崎以来使用されていないが，多くの核実験が行われ，その被害も出ている。これらの大量破壊兵器は，対人地雷や小型武器のような使用はされていないとしても，一旦使用されれば，その被害は対人地雷や小型武器のレベルをはるかに上回るものであり，冷戦時代には核戦争による地球の破滅が懸念されていた。

したがって，今後は大量破壊兵器についても，人間の安全保障の側面からのアプローチが重要になってくるであろう。大量破壊兵器の使用を防止する最善の方法はそれらの兵器を廃棄することである。化学兵器および生物兵器については，それらを全面禁止する条約がすでに存在しているわけであるから，その条約への多くの国の参加を促進すること，すなわち普遍性の確保が必要とされている。核兵器については，さまざまな側面から規制が進められているが，核兵器の全廃という目標に向けて，国際安全保障の側面からのみではなく，人間の安全保障の側面からアプローチしていくことが必要であろう。[27]

(24)　Pieter D. Wezeman, "The UN Conference on the illicit trade in small arms and light weapons," *SIPRI Yearbook 2002: Armaments, Disarmament and International Security*, 2002, p. 739.
(25)　多国間条約形成過程における国際NGOの参画については，目加田説子『国境を超えるネットワーク』東洋経済新報社，1993年3月を参照。
(26)　Jayantha Dhanapala and Patricia Lewis, "Preface," UNIRIR, *Disarmament as Humanitarian Action*, 2001,　pp. vii-viii.
(27)　Randall Forsberg, "Nuclear Disarmament is Humanitarian Action," *Ibid*, pp. 9-13.

第9章　21世紀の核軍縮

21世紀に突入した国際社会は，核軍縮の観点から見て，2つの大きな変化に直面した。1つは，米国におけるブッシュ政権の誕生であり，もう1つは，テロリストによる米国への攻撃である。21世紀の核軍縮の展望はこの2つの出来事により大きく影響されている。ブッシュ政権は，ミサイル防衛を最優先し，条約などの国際規範を必ずしも重視しない姿勢を示し，新たな安全保障の枠組みを構築しようとしている。他方，米国への同時多発テロは，これまでの国家のみならず非国家行為体への対応の必要性を認識させることになった。これらの動きは，核軍縮に向けての逆風となっており，これまで築き上げられてきた国際軍備管理軍縮の条約体制を揺さぶるものとなっている。

　本章においては，まず上述の新たな国際情勢の内容を検討することから始め，次に，核軍縮への課題として，ミサイル防衛，戦略兵器の削減，CTBTの発効，核不拡散体制の強化，非核兵器地帯の設置，核兵器使用の禁止の課題を取り上げ，現状がどうであり，何が問題であり，今後どのように進むべきかについて検討する。さらに，核軍縮を推進するための主体として，核兵器国，事実上の核兵器国，疑惑国，非核兵器国，国連，NGOのそれぞれの役割について検討する。

1　新たな国際情勢の出現

　核軍縮をめぐる国際社会の動きは，すべての国家，国連，NGOなどあらゆる主体の行動から影響を受けるものであるが，現在の国際社会においては，最強の国家であり，かつ最大の核兵器国である米国の態度が決定的な影響力をもっている。これは米ロの2国間での交渉や合意についても，また多国間の交渉や合意についてもあてはまる。

　2001年1月に米国では新たにブッシュ政権が誕生した。ブッシュ大統領は，選挙期間中からも述べていたように，米国の安全保障の強化のためにミサイル防衛の開発・配備を最優先課題とし，その早期の配備を目指すことを宣言した。また米国の核政策の基礎には，脅威の認識に大きな変化があり，ロシアはもはや脅威ではなく，ならず者国家を中心とする不明確で予測できない脅威に対応することが意図されている。また米国の政策の柔軟性を維持するために，戦略兵器の削減は条約ではなく一方的に実施すると述べ，CTBTに

は反対であることを表明していた。

5月1日の国防大学における演説は、ブッシュ政権の核政策を明らかにしたものであり、そこでは以下のように述べられた(1)。

　　攻撃戦力と防衛戦力の両方に依拠する新たな抑止概念が必要である。抑止はもはや核報復の威嚇にのみ基礎づけることはできない。防衛は、拡散の動機を削減することにより、抑止を強化できる。
　　今日の世界のさまざまな脅威に対抗するため、ミサイル防衛の構築を認めるような新たな枠組みが必要である。そうするためには、われわれは30年になるABM条約の規制を超えて進まなければならない。
　　この新たな枠組みは、核兵器のさらに一層の削減を奨励するものでなければならない。核兵器は、米国および同盟国の安全保障のための重要な役割を担っている。われわれは、冷戦が終結した現実を反映するように、米国の核兵器の規模、構成、性質を変えることができるし、変えるつもりである。
　　私は、同盟国への義務を含む、米国の国家安全保障上の必要に合致する最低数の核兵器で信頼できる抑止を達成することを確約する。私の目標は核戦力の削減のため迅速に動くことである。米国は、米国の利益および世界の平和のための利益を達成するため、模範を示してリードするつもりである。

9月11日の米国への同時多発テロは、ブッシュ政権の計画に大きな影響を与えた。1つはテロリストに対する行動を実施するに当たって国際的な協調が不可欠となり、ブッシュ政権はNATO諸国など同盟国・友好国のみならず、ロシアとの協力体制を構築していった。テロリズムに対する国際的な協力が、それまでの単独主義的なブッシュの行動形式に一定の変化を与えることになった。それにより、ロシアや中国をはじめ、西ヨーロッパにも見られたブッシュ政権に対する批判が後景に退くことになった。

もう1つは、米国内において、上院で多数を占める民主党はブッシュ政権の唱えるミサイル防衛には批判的であり、予算をめぐって議論が対立していた。しかし9月11日の事件により、国内の党派の対立は棚上げされ(2)、その結果、ミサイル防衛などブッシュ政権の政策が実施される方向に事態は進展した。

米ロの間では，数度にわたる首脳会談が開かれ，テロに対する行動での協力などにより，ミサイル防衛や核兵器削減について協議が続けられた。11月13日のワシントンでの首脳会談において，ブッシュ大統領は戦略兵器の一方的削減を行うこと，今後10年間に実戦配備された戦略核弾頭を1700-2200に削減することを発表した。(3) ロシアもそれに応じて1500-2000への削減の用意があると述べたが，ロシアは削減はあくまでも条約によるべきであると強く主張した。この会談で，ミサイル防衛に関連してABM条約についても合意が達成されることが期待されていたが，これについては合意は達成されなかった。

その1ヵ月後の12月13日に，ブッシュ大統領は，ABM条約からの脱退をロシアに通告した。これは，米国の推進するミサイル防衛計画に関連したロシアとの交渉で合意が達成されなかったからであり，条約を廃棄することにより，その規制なしにミサイル防衛を早期に推進しようとするブッシュ政権の計画を実施することが必要と判断されたからである。その通告に際して，ブッシュ大統領は，以下のように述べた。(4)

今日，私は，米国がほとんど30年になるABM条約から脱退することを，条約に従ってロシアに通告した。今日，われわれは両国にとって最大の脅威はお互いから来るものではなく，また世界の他の大国からのものでもなく，警告なしに攻撃するテロリストであり，大量破壊兵器を得ようとしているならず者国家である。米国民を防衛することは最高司令官としての私の最優先課題であり，効果的な防衛の開発を妨げる条約に米国が留まり続けることを許すことはできないし，許すべきでない。

プーチン大統領は，この決定は誤りであると述べつつも，ロシアの安全保障に影響するものではないと主張し，その反応は抑制されたものであった。

2002年1月9日に，米国の核態勢見直し（Nuclear Posture Review）の説明が国防総省により行われ，今後数年間にわたる核兵器に関する政策や配備の計画が明らかになった。(5) ここでも，冷戦期のソ連の脅威に代わって，今日ではテロやならず者国家からの脅威が最も重大であると認識されている。冷戦期にはICBM，SLBM，爆撃機という3本柱が核戦略の中心であったが，新たな3本柱として，核兵器と通常兵器による攻撃力，ミサイル防衛を中心とする防衛力，不測の事態に対応できる防衛インフラ整備が提示された。冷戦時

代の相互確証破壊（MAD）理論からの脱却も明示され，攻撃と防衛を含む新たな枠組みが指向されている。また核兵器の役割の縮小と通常兵器の役割の増加も謳われている。

1月29日のブッシュ大統領の一般教書演説(6)では，テロリストへの対応を強調するとともに，テロを支援するレジームが大量破壊兵器で米国やその同盟国・友好国を威嚇するのを防止することが米国の目的の1つであると述べ，北朝鮮，イラン，イラクを名指しで非難し，悪の枢軸を形成しているとした。ブッシュ政権では，核兵器のみならず，化学兵器と生物兵器を含む大量破壊兵器，およびそれらの運搬手段である弾道ミサイルの拡散を防止し，またはそれに対抗することが大きな政策目標となっている。

その後の交渉により，2002年5月24日に米国とロシアは，「戦略攻撃力削減条約」に署名し，2012年12月31日までにそれぞれの戦略核弾頭を1700-2200に削減することに合意した。一方的削減を主張していた米国が条約による削減に合意したことは大きな前進であり，法的拘束力ある約束として実施される。条約は全5条からなるきわめて簡潔な条約であり，削減のスケジュールや段階もなく，検証規定もなく，脱退がきわめて容易にできるようになっている。また実戦配備から撤去される核弾頭もその運搬手段も廃棄する義務はなく，多くのものが保管され，将来それらが再び配備される可能性が残されている。

ブッシュ政権は，2002年9月20日に「国家安全保障戦略」(7)を発表した。まずテロとの闘いにおいて，その脅威が米国の国境に到着する前に破壊すること，また必要な場合には，テロリストに対して先制的に行動して自衛権を行使するため，単独で行動することを躊躇しないと主張している。次に敵が大量破壊兵器で威嚇することを防止するために，かりに敵の攻撃の時間と場所が不確かであっても，防衛のために先制的行動をとることが必要であり，敵によるそのような敵対的行為を妨げ防止するために，米国は必要なら先制的に行動すると述べている。さらに21世紀の米国の国家安全保障制度として，潜在的な敵国が米国の軍事力に追い付き追い抜くことを期待して軍事的増強を追求することを止めさせるほど，米国の軍隊は十分に強力なものにすると述べている。

このような新たな国際情勢の進展を米国を中心に概観したところ，核軍縮

については，戦略兵器の削減の方向が見られるものの，全体的にはミサイル防衛の推進による核軍縮への悪影響が危惧される。また ABM 条約からの脱退や CTBT や START II 条約の死文化に見られるように，米国は既存の条約体制を重視せず，自国の短期的でかつ狭い意味での国益で動いている。[8]

(1) George W. Bush, "Remarks by the President to Students and Faculty at National Defense University," Fort Lesley J. McNair, Washington D. C., May 1, 2001. [http://www.whitehouse.gov/news/releases/2001/05/20010501-10.html]
(2) Senator Carl Levin, "A Debate Deferred : Missile Defense After the September 11 Attacks," *Arms Control Today*, Vol. 31, No. 9, November 2001, pp. 3-5.
(3) "Bush Announces Deep Cuts in Nuclear Arsenals," U. S. Department of State, *Washington File*, 13 November 2001.
(4) "U. S. Diplomatic Notes on ABM Treaty," U. S. Department of State, *Washington File*, 14 December 2001.
(5) "Special Briefing on the Nuclear Posture Review," January 9, 2002. [http://www.defenselink.mil/news/Jan2002/t01092002-t0109npr.html]
(6) "The President's State of Union Address," The United States Capitol, Washington D. C., January 29, 2002. [http://www.whitehouse.gov/news/releases/2002/01/print/20020129-11.html]
(7) *The National Security Strategy of the United States of America*, September 2002, The White House, Washington. [http://www.whitehouse.gov/nsc/nss.pdf]
(8) ブッシュ政権の核政策の基盤と考えられている文書として，National Institute for Public Policy, *Rationale and Requirements for U. S. Nuclear Forces and Arms Control*, Volume I, Executive Report, January 2001. 参照。またそれとは対照的に，核軍縮の進展を主張するものとして，Federation of American Scientists, Natural Resources Defense Council, Union of Concerned Scientists, *Toward True Security : A US Nuclear Posture for the Next Decade*, June 2001. 参照。米ロの協力的な軍備管理体制の形成を目指すものとして，Rose Gottemoeller, "Arms Control in a New Era," *Washington Quarterly*, Vol. 25, No. 2, Spring 2002, pp. 45-58. 参照。

2 核軍縮への課題(9)

(a) ミサイル防衛(10)

　21世紀の核軍縮に最も大きな影響を与える可能性があるのが，米国の推進するミサイル防衛である。ブッシュ政権は当初はならず者国家からのミサイル攻撃に対応するためと説明していたが，テロ事件以降は，テロリストおよびそれを支援する国家からの脅威をその根拠としている。米国政府は，クリントン政権期に検討されていた地上配備のものだけでなく，多層防衛を目指しており，海上配備，空中配備，宇宙配備のシステムを実験・配備の対象としており，またミッドコースやターミナル段階での迎撃のみならず，ブースト段階での迎撃をもその対象としている(11)。

　ブッシュ政権が推進しているミサイル防衛については，とにかく早期の配備が目標とされているが，ミサイル防衛を取り巻くさまざまな要素を一層厳格に吟味する必要がある(12)。まず脅威の認識について，ブッシュ政権はロシアはもはや脅威ではなく，ならず者国家が脅威であるとしている。その場合，それらが本当に脅威なのか，脅威であるとした場合それをミサイル防衛で対応することが妥当なのか，他の政治的・外交的手段でその脅威を削減することは不可能なのか，といった諸問題を検討すべきであろう。

　次に，技術的な側面から，それが可能なのかが問われなければならない。防衛技術が進歩していることは否定できないが，攻撃技術も進歩している。第3に費用対効果が検討される必要がある。最後に，最も重要なことは，国際社会の平和と安全にとっての意味合いであり(13)，それに否定的な効果をもつ場合には，短期的に米国の利益になるとしても，長期的には米国にとってもマイナスになるであろう。

　1960年代のABM論争および1980年代のSDI（戦略防衛構想）は，いずれも最終的にはミサイル防衛を配備しない方向で決着をみた。当時はソ連が対象であり，今回はならず者国家が対象であるという違いがあるので，技術や費用などの面では相対的に今回の方が有利であると考えられる。しかし，今回のミサイル防衛は中国への対応という側面を明確に排除しているわけではなく，あらゆる可能性に対応しようとするものである。

米国は，多層防衛を基礎とするミサイル防衛を推進するためには，ABM条約の規制は妨害となるとして，2001年12月にABM条約からの脱退を通告した。当初のロシアや中国あるいは西欧諸国の反応は抑制的であり，ロシアや中国も即時に対抗措置をとることはしなかった。(14)

　2002年5月24日のモスクワ首脳会談における共同宣言で，米ロは，ミサイル防衛の分野における信頼を強化し透明性を増加する措置をとること，ミサイル防衛協力が可能な分野を検討すること，欧州のためのミサイル防衛での実際的協力を強化する機会を探求することに合意している。

　恐怖の均衡に基づくMAD理論からの脱却という考えは歓迎すべき方向を示している。(15) 即時発射態勢にある核兵器に安全保障を依存することは，危険である。攻撃と防衛をどのようにバランスさせ，安全を維持するかというのはきわめて重要な問題であり，ブッシュ政権が両者に依拠する抑止概念という「新たな枠組み」を提唱しているが，その内容が必ずしも明確ではない。

　ミサイル防衛の推進は核軍縮に逆行しない方向で実施すべきである。まず，ミサイル防衛の推進よりも，核兵器の大幅な削減を先行すべきである。攻撃に依存する態勢から攻撃と防衛に依存する態勢に移行するには，防衛を先に進めるよりも，攻撃核兵器の削減を先に進めることが必要である。次に，ミサイル防衛の推進は国際社会の安全保障を維持しつつ進めるべきであって，ロシアおよび中国などの核兵器国との安全保障問題全般にわたる協力のもとに進めるべきであろう。米国1国がそれ自身のためにのみ進める場合には，それに対抗する動きを誘発することになり，核軍縮に逆行する動きが生じるおそれがある。

　米国がABM条約からの脱退を表明したことは，米国の論理からすれば，条約規定に従って行ったことであり，米国の安全保障の観点から必要であったと説明できるだろう。しかし，国際社会における「法の支配」という側面から考えた場合，世界の最強国家が，自国の利益のみを考えて条約から脱退したことは，大きな悪影響をもたらすであろう。軍縮関連条約はほぼすべて脱退条項を含んでいるため，今後，米国にみならって，自国にとって不都合になった条約から脱退する国家が出てくるだろう。これまでの唯一の例は北朝鮮のNPTからの脱退宣言であった。(16)

(b) 戦略兵器の削減

ブッシュ政権は，ロシアがもはや脅威でないと認識し，戦略核弾頭の大幅な削減を主張してきたが，2001年11月に今後10年で，実戦配備された戦略核弾頭を1700－2200に削減することを明確にした。さらに2002年1月の核態勢見直しにおいて，その詳細が明らかにされた。ブッシュ政権は，それまでのクリントン政権が追求していたSTARTプロセスを拒否し，条約による交渉は時間がかかるとして，一方的に削減を行うこととした。米国が模範を示し，ロシアがそれにならって削減することが期待されていた。

核態勢見直しにおける計画によれば，実戦配備された米国の核弾頭は，2002年1月で約6000であるが，2007会計年度までに3800に削減し，2012会計年度までに1700-2200に削減する。そのために，ピースキーパー（MX）ICBMの退役を2002会計年度から実施し，4隻のトライデント型潜水艦を戦略任務から外し，B-1爆撃機を核任務に戻す能力を保持しない措置をとり，実戦配備されたICBMとSLBMから弾頭をダウンロードする。しかし，実戦配備から取り除かれた核弾頭は，破壊されるのではなく，将来の不測の事態に備えて保管される。また潜水艦のうち2隻は常にオーバーホールの状態にあるが，それらは実戦配備ではないので，核弾頭の数には入れない。

ロシアは，米国の一方的削減の声明に続いて，1500-2000に削減する用意があると発表した。しかし，それは両国がそれぞれ一方的に実施するのではなく，条約の形で両国を法的に拘束する方法で実施すべきであると主張している。ロシアの核戦力は，配備核兵器の耐用年数の関係で，新たな投資をしない限り次第に削減されていくと考えられている。

核削減は一方的にかつ条約なしに実施すると主張していた米国であるが，2001年末にはロシアとの間で法的拘束力ある文書を作成することに合意した。当初は議会の批准承認を必要とする正式の条約ではなく，行政協定のようなものが考えられていたが，上院からの反対もあり，最終的には正式の条約として実施されることになった。

2002年5月24日に署名された「戦略攻撃力削減条約」は，2012年12月31日までにそれぞれの配備された戦略核弾頭を1700-2200に削減するものである。この条約の署名は，STARTプロセスが停滞していたこともあり，半年

ほどの交渉で現状から3分の1に削減することを約束したものであるから，歓迎すべき進展である。ただ規定はきわめて簡潔で，条約には定義や検証も規定されていない。今後はこの条約の義務が誠実に履行されていくことが重要である。

ただ米国は，戦略核兵器の削減についてはその可逆性を維持し，実戦配備から外された核兵器は破壊されるのではなく，必要ならば再配備できるよう保管されることになっている。また運搬手段であるミサイルなども実戦配備から撤去されても廃棄されない。これは米国が自国の核政策の柔軟性を強調しているからであるが，このことは核軍縮の不可逆性の原則からして問題がある。この削減プロセスについては透明性と不可逆性をいかに確保するかが重要である。

米ロ2国による核削減とともに，英仏中の3国も多国間核軍縮交渉に早期に参加すべきである。特に中国は，核態勢について透明性を増大すべきである。

(c) CTBTの発効

ブッシュ政権は当初からCTBTに反対であるとの態度を明確に示し，モラトリアムは維持するが，批准を求めるつもりはないと述べていた。2001年のジェノバ・サミットにおいても，CTBTの死文化を求め，サミットの最終宣言にはCTBTの早期発効という文言は入れられなかった。2002年の核態勢見直しにおいて，核実験の準備期間を短縮するための措置をとるようエネルギー省に求めており，さらに地下施設を破壊するための地下貫通型の核弾頭の開発について研究を始めることが規定されている。

ここで問題になるのはCTBTの発効可能性およびその生存可能性である。条約の発効のためには指定された44ヵ国の批准が必要であるが，現在そのうち31ヵ国が批准している。署名もしていないインド，パキスタン，北朝鮮，署名はしているが批准していない米国，中国，イスラエルなど，残りの13ヵ国すべてが批准するということは早期には望めない。しかし，米国の態度はCTBTの将来に決定的な影響力をもっている。米国が批准すれば，中国も批准するであろうし，そのような状況でインド，パキスタン，イスラエル，北朝鮮に批准への外交的圧力を行使することも可能になる。

しかし，現状では，米国に批准の意思がないので，このシナリオの現実性はほとんどない。したがって，CTBTの早期発効という可能性はゼロに近い。さらに，米国の態度によっては，CTBTの生存可能性も懸念される。米国がCTBTを批准しない意図を明確に表明した場合，あるいは核実験を再開した場合には，CTBTの生存自体が疑問視されるようになり，中国の核実験再開，ロシアやインド，パキスタンの核実験再開という最悪の事態を招く可能性もある。このような状況は，国際核不拡散体制の弱体化へと連なり，国際社会全般の安全保障が害されることとなる。

米国はモラトリアムを維持すべきであり，長期的にはCTBTの批准へと進むべきである。他の諸国は米国に対し，モラトリアムの継続を強く主張すべきであり，特に日本を中心として英仏両国および米国の同盟国である非核兵器国が結束して，米国に対する説得を試みるべきである。[17]

(d) 核不拡散の強化

ブッシュ政権は，テロリストと絡めてならず者国家による大量破壊兵器およびミサイルの拡散を防止し，それに対抗することを最重要課題としている。2002年1月の一般教書演説では，北朝鮮，イラン，イラクを名指しして，それらは世界の平和を威嚇するため武装している「悪の枢軸」を形成していると述べた。ここには核兵器も含まれており，それはNPTの実効性の問題となる。NPTの当事国であるこれらの国に対して，条約義務の遵守を確保することは重要なことであり，国際核不拡散体制の維持のためにも，積極的な関与が必要である。

核不拡散体制の強化のためには，法的，政治的，技術的，軍事的手段がありうる。またNPTには第4条の原子力平和利用や第6条の核軍縮に関する規定も含まれている。したがって，核不拡散体制を強化するためには，これらのさまざまな措置をとることが必要である。ブッシュ政権の現在の方法は，軍事的な威嚇を背景とするものが中心となっているが，外交的，政治的な手段がもっと追求されるべきであるし，また核兵器国と非核兵器国の義務のバランスの側面からもさまざまな措置がとられるべきである。

核不拡散に関するもう1つの問題は，NPTの普遍性であり，インド，パキスタン，イスラエルをどうこの体制に取り込んでいくかという問題である。

1998年5月に核実験を実施したインドとパキスタンに対して，日本と米国は経済制裁を科したが，同時多発テロに関連するアフガンでの作戦への協力を確保するため，2001年に両国に対する制裁を解除した。ここでは核不拡散体制の維持よりも，対テロ戦争に優先度が与えられた。

インドとパキスタンに対し，その核戦力の危険を管理し削減するための技術的側面からの協力は必要であろう。しかし，NPTの定義では非核兵器国である両国に，法的または政治的な側面で，核兵器国として認めることは絶対に避けるべきであるし，核兵器を事実上保有していることを理由に，特別の地位や特権を与えることも厳に控えるべきである。そうでなければ，NPTに加入している183の非核兵器国に誤ったシグナルを送ることになり，核不拡散体制の崩壊へと進む危険がある。

(e) 非核兵器地帯の設置

非核兵器地帯の設置は，非核兵器国のイニシアティブにより実施できる重要な核軍縮への措置である。またNPTを補完する観点からも重要である。これにより核兵器が配備される地域を限定することにより，核兵器の使用される可能性を減少させ，核兵器の戦略的重要性を低下させる役割を果たしている。さらに，非核兵器地帯を構成する諸国家に対しては核兵器の使用または使用の威嚇を行わないという消極的安全保障が与えられている。これは地帯構成国家の安全保障に寄与するとともに，国際社会全体の利益ともなっている。

これまでに南半球を中心に，ラテンアメリカ，南太平洋，東南アジア，アフリカで非核兵器地帯が設置されている。まずこれらの諸条約の完全な実施を追求すべきである。アフリカの場合はまだ発効していないし，東南アジアについても議定書が発効していない。またそれぞれの地域のすべての国が加入しているわけではない。またこれらの4つの非核兵器地帯は南半球にあり，南半球全体における枠組みを構築し，相互に強化する措置が探求されるべきであろう。[18]

北半球においては，核兵器国およびその同盟国が多く存在することにより，非核兵器地帯の設置が困難であると考えられてきたが，地域諸国の積極的な取組みが必要である。中央アジア5ヵ国の間においては，非核兵器地帯の設

置の交渉が進展し，2002年9月末に署名に向けて合意が達成された。これを早期に発効させることが第1の課題である。そのためには地帯構成国間の協力とロシアの積極的な協力と支援が必要である。この地域に非核兵器地帯を設置することは，ロシアと中国の間にあり，また東欧に連なる地域として，地域の安全保障に大きなプラスとなるであろう。[19]

日本および南北朝鮮を含む北東アジアにおいては，日本は非核三原則を国是としており，南北朝鮮間には朝鮮半島非核化共同宣言が存在する。北朝鮮の核疑惑が発生して以来，後者のプロセスは停止しているが，北朝鮮の核疑惑の早期の解消に国際社会は努力すべきである。それが解消された際には，北東アジア非核兵器地帯の設置に向けて交渉を開始し，できるだけ早くそれを実現すべきである。

また中東欧においては，冷戦期には多くの核兵器が配備されていたが，今ではそれらはすでにすべて撤去されており，事実上の非核兵器地帯となっている。ロシアと西欧の間に非核兵器地帯を設置することは，冷戦期の対立を完全に除去し，新たな国際環境を強化するために大きな前進となる。これは10年以上にわたる現状を法的に固定するに過ぎない。さらに進んで，西欧の非核兵器国に配備されている米国の戦術核兵器を撤去するという選択肢を追求すべきである。

(f) 核兵器の使用禁止

1996年7月8日に，国際司法裁判所は核兵器の威嚇または使用の合法性に関する勧告的意見を出した。[20] それによれば，原則として，核兵器の使用または威嚇は国際法に違反する。ただ例外として，自衛の極端な場合であって，国家の存亡の危機の場合には合法か違法か判断できないとしている。ここで，一般的に，国際法に違反するとの原則が述べられていることは，核兵器の使用に関する国際法の大きな前進である。もっともこれは勧告的意見であって，判決ではないから，直接の法的拘束力はないが，国際司法裁判所という権威のある裁判所の意見として，重視すべきである。

例外のところでは，裁判所は合法とも違法とも言っていないが，仮に合法だとしても，その範囲は極めて限定されたものである。すなわち自衛の際の一般的な条件として，相手国からの違法な武力行使が存在し，緊急な事態で

他に取る手段がなく，反撃は攻撃を阻止するために均衡が取れたものでなければならない。勧告的意見では，これらの条件を満たしながら，かつ「国家の存在が危機に瀕している」という極端な場合でなければならない。

　現在の核兵器国の核兵器使用に関するドクトリンは，抑止のためであるとは言え，これらの条件に必ずしも一致しない状況で，核兵器の使用が予定されている。各核兵器国は，この国際司法裁判所の勧告的意見を取り入れ，各国の核使用ドクトリンを修正すべきであろう。

　核兵器の使用に関する核兵器国の理論では，中国を除くと，核兵器の先制使用を排除していない。米国およびNATOの核使用に関するドクトリンは，冷戦の終結により，以前よりも核兵器の先制使用の可能性を縮小してはいるが，最後の手段として核兵器を先制使用する理論を維持している。

　ソ連は冷戦期には核兵器の先制不使用を宣言していたが，ソ連の崩壊や通常兵器の削減などがあり，ロシアは1993年にはそれまでの先制不使用政策の撤回を宣言した。したがって，現在では米国やNATO諸国と同じ政策となっている。他方，中国は一貫して先制不使用政策を宣言している。

　核兵器の役割を相手国による核兵器使用の抑止に限定することは，核兵器のもつ政治的および軍事的意味合いを減少させ，核軍縮を推進するための第一歩として重要である。現在のNATOやロシアのドクトリンでは，核兵器は生物・化学兵器や通常兵器に対する抑止としての機能をもっている。生物・化学兵器については，生物兵器禁止条約および化学兵器禁止条約の普遍性と実効性を確保することにより対応すべきである。特に5核兵器国はすべて，これらの条約の当事国であるから，まず5核兵器国の間で先制不使用の約束を確立すべきである。

　非核兵器国に対して核兵器の使用または使用の威嚇を行わないという消極的安全保障は，特にNPTとの関係で議論されてきた。1970年代後半から，核兵器国は政治的な約束として，条件付きながら消極的安全保障を宣言してきた。1995年のNPT再検討・延長会議の直前には，米国，ロシア，英国，フランスが共通の宣言を出しており，中国は無条件の消極的安全保障を宣言している。

　核兵器の保有を法的に放棄している国家に対し，核兵器を使用しない約束を与えることは当然のことと考えられる。政治的な宣言が，国際規範として

重要な役割を果たしていることは否定できないが，核兵器国はそれらを法的拘束力ある文書として採択するよう努力すべきである．

(9) 2000年NPT再検討会議最終文書における核軍縮の課題については，黒澤満「核軍縮を巡る国際情勢と今後の課題」広島平和研究所『21世紀の核軍縮』法律文化社，2002年9月，17-37頁参照．

(10) ミサイル防衛と攻撃兵器との関連については，キャスリーン・フィッシャー「変貌するパラダイム—攻撃・防御論争と核軍縮」広島平和研究所『前掲書』69-95頁参照．

(11) "Testimony before the Senate Arms Services Committee on Missile Defense by Deputy Secretary of Defense Paul Wolfowitz," July 12, 2001. [http://www.defenselink.mil/speeches/2001/s20010712-depsecdef2.html].

(12) ミサイル防衛の批判的検討については，Steven Miller, "The Flawed Case for Missile Defense," *Survival,* Vol. 43, No. 3, August 2001, pp. 95-109. 参照．

(13) ミサイル防衛の推進について，ロシアおよび中国に懸念を抱かせない形で協調的に進めるべきという見解については，Charles L. Glaser and Steve Fetter, "National Missile Defense and the Future of U. S. Nuclear Weapons Policy," *International Security,* Vol. 26, No. 1, Summer 2001, pp. 40-92. 参照．

(14) ロシアのプーチン大統領は，以下のように述べた．「米国指導部は脱退について繰り返し述べていたので，この措置はわれわれにとって驚きではない．しかしこの措置は誤りであると考えている．ロシアは対弾道ミサイルに打ち勝つ効果的なシステムをずっと維持してきた．したがって，米国大統領の決定はロシア連邦の国家安全保障の脅威となるものではないと自信をもって言うことができる．」("Televised Statement by Russian President Vladimir Putin, December 13," *Disarmament Diplomacy,* No. 63, December 2001.)

(15) MADからの脱却については，Michael Krepon, "Moving Away from MAD," *Survival.* Vol. 43, No. 2, Summer 2001, pp. 81-95. 参照．

(16) "Senior Senate Democrats Criticize Bush ABM Treaty Withdrawal," U. S. Department of State, *Washington File,* 13 December 2001.

(17) CTBT全般については，浅田正彦「核実験の禁止と兵器用核分裂性物質の生産禁止」広島平和研究所『前掲書』409-424頁参照．

(18) 南半球の非核兵器地帯については，小柏葉子「南半球の非核化—地域間協力の可能性」広島平和研究所編『前掲書』438-460頁参照．

(19) Scott Parrish, "Prospects for a Central Asian Nuclear-Weapon-Free Zone,"

Nonproliferation Review, Vol. 8, No. 1, Spring 2001, pp. 141-148. 参照。
(20) International Court of Justice, Legality of the Threat or Use of Nuclear Weapons, 8 July 1996, Advisory Opinion, *ICJ Reports*, 1996, pp. 224-267.

3 核軍縮推進の主体

(a) 核兵器国

　核軍縮の主要な主体は核兵器国であり，基本的には核兵器国の主体的な行動により，核軍縮は進展する。NPT第6条において，核兵器国は核軍縮に向けての交渉を誠実に行う義務を引き受けており，1996年7月の国際司法裁判所の勧告的意見では，この義務は交渉を行うだけでなく，交渉を終結させる義務を含むと解釈されている。さらに，2000年NPT再検討会議の最終文書において，「その核兵器の全廃を達成するという核兵器国による明確な約束」が合意されている。[21]

　核軍縮の進展に最も大きな影響力を持っているのは米国である。冷戦終結後の唯一の超大国であり，最大の核兵器保有国である米国が，どの方向に進むかが決定的な要素となる。21世紀に入って登場したブッシュ政権は，核兵器の大幅な一方的削減を唱えながらも，ミサイル防衛の開発・配備を最優先し，これまでの軍備管理軍縮条約を十分に尊重せず，自国の短期的で狭義の国益の追求が政策の根底にある。また多国間主義に懐疑的であり，国際法や国際制度を必ずしも重視せず，単独で決定し行動する傾向がある。

　米国はABM条約からの脱退を声明し，CTBTへの反対を表明してその死文化を図っている。またSTART II条約も，実施されずに放置されてきた。米国の現政権は，条約による規制を嫌い，自国の行動の自由を最大限確保する方針である。戦略核兵器の削減に関しても，自国の安全保障上の判断で不必要なものは削減するが，将来必要になればいつでも増強できる体制が準備されている。

　戦略兵器の削減については，米ロ間で「戦略攻撃力削減条約」が署名され，国際法に従って核弾頭が削減されることとなった。まずこの条約の誠実な履行が不可欠である。この条約では米国の意向に従い，米国の自由裁量が広く

認められた形になっているが，これを突破口として，米国の柔軟性の維持よりも，国際社会全体の安全保障の強化の方向に進めるべきである。[22]

ロシアは，この米国との戦略核弾頭削減を通じて，核軍縮に向けて積極的な役割を果たすべきである。条約の規制内容は簡潔であり，削減の過程および内容は明確ではなく，検証制度も含まれていないが，ロシアは削減の透明性を最大限確保するよう努力し，さらに核削減の不可逆性を確保することが重要である。

ロシアは，新たな大幅な投資をしない限り，その核兵器システムが耐用年数の関係で自然に減少すると考えられているので，米国との条約による削減としてそれを固定化したことは評価すべきである。それはロシアの利益になるだけでなく，国際社会全体の利益となる。またロシアはこれまでも多くの核兵器を解体し，撤去してきたが，それらの核兵器および核分裂性物質の安全性と保安を十分に確保する必要がある。これは核拡散の危険への予防措置として必要である。

さらに米国とロシアの間においては，戦術核兵器の削減および撤廃の方向に向かっての進展が必要である。戦術核兵器については，冷戦終結直後の米ソのパラレルな削減があるが，これは条約ではなく一方的に実施されたので，その実施状況や管理状況が明らかではない。戦術核兵器の透明性の向上から開始し，両国による一層の削減，西欧に配備された米国の核兵器の撤去などを実施すべきである。また戦略核兵器削減の過程で，戦術核兵器をも含めて実施することも有益である。[23]

中国は，現在第3の核兵器国となっており，核戦力を増強しつつあると考えられている。また米国のミサイル防衛の影響で，核戦力増強が加速することが懸念される。まず米国と中国は戦略対話を一層強化すべきであり，米国のミサイル防衛と中国の核戦力の関係につき，十分な協議を実施すべきである。米国が本当にならず者国家やテロリストを対象としているならば，中国に誠実に説明すべきである。

また中国はその核態勢について透明性を増大すべきである。中国の核の先制不使用政策や消極的安全保障の宣言はきわめて高く評価すべきものであるが，透明性が欠如しているため，その信憑性に疑問が呈されることがある。中国は透明性の増大は中小核兵器国にとってはその安全保障を損なうと考え

ているようであるが，透明性の欠如は最悪事態のシナリオを導き出し，事態の一層の悪化を招くことは歴史が証明している。

中国以外の4核兵器国は，兵器用核分裂性物質の生産につきモラトリアムを宣言し継続している。中国も他の4国にならってモラトリアムを宣言し実施すべきである。またこの条約の交渉開始を宇宙における軍備競争の防止（PAROS）の交渉開始とリンケージさせているが，この点に関しても，米国と集中的な協議を開始し，この問題を解決すべきである。

英国は，核兵器をすでに潜水艦搭載のものに限定し，その数も200以下に削減している。また英国は，核兵器が廃絶された世界における検証の重要性を主張し，その研究を始めている。英国は核兵器国として核廃絶のリーダーシップを発揮すべきである。現在の核戦力が耐用年数に達する時には，新たな調達を実施するのではなく，核兵器体系の廃絶を選択すべきである。[24]

フランスは一定数の核兵器を削減しており，その核兵器システムは，地上配備を全廃して，潜水艦と航空機に搭載されたものだけである。またムルロアの核実験場も閉鎖し，CTBTを早期に批准している。フランスにとって核兵器は当分の間抑止力の中心として維持されると考えられる。米ロの核弾頭が1000以下に削減した時には，英仏中は核削減交渉に参加すべきである。また核削減以外の分野において，たとえばFMCTなどの交渉も5核兵器国間で開始することも検討されるべきである。[25]

(b) 事実上の核兵器国

インド，パキスタン，イスラエルの3つの事実上の核兵器国は，今後の核軍縮に向けて重要な地位を占めている。NPT上は核兵器国と認められないが，事実上核兵器を保有しているからである。これらの国を法的または政治的な側面から核兵器国として承認し交渉することはできないが，技術的な側面からは核兵器国として，核兵器および関連物質の管理の一層の強化や，厳格な輸出管理制度の設置および維持などについて，協議を進めていくべきである。

最終的には，南アフリカの例に倣って非核兵器国へのロールバックが望ましいが，そのためには，地域の安全保障環境の大幅な改善が必要である。南アジアに関しては，インドとパキスタンの2国間関係の改善が不可欠である

し、中国を含めた地域的な安全保障の枠組みを作るなど、地域的な協力が必要である。中東については、中東非核兵器地帯あるいは中東非大量破壊兵器地帯の設置も1つの解決法であるが、そのためには地域の平和プロセスを大幅に進める必要があり、イスラエルと個々のイスラム国家の間の2国間関係の改善とともに、イスラエルとイスラム国家全体との関係改善が必要である。

(c) 疑 惑 国

イラクに関しては、湾岸戦争終結時の国連安保理決議687（1991）の完全な履行を迫るべきであるし、さらに国連監視検証査察委員会（UNMOVIC）の設置に関する国連安保理決議1284（1999）の受諾と履行を迫るべきである。核兵器関連物質や施設については国連イラク特別委員会（UNSCOM）とIAEAの活動により、すべて廃棄されたと言われていたが、それらの活動が1998年12月に停止してからは明かではない。

イラクの遵守を確保するために、武力を行使することがあるとすれば、それは国連安保理の決定によるべきであって、各国の恣意的な武力行使によるべきではない。

北朝鮮に関しては、朝鮮半島エネルギー開発機構（KEDO）の活動を積極的に推し進めるべきである。1994年の米朝の枠組み合意に基づくKEDOの推進は、北朝鮮の核疑惑を平和的に解決する最善の方法である。また米日韓は協調して北朝鮮に対応すべきであり、対話と関与の政策により、朝鮮半島および北東アジアの安全保障環境の改善を目指すべきである。

(d) 非核兵器国

非核兵器国の中で核軍縮を推進する第1の国家グループは、日本、カナダ、オーストラリア、およびドイツなどのNATO諸国である。これらは米国の同盟国であるが、核軍縮に積極的な国である。これらの諸国は現実には米国の核の傘にその安全保障を依存しながらも、核兵器の危険性を主張し、核兵器の重要性を減少させ、長期的には核兵器の廃絶を目指している。

特に日本は唯一の被爆国として、核軍縮を外交政策の中心に置き、CTBTの発効促進には、米国と対立しながらも積極的に働いている。またカナダは、米国と国境を接しながらも、多国間外交を巧みに利用して核軍縮に積極的な

働きをしている(31)。オーストラリアもCTBTの草案を提出したり，CTBTの採択を国連に提案したり，核軍縮に貢献している(32)。またドイツなどのNATO諸国も，戦術核兵器の削減や核軍縮の透明性と不可逆性を主張するなど，核軍縮に積極的な姿勢を見せている。

　これらの諸国は，国際社会でも一定の地位を占めており，単独でも一応の成果を挙げることができるが，今後は，これらの諸国がグループとして核軍縮に取り組むことが必要である。特に米国の同盟国である点から，1国の活動は米国の影響を受けやすいが，グループとして米国に核軍縮をせまることはより効果的であろう。

　非核兵器国の第2のグループは，1998年に結成された新アジェンダ連合（NAC）である。NACは2000年NPT再検討会議で中心的な役割を果たし，「核兵器国によるその核兵器を全廃するという明確な約束」を核兵器国から取り付けるのに成功し，それを最終文書の中に含めるのに成功した。また核軍縮に向けての具体的措置についても，核兵器システムの運用状況の一層の低下や安全保障政策における核兵器の役割の低下など新たな筋道を提示した。

　このグループは，中立的な諸国と一部の非同盟諸国から構成されるが，特に核軍縮に以前から積極的であった国々である。また核廃絶の理想を取り込みながらも，現実的な措置をも取り入れ，両者のバランスがうまくとれている提案を示したところが特徴である。これからも，核軍縮を推進する有力なグループとして，積極的に活動していくことが期待される(33)。

　非核兵器国の第3のグループは，非同盟諸国であり，以前より，時間的枠組みのついた形での核兵器廃絶を要求している。これは核兵器国の受け入れるところとはなっていないが，きわめて妥当な主張であり，国際社会の全般的考えを示すものとして重要である。核兵器国が今のところ交渉の対象としないという意味では，このグループの主張はそれほど重要でないと考えられるが，多くの市民の支持を受けた正当な主張であり，核兵器国にその重要性を再認識させる観点からは重要なものである。また非同盟諸国の数は圧倒的なものであり，無視できないものである。

(e)　国連・NGO

　国連は国際の平和と安全の維持を第一義的な目的としており，総会決議1

(I)に見られるように，核軍縮は国連の目的を達成するための重要な要素である。国連総会は，毎年核軍縮に関する決議を採択することにより，核軍縮の方向を示してきたが，初期を除いて国連で交渉が行われることはなかった。

国連の今後の活動としては，1つは，国連軍縮特別総会の開催あるいはコフィ・アナン国連事務総長が提案している核の危険を軽減させるための国際会議の開催などにより，国連全体として核軍縮の方向性を明確に定めることが必要である。核軍縮は国際社会全体の関心事であり，国際の平和と安全に大きな影響を与えるものであるので，国連加盟国全体の協議が必要である。[34]

第2に，国連安保理は，国際の平和と安全の維持に主要な責任を負っていること，また安保理の常任理事国が5核兵器国であることから，核軍縮の交渉を安保理で行うことが合理的であると考えられる。またその中に5核兵器国の小委員会を作ることも可能であろう。

ジュネーブの軍縮会議は，唯一の多国間軍縮交渉機関としての地位を与えられているが，当初のメンバーの拡大や，グループの実質的解体などもあり，現在必ずしも有効に機能していない。他の問題とのリンケージの問題や，議題採択を含むすべての決定がコンセンサスで決定されるなど，さまざまな問題を抱えている。これらが解決されない限り，軍縮会議の存在意義は疑問視される。[35]したがって，軍縮交渉はこの会議にこだわらず，さまざまな他のフォーラムで実施されるべきである。

NGOや市民社会はこれまでの核軍縮の進展に一定の役割を果たしてきた。それは国内の活動として自国政府に核軍縮を迫るとともに，国際的な活動として国際社会の意識に影響を与え，また各国政府にも影響を与えてきた。たとえば世界法廷プロジェクトや核兵器禁止条約案の作成などで重要な貢献をしてきた。

特に最近は，専門的で高度な知識と情報をもち，国家と対等に議論できるNGOが数多く生まれたこともあり，核ドクトリン，核軍縮への道筋や具体的措置，核軍縮のための諸条件などさまざまな検討がNGOで実施されている。これらは政府に対しても説得力をもって提案できるものであり，今後さらにこれらのNGOの役割は増加するであろう。また通信技術の発展により情報の共有がきわめて容易になったこともあり，NGOの国際的連携と協力により，NGOの影響力は今後一層増加する傾向にある。

これらの理性に訴える NGO の活動とならんで，広島・長崎に代表される核廃絶運動も，人間の感性に訴える NGO の活動として，これまで一定の役割を果たしてきたし，これからも一層重要な役割を果たすものと考えられる。(36)

(21) 2000 Review Conference of the Parties to the Treaty on the Non-Proliferation of Nuclear Weapons, Final Document, Volume I, New York, 2000, NPT/CONF.2000/28（Parts I and II）.
(22) 米国の核軍縮政策については，ローレンス・シャインマン「米国の核政策と核軍縮政策」広島平和研究所編『21世紀の核軍縮』法律文化社，2002年9月，99-132頁参照。
(23) ロシアの核軍縮政策については，ローランド・ティメルバエフ「ロシアの核政策と核軍縮政策」広島平和研究所編『前掲書』133-167頁参照。
(24) 英国の核軍縮政策については，ジョン・シンプソン「英国の核政策と核軍縮政策」広島平和研究所編『前掲書』168-198頁参照。
(25) フランスの核軍縮政策については，テレーズ・デルペシュ「フランスの核政策と核軍縮政策」広島平和研究所編『前掲書』199-231頁参照。
(26) インド・パキスタンの核問題については，吉田修「南アジアの核開発問題」広島平和研究所編『前掲書』235-259頁参照。
(27) イスラエルの核問題については，戸崎洋史「中東の核兵器問題」広島平和研究所編『前掲書』260-282頁参照。
(28) イラクの核疑惑については，戸崎洋史「中東の核兵器問題」広島平和研究所編『前掲書』260-282頁参照。
(29) 北朝鮮の核疑惑については，秋山信将「北朝鮮の核問題」広島平和研究所編『前掲書』283-304頁参照。
(30) 日本の核軍縮政策については，水本和実「日本の非核・核軍縮政策」広島平和研究所編『前掲書』367-388頁参照。
(31) カナダの核軍縮政策については，タリク・ラウフ「カナダの非核・核軍縮政策」広島平和研究所編『前掲書』327-366頁参照。
(32) オーストラリアの核軍縮政策については，上村直樹「オーストラリアとニュージーランドの非核・核軍縮政策」広島平和研究所編『前掲書』307-326頁参照。
(33) 新アジェンダ連合の核軍縮政策については，ダラ・マッキンバー「新アジェンダ連合の非核・核軍縮政策」広島平和研究所編『前掲書』389-406頁参照。

(34) 国連の核軍縮への取組みについては，神谷昌道「国際連合と核軍縮——失われた機会からの克服」広島平和研究所編『前掲書』461-481頁参照．

(35) *Facing Nuclear Dangers : An Action Plan for the 21st Century*, The Report of the Tokyo Forum for Nuclear Non-Proliferation and Disarmament, Tokyo, 25 July 1999, Japan Institute of International Affairs and Hiroshima Peace Institute, p. 60.

(36) NGOの核軍縮への取組みについては，レベッカ・ジョンソン「核軍縮の進展に向けて」広島平和研究所編『前掲書』38-68頁および梅林宏道「NGOの役割——日本を念頭において」広島平和研究所編『前掲書』482-503頁参照．

4 今後の展望

人類が21世紀に突入し，新たな歴史を展開しつつあるが，核兵器の廃絶に向けての進展は必ずしも楽観視できるものではない．今日の世界で唯一の超大国であり，最大の核兵器国である米国が，単独主義的な傾向を示し，軍事力や技術にその安全保障を依存しようとしている．

国際社会の平和と安全の維持および促進にはさまざまな手段があり，またさまざまな方法がありうる．武力が平和と安全を維持するとしても，それは1国の武力ではなく，国連による集団的措置でなければならない．また技術が平和と安全に有益なこともありうるだろうが，それは誰がどういう目的で利用するかに依存する．

国際社会全体の平和および各国人民すべての平和と安全のためには，武力行使の禁止の原則が遵守され，紛争の平和的解決のメカニズムが整備され，集団的安全保障あるいは協調的安全保障の制度を整備することが必要であるとともに，核兵器を初めとする軍事力の削減および廃棄を進める必要がある．また新たな脅威であるテロなどにも対応することが必要である．

軍縮担当の国連事務次長のジャヤンタ・ダナパラが，「テロリズムおよび大量破壊兵器による脅威への多くの対応の中で多分最も際立っているのは，それが武力に頼っているということである．安全保障に対する武力を基礎とするこのアプローチに欠けているのは，より深い多国間の協力の必要性の強調である．その多国間協力は法的拘束力ある法的規範に基づき，世界的な国際機関の援助により実施されるものである」と述べているように，国際の平和

と安全は，武力にではなく，国際規範と国際機関を中心とする多国間協力によるべきである。

　21世紀の核軍縮をどのように進めるべきかにつき，現状を分析しつつ，具体的措置をさまざまな観点から考察を行ない，どの主体がどのような具体的措置をとるべきかを検討した。21世紀初頭の現状は核軍縮にとってきわめて厳しいものであるが，2000年のNPT再検討会議で合意されたように，「その核兵器の全廃を達成するという核兵器国の明確な約束」を基礎としつつ，それぞれの国家，国家グループ，国連，NGOがさまざまな措置を積極的にとることが必要である。

(37) Jayantha Dhanapala, "The Impact of September 11 On Multilateral Arms Control," *Arms Control Today*, Vol. 32, No. 2, March 2002, p. 13.

索引

あ行

ICBM の規制 ……………………………52
悪の枢軸 ……………………………472,478
アジアトム ……………………………310,311
アフリカ非核兵器地帯条約 ……20,291,292,315
新たな3本柱 ……123,124,126,133-136,471
安全性と信頼性の実験 ……………244,249
遺棄化学兵器 ………………26,361,368-373
――の廃棄に関する覚書 ……………369
イスラエル……211,212,216,272,273,278,373,375,397,404,427,485,486
一方的削減 ………97-100,108,112,117,202,203,471,472,476
移動式 ICBM ……………………………48,54
イラク …149-153,162,212,216,218,397,404,406,409,413,420,427,428,434,437,439,486
インド …182,186,211,216,260-264,266-274,276,278,279,404,414,427,434,479,485
宇宙条約 ……………………………402,403
宇宙における軍備競争の防止…175,196,485
ALCM（空中発射巡航ミサイル）……47,56,67,82,83
ABM-TMD ディマーケイション協定 ……………………………13,14,90
エジプト ……………………………373,397
SLCM（海洋発射巡航ミサイル）……46,57,68,77,82,88,89
SDI（戦略防衛構想）……13,41,42,43,45,46
NMD（国家ミサイル防衛）……14,94,183,187,188,200-202,218
NGO（非政府組織）…331,332,452,454,455,460,463,488,489,491
MTCR（ミサイル輸出管理レジーム）
……403,405,421,422,429,430,431,437,440
欧州通常戦力（CFE）条約………………27
オーストラリア・グループ …360,403,404,416,419,420,429,430,433,436
オタワ・プロセス ………………28,451,452

か行

海底核兵器禁止条約 ……………402,403
科学的備蓄管理計画 ………………249,250
化学兵器禁止機関（OPCW）…35,361,363,376
化学兵器禁止条約 ………25,32,33,351-354,359-380,403,404,418,426,427,432,436,437,439
化学兵器の定義 ……………………362
化学兵器の廃棄 ………………362,377-379
核危機軽減センター（NRRC）……………60
核実験の準備 ……………………134,246
核実験モラトリアム ……………76,238,283
核全廃への明確な約束 ……192,198,199,206,483,487,491
核態勢見直し（NPR）……101,105,123-143,471,477
核の傘 ……………………………300,308,350
核不拡散条約（NPT）……15,33,72,216,266,267,268,270,271,402,407,426,427,432,436,437

——延長……………164-168,238,301
1995年NPT再検討・延長会議
　………………………161-178,272
2000年NPT再検討会議……179-214,228,
　432
核不拡散と核軍縮の原則と目標……16,166
　169,181,207,229,239,272,289,291,432
核分裂性物質生産禁止……………172,196
核兵器禁止条約……………………189,342,488
核抑止……………………………………350
カットオフ条約（FMCT）……187,188,189,
　266,275
北朝鮮……154-157,162,212,216,295,296,297,
　298-300,327,397,404,406,427,428,433,437,
　439,486
キャンベラ委員会…………………………347
協力的脅威削減（CTR）……………217,413
軍縮委員会………………………………5
軍縮会議（CD）……7,237,238,266,273,360
　451,452,488
警戒態勢解除…75,76,78,97,99,138,189,202,
　204,205
経済制裁……………265,266,415,434,479
原子力委員会……………………………5,401
原子力供給国グループ（NSG）……223-225,
　217,229,230,231,403,411-413,429-432,436
現地査察……58,59,61-66,70,114,218,255,258,
　364,418
合同遵守査察委員会………………66,72,115
小型武器の規制………………………28,456-462
国際科学技術センター（ISTC）………414
国際監視システム………………………255,258
国際原子力機関（IAEA）
　——追加議定書………190,212,220,231,409,
　428
　——保障措置…16,148,150-152,154,155,
　158,162,170,183,212,217,219,220,223,273,
　295,297,408,428
国際司法裁判所（ICJ）……………18,21,286
国際司法裁判所勧告的意見…17,34,191,207,
　331-343,480,483
国際人道法……………………335,336,338
国際連盟…………………………………4
国連安保理決議687…149,218,220,414,417,
　420,422,434,486
国連安保理決議1172………………………267
国連イラク特別委員会（UNSCOM）
　……16,149,150,162,218,220,224,404,412,
　414,417,418,420,423,434,486
国連軍縮特別総会………………………5
国連憲章……………………4,5,333,336,344
国連小型武器会議………………………457-460
国連通常兵器登録制度…………………28
国家安全保障戦略………………………472

さ 行

ザンガー委員会…217,221-222,230,231,403,
　409-412,432
3者イニシアティブ………………………201-203
ジェイソン報告……………………245,246,250
自国の検証技術手段（NTM）……58-60,70
　114,255
事実上の核兵器国…………………………175,485
重ICBM………………………………52-54,84
重爆撃機…………………………………56
ジュネーブ議定書……………25,26,359,381,418
ジュネーブ首脳会談………………………41
消極的安全保障……22,23,140,172,177,189,
　208,209,284,293,314,322,334,345,348,350,
　351,353,439,479,481,484
新アジェンダ連合（NAC）……17,183,188,

277,348,487
START I 条約（第1次戦略兵器削減条約）
………8,12,13,34,36,41-73,83,108,111-115,
118,119
START I 条約議定書……………………70-72
START II 条約（第2次戦略兵器削減条約）
………9,12,13,34,36,74-95,111-115,119,131,
176,182,183,199,483
START III 条約（第3次戦略兵器削減条約）
………9,13,34,87-92,111-115,121,175,176,
199,200
スティムソンセンター…………………347
脆弱性の窓………………………………86
生物兵器禁止機関（OPBW）……35,390,399
生物兵器禁止条約…27,33,351-354,381,403
415,417,426-428,432,436,437,439
──議定書………………………388-390
──検証措置……………………………388
──再検討会議…387,393,394,398,416
世界法廷プロジェクト…………331,332,488
戦術核兵器…75-78,82,120,121,189,202,204,
307,318,320,480,484
先制不使用…………22,76,172,177,209,277,
344-355,439,481,484
全米科学アカデミー……………………347
全面完全軍縮……………………199,206,207
戦略攻撃兵器制限暫定協定……………8,10
戦略攻撃兵器制限条約…………………8,11
戦略攻撃力削減条約…9,14,15,34,36,95-122,
176,472,476,483
戦略的安定性……………67,200,201-203
戦略兵器削減交渉（START）…………8,12
戦略兵器制限交渉（SALT）……………8,10
相互確証破壊（MAD）…8,10,125,127,141,
472,475
1995年NPT再検討・延長会議…161-178,
272
戦略防衛構想（SDI）……13,41,42,43,45,46

た 行

対抗拡散…………131,147,218,392,415,434
対人地雷禁止条約…………28,451-455,462
対弾道ミサイル（ABM）条約…8,10,13,14,
36,43,45,46,90,93-95,98,102,125,176,183,
187,188,192,199,200,202,470,471,473,475,
483
大統領イニシアティブ………………74-80
大量破壊兵器………31,401-402,403,405,406,
422,425,429,430,442,472
大量破壊兵器先制不使用………352,354,439
地下貫通核兵器………………135,140,218
中央アジア非核兵器地帯条約…20,190,210,
291,315,325,479
中距離核戦力（INF）条約……8,11,36,43
中東非核兵器地帯………………210,212
朝鮮半島エネルギー開発機構（KEDO）
………………16,217,296,299,414,486
朝鮮半島非核化共同宣言…21,154,210,292,
293,295-299,307,309,316,323,480
通常軍備委員会………………………5,401
TMD（戦域ミサイル防衛）…14,87,90,218
東京フォーラム…………………………348
同時多発テロ……………………………470
東南アジア非核兵器地帯条約………20,291,
303-306,315,325
特定通常兵器使用禁止制限条約………451
特別査察…150-154,157-159,163,296,299,301
トラテロルコ条約………19,292,314,333,334

な行

2国間履行委員会 ………85,106,108,115,118
2000年NPT再検討会議 …179-214,228,432
日米安全保障条約 ………………………308
日本の核疑惑 ………………………299-302
人間の安全保障 …447-450,454,459,463-465

は行

ハーグ・アジェンダ ………………449,450
ハーグ国際行動規範 ………………422,440
ハーグ平和会議 …………………………3,4
パカトム …………………………………311
パキスタン …………182,186,211,216,264,
266-274,276,278,279,404,414,427,479,485
バンコク条約 ………20,291,303-306,315,325
非核三原則 …………21,293,302,308,309,323,480
非核兵器地帯条約 …9,19,21,23,34,172,173,
177,178,209,210,216,283-327,408,426,479
非同盟諸国(NAM)…188,189,228,229,252,
331,487
不可逆性 ………88,100,114,120,189,190,198,
203,206,477,484
部分的核実験禁止条約(PTBT) …17,237,
261,271,286,408,426
フランス核実験 ………………………283-294
プログラム93＋2 …………170,220,409,428
兵器用核分裂性物質生産禁止条約(FMCT)
………………………………………171,175
平和への課題追補 ………………29,449,456
平和目的核爆発 ……………………241-243
ペリンダバ条約 …………20,291,292,315
ヘルシンキ首脳会談 ……………………87
包括的核実験禁止条約(CTBT) ……18,19,
33,134,136,139,171,172,174,181-183,
187-191,195,211,216,237-259,261,263,
266-268,272,275,289,408,427,483
────の発効 ………………256,257,477
包括的核実験禁止条約機関(CTBTO)
………………………………………254
北東アジア限定的非核兵器地帯構想
………………………………307,313-327
北東アジア非核兵器地帯 …21,306-309,480

ま行

MIRV化ICBM ………………81,83,86,87
マルタ首脳会談 …………………………44
ミクロ軍縮 ………………………………449
ミサイル …403-406,421-423,429,430,440,
442,472
ミサイル防衛 …14,98,125,126,133,188,469,
470,471,473-476,483,484
ミサイル輸出管理レジーム(MTCR)
……403,405,421,422,429,430,431,437,440
南アジア非核兵器地帯 …………………273
南太平洋非核地帯 …19,283-294,314,333,334
未臨界実験 ………………18,249,252,272
申立て(チャレンジ)査察 ……26,32,364,
365,366,376,418,429
モンゴル非核兵器地位 ………210,291,316

や行

輸出管理 ……221-233,273,392,417,419,432,
437,438
抑止政策 ………………………………333
4年毎の防衛見直し ………………101,123

ら行

ラテンアメリカ非核兵器地帯 … 19, 292, 314, 333, 334
ラロトンガ条約 …… 19, 283-294, 314, 333, 334
流体核実験 …………………………… 245
レイキャビク首脳会談 ……………… 42, 52
ロンドン条約 ……………………………… 4

わ行

枠組み合意 ………………… 157, 296, 301, 414
ワシントン条約 ……………………………… 4

■著者紹介

黒　澤　満（くろさわ・みつる）

1945 年生まれ
大阪大学大学院国際公共政策研究科教授

■主要著書

『軍縮をどう進めるか』2001 年，大阪大学出版会
『核軍縮と国際平和』1999 年，有斐閣
『軍縮問題入門（第 2 版）』（編著）1999 年，東信堂
『国際関係キーワード』（共著）1997 年，有斐閣
『太平洋国家のトライアングル』（編著）1995 年，彩流社
『新しい国際秩序を求めて』（編著）1994 年，信山社
『核軍縮と国際法』1992 年，有信堂
『軍縮国際法の新しい視座』1986 年，有信堂
『現代軍縮国際法』1986 年，西村書店

軍縮国際法

2003（平成 15 年）5 月 31 日　第 1 版第 1 刷発行　3121-0101

著　者　　黒　澤　　　満
発行者　　今　井　　　貴
発行所　　信山社出版株式会社
　　　　　〒113-0033　東京都文京区本郷 6-2-9-102
　　　　　　　　電　話　03（3818）1019
　　　　　　　　Ｆ Ａ Ｘ　03（3818）0344

Printed in Japan　　　　order@shinzansha.co.jp

©黒澤 満，2003．印刷・製本／松澤印刷・大三製本
IABN4-7972-3121-1　C3032　3121-0101
NDC 分類 329.000

── 法律学の森 ──

債権総論〔第2版〕I	潮見佳男 著	四八〇〇円
債権総論〔第2版〕II　債権保全・回収・保証・帰属変更	潮見佳男 著	続刊
契約各論 II　総論・財産移転型契約・信用供与型契約	潮見佳男 著	四二〇〇円
不法行為法	潮見佳男 著	四七〇〇円
不当利得法	藤原正則 著	四五〇〇円
イギリス労働法	小宮文人 著	三八〇〇円

── 信山社 ──

- ブリッジブック憲法　横田耕一・高見勝利 編　二〇〇〇円
- ブリッジブック商法　永井和之 編　二一〇〇円
- ブリッジブック裁判法　小島武司 編　二一〇〇円
- ブリッジブック国際法　植木俊哉 編　近刊
- ブリッジブック政策構想　寺岡寛 編　二二〇〇円
- ブリッジブック先端法学入門　土田道夫・高橋則夫・後藤巻則 編　近刊
- ブリッジブック先端民法入門　山野目章夫 編　近刊

信山社

新しい国際秩序を求めて―平和・人権・経済―
川島慶雄先生還暦記念論文集　黒澤満編
六三二一円

国際社会の組織化と法―内田久司先生古稀記念論文集―
柳原正治編　一四〇〇〇円

不戦条約（上）国際法先例資料（1）
柳原正治編著　四三〇〇〇円

不戦条約（下）国際法先例資料（2）
柳原正治編著　四三〇〇〇円

ヒギンズ国際法　ロザリン・ヒギンズ著　初川満訳
六〇〇〇円

信山社